驭势

能源化工
数字化转型进行时

石化盈科信息技术有限责任公司　编著

中国石化出版社

·北京·

内 容 提 要

本书立足于新一轮科技革命和产业变革深入发展的时代特征，全面分析了能源化工行业数字化、网络化、智能化的发展趋势，着力探索以数字化转型推进新型工业化，打造新质生产力，促进产业转型升级和高质量发展的实现路径。全书集合了200余家企业数字化转型成功经验，精选智慧经营、智能制造、融合生态和数字底座建设的典型案例，全方位解读了数字化转型的定义内涵、核心价值和应用场景，总结形成了具有行业特色、面向各类企业的数字化转型方法论。本书由洞察篇、实践篇和展望篇三部分构成，为企业开展数字化转型提供参考借鉴。

本书理论联系实际，适合能源化工、装备制造、物流交通等行业中高层管理者、信息和数字化转型管理者和信息化从业人员，也可作为高等院校相关研究人员的参考用书。

图书在版编目（CIP）数据

驭势：能源化工数字化转型进行时 / 石化盈科信息技术有限责任公司编著 . — 北京：中国石化出版社，2023.10（2024.5 重印）

ISBN 978-7-5114-7304-2

Ⅰ . ①驭… Ⅱ . ①石… Ⅲ . ①能源工业 – 化学工业 – 数字化—研究 Ⅳ . ① TK01-39

中国国家版本馆 CIP 数据核字（2023）第 185735 号

中国石化出版社出版发行

地址：北京市东城区安定门外大街58号
邮编：100011　电话：（010）57512500
发行部电话：（010）57512575
http：//www. sinopec-press. com
E-mail：press@ sinopec. com
北京科信印刷有限公司印刷
全国各地新华书店经销

*

710 毫米 ×1000 毫米　16 开本　28.5 印张　478 千字
2023 年 12 月第 1 版　2024 年 5 月第 2 次印刷
定价：228.00 元

顾问委员会

本书编委会

能源化工行业是国民经济的重要支柱产业，是现代经济的基础和血脉。经济总量大、产业链条长、产品种类多、业务覆盖广，关乎国家产业链供应链的安全稳定，关乎经济、社会绿色低碳发展，关乎民生福祉改善。中华人民共和国成立以来，能源化工行业取得巨大发展。但随着科技和数字技术快速发展，当前，我国能源化工行业面临着严峻的高端化、多元化、低碳化发展挑战，数字化赋能成为行业应对风险挑战、实现高质量发展的重要手段，数字化转型将助力我国构筑更高效、更清洁、更经济的现代能源体系。

2023年10月，习近平总书记视察九江石化时指出"石化产业是国民经济的重要支柱产业，希望你们按照党中央对新型工业化的部署要求，坚持绿色、智能方向，扎扎实实、奋发进取，为保障国家能源安全、推动石化工业高质量发展作出新贡献"，总书记的殷切期望为能源化工行业指明了发展方向。当前，能源化工行业数智化改造、绿色化转型如火如荼，运用新一代数字技术赋能企业在科技创新、生产制造、仓储物流、市场营销等业务领域进行全流程、全链条、全要素的改造，充分发挥数据要素的价值创造作用，提高生产效率、提高资源能源利用率、降低成本、提升产品和服务质量，培育新质生产力，推动企业高质量发展，推进新型工业化。

中国石化作为我国能源化工行业的引领者，持续加强数字技术与石油石化产业深度融合，加快产业数字化智能化升级，推动中国石化向数字化主导的现代化运营新模式转变。按照"数据+平台+应用"，基于工业互联网平台，目前已建成15家炼化智能工厂、4个智能油气田、150余座智能加油服务站、3家智能化研究院。中国石化积极推动业务数字化和数字化业务创新，培育数字新业态、新产业，发展数字新产品、新服务，着力构建"数据+平台+应用"创新模式，从理念到技术到组织全方位进行数字化转型升级，推动企业不断向价值链高端攀升。同时，中国石化将绿色洁净作为公司发展战略，着力打造全产业链、全工艺链、全管理链的绿色发展

1

模式，坚持"存量降碳、增量减碳"，统筹降碳、减污、扩绿、增长协同推进，深入推进节能降耗、打造绿色循环体系。实践证明，数字化转型不仅是技术和管理的创新，更是对未来市场趋势的前瞻性判断和应对。总之，中国石化将持续深化大数据、人工智能、5G、北斗等技术应用，大力推进各领域业务上云用数赋智，促进和引领技术创新、产业创新和商业模式创新，总结数字化转型实践成果，助力产业高质量发展。

《驭势——能源化工数字化转型进行时》一书为广大能源化工企业数字化转型提供了行之有效的方法论和成功的实践案例。本书是在能源化工数字化转型现状和发展趋势深入思考基础上，结合能源化工数字化转型典型案例，详细介绍了能源化工数字化转型的理论、实践、方法、应用案例及展望，既有解决问题的方案，又有创新思维的方法，是一本不可多得的实用工具书。特此推荐！

中国工程院院士　王基铭

近年来，全球能源行业面临重大变革，碳达峰、碳中和战略逐步深化，正在深刻改变着中国能源行业的转型进程，能源企业处在关键的历史节点上。党的二十大报告指出"立足我国能源资源禀赋，坚持先立后破，有计划分步骤实施碳达峰行动""加强能源产供储销体系建设，确保能源安全"，为我国加快建设能源强国、实现能源行业高质量发展指明了方向。新一轮科技革命和产业变革正当时，以云计算、物联网、大数据、人工智能、区块链等为代表的数字技术，极大地改变着全球要素资源配置方式、产业发展模式和企业的生产组织模式，为经济发展注入了新动能。能源化工企业迎来以数字技术深度应用为主要特征的战略加速转型期，加快数字化转型成为高质量发展的重要途径和必然选择。

中国石化多年来一直着力探索数字化转型之路。"十四五"以来，集团公司积极落实制造强国、网络强国、科技强国、数字中国等战略部署要求，整体谋划、系统实施了数字化转型"1415"工程和信息化"432工程"，聚焦增强集团一体化管控、板块创新创效、专业化统筹管理和新经济价值创造等四方面能力，稳步推进数字化改造、智能化提升工作，建设智能化"田厂站院"及工业品采购电商等服务贸易平台，利用ProMACE打造石化智云工业互联网平台。积极推行"域长负责制""数据＋平台＋应用"等新机制新模式，通过夯实基础、重构组织、再造流程、重塑模式、整合资源、升级标准等措施，对企业组织运营进行系统性变革升级。公司信息化综合能力显著提升，整体水平持续保持在央企第一方阵前列地位，有效支撑了公司动能转换和改革发展，为加快石化产业转型升级奠定了较为坚实的物质技术基础。

作为中国石化信息化建设的主力军和总体院，石化盈科持续加强物联网、大数据、人工智能等新一代ICT技术的创新应用，在经营管理、生产营运、客户服务、电子商务等领域深耕细作，积累了丰富的行业经验和一揽子信息化产品和解决方案，广泛服务行业企业，已成长为行业领先的IT综合服务商和数字化转型的使能者。石化盈科通过顶层设计、流程标准化、数据治理和深化应用，为产业数字化转型全面赋能。

　　本书结合石化盈科二十多年的探索实践，探讨了数字经济与能源变革深度融合的背景和意义，从理念创新、数字技术应用等多个方面，详细阐述了能源化工数字化转型的逻辑和路径，系统总结了数字化转型"六步走"方法和"数据+平台+应用"的信息化发展新模式。此外，本书还从数据驱动的智慧经营、绿色安全的智能制造、敏捷高效的融合生态、安全可控的数字底座等多个角度，图文并茂地分享了能源化工数字化转型的实践和未来趋势判断，对实施数字化转型的企业具有较强的参考意义。

　　数字时代是一个机遇无限的时代，也是一个加速创新、不断变革的时代。志合者，不以山海为远。当前，产业数字化、智能化、绿色化转型不断加速，智能产业、数字经济蓬勃发展，能源化工企业需要加速数字化转型与智能化升级，进一步降低能耗、提高工艺、节约资源，提升效率和质量。石化盈科结合实践经验，提炼形成了行业绿色高质量发展道路上可行、可用、好用的理论方法与实践路径，希望业内企业充分交流、相互启迪、合作共赢。《驭势——能源化工数字化转型进行时》一书深入浅出、清晰实用、观点鲜明，是一本理论与实践相结合的实操之书，值得细细研读。

中国石油化工集团有限公司副总工程师、信息和数字化管理部总经理　王子宗习近平总书记指出，新时代新征程，以中国式现代化全面推进强国建设、民族复兴伟业，实现新型工业化是关键任务。当前，新一轮科技革命和产业变革风起云涌，充满机遇和挑战，顺应数智化发展潮流推进新型工业化，既是深入推进中国式现代化的必然要求，也是能源化工企业实现高质量发展的迫切需要。推进新型工业化是我国适应经济发展阶段变化的主动选择，是应对全球经济结构调整的战略举措。习近平总书记就新型工业化作出了"关键任务""强大物质技术基础"等重要指示，极大丰富和发展了我们对工业化的规律性认识，为我们深刻把握新时代新征程推进新型工业化的基本规律，加快建设现代化能源化工体系提供了根本遵循和行动指南。

新型工业化是顺应高端化、智能化、绿色化发展潮流，着力实现发展方式根本变革的工业化。"创新驱动"是新型工业化的根本动力。党的二十大报告提出，"坚持创新在我国现代化建设全局中的核心地位""加快实施创新驱动发展战略"。新型工业化要求摆脱传统发展路径，注重科技研发和新技术应用，通过科技创新催生新产品、新业态、新模式，提升中国制造整体技术水平和"含金量""含新量"，通过质量变革、效率变革、动力变革提升工业竞争力和全要素生产率，实现产业基础高级化、产业结构合理化、产业链现代化，促进生产力发展。

当前，随着双碳战略的实施、可再生电力的快速发展，就能源结构来讲，未来用能可能会从现在的以化石能源（煤、油、气）为主，过渡到以可再生能源（绿电、绿氢等）为主。在这个情况下，能源结构将面临大的颠覆性调整，用能也需要有相应的变革技术来支撑，能源化工企业需要在能源结构调整过程中，以及转型升级过程中抓住机遇，及早地谋划布局，这样才能在后续的发展过程中抢得先机。

能源化工行业的数字化转型正在受到广泛关注。数字化转型可以帮助能源化工行业实现降本增效、节能减排，解决生产、管理过程中的问题，并推动行业向高端化、智能化、绿色化的方向转变。数字技术在能源转型中发挥了重要作用，可以帮助优化能源生产、促进新能源发展、优化资源配置、提高安全性和可靠性、推动市场发展，实现能源转型的目标。在具体的实践中，能源化工企业可以依托云计算、大数据、人工智能、5G、工业互联网等新技术，进行数字化转型。投资决策模型、产供销平衡模型、动力平衡模型等数字化工具，可以帮助企业更好地管理生产过程和产业链供应链的协同。

《驭势——能源化工数字化转型进行时》一书系统地总结了石化盈科多年积累的数字化转型工作经验，从理论、方案、实践、展望等多个维度剖析能源化工行业数字化转型的规律，正如书中篇章一样，帮助能源化工企业洞察数字化转型的本质内涵，以实践和优秀的方案引领行业开展转型，并展望未来发展方向，值得能源化工行业关注数字化转型的读者借鉴学习。

中国科学院院士、中国石油大学（北京）重质油全国重点实验室主任、

碳中和未来技术学院院长　徐春明

推荐序四

新一轮科技革命和产业变革方兴未艾，日新月异的数字技术与数字化应用带来了经济结构、社会文化、生活方式等方方面面的颠覆性变革。世界正面临百年未有之大变局，数字化逐渐成为驱动经济社会发展的关键抓手。数字经济的发展事关国家发展大局，以数字经济高质量发展助力中国式现代化已经成为共识。当前，数据成为产业发展的核心生产要素，数字创新则成为产业发展重要驱动力。数字技术正在深刻重构产业链、供应链和价值链格局，不断拓宽产业生态边界，形成覆盖全要素全链条的数字经济生态圈。

随着数字技术的颠覆性作用不断凸显，企业数字化转型已经成为数字经济发展的主战场。能源化工是关系到国计民生的关键产业，小到衣食住行，大到航空航天，几乎都与能源化工产业有着密切的联系。面对正在发生的国内外深刻复杂变化的宏观环境，能源化工产业面临着安全、绿色（低碳）、可持续发展等严峻挑战，产业转型升级迫在眉睫。企业应当主动拥抱数字经济、智能制造，加快数字技术与实体经济深度融合，以数字化转型为业务赋能，重塑企业的组织结构、商业模式和决策方式，一方面实现生产过程的精准控制和优化，提高生产效率和产能利用率，另一方面实现企业经营管理过程的软件化、智能化，提升运营效率和质量，以更深层次、更高层级的改革开放为产业革新释放新红利，推动我国在全球供应链、产业链、价值链地位的不断攀升。

《驭势——能源化工数字化转型进行时》是近年来少有的集合理论、方法和大量实践案例，针对能源化工领域全面透彻阐述数字化转型的重要参考书。本书编著者们将过去20多年从事数字化和信息化工作的经验，以及200多家集团、企业的数字化转型成功案例汇聚成册，深刻洞察能源化工行业的数字化转型需求，为读者从概念到技术、产品及解决方案，乃至路线图进行了全面介绍，并通过大量成功案例将广大制造业用户从怀疑、观望转变为期待和迫切需求。能源化工行业涉及安全、质

7

量、低碳、成本、自主运行，以及企业的研发、供应链、经营管理及企业资源管理等，真正实现智能工厂或智慧企业并不是一件容易的事。制造业数字化转型是 AI 应用的基础，也就是数据或 AI 语料的基础，书中通过安全可控的数据底座清晰地阐明并展望了未来的发展方向。

中控科技集团创始人　褚健

石油石化产业是我国经济的重要支柱产业，同时面临着由能源化工行业向新材料行业转型升级的历史性变革，产业数字化是完成这项变革不可或缺的重要支撑。产业数字化转型催生了新产业、新业态的同时，也需要数字化技术和管理制度的协同创新。当前，中国已经具备发展产业数字化、数字产业化及其深化应用的条件，海南自贸港得天独厚的区域优势使得石化产业数据基础设施、数据空间、数据贸易、数据资产入表、数字保税等方面可在琼进行一些尝试和探索。海南炼化在筹建和投运初期就得到了石化盈科信息化方面的专业支持，很高兴20余年以来彼此相互成就，未来可期。祝贺石化盈科全面诠释石化行业数字化转型的首本专著出版。

——中国石化海南炼化原董事长、党委书记、总经理　李国梁

当前，能源化工企业积极推进数字化转型，紧紧围绕优化提升传统动能、培育壮大新兴动能、推进制造转型进行深度赋能，破除传统行业发展的机制障碍，构建供给质量更高、要素结构更优、创新动力更活、绿色低碳节约的能源化工高质量发展体系。数字化转型不只是新技术、新平台的引入，其核心是业务与管理的转型与升级。企业要通过数字化转型的理论学习和实践探索，形成数字化转型氛围，让数字化转型理念与生产、经营及管理深度融合，把数字化转型的思想全面体现在企业战略、规划制定、组织建设、人才队伍建设、绩效评价、企业文化建设等方方面面，真正实现业务的转型和创新。本书结合石化盈科多年实践经验，理论联系实际，深入浅出分析了经营、生产、客户服务、新基础设施等多个领域的转型场景和一揽子解决方案，希望更多的人能阅读本书，从中受益。

——中国中化集团有限公司原副总经理、中化能源原总经理　江正洪

数字经济代表了未来经济的发展方向，成为经济增长的核心要素和企业竞争的关键领域。当前，全球能源产业面临着全方位的深刻变革，能源化工企业正加快数字化转型、智能化升级，加速推进新技术创新、新产品培育、新模式扩展和新业态发展，从供应链、产业链、价值链的角度，构建与数字生产力相适应的组织与运行机制，实现模式再造。本书从数字化转型的理论出发，结合石化盈科多年实践经验，描绘了数字化转型的发展蓝图并规划了行动路径，从经营、生产等多个维度为企业提供了实际的案例参考，对于能源化工企业数字化转型具有宝贵的指导意义。

——中国石油化工集团有限公司科技部总经理　卞凤鸣

能源化工行业与数字技术相结合是实现高质量发展的必由之路。中国石油明确到"十五五"末基本建成"数智中国石油"的目标。各企业以"智慧+"建设为契机，不断加强数字技术的部署应用，持续提升企业技术创新能力。该书提供了一个全面、深入的视角，帮助企业深入理解能源化工企业数字化转型的深远意义并通过多维度的实践案例为企业理解转型、开展转型提供了很好的借鉴和指导。

——中国石油天然气集团有限公司数字和信息化部总经理　胡炳军

本书全面总结了能源化工企业的数字化转型成功实践，介绍了智慧经营、智能制造、融合生态和数字底座四大建设重点，指出了"数据+平台+应用"的信息化建设模式，展望了"新建即智能"得到全面普及的美好前景。本书图文并茂、资料翔实，既有理论归纳，也有大量案例介绍，具有很强的可读性和实用性，是能源化工企业数字化转型从业人员难得的重要工具书，值得阅读和收藏。

——中国海洋石油集团有限公司科技信息部原总经理　王同良

数字化转型是能源化工行业高质量发展的必由之路。陕煤集团积极推动数字化转型，从构筑集团竞争新优势的战略高度出发，科学、系统有序推进"上云用数赋智"，加强新型基础设施建设，积极推动平台经济为高质量发展赋能，通过工业互联网平台改造提升传统产业，发展先进制造业，以智慧矿山、数字化车间、智慧工厂为切入点，通过机器换人、智能化改造，以及内部产业数据集成，构建新的产业生态体系。通过数字化转型，陕煤集团实现了许多业务领域的数字化整合，推动新一代数字技术与传统能源行业融合发展，进一步提升了企业的核心竞争力。一直以来，我们与石化盈科在智慧经营、智能制造、智慧投资等领域开展了深入合作，该书是石化盈科多年工业实践与知识的集大成，对于指导企业开展数字化转型具有十分重要的参考价值，值得品读。

——陕西煤业化工集团有限责任公司总经理助理、战略规划部总经理　宋世杰

数字化转型是大势所趋，已成为企业生存和发展的关键，是必选项，而不是任选项。能源化工行业当前面临能源革命与数字化转型双重机遇，亟需运用数字技术重构管理模式、生产模式、商业模式，提升业务价值，驱动组织变革。本书从理论、方案到成功实践，为能源化工企业数字化转型工作提供了很好的指导和借鉴。

——中国人民大学"杰出学者"特聘教授、商学院原院长　毛基业

能量和信息是推动经济和社会发展的两大核心要素。数字化发展已经进入智能数字业务时代，所有行业都将再一次被重塑。企业要想把数字化转型推进到下一个阶段，实现可持续的创新与发展，必须洞悉未来趋势、掌握框架方法、借鉴最佳实践、优选战略伙伴。《驭势——能源化工数字化转型进行时》一书适逢其时，其洞察篇给出了能源化工行业数字化转型的底层逻辑和方法，实践篇通过200余家企业数字化转型的成功实践总结了能源化工行业数字化转型的路径，展望篇虽短，但通过八个前瞻性观点指明了能源化工行业数字化转型的未来方向。本书不仅适合能源化工行业管理者和数字化专业人员阅读和借鉴，也为其他行业利用他山之石推进数字化转型，赢在智能数字业务时代提供了极佳的参考。

——IDC中国区副总裁兼首席分析师　武连峰

数字化转型不仅是一种技术上的创新，更是一种思维方式的转变，它将为广大能源化工企业带来深远的影响，助力其在未来的发展中创造更多的机会和可能性。中科炼化携手石化盈科打造工业互联网平台，采用"数据＋平台＋应用"的新模式建设智能工厂，开展数字化转型工作，用先进的信息化、数字化技术手段支持炼化装置安稳运行，将信息化、智能化技术在流程工业应用提高到一个全新的水平。本书凝练了石化盈科多年实践经验，能源化工企业能够从中找到适合自己的数字化转型方法论，向高端化、智能化、绿色化方向发展。

——中科（广东）炼化有限公司党委书记　吴惜伟

2012年以来，九江石化大力推进智能工厂建设，通过数字化转型提高劳动生产效率和生产管理水平，设备自动化控制率和生产数据自动采集率超过95%，软硬件国产化率达95%，有效降低了生产运行成本，提高了企业核心竞争力。这个过程中，我们与石化盈科一道，从智能工厂1.0到3.0一步一个脚印，打造九江石化工业互联网平台，以"数据＋平台＋应用"新模式大力推进企业数字化转型，积极探索数字化、网络化、智能化管理，加快推动绿色低碳转型。该书凝聚了石化盈科服务能源化工行业的多年积累，详细展示了能源化工行业数字化转型的理论、方法、实践、方案，值得从业者学习借鉴。

——中国石化九江分公司党委书记　谢道雄

数字化引领新型工业化革命浪潮滚滚，能源化工行业数智化转型势不可挡。各企业应抓住机遇，践行"明者因时而变，知者随事而制"，顺势而为、乘势而动、"驭势"而成，将数字化、网络化、智能化的各类ICT使能要素与业务结合，推动企业向着高端化、绿色化、智能化的方向转变。

石化盈科是一家深耕能源化工行业数十年的IT企业，它"在知中行，在行中知"，助力包括古雷石化在内的能源化工企业践行数字化转型和智能化改造，提升企业综合实力，其间的宝贵经验、方法总结和思考感悟都凝练在本书中，具有深刻的借鉴意义。

——福建炼化公司董事长、党委书记　张西国当今世界，新一代信息技术不断突破，成为引领创新和驱动转型的先导力量。能不能适应数字经济发展，是决定企业实现创新驱动、转型升级、基业长青的一个关键。该书收录了能源化工企业在数字化转型领域的成功案例，凝练了数字化转型的成功经验做法，为能源化工企业推动数字化转型提供了更多路径选择。期待该书的出版，能够进一步促进能源化工企业向中高端进军，走好新型工业化道路。

——中国石化石油化工科学研究院有限公司董事长　李明丰

数字化转型不仅仅是技术的变革，更是管理理念的转变。在数字化转型过程中，企业要转变管理理念，适应数字化时代要求，构建数字化组织架构和业务流程，同时还要加强与外部合作伙伴协同合作，共同推动产业升级和发展。近些年，山能集团采取一系列数字化转型措施，包括建设数字化平台、推广智能制造、推进工业互联网应用等。通过这些措施的实施，山能集团在数字化转型方面取得了显著成效，提高了生产效率和管理水平，降低了运营成本和市场风险。本书通过具体案例分析，展示了数字化转型在不同企业场景中的实际效果和应用价值，同时书中的经验和思考对于各类企业也有一定借鉴意义。

——山东能源集团总工程师（化工专业）　祝庆瑞

绿色、低碳、可持续发展成为人类发展的共识，也是我国发展战略的重要组成部分，数字技术对于支持企业高质量发展和绿色化转型发挥出越来越大的作用。数字驱动安全管理、环保管理、质量管理、设备管理、成本管理、人才赋能的作用越来越明显，成为重构企业核心竞争力重要引擎。当前，新特能源作为"5G+工业互联网"硅基新材料制造试点示范工厂，积极推进企业数字化转型，构建"低碳、智能"工厂，成为行业首家绿色设计、绿色产品、绿色工厂、绿色供应链等绿色制造体系全覆盖的示范企业。这一过程中，我们与石化盈科开展了许多有益的尝试和探索，拜读此书，看到了能源化工行业众多企业的成功经验备受启发，推荐大家深入研读。

——新特能源股份有限公司总经理　银波

当前，能源化工行业正处于传统产业升级焕新、实现新型工业化的历史机遇期，推动数字经济与实体经济深度融合、改造提升传统动能、培育壮大新兴动能、加快形成新质生产力，是时代赋予实业工作者和信息化工作者的历史使命。石化盈科作为能源化工行业数字化转型的推动者和实践者，是中化信息的深度合作伙伴和重要学习榜样。本书基于石化盈科多年来的探索和实践，展示了丰富的数字化转型典型案例，提炼了可复制、可应用的具有共性价值的方法论，对于能源化工行业开展数字化转型、推动产业升级具有很强的指导意义。

——中化信息技术有限公司执行董事、党委书记、总经理　赵洋

近年来，能源化工企业积极探索企业高质量发展之路，推进数字化改造、绿色化转型，探索应用数字技术赋能业务发展，重塑商业模式。国家管网集团自成立以来，大力推进数字化转型，争创管输原创技术策源地，争当能源管输产业链链长，努力探索一条依靠创新驱动高质量发展的管网新路。在探索的过程中，我们与石化盈科共同合作，在经营智慧化、生产智能化等方面开展了有益的尝试探索，该书是石化盈科多年实践经验的凝练，对于指导企业洞察数字机遇，把握发展先机有很大的帮助，是一本难得的数字化转型实践指南。

——国家管网集团北京智网数科技术有限公司副总经理　魏政

当今，数字技术正在深刻地影响和重塑各行各业，推动经济社会发展和变革。能源化工企业积极探索运用数字技术改进生产、提升经营水平，实现高质量发展。新凤鸣集团紧跟数字化转型的潮流，积极探索新技术、新业态、新模式，以数字化网络化智能化为主攻方向，建设工业互联网平台，充分利用5G、大数据、人工智能等新一代数字技术，打造全球领先的化纤"未来工厂"。多年来，我们携手石化盈科一起在经营管理、智能生产等领域开展了探索与创新，收获颇丰，该书从理论、方案、实践等角度全方位梳理了能源化工行业数字化转型的全貌，可为广大企业探索数字化转型之路提供帮助。

——新凤鸣控股集团总裁助理、首席信息官　王会成

　　数字化转型不仅是企业提高核心竞争力、应对市场竞争的迫切需要，更是企业高质量发展的内在需求。当前，我国能源化工企业积极探索数字技术与业务深度融合，优化业务流程和管理模式，打造数字化平台和生态系统，努力降本增效，改善客户体验。对于能源化工企业的数字化转型，本书提供了富有针对性的理论、方法和案例，从战略规划到具体实施，从组织架构到技术应用，均有详细阐述，可为企业提供有价值的借鉴和指导。

——中国绿发科技创新部总经理　刘琨

　　近些年，渤海化工集团运用数字技术实现了对生产过程的监控和优化，提高了生产效率和产品质量；通过优化企业的管理流程，实现了对市场动态的快速响应和客户需求的高效满足；通过打造数字化平台，实现了与合作伙伴的共享和协同作业，提高了整体运营效率。本书是能源化工企业进行数字化转型和升级的必备读物，不仅提供了理论支持，更提供了实践指导，对于能源化工行业的数字化转型具有极高的参考价值。

——渤化集团渤化资产党委副书记、总经理　张宇哲

前言
PREFACE

　　能源的变迁史和人类文明发展史紧密联系，与社会进步和人民生活水平提高相伴而生。纵观历史，人类的能源利用经历了薪柴阶段、煤炭时代、油气时代三个主要阶段，目前正在向第四个阶段——可再生能源时代过渡和演进。每一次能源革命，意味着能源生产、运输、存储和消费形式的变化。每一次能源革命，都推动了时代的进展。能源的发展和进步标志着人类社会文明的发展和进步，也决定着人类的生产方式、生活方式。2014年6月，党中央提出了以"推动能源消费革命、能源供给革命、能源技术革命、能源体制革命，全方位加强国际合作"为核心的能源安全新战略，为新时代我国能源高质量发展指明了方向，开辟了中国特色能源发展的新道路。

　　当前，全球能源产业面临着全方位的深刻变革。国家正在大力推动各行业数字化转型、智能化升级，加快数字经济与实体经济深度融合。能源化工产业作为我国国民经济的支柱产业之一，承担着保障国家能源安全、增进人民福祉的重要责任。在数字经济高速发展和能源转型持续深入的大背景下，行业迎来以数字技术深度应用为主要特征的战略加速转型期。

　　数字化是促进企业创新和转型的催化剂，企业需要借力数字技术，化挑战为机遇，洞悉宏观趋势，预见发展新机，主动适应时代发展要求，加快转型升级步伐，从要素驱动向创新驱动、从外延粗放式发展向内涵集约式发展、从单一能源供给向综合能源服务、从单一规模竞争向产业链整体实力竞争转变，坚定不移走安全、高效、绿色、低碳、智能的高质量发展之路。行业领军企业已经开始自上而下系统性开展业务流程梳理优化和数字化顶层设计，统一应用、数据和技术架构以及各类标准，有计划有步骤地推进各领域的数字化转型。企业应积极探索以数字技术为承载的新业务、新模式，构建全面深入的工业互联网体系，将数字化解决方案嵌入企业的核心业务及全产业链，通过业务、组织、技术的协同优化，充分释放数据价值。

　　新时代新征程，我们要以习近平新时代中国特色社会主义思想为指导，以中国式现代化全面推进强国建设、民族复兴伟业，完整、准确、全面贯彻新发展理念，统筹发展和安全，深刻把握新时代新征程推进新型工业化的基本规律，积极主动适应和引领新一轮科技革命和产业变革，把高质量发展的要求贯穿新型工业化全过程，把建设制造强国同发展数字经济、产业信息化等有机结合，为中国式现代化构筑强大技术基础。志不求易者成，事不避难者进。数字技术正以排山倒海、万马奔腾之势，重塑未来转型之路。数字化转型只有起点，没有终点。在这条道路上，唯有做到科学规划、场景先行、稳步推进，才能掌握主动权、下好先手棋、打好主动仗。

2023年10月，习近平总书记视察九江石化，充分肯定了九江石化转型升级、打造绿色智能工厂等工作，作为九江石化智能工厂的主要承建单位，石化盈科备受鼓舞。公司一直以来致力于推进两化融合行而不辍，依托丰富的信息化实践经验和对行业数字化转型需求的充分理解，构建了咨询、设计、研发、交付、运维和运营的完整服务链，聚焦研发数字化、生产智能化、经营一体化、服务敏捷化、产业生态化，形成了智慧经营、智能制造、商业新业态、新基础设施、智能硬件五大核心业务，成长为石化行业唯一的全产业链信息化解决方案和产品提供商。我们致力于以科学的咨询规划为支点，先进的数字化解决方案为杠杆，助力能源化工行业高端化、智能化、绿色化发展。本书在对行业数字化转型现状和发展趋势的深入思考基础上，以"新理论—新路径—新未来"为整体架构，分三篇介绍了理论、方法和案例。洞察篇总体论述了数字化转型的定义和内涵，以全局视角分析如何进行数字化转型，构建能源化工行业高质量发展的未来。实践篇精选国内外能源化工企业数字化转型典型业务场景与建设案例，提出了能源化工企业数字化转型建设模式的四大重点，即智慧经营、智能制造、融合生态和数字底座。以"数据＋平台＋应用"信息化建设模式，构建企业数字化转型升级蓝图。展望篇描绘了能源化工数字化转型的发展趋势，为能源化工企业擘画智造未来。

本书的编写得到了众多企业CIO、信息化管理者和科研院所、ICT厂商等合作伙伴的指导和支持，也凝聚着石化盈科各级领导和专家顾问的智慧。我们诚挚期望以此书出版为契机，与各界同人交流研讨、共筑生态、"驭势"而行，助力我国能源化工行业高质量发展！

由于时间和水平有限，本书在编写过程中可能存在不当或疏漏之处，恳请读者批评指正。

周昌

顾问委员会主任

目 录
CONTENTS

洞察篇
能源化工数字化转型的逻辑

实践篇
能源化工数字化转型的路径

展望篇
能源化工数字化转型的未来

驳势

能源化工
数字化转型进行时

洞察篇

能源化工数字化
转型的逻辑

第一章

数字经济与能源变革深度融合

一／数字经济新形势

数字经济是继农业经济、工业经济后的第三种经济形态，于2017年首次被写入政府工作报告。从工业经济向数字经济转型，是人类文明的又一次巨大飞跃，它涉及社会治理、宏观经济、企业经营、个人生活等方方面面。随着近年来的蓬勃发展，数字经济已经成为拉动我国经济增长的重要引擎。新一代信息技术引发了生产力、生产关系加速变革，改变了诸多经济特征。从经济特征来看，工业经济追求规模化发展，强调专业分工、科学管理，提升成本、降低效率，企业之间信息不对称。而数字经济时代则追求生态化、平台化、个性化，强调用户主权，其不同于传统的依赖消耗自然资源的工业经济，数据打破了传统生产要素有限供给对增长的约束，成为关键生产要素和经济社会基础性战略资源。新旧动能转换要求企业将生产力提升的关注焦点从压低生产要素获取成本（如降低原料采购价格和人工成本）转变到优化生产方式和生产关系上来。智能制造的本质就是优化企业的生产方式，而工业互联网的本质就是优化生产关系。

人类社会的数字化变革正加速演进，逐渐覆盖生产、消费以及服务等价值链各环节，数字经济加速了产业形态和价值创造的方式变革，催生出新的商业模式。传统的生产要素和生产方式已无法满足数字经济时代对于价值创造的要求，只有提高生产要素和生产工具的数字化程度，促进数据要素价值化和经济结构优化，才能适应数字经济的发展要求。

在数字经济蓬勃发展的背景下，中国全面开展数字化战略，2023年中共中央、国务院印发了《数字中国建设整体布局规划》，提出了数字中国建设"2522"整体框架，明确了数字中国是数字时代推进中国式现代化的重要引擎，是构筑国家竞争新优势的有力支撑。在数字中国战略的引领下，以新型网络技术、云计算、大数据、人工智能等为代表的新一代信息技术在落地过程中呈现出了融合式、交互式的发展态势，不断与业务实际需求结合，迭代改善应用方式，为经济社会各领域迈向数字化、智能化提供了基础。例如，新型网络技术实现了泛在连接，极大提升了协同和共享的能力，真正实现业务随时在线；云计算技术让计算和存储能力得到数量级级别的跨越式提升，为后续各种新应用的出现提供了坚实基础；大数据技术基于海量数据的汇集和交互，实现数据驱动的智能洞察和决策；人工智能技术实现场景的实时感知和智能交互，让智能无所不在。

以新能源、新技术、新材料为主要驱动力的能源革命风起云涌，推动着人类社会进入全新能源体系。随着行业竞争不断加剧，资源、能源和环境的刚性约束日益增强。全球各大能源公司纷纷采取多元化、清洁化、低碳化、高端化、差异化、数字化策略，通过行业整合、基地化布局、加大数字化投入等措施来应对挑战，抢占产业竞争的制高点。我国能源化工行业的数字化转型尚处于起步阶段，仍存在数字基础薄弱、数据开放共享机制和手段不成熟、数字化人才供给不足等问题，制约着企业挖掘新的增长点和价值点。

我国能源化工行业作为现代经济的核心和血脉，面临着一系列挑战。一是经营理念方面，作为传统制造业，企业过去传统以产品为中心的经营理念与数字经济时代以客户为中心的要求已经不相适应；二是经营方式方面，往往存在产销脱节，研发和市场需求断层等问题；三是组织架构方面，传统流程行业由于经营模式、监管要求的限制，一直采用层级式、区域化、条线分割的组织管理机制，很难适应当前客户敏捷化、智能化、移动化的服务需求；四是科技应用方面，企业在充分享用技术红利的同时，也要解决其所伴生的问题，即非耦合性、复杂反应机理导致的技术之困、工业控制面临的安全之困，以及数据标准难以统一、共享所致的数据之困。

能源化工企业承担着突破传统产业发展瓶颈、激发新发展动能的新使命，需要秉持数字化发展理念，将数字技术与业务相融合，驱动生产、经营和服务模式创新，破解传统产业高质量发展的核心密码。国家政策推动、数字技术拉动、数据要素驱动、产业发展协同等多方因素共同作用，为能源化工行业负重前行指明了方向和路径：一方面要积极响应国家发展数字经济的政策，转变传统的发展思路，紧抓数字化发展机遇，应用数字技术释放技术红利，走高端化、智能化与可持续化发展道路。另一方面要以数据要素为依托，以价值释放为核心，以数据赋能为主线，对产业链上下游的全要素进行数字化升级和再造，通过数字化构建产业增长的新动能，筑牢传统产业新的发展根基，践行数字中国战略下的全产业链转型发展排头兵职责。

二 / 高质量发展新阶段

党的二十大报告明确指出"高质量发展是全面建设社会主义现代化国家的首要任务",提出了"加快构建新发展格局,着力推动高质量发展"这一经济工作总思路。推动能源化工高质量发展,是扎实推动我国经济持续健康发展的必然要求,是建设现代化经济体系的必然要求,也是推动产业发展从"数量扩张"转向"质量提升"、从"要素驱动"转向"创新驱动"的必然要求。能源化工行业关联度高,产品覆盖面广,对保障用能安全、稳定经济增长、改善人民生活具有重要作用。近几年,我国能源化工企业在国家政策与环境法规的引导下,以安全、可持续、绿色低碳、节约化、智能化等高质量发展指标为引导,在推进结构化调整、淘汰落后产能、提升效能水平等方面系统发力,以期加快产业体系改革,深化产业链协作,最终实现产业要素合理流动与高效集聚、由"做大"向"做强"转变的目标。

高质量发展以创新为第一动力,以协调为内生特点,以绿色为普遍形态,以开放为必由之路,以共享为根本目的。能源化工行业要坚持新发展理念,推动高质量发展。能源革命推动了新旧能源动力转型,构建并完善可持续的能源安全体系成为国家发展的重要基石。绿色低碳发展成为能源化工转型的主旋律,企业要在减污降碳增效、资源节约集约和高效利用等领域加大创新力度。同时,能源消费市场端多元化需求不断释放,敏捷响应需求变化成为推动行业转型升级核心目标。新一代信息技术迅速发展及与传统行业快速融合,为高质量发展提供了可行的实现途径。

具体而言,能源化工行业的高质量发展需要抓好以下几点:

一是安全可持续。安全可持续是能源化工高质量发展的总基调,主要体现为能源供给的安全稳定和可持续发展。能源是国家战略性资源,我国能源生产、消费和进口量均居世界第一,巨大的市场需求凸显了保障能源供给的压力。一方面,我国能源消费在未来仍将保持刚性增长,新能源安全替代能力还没有完全形成,因此在供给上要发挥传统能源的兜底保障作用,提升能源自给率,实现能源供应整体稳定可靠;另一方面,在推进能源消费方式变革的同时,新能源技术创新为我国能源可持续发展提供内生动力,我国逐步构建了多元化的清洁能源供应体系,能源结构稳步优化助力我国打造可持续发展的能源强国。

二是绿色低碳。在碳中和政策推动下,我国步入了能源结构转型的重要窗口期,国家大力发展绿色新经济,为全球绿色经济复苏做出贡献。在保障能源供给安全的同时,能源化工企业逐步加大投入,提升能源供给质量、利用效率和减碳水平。提升能源供给质量、利用效率和减碳水平,提高经济绿色化程度,增强发展的潜力。实现能源化工绿色低碳发展,应重点关注三个方面:一要构建多元化的绿色能源体系，加大对绿色能源的投资布局；二要积极进行绿色技术突破，尤其是在绿色关键核心技术、一些"卡脖子"难题上实现创新；三要加快构建绿色生产体系，促进生产过程中的资源节约与高效利用。简而言之，能源化工的绿色低碳意味着要持续进行能源结构以及能源生产的优化，并不断在新技术、新装备方面进行突破创新。

三是智能化。能源化工的智能化建设是以数字化为引领，在第五代移动通信技术（5th Generation Mobile Communication Technology，简称5G）、工业互联网、人工智能等数字技术与业务深度融合下，推进能源生产和消费方式更加智能化。能源化工行业属于传统流程制造工业，大型化、一体化、高端化发展也使得业务范围广、流程复杂，对制造的安全、绿色、高效要求相对较高，智能化是制造转型升级的必然选择。以智能化赋能行业发展，对内给企业经营管理带来便捷高效应用的同时，对外也进一步拓展了全球价值链分工的深度和广度，延展了产业链、供应链，推动资源配置优化，促进产业向精细化、高端化发展，数字专家服务、数字集约共享等新模式不断涌现。实现智能化发展，必须构建可信、安全、可控的数字基础设施，在保障产业平稳运行的同时，以"数据＋平台＋应用"的创新型信息化建设引领产业智能化升级，构筑内在核心竞争力。

三 / 数字化转型新机遇

数字经济已成为全球范围内产业转型升级的重要驱动力，数字化赋能千行百业，能源化工也不例外。由于能源化工产业业务复杂，多为一体化运营，变动成本占总成本比例较大，因此非常适宜从数字化过程中获益。当前，新一代信息技术持续迭代创新，行业深入应用的数字技术已从社交媒体、移动化、大数据、云，逐步转为5G、人工智能、数字孪生、高性能计算等新一代信息技术，这些新技术为结构调整、产业升级带来深远影响，深刻改变传统的生产模式、管理方式和客户交互方式，甚至带来全新商业模式。咨询公司预测，未来十年，石油天然气行业数字化或为行业、客户和社会带来约1.58万亿美元的价值，数字化技术每年可助力全球油气上游行业节省750亿美元，如图1-1所示。

面对新技术发展和百年变局加速演进，党中央立足新发展阶段，聚焦高质量发展，科学擘画了全面建成社会主义现代化强国的宏伟蓝图。2021年以来，中央网信委、国务院相继发布《"十四五"国家信息化规划》《"十四五"数字经济发展规划》《"十四五"制造业高质量发展规划》《数字中国建设整体布局规划》，大力推进数字技术与经济、政治、文化、社会、生态文明建设"五位一体"深度融合，加快建设制造强国、质量强国、网络强国、数字中国。工信部等八部委联合发布了

《"十四五"智能制造发展规划》，国家发展改革委、国资委、国家能源局等部委作出了推进新型基础设施建设、加快能源数字化智能化发展、实施国有企业数字化转型行动计划等专项部署，大力推动制造业高端化、智能化、绿色化发展，加快推进新型工业化。新时代、新使命、新任务，党中央的战略部署为产业加快转型升级提出了新的更高要求，我们必须乘势而上，全方位加快数智化转型，以数字化培育新动能、塑造新优势、推动新发展，在新征程中展现新作为。

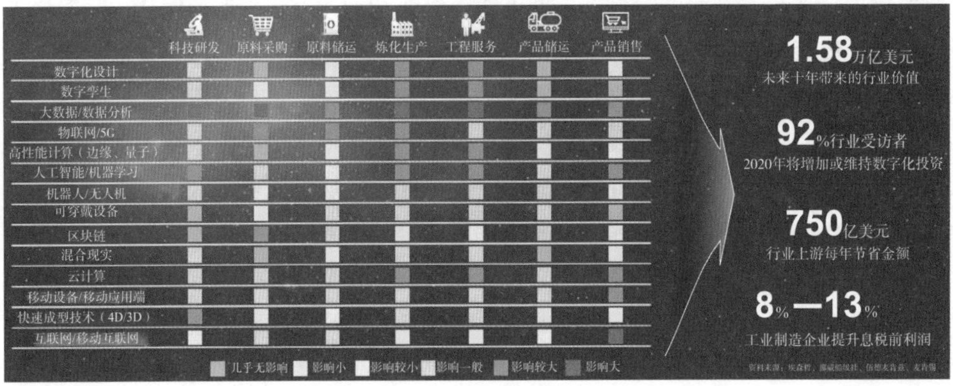

图 1-1　产业链数字技术应用情况

　　能源化工企业数字化转型应紧紧围绕优化提升传统动能、培育壮大新兴动能、推进制造服务转型进行深度赋能，以数字化与实体经济相融合的方式着力提升能源化工智能化、数字化、网络化水平，破除传统行业发展的机制障碍，打造行业规模化发展，构建供给质量更高、要素结构更优、创新动力更活、绿色低碳节约的能源化工高质量发展体系。在数字经济浪潮中，企业唯有拥抱数字化，加速转型升级，方能应对新常态，实现基业长青。

　　以数字化转型推动新旧动能转化。我国已成为世界炼化中心，但"大而不强""全而不优"的问题仍然突出，面对逆全球化趋势，企业需要更好地运用国际国内两个市场，使两个循环优势互补、良性互促，利用新技术、新应用对传统产业进行全方位、全角度、全链条的改造。针对行业高耗能、高污染和传统经营管理模式的问题，数字化转型将有力支持供给侧结构性改革，在去产能中减存量、优增量，研发新技术、开发新产品、开辟新市场，运用新技术和先进实用技术进行改造提升，推动产业转型升级。

　　以数字化转型培育壮大新兴动能。聚焦新兴领域创造新动能，既要培育发展前景广阔的能源化工新兴领域，也要化解落后产能、运用新技术改造提升传统产能，实现"老树发新枝"，促进行业生产力整体跃升。紧紧抓住数字化转型发展契机，培育壮大新动能，深度挖掘数据价值，以平台化发展夯实新兴产业基础，强化能源化工发展新动能。

以数字化转型推进服务化转型。服务型制造是制造与服务融合发展的新型产业形态，是制造业转型升级的重要方向。推动能源化工制造服务化转型，是以产品生产为中心向以服务需求为中心的转型，有助于改善当前产品供给状况，破解当前能源化工面临的发展矛盾约束，提高企业竞争力和市场占有率。

作为能源化工企业，我们当前面临着严峻的经营环境，肩负的使命也更加艰巨，我们必须认清实现高质量发展的短板和弱项，进一步增强危机感、紧迫感，主动把握时代变迁的脉搏，加快推进数字化经营，着力提升四方面的能力。一是提升数字思维能力。深入了解、认知、分析、服务数字化社会，构筑起"数字孪生"社会下的企业经营管理模式，为数字化转型奠定扎实基础。二是提升数据应用能力。能源化工企业沉淀了海量客户信息和生产经营数据，同时也连接了巨量外部公共数据资源。拥有数据很重要，但更重要的是将数据充分"聚起来""用起来""活起来"。三是提升场景运营能力。要善于发现场景，善于搭建场景。遵循云化、一体化、智能化原则，建设数字化平台，实现内外部场景的数字连接，提升数字化服务和运营能力。四是提升敏捷响应能力。要构建敏捷组织，紧紧围绕客户需求，打破组织层级垂直边界、部门功能横向边界，按照敏捷感知和快速响应的逻辑重塑组织架构和业务流程。

第二章
理念创新引领行业转型

一 / 数字化转型的内涵

（一）数字技术驱动业务变革进而重构价值体系

"数实融合"正深刻影响经济发展与企业经营环境，这使得企业更加关注数字化转型。尽管目前各类机构和企业对数字化转型有不同的定义，分析视角和阐述重点不尽相同、各有侧重，但都强调了以下几点。首先，强调要重视数据作为关键生产要素的价值，挖掘利用全产业链中的全域数据，发挥数据的创新驱动潜能；其次，强调要将数字化转型提升到战略高度，并与企业的发展战略协调一致；再次，强调要构建敏捷的技术架构，以更低的成本和更便捷的方式满足业务需求，推动行业向数字化、网络化、智能化发展；最后，强调要注重价值创造，利用数字技术创新和改变原有的业务流程和价值创造方式，重塑价值链、供应链、产业链，推动企业可持续发展。

能源化工企业尚未形成数字化转型的全面共识，企业数字化转型"不能转、不敢转、不会转"等问题仍然较为突出，多数企业误以为数字技术应用水平就是数字化转型的水平，忽视了数字化转型是一项涵盖战略转变、数字能力提升、技术融合应用、管理创新变革、业务创新转型等多方面转型的系统性工程，导致转型整体效能不高。石化盈科认为，数字化转型不是简单的"信息技术（Information Technology，简称IT）+数据"，也不是单纯地将线下业务转移到线上运行，而是整个价值创造逻辑的改变。传统优势企业要想在数字经济时代继续领跑，需要跨越工业化时代与数字经济时代之间的鸿沟，把握历史机遇，让商业模式产生突变，从而进入新的起点和发展周期。能源化工企业实施数字化转型，实质是重构价值体系，聚合竞争优势，以客户为中心，改造和优化供应链，覆盖研发、生产、销售、服务等价值创造和传递环节，提升客户体验，盘活存量价值。同时，企业还需要不断沿价值链延伸，积极为客户提供高附加值的产品服务和解决方案，打造新模式、新业态，持续推进数字产业化、业务数字化、数字业务化的转变，不断挖掘新的价值增长点。因此，石化盈科认为能源化工数字化转型的本质是以价值创造为目的，以提升效率和效益为导向，用数字技术驱动业务变革的过程。能源化工行业数字化转型的定义如图2-1所示。

图 2-1　能源化工行业数字化转型的定义

能源化工企业数字化转型要着力培育壮大数字生产力，打破层级化、职能化的生产关系，从供应链、产业链、价值链的角度，构建与数字生产力相适应的组织与运行机制，实现模式再造。在转型推进中，内容、范围不断扩大，由局部优化渐至全局优化和全面变革，价值效益随之提升。企业数字化基础不同，转型推进模式可以选择同步推进或循序渐进。转型的终极目标是重新定义客户价值，开拓全新业务模式，颠覆固有的工作方式，实现生产形态的变革。如图2-2所示。

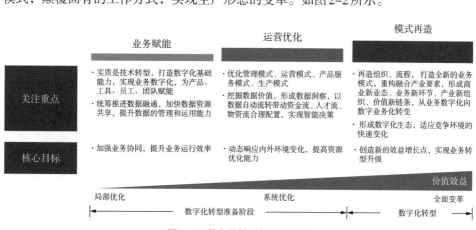

图 2-2　数字化转型的三个阶段

通过对油气生产、炼油化工、油品销售等领域68家大中型企业的持续跟踪，分析能源化工企业数字化转型成熟度所处阶段，数据显示油气生产企业大部分处于业务赋能阶段，正在整合资源、统筹推进数据融通，在资产远程运维、无人值守等场景进行数字化的试点尝试；炼油化工企业大部分处于业务赋能和运营优化阶段，在日效益日优化、计划调度生产协同、智能立体仓库、远程技术诊断等场景已初显成效；油品销售企业侧重运营优化和模式再造，强化客户大数据分析应用，实现站内设备自动管控、客户智能识别、行为跟踪和精准营销，依托电商平台大力发展平台经济，提高企业竞争力，相关数据如图2-3所示。

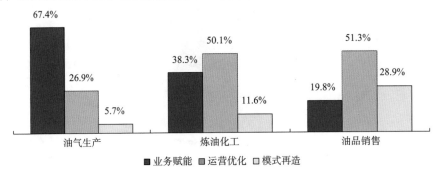

图2-3　能源化工行业企业数字化转型分阶段占比

（二）转型的核心在于业务、技术与组织的转型

在工业经济时代，企业创造价值的方式是基于工业技术专业化分工取得快速的规模化发展，力图获取长周期的回报。随着资源、能源和环境刚性约束的日益增强，全球经济发展已经从增量阶段进入存量阶段，单纯以技术或资源为导向的方式已经很难适应日益复杂和快速变化的市场环境。

如今，云计算、大数据、物联网、人工智能、5G等数字技术为实现"软件定义世界"奠定了基础，通过内置传感器、处理器和软件以及云边结合等方式，让"不会说话"的设备产生了海量数据，以促使企业内部原有的设计、营销、制造和售后服务全流程实现改造升级，推动生产效率的大规模提升，并衍生出全新的产品和服务（如数据分析和安全服务）。

数字经济时代下，信息技术引发新一轮技术体系创新和生产力变革，进一步引领组织管理创新和生产关系变革，技术创新与管理创新协调互动，生产力变革与生产关系变革相辅相成，通过优化、创新和重构价值体系，不断创造新价值，打造新动能。因此，必须从物质经济、规模经济的生产力和生产关系转变为适应数字经济、范围经济的生产力和生产关系，要适应这种变革，就要推动企业各领域的全面转型。

不同机构对于数字化转型的理解和关注重点各不相同，例如对于战略专家和咨询公司来说，更多聚焦于消费互联、数字经济、产业互联等；对于企业 CEO 则更加关注企业新战略和数字化商业模式创新或重构；对于信息技术厂商，应用软件类提供商则更多从技术层面来谈数字化转型，例如企业数字中台构建，智能制造，云原生解决方案等。综合来看，数字化转型的核心要素是业务、组织、技术，也就是通过推动业务、组织、技术的互动创新和协同优化来实现数字化转型。数字化转型三要素如图2-4所示。

图 2-4　数字化转型三要素

1.业务转型

成功的数字化转型必须以明确的数字化战略为基础，通过战略选择，实现竞争优势、业务增长、利润和价值最大化。数字化转型战略应作为企业发展战略的重要组成部分，把数据驱动的理念、方法和机制根植于发展战略全局。企业一把手应亲自推进数字化转型，组织业务部门、IT部门协力推进，围绕使命、愿景，识别内外部环境的变化，明确要打造的与战略相匹配的可持续竞争优势，制定数字化转型的目标、蓝图、重点任务、实施路径和保障措施，并将建设信息化环境下的新型能力作为数字经济时代战略转型和战略实现的重要途径和必要手段，通过新型能力的塑造和提升确保战略有效落地。

企业是一个创造、传递、支持和获取价值的系统，价值体系没有重构就不能称之为转型。企业数字化转型的关键，是要聚合竞争优势，围绕价值链实现价值增值和创新，改进企业价值创造的过程，甚至形成创新的业务，从而降低成本、提高收入。但是转型不可能"一刀切"，一般有两条路径可以选择。针对相对平稳的业务，应重点关注提高生产力，提升客户体验；针对变革剧烈的业务，应重点关注创造全新的产品和服务，重塑商业模式。数字化转型的两条路径如图2-5所示。

2.技术转型

数字化转型始于战略，根在业务，成于组织，重在技术。企业的数字化转型，需要信息技术与企业业务不断融合。回顾企业信息化的发展历程，可以概括为四个阶段，即分散建设阶段、集中建设阶段、集中集成和深化应用阶段、集成共享和协同创新阶段。最早的分散建设阶段时期，建设了财务、劳资、统计等单项应用系统和企业资源计划（Enterprise Resource Planning，简称ERP）、物资采购电子商务、生产执行系统（Manufacturing Execution System，简称MES）、加油卡等系统；之后的集中建设和集中集成、深化应用阶段，建成了经营管理、生产营运、信息基础设施与运维等信息化平台，推进了智能工厂试点、电商平台等项目建设；当前正处于集成共享、协同创新阶段，围绕"智能制造"和"互联网+新业态"两大主线，着力打造产业竞争新优势，为企业持续健康发展提供新动能。

图 2-5　数字化转型的两条路径

　　数字化洪流席卷全球，新一代信息技术与行业深度融合，可以促进研发设计、计划调度、生产工艺、企业管理、客户服务等呈现数字化、智能化的新趋势，对冲劳动力成本上升，解决新老员工接替导致的经验流失问题，提升产业链韧性和竞争力，激活创新生态，在提高生产效率和企业盈利水平的同时，推动整个行业的质量变革、效率变革、动力变革，为实体经济的高质量发展注入新动能。

　　随着信息化的发展和演进，构建通用的业务、技术、数据服务能力，打造更敏捷、高效、安全的信息架构，建立以业务为驱动的信息和数字化发展新模式势在必行。新模式下，信息化建设应加强顶层设计，按业务域完善企业架构，建立完善数据治理体系，推进信息化应用的域内协同和跨域拉通，加快产业数字化转型、智能化升级。在技术转型方面，聚焦平台赋能、数据赋智和产业创新引领，以业务为核心，打造"数据+平台+应用"的信息化发展模式，以统一的工业互联网平台作为推进企业全面数字化转型的加速引擎，推进存量信息系统上云、上平台。新建云原生的工业APP，从根本上打通组织壁垒和信息孤岛，统筹解决碎片化供给和协同化需求的矛盾，提升系统纵向贯通性和业务覆盖度，促进业务协同。打造更敏捷、高效、安全的信息架构，基于中台的组件和服务构建满足各种业务场景、"百花齐放"的工业APP，形成良好的数字生态，助力能源化工企业转型为数据驱动型的智慧企业。聚焦筑牢数字转型基石，推进新一代信息基础设施和网络安全防御体系建设，建立数字化主导的信息化运维新模式，筑牢网络安全屏障，优化完善信息化管控体系，加强两化融合管理和信息化队伍建设，保障信息系统安全高效运行，推动企业信息化和数字化水平向更高质量跃升。

技术转型应着眼于科技创新，通过搭建技术生态体系，促进产学研用协同创新、取长补短、共同发展。利用工业互联网平台，促进IT、数据技术（Data Technology，简称DT）、运营技术（Operational Technology，简称OT）、工艺技术（Process Technology，简称PT）等充分融合，挖掘数据价值，驱动数据分析挖掘与应用，并在转型过程中逐步建立企业统一的数字化标准及安全体系。

在数字化转型进入深水区的当下，将新型数字技术与传统产业简单叠加是行不通的。像搭建积木一样运营企业，可组合企业正在成为数字化转型新趋势。Gartner倡导在业务、组织、技术方面全面变革，重塑思维方式、技术和运营模式，建立由可组合的业务架构、可组合的思维、可组合的技术构成的"高可组合企业"，支持组织创新，快速适应不断变化业务需求。企业需要的是一种插件应用程序架构，可以轻松配置和重新配置各种组件，软件开发将从单体技术套件和基于代码，过渡到面向服务和组合的架构以及多个可互换应用程序的互联生态系统，这就需要平台具备打包业务能力（Packaged Business Capabilities，简称PBC）。与此同时，企业应随着外部环境变化及时调整战略，建立高度信任的创新文化，加强业务部门和IT团队的融合，采用基于平台的"可组合"应用开发模式，从容应对未来挑战。高可组合企业的主要特征如表2-1所示。

表2-1　高可组合企业的主要特征

可组合思维	可组合业务架构	可组合技术
·授权内部职能部门、产品团队、外部盟友或商业伙伴通过自主、自组织的网络共同工作	·组建多学科团队，在价值上保持一致，提高透明度，推动问责制，并按需合作	·建立迭代开发技术（例如DevOps）作为默认的开发方法
·促进高度信任的文化，使员工能够独立决策	·将数字化成果的责任分配给传统IT组织以外的其他业务部门/业务领导者	·在内部职能部门、产品团队、外部盟友和/或商业伙伴关系中建立持续轻松的想法共享以及平台、工具和专业知识的访问
·实施适应性战略，发现并应对机遇和威胁	·与技术能力并行设计业务流程	·创建动态且易于部署的集成功能，连接数据、分析和应用程序组件

技术转型中，制定以业务为驱动的信息化蓝图非常重要，其中就不得不强调企业架构（Enterprise Architecture，简称EA）管理的重要性。与城市规划类似，EA是企业的多层级构造蓝图，如图2-6所示。

企业架构是承上启下，确保公司战略落地的重要基础，同时，与公司各项重大改革和创新措施（如组织架构调整和业务流程再造）相辅相成。通过明确业务条线之间、业务与系统之间的关系，可以有效增强企业的整体执行力。

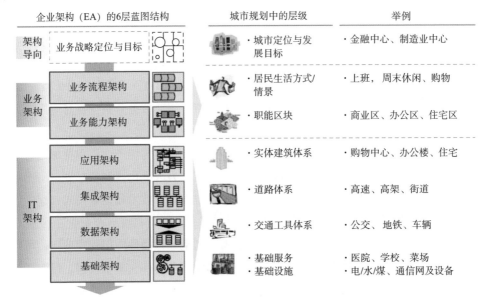

企业架构（EA）的6层蓝图结构	城市规划中的层级	举例
架构导向：业务战略定位与目标	·城市定位与发展目标	·金融中心、制造业中心
业务架构：业务流程架构	·居民生活方式/情景	·上班，周末休闲、购物
业务架构：业务能力架构	·职能区块	·商业区、办公区、住宅区
IT架构：应用架构	·实体建筑体系	·购物中心、办公楼、住宅
IT架构：集成架构	·道路体系	·高速、高架、街道
IT架构：数据架构	·交通工具体系	·公交、地铁、车辆
IT架构：基础架构	·基础服务 ·基础设施	·医院、学校、菜场 ·电/水/煤、通信网及设备

图 2-6　企业架构的内容

3.组织转型

数字化转型是由数字技术引发的系统性变革，生产力和生产关系都将发生变化，一般来说生产力都先于生产关系产生变革。如何适应生产力变化，建立适合数字生产力的新型生产关系是企业需要思考的问题。

在数字化转型的过程中，如果说技术驱动业务变革，重塑了企业商业模式和核心竞争力，那么组织转型则可以让传统科层制向更加扁平、敏捷、开放组织的转变，跨越产业边界和企业边界，驱动先进生产关系释放新生产力，将数字文明纳入企业文化，把数字化技能作为员工应该具备的基本能力要求，高效协同，形成合力，营造数字化转型文化氛围，激发员工活力，形成数字化转型的动力源泉。

只有企业对其业务进行系统性的重新定义——不仅仅在IT层面，而是对组织活动、流程、业务模式和员工能力等方方面面进行重新定义，培育共创、共赢的价值观，数字化转型才能成功。企业需要有序开展流程梳理、制度优化、流程型组织和职责优化、绩效体系优化、一体化检查等工作，为数字化转型和持续增强公司价值创造能力奠定良好的组织保障和管理基础。这里要特别强调一点，流程管理对于数字化转型具有重要意义。首先，流程是卓越绩效的保障。通过将靠人的管理转化为流程化管理，可以有效提高运营质量，保证企业经营成果。其次，流程是整体最优的前提。企业间竞争本质是全方位的，流程是企业经营系统的框架，它以终为始，从上至下，一切都围绕公司整体经营目标出发，从而达到企业管理的整体最优。再次，流程是营运高效的关键。通过优化业务流程，可以最大化增值活动，大幅度提升企业的营运效率。最后，流程是战略落地的保障。战略要落地，需要流程这把云梯，将战略目标从高到低分拆，保障战略落地，如图2-7所示。

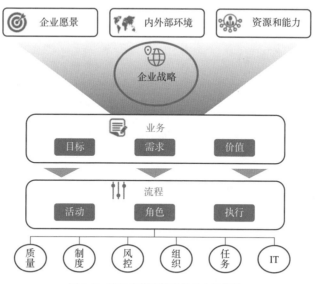

图 2-7　流程在管理体系优化中的定位

　　企业需要引入流程管理理念，以业务为中心，以岗位/角色为落脚点，基于企业发展战略、管控模式对业务进行分解细化，设计业务架构和流程架构，开展端到端流程场景的设计。因为流程数量多，头绪复杂，很多企业虽然曾经因为制度内控体系建设或信息系统建设开展过流程梳理，但因为缺乏科学的方法论，导致多套流程并存，难以从根本上实现全局优化。我们建议采用"Y模型"解决复杂业务的流程设计问题，基于单元流程提炼业务组件，更好支持中台建设，如图2-8所示。

　　Y型模型是借鉴产品研发中共用基础模块管理理念，即将部分通用的、共性的过程抽离出来并加以标准化、接口化，以供更多业务调用和复用的一种管理技术。Y型的左边是供调用的流程组件（流程架构最末级的单元流程），可参考美国生产力与质量中心（American Productivity and Quality Center，简称APQC）开发设计的流程分类框架（Process Classification Framework，简称PCF）来规划业务域，参考组件化业务模型（Component Based Modelling，简称CBM）和"相互独立，完全穷尽"（Mutually Exclusive Collectively Exhaustive，简称MECE）原则来分析流程的完整性，形成完整的业务架构、流程架构，确保流程不杂不漏。Y型的右边是根据业务场景而构建的满足业务运作需要的端到端流程场景（即数字化转型应用场景的基础），其组件皆来自Y型左边，即按照业务功能分解的单元流程。通过流程梳理，可对实现产品平台化、敏捷化，高效响应不同业务场景的需求起到关键作用。

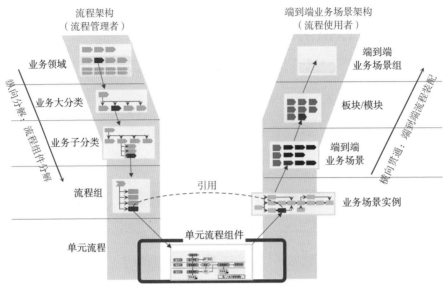

图 2-8 Y 型模型

企业需要将制度、内控提炼为业务规则，嵌入业务流程中。基于流程中的输入输出表单梳理业务对象，开展数据标准化和数据治理工作，打造覆盖全域的数据资产目录，建设一套支持生产、经营的纵向、横向和端到端贯通的工业互联网平台，支持系统的深化应用，如图2-9所示。

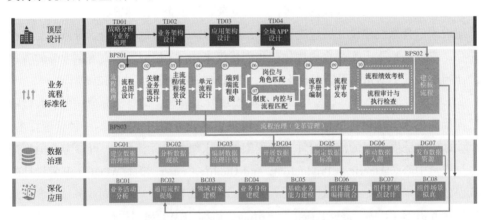

图 2-9 统筹开展顶层设计、流程标准化、数据治理和深化应用

体系框架建立中，应配套形成与战略高度匹配一体化管理体系，实现流程、职责、制度、内控、绩效、检查、IT等各要素的融合与优化，形成完整的计划、执行、检查和处理（Plan、Do、Check 和 Act，简称PDCA）管理闭环，支撑企业数字化战略的落地，如图2-10所示。

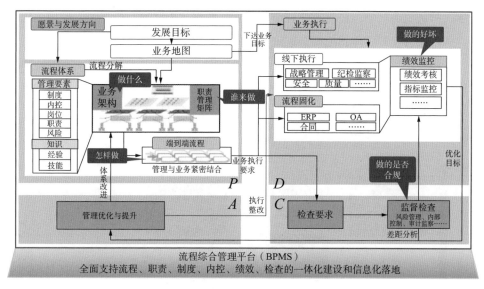

图 2-10 以流程为核心的 PDCA 管理闭环

二 / 数字化转型的核心价值

（一）重塑管理架构，推进经营管理数字化智能化

强化集团管控是保障企业可持续发展的关键因素。集团管控以集团战略和商业模式为输入，以管控模式定位为基础，以核心管控能力、组织管理架构、权责界面划分、核心管理流程为核心，以数字化应用为支撑，实现组织价值最大化。通过集团总部对各分子公司采用管理控制、资源协调分配、经营风险控制等方式，使集团组织结构与业务流程达到最佳运作效率，这些都需要依赖以企业资源计划为核心的经营管理平台建设。ERP 系统作为企业数字化转型的核心基石，在能源化工企业中的应用已有较长历史和较深基础。当前，随着新一代信息技术的广泛应用，ERP 正在发生新的革命性变化，向着更加智能化、立体化和生态化的方向演进。企业在推进经营管理业务数字化转型中，需要结合自身基础和发展要求，确定 ERP 的发展定位，制定提升策略，如图 2-11 所示。

在经营管理领域，应聚焦集成管控，在战略与投资管理、财务管理、风险管控、人力资源管理、物资供应管理、综合协同等领域进行信息化应用，推动经营管理数智化提升迈上新台阶。应注重优化跨业务域、跨组织的管理链，实现端到端流程贯通与数据共享和高效运转，推动组织扁平化、企业平台化、管理可视化，从而实现集中、精准、集约、智能的新一代集团管控。就具体实施而言，着力提高流程标准化率，推进资源共享，提升企业资金集中度，实现"人财物、供产销"的规范化管理、集约化管控和一体化统筹，促进管理创新和效率提升。企业通过统一的数据平台，可以建设贯通经营管理各项业务的企业应用，推动生产经营计划、投资计划和全面预算的深度融合，提高企业的生产计划和管理能力，优化供应链，降低企业的管理成本；依托一体化风险防控和监督管理体系开展跨业务领域的分析与监管，更好地控制企业内部风险，优化企业治理。

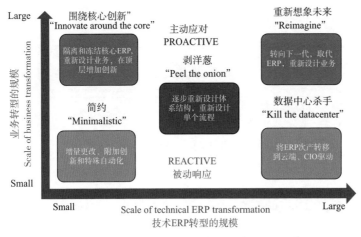

图 2-11　ERP 提升的五种类型

（二）推进智能制造，实现生产过程精益化绿色化

数字化和绿色化不仅是全球发展的重要主题，也是相互依存、相互促进的孪生体。能源化工企业数字化转型，旨在提升生产全过程、作业现场全场景的集成互联和精准管控，提高全要素生产率和创效能力，激发企业经营活力，实现高效生产、安全生产、绿色制造，提升发展质量和效益。

企业在推进生产运营业务数字化转型中，以智能制造为主攻方向，从建立行业特色的制造执行系统开始，推进精细化管理和三流合一。之后，按照云架构模式，不断丰富工业软件和解决方案，以智能工厂为突破口，基于工业互联网平台，将数字技术与能源化工全产业链业务深度融合，对"人机料法环"进行全流程、全要素精益管理，打造智能油气田、智能工厂、智能研究院，实现全产业链的智能制造，全力封堵效益流失点、唤醒效益沉睡点、开拓效益增长点。一是以智能工厂为重要抓手，聚焦优化生产、高效运营，打造现场作业及管控新模式，从局部优化向区域优化、全局优化转型。二是构建集成计划、调度、装置优化、区域协调优化、在线优化（Real Time Optimization，简称 RTO）系统、先进控制（Advanced Process

Control，简称APC）系统、报警管理的一体化优化技术平台，提高高价值产品收率。三是采用先进的节能技术和设备，减少能耗和排放物排放。着眼于精益化生产和数字化运营，利用端到端"能耗流"的概念，采用精益原则和量化分析方法开展诊断和分析，科学调整原料比例参数或者生产温度等环境参数，精准提升节能减排效率，减少最终产品的整体用能，最大限度地挖掘创新潜力。四是基于智能运营中心和智能调度、智能化检测、智能巡检、智能报警、智能故障诊断系统建设，促进分散式的生产管理转变为集中、协同式管理，将运营洞察上达管理层，赋能决策，并协助基层业务团队推进关键举措。

（三）构建融合生态，打造场景化多元化商业模式

数字化转型推动形成了能源化工产业发展新格局。传统企业应积极拥抱互联网，通过内聚外联，规模创新，迈向扁平化、平台化、生态化，产业格局也将从产业生态链向产业平台生态网络进化。石化企业应抓住此次科技革命和产业变革带来的广阔需求空间，以客户为中心，对内实现业务增长、效率改善，对外实现价值挖掘、体验重塑，不断激活力、增动力、提效率，创新商业新生态，发展平台经济，打造新的效益增长点，如图2-12所示。

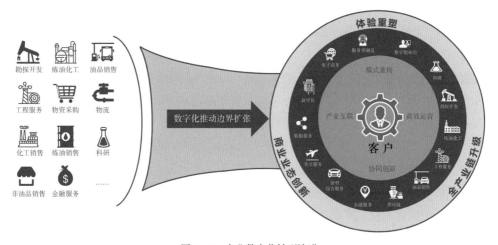

图 2-12　产业数字化转型演进

企业应聚焦构建商业生态，着力提升电商平台、产融数智平台的数字化服务能力，大力发展新一代电子商务、新零售、金融科技等新业务，打造移动化、个性化、社交化和多元化的融合生态，建立一个相互关联、协同运作、全场景、全链路的生态运行体系。例如，建立覆盖线上线下、全渠道、多场景的购物体验，助推零售业务商业模式创新，建成"一键到车、一键加油"等创新业务应用，贯穿前、中、后

台，重塑端到端旅程，打造"人·车·生活"的智慧新零售生态圈。开发建设新一代能源化工企业的电商应用，构建采购供应链平台，整合采购端业务系统，打通供应链流程，实现采购各环节信息共享，进而形成统一入口优势，为B端用户提供多元化服务，创新商业模式，重塑服务业态。构建产业链数字化协同生态圈，形成各关联方平台间融合、共生、互补、互利的合作模式和业务模式，让企业从封闭、隔离式组织迈向开放、协同、价值共生组织。

（四）筑牢数字地基，推动数字架构云化和平台化

传统企业的价值链是单向的、线性的，供应链的信息在每一个供应链节点被一级一级地线性传递，势必导致传递过程中的信息损失，导致库存、成本难以控制，不能敏捷地应对市场变化，而长期形成的信息孤岛更是长期困扰企业管理者的问题。供应链升级最大的趋势是从线性到网络，企业需要重塑数字化架构，形成以平台为核心的网状协同。我们认为，新的企业数字化架构，是一个覆盖各个业务部门、覆盖各个业务流程的新架构，不同部门和流程之间实现无缝集成，云计算是基础。如果把数字化比作一台电脑，助力人类工作，那么云计算就是硬盘，搭载了系统、存储、应用软件等功能，要想实现数字化，向云平台迁移是第一步。以此为基础的工业互联网平台，能够加速数字化能力的扩张，突破传统公司管理边界，演变为生态协同系统，极大地提升企业发展的速度。随着工业互联网平台和大数据、无线传感、边缘智能等数字化技术的深入应用，把产业各要素、各环节全部数字化、网络化，实现数据全价值链贯通，人财物全要素连接、业务端到端掌控，推动业务流程和生产方式的重组变革，进而形成新的产业协作、资源配置和价值创造体系，真正意义上实现一体化优化和跨领域协同，有效提升企业精益管理水平，如图2-13所示。

未来，应以构建共建、共创、共享、共赢的工业互联网生态为目标，提高企业工业互联网平台的建设水平和运维效率，推动企业上云、上平台。开发工业APP，以更低的开发建设成本、更快的响应速度，挖掘更大的数据价值，实现更好的用户体验。以平台为基础，实现从项目交付向软件产品化交付转变，信息化管理、建设、运维模式从传统的烟囱模式向"数据+平台+应用"的新模式转变。

首先是以"体系化、平台化、组件化"的思路，构建云、网络、安全新型IT基础设施。采用集成共享的IT服务架构，实现云资源弹性扩展。采用软件定义网络的技术，实现稳健冗余、灵活调度的基础网络。总体降低建设运维成本，实现信息共享、业务协同，全面支撑业务创新与管理优化。打造新一代基础支撑平台，实现跨数据中心的全局资源调度，加速传统运维向云服务运维转型。充分应用新技术打造智能基础设施解决方案，形成企业级ICT基础设施与智能工程建设能力。建设标准

化、云化、可视化、自动化、智能化的云数据中心，为经营管理、智能制造、客户服务等业务提供敏捷、高效、可靠的一体化自助云服务，赋能业务数字化转型。利用智能终端、穿戴设备、智能设备、智能装置等多种工业场景化智能硬件，为生产现场全面感知、装备边缘智能、云边高效协同和融合通信、安全可控提供全面支撑。

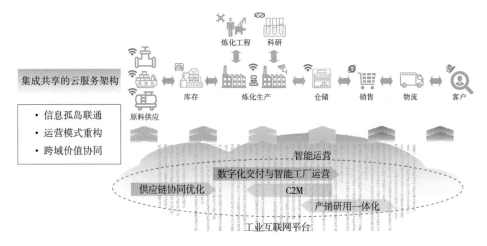

图 2-13　全价值链数字化转型，构建面向未来的核心竞争力

其次，提升工业互联网平台的支撑能力，构建平台服务新体系。持续积累和沉淀业务中台、数据中台、技术中台的服务能力，形成从底层资源到技术组件、业务组件的统一管控、统一发布、统一调用和监控能力，提升交付质量。遵循统一的平台规范和标准，研发封装可重复使用的微服务组件，促进隐性知识沉淀，缩短论证到立项的时间，提高研发效率，加快中台的更新迭代。

同时，要建设一体化IT运营服务体系，推动云、网络、安全的服务化转型。建立以IT运管平台和应急响应中心为核心的IT运营服务体系，为数字化业务发展提供标准化的运维服务能力、可视化的运行监控能力、自动化的资源调度能力、精益化的运营管控能力和持续提升的安全预警能力。

第三章

数字技术赋能全面变革

（一）5G通信技术加速支撑能源化工迈向万物互联

企业数字化转型的基础是网络的互联互通。回顾历代移动通信技术，不难发现，每一代技术都肩负起了"提升业务性能，扩展应用范围"的使命。从1G到4G，主要是实现人与人之间的信息交互，满足信息互通、情感交流和感官享受的需要。实现了生活娱乐的移动化，因此称4G为"移动互联网"。在4G后期开始引入了物联网技术，而5G将移动物联网作为其核心业务，并逐步实现了工业互联网，即"生产工作的移动化"，可称为"移动物联网"。时至今日，6G规划早已开展。在人工智能应用蓬勃发展的今天，移动通信技术需要实现"思考学习的移动化"，逐步迈向"移动智联网"。历代移动通信系统的核心任务如图3-1所示。

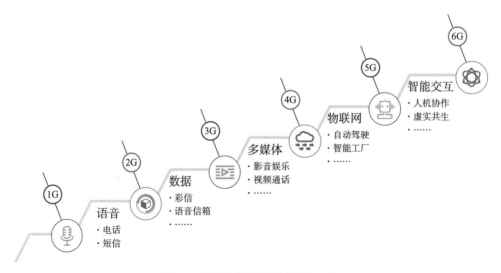

图 3-1 历代移动通信系统的核心业务

数字化转型场景在落地过程中，对算力提出了更高的要求，建设低时延、多访问、灵活接入、高带宽、高可靠的网络已成为数字化转型的"必选项"和"加速器"。以5G（第五代移动通信技术）为代表的新型网络技术可以提供更大的宽带和更低的延时，能够满足行业数字化转型对算力、云网融合、万物互联的需求。行业数字化转型以万网融合和万物互联为基础，以数据和知识为核心，采用新型5G核心网络构架体系，以网络化升级推动资源协同贯通、云网融合流转、算力高效集聚。目前，5G也存在终端渗透缓慢、5G分流比不高等问题，不同场景之间、室内室外之间、不同点位之间还存在5G用网感知差异。5G发展在问题的解决过程中不断迭代，实现技术的进步，目前5G技术正逐步向5.5G发展，并向6G演进。随着近年来我国迎来5G投资建设高峰，我国在5G网络建设的覆盖广度和深度上将持续提升，5G行业应用将从点状开花向多行业、多领域全面渗透，5G为技术核心的定制终端也将向多样化、定制化、规模化方向发展，全面支撑行业数字化转型迈向万物互联、万物融合新纪元。5G技术在生产运营、安全环保、应急指挥、仓储物流等多个领域具有很高的应用价值。在安全与应急管理方面，基于5G技术打造的巡检机器人，可开展用火作业、受限空间作业、高处作业等智能分析，提高厂区安全监管能力；在远程操作方面，利用5G技术远程操控无人化设备，可弥合人与设备的距离；在工业自动控制方面，5G网络与自动控制的深度融合，可减少人工对生产线的干预，赋能企业实现自主化决策；在供应链管理方面，以5G赋能物联网，借助图像识别、现场控制技术，实现车辆排队叫号、无人值守称重，可提高物流安全水平以及作业效率；在设备管理方面，5G网络能够实现实时的监测预警，自动化的处置和修复设备故障，极大提高工程人员对日常设备维护效率；在环保管理方面，对装置高点、隐蔽点等开展泄漏全方位监测，可支持高清视频、光谱成像等大数据流量传输，实现单一数据监测向综合监测转变。

（二）云和大数据构建能源化工行业数字基础底座

随着智能终端接入的数据量持续爆炸式增长，海量数据的交换、存储和处理，需要灵活强大的分布式数据处理集群以提供极大的计算力、网络宽带和物理存储。依靠传统的软硬件设备将带来极大的成本，而云计算可以有效解决这一问题，让数据处理的价格降低。云计算和大数据的发展历程可以追溯到20世纪90年代，但发展至今势头依然强劲，未来设备上云、业务上云、企业上云仍是重要发展方向。同时，随着万物互联技术的蓬勃发展、对大数据的深度挖掘以及机器学习算法的兴起，云计算作为人工智能发展不可缺少的重要环节，必将助力人工智能的爆发性发展。从技术层面来看，各项基础技术的迭代与完善已成为云计算和大数据发展的方向，虚拟化技术中的软件定义网络（Software Defined Network，简称SDN）可以高效管理和优化云计算数据中心的网络连接；以新型分布式无序化云编程语言Bloom为代表的云编程，为开发下一代在超大规模分布式平台上的高效云应用打下基础；云端信息流/流媒体实现了低性能客户端到高效生产工具的转变；同台加密、防崩溃代码、多方安全计算（Secure Multi-Party Computation，简称MPC）、零信任、联邦机器学习等多项新技术的不断成熟提升了云与数据的安全性与可靠性。

云和大数据推动能源化工企业运营管理转型升级。以云原生技术为核心打造的多云基础架构将成为企业新一代信息化基础设施，帮助企业最大化释放技术价值，解决企业业务数字化转型面临的复杂性、多元化、体量庞大等需求痛点。利用云计算技术将企业关键数据和应用程序迁移到云端，聚合企业通用技术能力，建立数据中台，以数据驱动业务数字化转型和运营管理的科学决策。运用大数据分析，企业可以对来自能源生产、供给和消费等不同环节的信息进行综合分析。基于分析结果，企业可建立知识图谱、开发生产知识库、地质工程知识库，优化生产流程，设计开发节能环保产品。同时，企业可构筑数字基础底座进行数据分析、云端调控，触达业务端流程和资产的快速决策，进而指导生产调控，打造弹性运营模式。

（三）人工智能赋能能源化工提升生产效率和质量

人类社会正在大步迈向智能时代，人工智能技术作为新一轮科技革命的核心技术与先进制造技术深度融合，形成了新一代智能制造技术，驱动新一轮工业革命快速发展。凭借着数据、算力和算法的协同发展和技术突破，基于连接主义和行为主义的人工智能取得长足进步，在2000年左右迎来了人工智能的第三次发展高潮，并延续至今，如图3-2所示。

数据方面，随着互联网的发展与应用，积累和沉淀了大量数据，为人工智能算法的实践提供了良好数据基础；算法方面，大模型的快速发展推动了人工智能应用在多领域落地；硬件层面，图形处理器（Graphic Processing Unit，简称GPU）、张量处理器（Tensor Processing Unit，简称TPU）等为代表的新一代芯片以及现场可编程门阵列（Field-Programmable Gate Array，简称FPGA）异构计算服务器等新硬件设施快速发展，被广泛应用于专门的人工智能计算，带来了算力方面的提升。

人工智能是引领未来的新兴战略性技术，也是构建工业元宇宙的重要力量。作为新一轮产业变革的核心驱动力，人工智能必将加速释放历次科技革命和产业变革积蓄的巨大能量。麦肯锡研究了人工智能对全球经济的影响后认为，即使考虑到转型成本和竞争效应，到2030年人工智能有望使全球经济总量增加约13万亿美元，并使全球GDP每年增加约1.2%，其对经济的影响力，堪比19世纪的蒸汽动力、20世纪的工业制造和21世纪的信息技术。我们认为，人工智能将对产业产生深远影响。中短期，它将促进优化制造业的产业结构，提高制造业整体生产效率，淘汰相对落后的传统部门；长期来看，它将改变全球制造业分工格局、重塑价值链，削弱发展中国家的劳动力成本优势。

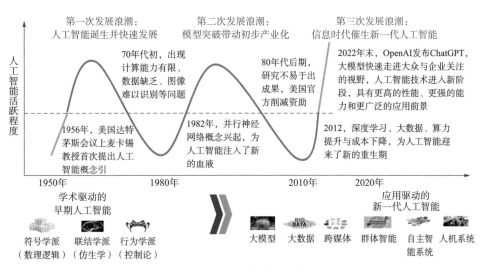

图 3-2 　人工智能发展历程

石化行业人工智能技术应用可以追溯到20世纪末，尽管应用较早，但真正有效提升企业价值效益，实现快速部署应用也是在人工智能发展的第三个阶段。20世纪80年代，人工智能技术已开始在油气生产领域应用，比如探明资源储量，提升边际运营效率等；20世纪90年代，数字化油田技术逐步在油气行业推广，机器学习也曾在石油物探领域掀起过一阵浪潮，但受限于计算能力和软件性能，绩效提升相对有限。进入21世纪，大模型等人工智能技术在油气行业的应用进程不断加快，并在处理地震勘探等复杂数据方面表现出了卓越能力。人工智能与大数据、云计算、物联网、虚拟现实、自动控制、机器人等技术融合发展，智能化技术在能源化工细分领域应用场景不断扩大。行业专家预测，大模型等人工智能技术为油气上游行业带来的变革将不亚于页岩气革命。随着人工智能产业化基础的不断稳固，感知智能涉及的智能语音、计算机视觉及自然语言处理等技术应用基础逐渐成熟，但认知智能要求的"机器思维"和"人工感情"等仍处在开发与探索中，与实际应用存在一定距离。

人工智能正以超乎预期的速度发展，行业智能化竞赛逐步提速。国际能源公司已提前布局，通过加大创新投入，开发和部署人工智能平台工具，解决油气作业现场复杂人力操作和专业决策的难题，降低勘探开发和生产运维成本，优化作业和生产流程，提高全员劳动生产率和装备利用率，打造全新的运营模式。例如，英国石油集团（British Petroleum，简称BP）公司2017年即宣布在公司层面启动人工智能驱动的数字化转型，扩大智能应用部署规模。壳牌公司2018年宣布在油气产业链，包括油气钻井、油气生产、加油站零售、财务管理、员工管理等领域，普及人工智能技术应用。谷歌、微软等科技巨头也利用自身雄厚的创新实力，设立人工智能研究院，投资并购新兴初创公司，争夺高端人才与技术高地，并与壳牌、道达尔等油气公司就人工智能的行业应用广泛开展战略合作，解决难采油气资源，特别是非常规油气资源的高开发成本难题，帮助企业提高生产效率，增加收益。

当前，在数据、算法、算力的共同促进下，人工智能在语音识别、图像识别、语言处理等感知智能方面取得了重大突破。随着数字多媒体、移动互联网、物联网、云存储以及智能制造技术的不断突破，人工智能技术发展迅猛，已经能逐渐代替或辅助人类完成复杂的任务，开始广泛应用于生产生活的各个领域，为人们带来便利。智能机器人可为工厂提供更长的作业时间，将会有更多"无人工厂"。石化行业大模型将逐步融入企业的研发、设计、生产、制造、运营、营销和服务全链条，在经营管理、生产营运等领域广泛渗透，驱动业务变革。企业依托大数据存储、机器学习、自然语言处理、可视化、深度神经网络等技术，可解析操作人员的自然语言指令，提高多维度复杂信息的查找和分析效率，更直观快捷地满足经营分析需求。通过IoT、大数据平台、数据挖掘、图像处理等技术，企业可实时获取生产全方位监控数据，对现场图像进行综合分析，为工程设计施工、故障诊断等工作提供数据支持。人工智能是企业数字化转型背后的驱动力，包括机器学习、自然语言处理、数据标记平台和预测分析等内容。依托这些技术，企业可以分析数据，形成洞察，预测未来，并形成科学有效的经营策略。智能数据分析可以实现个性化交互，优化工作流程，降低人力支持成本，例如，企业可以使用聊天机器人实现人工智能驱动的流程自动化和自主决策，为客户提供7×24全天候支持的可靠服务。

面向未来，人工智能技术将推进能源化工智能制造加速发展。应用人工智能技术，充分采集和利用生产运营过程中产生的数据，可有效促进敏捷开发，消除业务瓶颈，赋能企业改进工艺流程及优化供应链。能源化工企业可以通过部署行业大模型等人工智能应用，运用机器学习等技术进行地震数据解析及油藏建模，推进勘探开发业务协同、生产运行高效管理，提升全面感知、集成协同、预警预测、分析优化能力，实现勘探开发一体化、地上地下一体化、科研生产一体化，增加资源接替，降低生产成本，助力高效勘探、效益开发。可视化和实时的生产数据监控能够帮助企业及时调整生产计划，增加生产韧性，更好地适应供需关系敏捷变化的市场，实现企业以需定产，并及时调整原材料、物流、库存控制、成品加工及运输的进度。随着节能减排压力的增加，能源化工企业基于人工智能应用，实现优化污染排放、减少碳足迹，助力节能减排与绿色发展。同时，应用人工智能、机器学习等技术还可助力企业对设备进行全生命周期智能管理、诊断与优化运行状态、延长设备寿命、提高装置自动化控制率、数据采集率、监控报警点覆盖率等。

中国正在加速行业智能化，促进百模千态的数字化转型，助力制造业智能跃迁。企业需要积累工业大数据，与IT服务商、科研院所紧密合作，打造具有行业特点的技术和解决方案，设计适合工业场景的大模型神经网络结构，从海量数据中挖掘隐藏的规律和趋势，为生产经营决策提供更全面、准确的信息支持，重塑工业生产的面貌，推动社会进步。在技术趋于成熟、场景更加丰富的形势下，能源化工行业的人工智能应用前景将更加广阔。

（四）物联网与机器人应用开启行业智能未来

机器人是一种智能自动执行工作的机械装置，既可以接受人类指挥，又可以运行预先编码的程序，也可以根据人工智能技术制定的原则纲领进行行动。物联网，即万物相连的互联网，是在互联网基础上延伸和扩展的网络。机器人与物联网分属不同领域，物联网设备通常用于处理特定任务，而机器人需要对意外情况做出反应。物联网设备和机器人都依靠传感器来了解周围环境，快速处理数据并确定如何响应。未来，机器人将与物联网逐步结合并深度融合，通过物联网技术获取参数，为人类、机器人决策提供参考，同时协助机器人完成一些指令，最终实现物联网与机器人的深度融合。物联网专注于支持普及传感、监控和跟踪服务，而机器人则专注于生产行动、互动和自主行为，机器人通过物联网扩展自己的能力，物联网变成机器人的远程触角，结合两者创建的机器人物联网将助力数字化更好服务于行业转型升级。

物联网与机器人的组合将推进仓储物流转型升级。将物联网技术应用于车辆监控、立体仓库等场景，可大幅提升工业物流效率，降低库存成本。仓储物流机器人在智能仓储环节有入库、存取、拣选、包装、分拣与出库六大应用场景。在智能仓储物流环节中，移动机器人（Automated Guided Vehicle，简称AGV）应用较为成熟。叉式移动机器人（Autonomous Mobile Robot/AGV，简称AMR/AGV）可在叉车上加载各种导引技术，构建地图算法，辅以避障安全技术，实现叉车的无人化作业。随着物联网、人工智能与工业机器人技术的协同发展，仓储物流机器人在状态感知、实时决策以及准确执行方面的性能将得到显著提升，为物流仓储带来革命性变革。

（五）数据价值释放构建数字孪生实现虚实共振

数字孪生的概念是美国密歇根大学的Grieves教授于2003年提出的"与物理产品等价的虚拟数字化表达"，最早应用于航天领域，后来拓展到飞机制造领域。随着仿真技术不断发展，数字孪生概念应运而生。根据美国国家航空航天局（National Aeronautics and Space Administration，简称NASA）的定义，数字孪生指的是充分利用物理模型、传感器更新、运行历史等数据，集成多学科、多物理量、多尺度、多概率的仿真过程，在虚拟空间中完成映射，从而反映相对应的实体装备的全生命周期过程。数字孪生技术以建模、数据采集、分析预测、虚拟仿真等技术为基础，并与人工智能、5G、边缘计算、区块链等前沿技术深度融合，进而实现物理维度上实体世界和信息维度上数字世界的同生共存、虚实交融。数字孪生技术是新一代数字浪潮下数字科技集成创新与应用的典型代表。随着数字孪生在行业数字化转型中价值逐步凸显，其应用也面临着全要素数据支撑困难、高保真虚拟模型构建困难、安全保障难度高、重复投资等问题，通过构建数据治理体系、创新智慧场景应用、平衡安全性与经济性，数字孪生技术将实现物理世界与数字世界之间的虚实映射和实时交互，全面赋能行业数字化转型，推动行业进入新阶段。

数字孪生技术将助力能源化工企业构建高度协同的数字产业链生态。能源化工行业具有产业链条长、协同资源多等特点，产业链条贯穿油田、运输、炼化、仓储、销售等环节，各环节内又有着不同的制造工艺与信息链条，数字生态如何构建一直是世界级难题。数字孪生可以促进产业上下游连接，打破分工复杂、信息集成度不够造成的"资源孤岛"和"数据孤岛"，构建具备韧性的行业生态系统。数字孪生技术通过对能源化工各场景的深度模拟，实现企业资产的深度数字管控，使其呈现方式更直观，管控深度更精细，数据决策更便捷，提高决策科学性，提升决策效率。

乙烯装置是石化工业中科技含量最高的化工装置之一，具有工艺流程长、原料来源多元、系统集成复杂等特点。由于装置设备种类多、操控难度大，高温高压与低温低压的设备并存，物料易燃易爆，在安全环保管控、绿色低碳发展方面面临严峻挑战，数字孪生乙烯智能工厂包括物理空间、交互层和孪生空间三个层次，数据由底层设备向工厂、企业、集团、产业链传输，通过孪生体整合各纵向单元，进而实现"产业信息反馈链"，提升企业决策的精准性及对底层资产的运筹管控。数字孪生将企业内生态整合，构建数据流动的良性循环，使人、物、流程、应用相融合，从数据流、算流、数据中挖掘生产效率的提升，构建决策控制与数据支持的双向通道。依托资产模型、机理模型、大数据模型、业务模型及多模型融合，能够实现对物理工厂的全面感知和精准控制，增强石化工业安全生产的感知、监测、预警、处置和评估能力，加速安全生产从静态分析向动态感知、事后应急向事前预防、单点防控向全局联防的转变，实现安全风险源头管控，提升运营管理能力，提高工业生产本质安全水平，促进经济效益最大化，如图3-3所示。

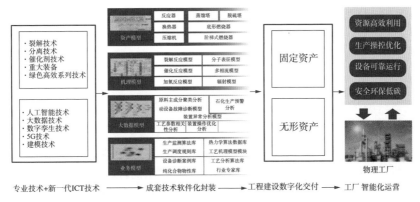

图 3-3　石化数字孪生智能工厂的建设思路

（六）"工业互联网+"打造能源化工数字新范式

近年来，我国推出了一系列工业互联网相关政策和标准，工信部分别于2018、2021年发布了《工业互联网网络建设及推广指南》《工业互联网创新发展行动计划（2021—2023年）》，2023年国家市场监督管理总局（国家标准化管理委员会）正式发布GB/T 42562—2023《工业互联网平台选型要求》、GB/T 42568—2023《工业互联网平台 微服务参考框架》和GB/T 42569—2023《工业互联网平台 开放应用编程接口功能要求》3项工业互联网平台领域国家标准。在国家政策的推动下，工业数据加速开放流动与深度融合，工业资源持续优化集成与高效配置，工业应用创新升级与推广，工业互联网实现了快速发展。网络、平台、安全是构成工业互联网的三大体系，其中"网络"是基础，是实现整个制造资源（包括设备、系统、物联网等）的基础。平台是支撑，主要包括边缘层、基础设施层即服务层（Infrastructure-as-a-Service，简称IaaS）、平台层、应用层四层，面向工业数字化、网络化、智能化需求，构建基于海量数据采集、汇聚、分析的服务体系，其核心作用是构建数据驱动的制造资源集聚，并实现服务的延伸。安全是保障，安全体系包括设备安全、网络安全、控制安全和数据安全四个方面。

智能制造就是一个把人的智慧从隐性知识提炼为显性知识，进行模型化、算法化处理，再把各种模型化的知识嵌入软件，软件嵌入物理设备中，由此而赋予机器自决策、自执行的过程。石化盈科围绕流程工业制造过程中的物质流与能量流，依托自主研发的ProMACE工业互联网平台，将新一代信息通信技术与工业机理、业务规则、专家知识进行深度融合，深入智能制造全环节、全要素应用，为企业赋值、赋智、赋能，帮助不同类型、不同基础的能源化工企业实现数字化转型。赋值的核心是在现场复杂环境下广泛应用新型传感器、物联网，为企业搭建一个企业的智能操作系统，提升工业物联能力，通过万物互联来取胜。支持海量厂内智能仪表、智能穿戴装备以及新型传感器等到平台的接入与管控；支持企业现有各类音视频系统的互联互通，满足融合通信需求；数字化赋能员工，配合各类可穿戴设备的应用，强化内外操协同，提高单兵作战能力；赋智的重点是实现数据驱动，将工业机理和专家经验融合创新。以石化工厂为对象，将石化物理工厂设备、生产过程、工艺流程、业务流程进行数字化和模型化；在赛博空间建立全方位的工厂模型、全视角的业务模型、全流程的机理模型以及大数据驱动的数据模型；通过"状态感知–实时分析–优化决策–精确执行"的闭环实现对实体空间的精确管理和协同优化；赋能指面向各类、各层级岗位操作提供一系列场景化、智能化的数字应用，针对管理、生产、安全、环保、设备等特定场景的数字化需求，提供一系列智能化的工业APP，如物料管理、调度指挥、能源优化等，实现工业知识、模型和经验的承载和推广，强化企业管控能力。最后，以激活与重构价值链、产业链价值体系为内核，为企业再赋"值"。基于ProMACE打造协同制造、敏捷运营和维护的新模式，实现行业、区域核心企业或企业群体的协同和供应链上下游协同，构建稳定可靠的供应链和产业链。石化盈科围绕生产制造中人、机、料、法、环各个环节，根据客户的需求个性化搭建岗位工作台，提高员工执行能力，助力企业实现精益、柔性、敏捷运营，踏上未来企业探索之路，创造更多价值。赋值、赋智、赋能的数字化转型闭环体系如图3-4所示。

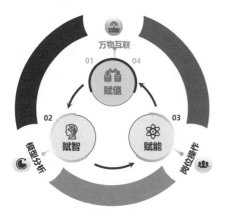

01 赋值 通过智能设备、物联网及现场复杂环境下的边缘应用，实时采集数据，实现机器、设备、系统、人员间互联互通互操作

02 赋智 实时连接现场和远程团队，沉淀生产工艺、工业机理、工业知识和专家经验，通过数据流通和智能分析，预测各类异常情况，实现风险事件的快速响应

03 赋能 产学研用结合，挖掘典型场景，积累丰富的工业软件，促进业务协同优化，提升人机协作水平，实现少人化、无人化，强化企业管控能力和员工执行能力

04 再赋值 激活与重构价值链、产业链价值体系，创新生产组织模式，实现精益、柔性、敏捷运营，盘活存量价值，并不断挖掘新的价值增长

图3-4 赋值、赋智、赋能的数字化转型闭环体系

企业数字化所要求的不再是一个或几个业务模块的系统实施，而是企业数据的纵向和横向的全部贯通，是企业内部数据与企业价值链上下游数据的贯通，是从终端到云端垂直维度的整合，是全生命周期数据的融合，最终需要的是一个从装置现场到集控室，到企业经营管理层，再到集团战略管控层的完整解决方案。企业应面向不同的管理层级和个性化应用需求，基于角色、面向场景构建千人千面工作台，

实现端到端的内外部全面互联，支持从内外操员工设计的移动操作工作台、专业技术人员和经营管理人员的管理工作台，到企业级"统一大脑"——领导驾驶舱，再到实时显示多个企业绩效的集团智能运营中心，可以有效提高在能源、质量、安全、设备、操作等方面的管控能力，帮助集团和企业各级作出更明智的决策，在工厂层面最大限度减少操作工数量。

工业互联网的引入往往带来新的工作方式和协作方式的改变，需要企业在文化、组织方面做出相匹配的变革，来应对快速变化的市场，企业需要从线性流程驱动变成以共同目标为导向的敏捷组织，员工从固定式的岗位职责变成灵活多样的"多面手"，岗位合作更加动态和灵活，推动组织结构向扁平化、融合协作演进。企业可采用软硬结合的解决方案，通过构建精益化生产模式，帮助企业实现从生产到仓储，从管理到执行的人机料法环全流程优化，打造绿色、敏捷、高效、可持续的智能工厂运营新范式，提升企业运营绩效，赋能企业智造转型升级。

二 数字技术驱动创新与变革

（一）管理方式变革

1.数字技术助力构建以客户价值为核心的管理体系

在传统封闭的工业体系下，企业的经营模式以产品为中心，关注的是产品质量和制造效率的提升。随着商业模式向平台化、共享型转变，产品和服务的内在逻辑也发生变化，"产品即服务、服务即产品"的模式更加凸显。能源化工传统业务模式中，往往只有最终的销售环节面向客户。市场对于产品多样化、个性化需求的提升，要求企业实时洞察、满足客户需求，为客户提供积极的体验，并以客户的视角来看待并优化整个业务，加速从"以产品为中心"转向"以客户为中心"，从规模化转向个性化。

未来，应以打造数据驱动型企业为目标，由"大产业、大行业、大客户"向"全量客户经营、全渠道服务、全生命周期管理"转变，构建全渠道的数字化精准营销体系，智能识别客户、智能服务客户，实时洞察客户需求、精准触达客户、持续经营客户价值，驱动服务模式、商业模式创新。通过挖掘、加工客户信息，提升对客户价值的分析处理能力。同时，加强事前预测、事中监测和事后评价，关注客户各项业务的价值实现过程以及信用风险水平的变化，完善客户价值管理体系，提升综合收益贡献。同时，数字化平台将促进各业务线的协同合作，帮助业务人员提高客户服务水平，注重客户培育与潜在需求挖掘，促使产品服务设计人员主动考虑客户痛点和需求，中后台管理人员主动换位思考，打造个性化、智能化的客户体验，提升客户满意度、增强黏性，积累忠诚客户，驱动主营业务增长。

2.数字敏捷性构建以市场需求为导向的响应机制

信息化和数字化正在不断拓展企业的边界，企业要实现高质量发展，迫切需要数字化手段构建以市场需求为主导的敏捷响应机制。数字化将赋予企业发现并监控环境变化的能力，通过收集和利用数据分析结果，实时感知市场趋势和竞争态势，同步链接供应商以及合作伙伴，围绕市场和需求来展开企业的计划、生产、研发、采购、供应链和服务等资源配套，更好地实现企业层面和社会层面的产销协同和供需匹配，为企业各层级、各业务线决策提供不同维度的策略支撑，形成企业的智慧决策能力。以智能决策为基础，重塑企业运营方式和员工工作方式，赋能企业快速取用、部署、管理和转移动态资源，推动端到端流程的快速实现与实时管控，实现供应链产销协同智能化升级，通过智能供应链保证企业供应链永不"掉链子"。

3.数字集约共享模式实现企业纵向管控与横向协同

在数字化潮流下，数字集约共享模式成为企业管理转型的重要方向，数字管控与数字协同贯穿在能源化工企业经营管理的全流程，数字集约共享模式保证了能源化工企业决策科学精准、客观专业、高效快速、过程可控。一是基于横向数字协同，提升能源化工企业决策质量。数据作为一种新型生产要素，已经成为驱动企业决策的基础，建设统一的跨部门协同大数据平台，能够打破数据孤岛，实现数据共享与内外部海量数据的标准化、模型化和体系化，促进企业提升决策质量、能力与效率。二是打通企业纵向管控，实现高效精准决策。能源化工企业多为大中型企业，只有通过对数字工具的应用才能在战略实施层面实现全覆盖、扁平化管理，跨过组织、层级、系统、地域的限制，确保决策部署有效触达到目标群体。

综上所述，要通过数字化技术实现新一代管控模式，按照业务管理要素各自形成闭环，通过信息化手段促进战略管控、资源共享、业务管控三大体系动态协同优化，如图3-5所示。

（二）制造模式变革

1.研发设计数字化赋能制造体系加速蝶变

研发管理数字化是一项系统化、复杂化、高风险和高投入的活动。过去，中国很多能源化工企业的研发多集中在"逆向开发"（攻克生产工艺路线）和"技术追赶"（改进生产工艺）两个方面。目前下游行业的需求呈现高端化、定制化趋势，传统的研发模式已经面临发展瓶颈。一些能源化工企业目前仍存在着研发设计环节对市场需求响应速度慢、研发管理成本高、复杂化工品产业链管理协同困难，以及产品知识封装、追溯和复用能力低等问题。

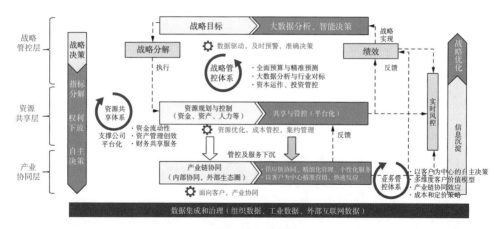

图 3-5 新一代管控

近年来，企业对研发设计的重视程度不断提升，研发设计数字化已被验证可以助力行业从传统的粗犷式发展迈向绿色化、精细化、高质量发展新阶段。随着云计算、大数据、人工智能等数字技术在前端研发设计领域应用的不断深化，数字孪生技术逐步应用于研发管理，促进了经验数据化和数据知识化。

2. 数字技术推动生产运营模式变革

面对挑战，能源化工企业应顺应数字化、网络化、智能化的发展趋势，利用新一代信息技术优化产业链、价值链，立足于三个方面，一是资源配置网络化和系统优化，二是产业创新协同化、开放化，三是生产制造智能化、精益化。企业只有提升技术能力、升级管控手段、创新发展模式，着力打造新产品，塑造智能制造、网络制造、柔性制造、绿色制造、服务型制造等新模式、新业态，加快数字化转型，才能实现高质量发展，进而推动产业结构优化升级。

数字经济的连接、开放、智能、敏捷、利他等特征，要求企业的经营理念需要做出重大调整和根本性变革，由传统单一物理厂站、网点向"线上化、移动化、场景化、生态化"融合转变。在设计过程中提前规划，以正向设计推动智能工厂建设，打通工厂数字化设计、采购、施工到生产运营的信息集成模型体系，实现数字化交付和智能工厂运营一体化。依托敏捷协同的扁平化组织架构，提升数据的完整性、合规性和一致性，以工业互联网平台实时监控"人、机、料、法、环、测"环节，提高生产装置工艺流程模拟、实时优化、智能控制技术应有的广度和深度，从生产计划调度、生产操作管理，到生产安全统计、企业绩效指标管理，再到班组成本考核、质量能源管理，支持跨区域、跨时空协同一体化运营，实现企业卓越运营。

数字化转型经历着效率革命和决策革命。从效率革命的维度看：数字化工具提高了体力劳动者和脑力劳动者的效率；从决策革命的维度看：企业内部通用软件和自研软件系统、替代传统的经验决策，实现更加高效、科学、精准、及时的决策，更加敏捷。能源化工企业应用数字化技术，可以在产业链前端提升客户体验，后端提升运营效率，深化打造供应链金融、产业链金融和生态链接，实现产业、金融、服务、创新、贸易、科研、投资、建设、信息与科技要素的全方位整合与深度一体化转型，如图3-6所示。

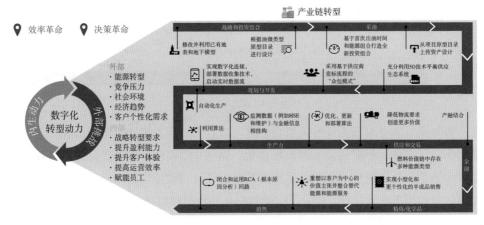

图 3-6　一体化转型蓝图

3.云边端高效协同打造高效流程制造模式

随着数字技术迅猛发展，消费者的消费行为和模式不断改变，国家之间制造业乃至综合国力竞争日趋激烈，许多国家纷纷提出了智能制造发展战略。2016年工信部发布的《智能制造发展规划（2016—2020年）》中对智能制造明确定义：智能制造是基于新一代信息通信技术与先进制造技术深度融合，贯穿于设计、生产、管理、服务等制造活动的各个环节，具有自感知、自学习、自决策、自执行、自适应等功能的新型生产方式。智能制造对工业现场实时分析和控制，安全和隐私等方面的需求较高，在智能制造系统中引入边缘计算已成为重要趋势，尤其是5G技术的推广使得制造设备的大范围高速链接成为可能，这将为工业互联网提供强有力的支撑。智能制造系统是一个复杂的系统，包含众多参与者，具有多层次、多粒度、多主体、动态、不确定性等特征。随着IT架构从单机应用发展到云边端协同，部署模式从本地部署（On Premise，简称OP）向私有云、公有云、混合云发展，能源化工企业需要加强"边云协同"和"边缘智能"，基于上下一体、云边端协同的体系架构，采用总部和企业两级部署的模式，打造工业互联网平台在企业边缘云场景下的相关核心能力，实现集团中心云和企业边缘云之间数据、模型、应用软件协同联动，促进知识的沉淀和复用，解决碎片化供给和全局优化需求之间矛盾，实现"虚实融合、随时随地、按需服务"的智能制造新模式。

（三）服务生态变革

1.数字服务完善能源化工产业链强链补链

目前，能源化工产业数字化转型中，数字技术正在融入研发、生产、物流等各个环节，数字化服务为我国能源化工产业链高质量发展提供了重要支撑。在数字技术中，工业互联网平台服务是能源化工流程制造能力走向智能化最适宜的数字技术。企业可将5G、人工智能等新一代数字技术深度嵌入产业链运行体系，并与产业数据深度融合，形成数据资产价值链，提升产业链供应链数字化、智能化水平，提升产业链供应链韧性。在服务型制造和产业服务化背景下，能源化工行业的技术水平和创新能力不断提升。尤其在培养我国自主突破性新技术、新业态及新商业模式方面，数字化能够有效赋能产业链供应链现代化水平提升，把数据等"沉睡资产"转化为"增收活水"，促进产业链供应链安全稳定发展。企业可以数字化为基础，基于产业集群地域优势，构建集约高效、优势互补、链条协同的产业发展新格局，向产业链高端迈进，打造新的业务增长极，从根本上改变产业低水平竞争局面，形成更强的国际竞争优势。

2.数字化构建能源化工后市场服务新领域

在数字化赋能下，能源化工产业链不断延伸，产品服务生态不断衍生，新模式新服务不断出现，成为了产业转型升级的新引擎。新的业务模式和新生态包括内外协同与跨界融合的新业务发展模式、科学精益与灵活高效的新运营管理模式、快速反应与智能互动的多元服务模式和共建共享、共治共赢的新生态发展格局。数字技术为能源化工产业服务升级、综合服务生态建设提供了有效支撑。在满足客户多元化、差异化、个性化需求的同时，数字化助力企业提高生产效率，降低边际用能成本，拓宽服务主体边界，构建新型服务生态经济圈，深耕挖掘产业价值，打造平台经济，促进跨界生态合作，对外提供运营优化、远程工艺诊断、设备健康评估等专家服务和电商运营、衍生物流、供应链金融等增值服务，创造更大的商业价值。

（四）监管体系变革

1.数字低碳打造能源化工绿色制造新体系

党的二十大报告提出，要"协同推进降碳、减污、扩绿、增长，推进生态优先、节约集约、绿色低碳发展"。2023年政府工作报告指出，要稳步推进节能降碳，统筹能源安全稳定供应和绿色低碳发展，科学有序推进碳达峰碳中和，优化能源结构。中国实现碳达峰碳中和的远景目标任务艰巨，需要全社会经济体系、能源体系、技术体系进行系统性的低碳绿色变革。传统能源产业与数字产业深度融合，优化能源产销、供需两侧，推进绿色制造体系建设，将能够直接或间接减少能源活动产生的碳排放量，推动企业绿色发展。石油石化行业可在能源生产、技术创新、碳资产管理、能效提升、绿色石化等5个方面开展节能减碳行动，如图3-7所示。

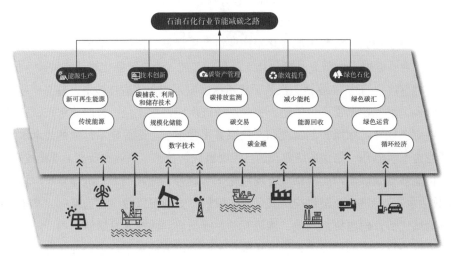

图 3-7　节能减碳的主要路径

在具体实践中，面向国内行业监管要求，亟待构建绿色供应链，打造零碳园区、零碳工厂，实现"减排不减产，增收不增耗"的可持续发展，创造绿色竞争优势。以绿色低碳为核心，优化能源及公用工程管理。采用云计算、大数据、物联网、人工智能等新技术，在生产与经营全过程信息智能感知与集成的基础上，实现绿色过程集成与多介质能源优化，开展全生命周期安环足迹监控、溯源分析与调控，深入开展清洁生产工作，推进能源环境一体化管理，加强源头治理，实现污染源在线监测，强化废水、废气和固体废弃物的排放过程管控，提升重大环境风险管控与预测预警能力。大力推进生产环保协同管控，提升本质环保水平。对环保大数据、生产大数据进行分析应用，降低污染物产生和排放，实现治理设施运行优化和挥发性有机化合物（Volatile Organic Compounds，简称VOCs）网格化监测溯源、污染物排放溯源。建立环保管理绩效和智能决策模型，提升环保智能决策水平。建设碳资产管理平台，有效控制企业碳排放量，提高资源利用效率。

未来，领军企业将从以油气产量来定义成功转变为以已动用资本回报率（Return on Capital Employed，简称ROCE）和环境、社会和治理（Environmental, Social and Governance，简称ESG）来定义成功。在能源消费革命、能源供给革命、能源技术革命和能源体制革命的推动下，企业应抓住全球能源产业变革、信息技术快速发展的契机，大力推进化石能源洁净化、洁净能源规模化、生产过程低碳化、能源产品绿色化进程，为构建"美丽中国"做出贡献。

2.数字赋能能源化工产业链供应链安全稳定

近年来，全球产业链供应链重构趋势明显，我国政府高度重视全球产业链变动对我国经济的整体性影响，在推进新发展格局下，产业链供应链安全稳定是重要基础和基本保障。产业基础能力是决定我国能源化工产业链供应链是否具备自我控制力、竞争力的关键能力，对产业链供应链发展质量起基础性作用。面对数字技术深入融合实体经济的发展趋势，需借助数字技术改造、提升产业基础能力，强化科技攻关，构建自主、完整并富有韧性和弹性的产业链供应链，通过优化产业结构布局，突破产业边界，与上下游的产业进行融合，强化产业协作、风险预警与应急处理能力，形成更安全、灵活、稳定、现代化的产业链供应链，实现效率与韧性的双重提升。

3.数字安全成为能源化工产业高质量发展关键

随着数字化与实体经济融合程度不断加深，数字安全已成为能源化工数字化转型安全建设的重中之重。网络安全和数据安全共筑了能源化工数字安全防护的"护城河"，构筑产业数字安全体系，有助于推进我国能源化工产业高质量发展。在促进能源化工数字化转型过程中，安全防护边界不断扩大，数据安全、工业互联网安全、网络安全服务成为了产业数字安全重点发展方向，"零信任"、云安全、检测与响应等热点技术在产业数字安全领域不断探索。网络安全发展历程可概括为五个阶段，当前已经从简单防护发展到智能防护的新阶段，如图3-8所示。

图 3-8 网络安全发展历程

随着数字安全的重要性越发凸显，企业需构筑传统生产制造与数字安全企业产融结合的发展机制，聚焦打造"体系化、常态化、实战化"的网络安全体系，将内生安全理念融入网络安全体系建设之中，全面形成动态防御、主动防御和纵深防御、精准防护、整体防控、联防联控的安全防护能力，着力提升产业创新能力，壮大数据安全服务，推进标准体系建设，推广技术产品应用，全面加大云网端一体化以及工业控制网的安全防护力度。

第四章

科学方法描绘建设蓝图

能源化工企业数字化转型应当采用差异化的转型战略,清晰地规划转型路径。要围绕企业核心需求、管理特色和信息化现状,进行评估诊断,开展需求调研,梳理业务模式、管理模式、业务流程,分析业务运行的堵点、断点,对照标杆找差距,定期回顾转型成果,形成管理闭环。数字化转型方法大致分为六个阶段,即成熟度评估、战略确立、场景识别、目标确立、示范推广以及评估改进六大阶段。能源化工数字化转型实施路径如图4-1所示。

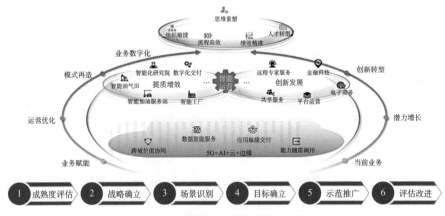

图4-1 能源化工数字化转型实施路径

(一)成熟度评估

企业的数字化转型是一个复杂的课题,涉及企业经营管理的方方面面。对于制造业而言,面向个人消费者的行业,例如家电、家居、手机、汽车等行业的企业,数字化转型的压力巨大,转型也相对迅速;而面向企业客户的行业,例如装备制造、能源、零部件、原材料等行业，数字化转型的步伐则相对迟缓。能源化工行业数字化转型程度相对较低，许多企业在数字化转型过程中缺乏清晰的战略目标与实践路径，缺乏有效的配套考核和制度激励。尽管越来越多的企业意识到数字化转型对自身发展的重要作用，但对于大多数企业而言，数字化转型困难重重。

1996年，尼葛洛庞帝提出了数字化生存，第一次清晰地描述了物质世界外的一个虚拟的、数字化的生存空间，信息化、网络化使人的生存方式发生了巨大的变化。早期的信息化、数码化主要关注企业"内部""局部"，通过信息技术提高流程运作效率；后来的数字化则强调要贯通企业价值链，更加关注客户，提高现有业务收益；发展到数字化转型，则强调打造新产品、新服务，创造全新的业务模式、商业模式。2011年，美国麻省理工斯隆管理学院第一次提出了数字化转型的概念，此后这一概念被不断丰富充实。从数码化向数字化转型发展的路径如图4-2所示。

数码化（Digitization）	数字化（Digitalization）	数字化转型（Digital Transformation）
将模拟性的信息转换为数字化的信息，将技术应用于流程来提高效率	打通价值链，实现数字化运营，提升客户体验，提高现有业务收益	基于数字化能力，打造新产品、新服务，创造全新的业务模式、商业模式

图 4-2 从数码化向数字化转型发展路径

数字化阶段是将传统业务模式从线下转移到线上，但是并未对业务进行实质性的变革。这个阶段是以流程为驱动，目的是提升效率，促进规范管理，优化资源配置。伴随着数字技术不断演变，逐渐向以连接、在线、共享为特征的数字化转型阶段转变，在新一代信息技术驱动下实现业务转型，要以数据为驱动，构建数据资产，提升数据质量，挖掘数据价值，支撑管理模式和服务模式创新。随着数字化转型阶段的不断推进和智能化技术的持续升级，数字化转型将向智能化转变，以智能技术为驱动，构建自感知、自执行、自决策能力，提高决策效率，驱动商业模式创新。因此，在数字化转型漫长的演变进程中，企业为了寻找更适宜的方法与路径，科学分析和评估自身数字化转型成熟度水平变得至关重要。

近几年，关于数字化转型成熟度的概念逐渐确立。企业需要采用适合自身业务特点的数字化转型成熟度评估模型，衡量自身数字化转型能力水平，多维度度量评判、全方位引导提升企业数字化转型成熟度等级和水平档次。通过评估数字化转型现状和潜力，全面量化梳理和评判自身发展现状，准确把脉问题所在，了解数字化转型进展、难点和诉求，为制定适合企业的数字化转型战略和可行的行动计划提供参考和决策依据。周期性、常态化开展数字化成熟度诊断，可帮助企业跟踪战略实施成效，动态改进和优化数字化转型工作部署，做到以数据驱动精准决策、闭环管控和迭代优化，引导数字技术在企业研发、生产、管理和服务等全流程的深度应用，推动企业数字化水平和效益水平双提升。

　　为进一步提高数字化转型工作的科学性、实效性，亟须建立一套既能体现未来数字化转型发展方向，又能结合能源化工行业发展特点的数字化转型评估体系。体系设计应遵循以下原则。一是先进性原则，要学习借鉴业内咨询和IT企业信息化、数字化方面评估指标设计的理念和思路；二是前瞻性原则，要立足现在、着眼未来，符合信息和数字化技术未来发展趋势；三是通用性原则，对于专业化业务，数字化评估指标设计应该具有一定的普适性、抽象性和长效性，并且在具体的评价方法上要统筹考虑不同业务的特点；四是差异性原则，要充分考虑能源化工行业的特点，对于不同业务（如勘探开发、炼油化工、油品销售等）在指标设计上体现不同业务的特点；五是结果导向原则，应在兼顾对信息和数字化发展过程评价的基础上，强化对信息和数字化发展结果的评价，以及数字化能力的打造，指标评价的结果能作为其他企业学习和借鉴的目标；六是可操作性原则，重点评价信息和数字化建设、组织、发展和应用的过程与结果，全面支撑能源化工行业数字化转型和智能化发展。石化盈科基于以上原则研究形成的评价模型已在十余家企业应用，取得了良好效果。

（二）战略确立

　　据国际数据公司（International Data Corporation，简称IDC）统计，有一半的公司认为数字化转型必须克服"短视的战术规划"，可见数字化转型战略已经得到了越来越多企业领导者的关注，如图4-3所示。

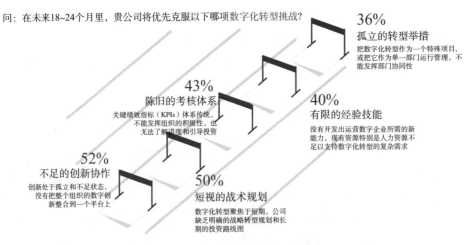

问：在未来18~24个月里，贵公司将优先克服以下哪项数字化转型挑战？

36%
孤立的转型举措
把数字化转型作为一个特殊项目，或把它作为单一部门运行管理，不能发挥部门协同性

43%
陈旧的考核体系
关键绩效指标（KPIs）体系传统，不能发挥组织的积极性，也无法了解进度和引导投资

40%
有限的经验技能
没有开发出运营数字企业所需的新能力，现有资源特别是人力资源不足以支持数字化转型的复杂需求

52%
不足的创新协作
创新处于孤立和不足状态，没有把整个组织的数字创新整合到一个平台上

50%
短视的战术规划
数字化转型聚焦于短期，公司缺乏明确的战略转型规划和长期的投资路线图

图4-3　数字化转型的挑战

　　在数字经济时代，企业间的竞合关系和竞争规则逐渐改变，之前牢固的"护城河"随时有可能被新玩家和跨界者颠覆。原有的经验曲线不再管用，就算在原有的轨道上将工业化时代的商业逻辑发挥到极致，也无法改变这一局面。曾经越是核心

优势的要素，现今已渐成沉重的枷锁。例如，以加油站为网络单元的成品油零售行业已从传统的刚需行业转型为消费服务类行业。但是，转型不等于转行。转型不仅仅是创新内容、创新形式，还要创新服务、创新理念，建立特色综合能源服务模式，探索"互联网+"，从简单地卖产品，向卖服务、卖品牌、卖标准全面转变。如何让能源供应更低碳，如何让产品服务更多样，如何让消费体验更智能，如何打造"人·车·生活"生态圈实现数字化转型，成为寻找业务增长"第二曲线"的必答题。

数字化布局要以企业价值体系为基础，统筹分析转型机会点。为避免短视行为，需要战略性地思考企业未来，减少重复建设导致的投资浪费和信息孤岛，找出提高企业投入产出比的关键点，加快跑通正向循环迭代的转型升级路径。

企业要深入分析数字技术对企业和行业的影响和产业发展趋势，为实现能力接续，必须寻找新的发展动能，为迈向高质量发展赢得时间和空间。数字化转型不仅与能源化工企业的信息技术部门紧密关联，更与企业战略、生产、经营和管理的部门息息相关。公司上下应充分达成统一、明确的数字化转型目标，打破从生产到销售各环节之间的业务界限。企业需要确立以数字化为核心战略要素之一，并将其融入企业文化和业务运营中，实现以数据为生命线，在业务、组织、技术各方面统筹协调推进，将企业打造成数字化原生企业。

企业应基于总体战略制定数字化转型规划和以数字化转型为核心的信息化发展战略规划，实现信息化规划与业务战略规划的共振。企业战略、数字化转型战略和信息化发展战略之间的关系如图4-4所示。

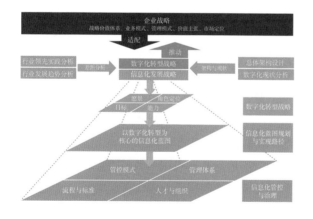

图4-4　企业战略、数字化转型战略和信息化发展战略之间的关系

数字化转型应注重顶层设计，企业应面向使命、愿景和战略发展要求，通过识别内外部环境的变化，明确战略框架下的可持续竞争优势，深入分析盈利模式、服

务模式、生产模式、运营模式、决策模式的创新机会，进行业务架构设计、数字化现状及行业差距分析，明确业务能力的提升方向，从而构建适配企业战略的数字化战略。战略制定过程中，要树立价值导向、问题导向和结果导向，确定需打造的信息和数字化环境下的新型能力和应用场景，细化数字化转型的目标、任务、路径、项目优先级和相互依存关系，确定责任部门，合理进行资源分配，确保战略落地。

数字化转型应基于核心业务，打造差异化、低成本、一体化、创新竞争优势，紧密围绕业务发展要求、运营模式和管理特色，依托工业互联网，聚焦集团一体化管控、核心主导业务创新创效、专业化统筹管理、新经济价值创造和业务赋能五大重点领域的能力提升，围绕企业核心业务价值链和管控体系，推进板块间横向协同、板块内专业化发展，综合考虑现有转型基础和预期价值收益等因素，规划数字化转型重点任务。数字化转型核心能力打造如图4-5所示。

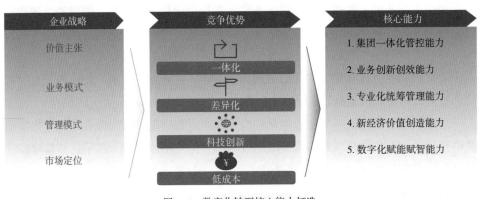

图4-5 数字化转型核心能力打造

各项核心能力的打造应根据企业内部的管控模式和业务定位来确定其对于企业的统筹管理。企业管控模式可以归纳为财务管控模式、战略管控模式和运营管控模式三类。差异化管控模式也有着不同的数字化转型需求，运营管控模式强调协同运作、效率提升，战略管控模式强调战略牵引、资源统筹，财务管控模式强调收益获取。职能性业务侧重标准化和专业化，共享服务类业务以资源整合、集约化为重点。例如，对于采用多元化业务战略的企业，一般需要形成统一的采购管理能力，实现集团集中采购。对于单一产业而言，则需要构建集中的研发管理能力和一体化的调度指挥能力。

针对集团型企业，从升级改造传统业务、加快发展高成长性业务两个方面推进，提升集团管控能力，提高经营创效水平。通过横向的一体化整合、纵向的深化应用，促进集团管控、运营生产、创新发展三大能力动态协同优化，在统一的工业互联网平台标准的前提下，集团管控类能力通常聚焦战略落地、风险防范和资源集约，一般可由集团统一建设；生产运营聚焦价值创新、协同发展，企业应挖掘数字化场景，基于统一建设标准、统一数据标准、统一信息平台开展信息和数字化建设。

可重点选择业务综合能力强、信息化基础好、转型效益突出、具备成熟解决方案和参考案例的业务领域率先突破，打造数字化业务，培育数字化生态，实现数字化运营，建设数字化平台，打造石化产业数字化转型的新范式。数字化转型重点方向如图4-6所示。

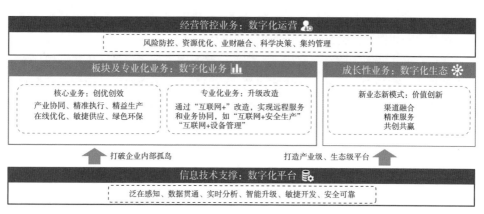

图4-6　数字化转型重点方向

企业在信息化发展战略制定中，需要落实数字化转型战略，进行信息化现状及需求分析，开展蓝图（应用云与平台建设）与实现路径规划，以数据为核心、以平台为抓手，实现企业业务能力打造，搭建网络安全体系、数据治理和信息标准化体系和信息化管控体系，从而实现数字化转型有效落地。

在技术架构设计中，应遵循"标准、可靠、灵活、开放、安全"的原则，如图4-7所示。

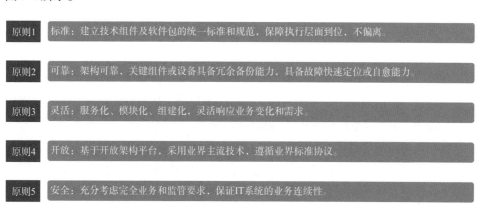

图4-7　技术架构设计原则

信息化项目实施建设中应秉承四大原则，一是服务化架构。业务能力组件化、服务化，实现业务流程的灵活迭代。IT能力服务化，使用和交互通过接口封装实现。二是数据同源。每个数据必须定义唯一的数据owner（所有者）和数据源，实现同源共享，保证跨流程/跨系统的信息一致。三是全面云化。基础设施即服务（Infrastructure-as-a-Service，简称IaaS）、平台即服务层（Platform-as-a-Service，简称PaaS）实现基础设施、平台能力全面云化，从而支撑企业数字化转型战略部署。四是分层解耦。通过服务化构建轻量级、分层解耦的应用能力，层级分别包含接入层、服务层和数据层，层与层之间通过服务进行交互。

转型目标、蓝图、路径确定后，一定要一张蓝图绘到底。数字化转型规划不能成为被束之高阁的方案，或是无法实现的美丽图景，关键要坚守"数字化转型与经营一张皮"的根本原则，把蓝图做实。建立高效的转型管理机制，大大降低转型的不确定性。数字化转型不是局部突破，而是全面铺开。在范围如此之大、复杂度如此之高的转型过程中，应明确转型办公室的职责、资源、配套制度流程和企业架构的信息化管理工具，推动全公司拧成一股绳，统一前进的步调，实现"由点到面"的全局性突破。

（三）场景识别

能源化工行业应用场景分布较广，场景种类非常丰富，目前已形成了较多的点状应用，由于行业的产业链复杂、参与主体较多，除传统的设计生产环节外，服务环节也将开展深化探索，因此在转型过程中，应遵循一定的主线开展工作，寻找高价值场景。例如，基于分析深化和服务化的方式，从设计和生产环节切入，从诊断、预测走向洞察，同时与配套服务结合，走向生产服务化；打破"转型点状化、碎片化"的困局，以客户旅程作为数字化转型落地最为重要的抓手，打通前台、中台、后台，基于客户的分析深化，从营销端、支付端切入，围绕油品销售、化工销售、工业品电商、商旅服务等业务拓展服务环节的应用深度，走向服务洞察；从局部组织的优化，扩展到板块、集团层面的整体优化，发挥一体化优势，从不同的主线入手，将场景涉及的范围、深度和智能化程度逐步提升，从而推动企业全面的数字化转型。能源化工行业重点应用场景如图4-8所示。

数字化转型的场景可以涵盖不同的行业和领域。在商业和零售业中，企业通过建立在线销售渠道、实施电子支付系统、采用物联网技术（如智能货架和传感器）、使用大数据分析等方法，改善供应链管理、优化客户体验并提高业务效率；制造业企业可以通过数字化转型实现生产线自动化，使用工业物联网传感器监测设备状态、实施数据驱动的质量控制，采用人工智能和机器学习来优化生产计划和预测维护需求等。集团型企业应聚焦集团效益最大化和资源利用最大化，提升智能化运营分析、协同优化、监测预警、调度指挥、科学决策等方面的支撑能力，打造实时监测、智能分析、智能运营的生产运营指挥新模式；聚焦战略管理、业财融合和资源优化，打造经营管理数据的共建、共享、共用能力，深度挖掘数据价值，提升精细管理、智能管控、敏捷组织和科学决策能力，打造精益化、敏捷化、智能化管理新模式。

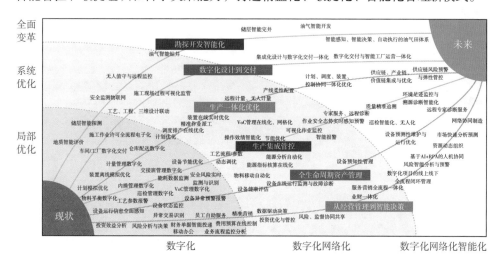

图 4-8 能源化工行业重点应用场景

炼化环节对流程管理的连续性要求很高，智能工厂要实现更快的响应与调整，优化产量、减少废料，提升炼油毛利率（Gross Refining Margin，简称GRM），确保"安稳长满优"生产。典型场景如图4-9所示。

数字化转型的应用场景是数字化转型战略落地的具体项目指南，在推行数字技术的过程中，识别重点应用场景、选择合适的数字技术将会影响转型成果以及成功复制的速度。应用场景既是数字化转型项目实施的启动点，也是实现创新的基石。能源化工企业需要先了解流程和数据状况，明确数据分析的业务目的，识别从生产到销售各个应用场景中数据的盲点、痛点及外部诉求等。企业数字化转型根本目的是创造价值，重点可从核心业务创新发展机会、盈利和业务角度分析，识别价值增长空间，如图4-10所示。

数字技术具有各自不同的特性和优势，针对特定场景，能够解决的问题、贡献的价值和部署实施的方式等都有所差别。因此，数字技术应用往往不会是孤立的，而是基于实际的业务场景相互结合、集成应用。针对识别出的应用场景，企业需要选择合适的数字技术进行匹配。对于贯穿全产业链的数字技术，如云计算、人工智能等，需要制定横向的实施方案，以便更高效地跨场景部署数字技术。识别场景的优先级应遵循以下原则。

应用场景	主要内容	现状	数字化转型目标	使能技术
智能营运	·智能化运营分析 ·全产业链效益优化 ·生产监控、本质安全、绿色环保、协同应急指挥	在支撑产业链上下游协同、实现盈利能力分析、预测和优化等方面还有欠缺；在集成深度、数据资源综合利用方面存在不足；在安全环保和应急保障上需要进一步提升	实现基于数据洞察的优化创效，提升科学决策能力；实现集团整体效益动态测算和优化，提升集团公司运营协同优化能力；实现重点业务运行动态监测，提升企业链条监测和预警能力；提升生产调度与应急指挥的融合，提升生产应急一体化协同指挥能力	·云计算 ·人工智能 ·通信 ·物联网 ·区块链 ·大数据分析
一体化投资	·全流程全链条闭环管理 ·最佳投资组合	投资优化工作量较大，缺乏完整、全面、实时的数据支撑，投资管理未完全实现动态化	构建投资一体化体系；打造动态的产业布局调整和投资组合优化能力	
智慧人力	·数字化人才管理 ·人力资源大数据分析 ·智慧学院	无法实时掌控企业人才分布、缺口等情况，人力资源管理过程难以实时监控，岗位价值评价缺乏智能化工具支撑	创新人力资源管理决策和运营模式，推动人力资源管理的流程化、自动化，重塑数字化的人才管理模式；横向做体人力资源投资价值分析业绩管理，科学制定人才策略；实现经验知识统一管理、沉淀、共享，形成世界一流的智力支撑能力	
智慧财务	·业财融合 ·管理财务	财务与业务延伸不足，资源配置优化水平还有一定提升空间；传统财务核算以事后处理、静态管理为主，对战略决策、经营决策的作用有待提升	融合贯通财务数据与业务数据、生产数据，纵向做深财务专项分析，横向做通产业链、价值链、公司投资分析业财融合；由核算财务向管理财务转型，由传统财务向战略财务、经营财务转型，打造财务向决策财务支持的向决策转型	
数字化协同	·数字化工作环境 ·无边界协同	不同分工及不同层级的员工在工作内容的传递、即时反馈、修改和迭代上存在障碍，影响协作效率	实现员工之间跨组织、跨地域、跨时区、跨企业的实时沟通，促进组织的柔性化	

应用场景	主要内容	现状	数字化转型目标	使能技术
数字化交付	包括集成化设计、协同设计、智能服务、三维数字工厂等	各类设计数据标准不统一，存在着数据不全、质量不高、共享水平低等突出问题；设计、交付、建设、运维未能有效协同，导致工程项目实施时间长、管理难度大、协同人员多，整体交付效率低等	以数字化工厂交付为切入点，统一标准、统一平台、统一服务，通过集成化设计、数字化交付，实现实体工厂与虚拟可视化工厂的动态联动，变革传统的管理和操作模式。主要从交付信息结构化、基于平台化的项目成果交付等方面打造数字化能力，进一步提升成果数据集中存放率等	·云计算 ·增强虚拟现实 ·人工智能 ·传感器 ·通信 ·物联网 ·区块链 ·大数据分析 ·焊接机器人 ·人脸识别 ·热成像
运营协同优化	包括计划调度生产协同优化、生产运营可视化、生产运行动态监测及预警、生产效益优化、生产经营一体化等	多数企业通过建立生产执行系统，已实现生产精细化、规范化管理。但未构建覆盖全流程的生产经营一体化运营模式，资源利用率较低，调度指令跟踪不到位，生产异常情况难以追溯，生产运行难以实时监测预警，难以实现生产效益最大化	以全流程优化为核心，构建计划优化模型，合理安排企业计划；实时跟踪生产指令执行情况，通过数字化技术的加持，充分调整资源配置，实现全覆盖、无盲区、高质量、不间断的生产过程精细化管理和炼化一体化、智能化、一体化优化。主要从生产可视化跟踪、模拟分析生产计划可行性、生产集成管控、生产过程实时监控分析等方面打造数字化能力，进一步提升生产计划完成准确率、生产数据自动化采集覆盖率、生产现场自动化控制覆盖率等	
生产应急一体化	包括应急管理、本质安全、风险防控等	多数企业已建立安全生产管理机制，对重大风险进行了动态识别，基本实现风险点的预测和集中监控，做到安全事故有效处置	通过数字技术应用将生产事后处置转变为事前预测预警，有效避免企业风险；通过建设立体化信息感知网络、协同联动的智能应用体系，实现安全管理向企业内外部延伸。主要从生产、安全、质量协同管控、安全隐患事前预警等方面打造数字化能力，降低生产现场安全达标合格率，降低重大隐患整改率	
绿色环保	包括环境管理、能源管理、热电业务、水务业务、节能减排等	通过构建能源工厂模型，对能源介质的全过程数据的量值进行采集、归并、转换与分析优化，实现了热电水务业务的集中管控	通过数字技术实现排放溯源追踪，监测企业碳排放，碳足迹，促进企业绿色低碳发展，实现热电水务专业化发展，建设智慧热电厂，水厂，实现对能源消耗的全局优化。主要从综合能耗监控与管理、能耗核算、能耗监管等方面打造数字化能力，进一步提升综合能耗，降低加工损失率，提升节能量等	
设备健康管理	包括设备完整性管理、设备预测性维护、设备实时监测与远程管控、设备全生命周期管理等	企业已经基本建立了健全的设备完整性管理体系，对重点机组、大型机组构建了设备数据资产中心，开展了设备设施全生命周期管理，支撑设备设施稳定可靠运行	通过新数字技术应用全部设备运行状况，自动感知设备运行水平，自动预知设备检修周期，自动流转设备维护信息并闭环处理，自动进行检修计划，自动评级设备运维绩效，实现设备运维成本，提升设备运维能力。主要从设备全生命周期管理、设备的智能诊断与优化等方面打造数字化能力，进一步提升设备完好率、装置自动化控制率、数据采集率、监控报警点覆盖率等	

应用场景	主要内容	现状	数字化转型目标	使能技术
电商新业态	包括线上线下一体化、电商生态圈、下一代支付等	能源化工行业产品分为大宗产品和零售产品，大宗产品当前仍以销售为主，支付方式单一、缺乏跨界合作的意识；零售产品销售方面，当前多数企业对于包客户、门店、营销以及数字电商系统还未进行有效协调，未打造贯通上下游和合作伙伴之间的协作平台，不能为消费者提供与众不同的数字化商品和服务	转变传统销售思维，构建集约化的线上营销平台，聚合合作伙伴优势，开展跨界合作，实现资源共享；打通供应、存储、物流、支付、服务全业务体系，实现线上线下一体化支持与服务，为商家和用户提供线上线下一体化支持与服务，助推"互联网+"商业新业态发展，为企业发展提供新动力。主要从数字化营销打造顾客保有率、绑卡会员比率、电子资金收支比率、电商平台交易额	·红外线 ·机器人 ·物联网 ·大数据分析 ·5G ·智能合约 ·可穿戴设备 ·区块链 ·增强虚拟现实 ·移动设备 ·云平台屏幕 ·移动支付
全流程客户体验	包括移动支付、人脸识别、车牌识别、无接触缴费、智能缴费、多触点的客户便利服务等	年轻化用户群体的规模持续扩大，用户需求呈现多元化趋势。当前线下零售场景销售模式单一，产品与服务更新周期缓慢；与线上平台互联不足，难以满足新生代用户群体对个性化、智能化、创新化产品与服务的期待	建立以用户为中心的平台化、网络化、智能化用户服务体系，为客户提供无缝衔接的定制化服务。通过数字化手段实现自助化、快捷支付、无现金结算等功能，借助移动端、数字化门店等多渠道触点，引导客户自助服务，减少人工干预，缩短业务办理时间，提高用户服务响应速度和质量，降低用户服务成本。主要从数据智能挖掘机制和消费行为分析模型优化、用户互动与敏捷服务、多触点的客户便利服务打造数字化能力，进一步提升客户端到端全流程业务、多触点的客户满意度、客户保有率等	
数字化营销	包括精准营销、客户画像、客户价值分析、产品价值优化等	各企业积累了大量的客户相关数据，但未建立数据应用体系。未对数据挖掘的针对性不强，导致客户分析的精准度低；面对快速变化的形势，有关营销的措施落后滞后	通过物联网等数字技术从触点、交互活动等方面采集、整合内部和外部数据，通过挖掘数据变化、更具时效地提供多样化的营销活动，从而不断提高客户数据质量，实现以客户为中心的数字化营销，优化产品价格定位，提升销售利润率。主要从客户画像、实时在线下交叉营销、营销服务智能化管理等方面打造数字化能力，进一步提升交叉销售、油品与非油品系统协同管理、开展主题活动营销次数等	
全球智能供应链	包括智能立体仓库、物流优化等	考虑油气类产品特性，物流安全管理是贯穿供应链的挑战。当前企业供应链上下游协同效率有待提升；在全球范围内，油气的产品物流交易受政策环境等因素影响较大，供应链抗风险能力较为薄弱	以供应链可视化、弹性化、智能化为目标，构建物流生态圈，提高物流资源调度和集中度，实现内外部业务高度一体化，设施资源利用最大化。做实网点、仓储布局、形成点、线、面相互协同的供应配送体系，实现仓配一体化，供配计划优化、智能补货等，从而降低预配运输成本，提高配送效率，实现物流降本增效。主要从供应链可视化管理、智能化仓储管理、一站式物流服务等方面打造数字化能力，进一步提升采购订单执行率、降低物料平均出库时间、缩短产品平均交付周期	
资金风险防控	包括资金管理、资金风险防控等	各企业业务覆盖面广，交易种类多，涉及交易系统间未进行有效集成，从而造成产品销售与对应资金间平衡的不准确，销售收入资金监管难度较大；巨额销售资金不能回笼并反映到财务账户，对资金回笼与监控造成很大困难	推进财务系统与业务系统的互联互通和高效集成，实现各类销售收入的自动记账、对账、清算、资金风险防控，精准判断资金状况，确保资金安全到账，加快资金周转速度，实现纵向到顶、横向到边的管理闭环。主要从资金风险智能化防控、资金流向动态监控等方面打造数字化能力，进一步提升资金逾期监管周期、自动对账率、流动资金周转率	

图 4-9　典型场景示例

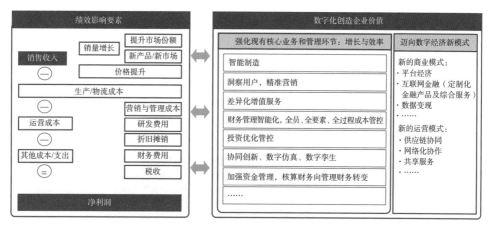

图 4-10 核心业务创新发展机会分析

分析信息化基础。运用数字技术部署工业互联网之前，需要先对生产运营数据进行集中梳理，建立机器可识别的标准化数据库，搭建信息处理一体化流程。再选择有一定信息化基础的场景进行转型，促进技术更高效地应用。对于基础较弱的环节，需将数据治理作为重中之重。

注重技术成熟度。选择成熟度较高的技术，基于丰富的实践案例和知识沉淀，有效提高技术成功率，降低总体实施成本，确保系统应用和生产运营的稳定性。

考虑增长潜力。能源化工企业组织架构庞大，在承担保障资源供应、稳定市场秩序的同时，也背负着盈利压力和向投资者兑现价值的重任。企业在选择和投资数字技术时要考虑转型业务的市场发展潜力，从最具增长能力的场景发力，不仅确保转型能够改善短期业务盈利状况，而且支撑长期业务可持续增长，提升成本支出价值。对于短时间内无法实现经济效益，但长期可实现业务升级的技术领域，例如智能供应链，企业需要保持长远目光，合理设置投资回报预期。

从核心业务切入。根据企业自身发展阶段的需求，企业需要全面衡量数字化转型的必要性，准确找到切入点，选择适合自身业务战略、发展模式的转型路径，循序渐进地推进转型。通过匹配转型的难易和技术成熟度，企业应当从核心业务价值链出发，从客户需求变化较大、竞争激烈的价值环节（包括价值创造、价值传递等）着手，率先实施数字化转型，推动业务数字化，并不断创新数字化业务，发展第二增长曲线。未来，将打破单个价值体系的封闭性，穿透所有价值体系，产业链场景全部打通，整合创建出前所未有、巨大的价值链。

近年来，石化盈科联合IDC连续发布了《守正出奇，开拓创新——能源化工行业数字化实践与启示》《数字化转型智造未来——石油石化行业数字化转型白皮书》《绿色可持续 石化新使命——石油石化行业绿色低碳发展白皮书》，指出未来的能源化工企业将以卓越的产品和服务满足客户需求，提升客户价值，打造绿色、敏捷、高效、可持续的企业运营新范式，将新一代ICT技术贯穿于全业务环节，围绕全产业链协同推进各项业务的数字化。能源化工企业数字化转型场景的选择应从深度赋能关键业务切入，稳步推进经营管理的数字化、智能化。石油石化行业数字化转型场景路线如图4-11所示。

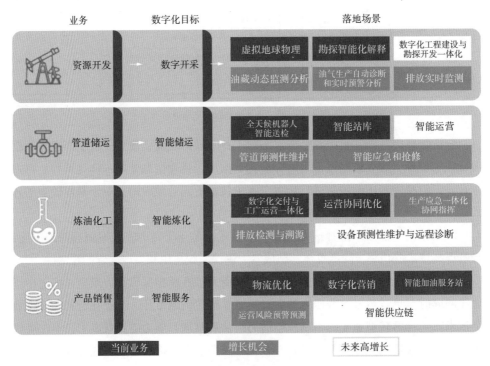

图4-11　石油石化行业数字化转型场景路线图（来源：石化盈科，IDC）

（四）目标确立

数字化转型是一项长期且复杂的系统工程，为了高质量地推进转型，企业需要规划短中长期的行动计划，确定阶段性目标。数字化转型根本上要推动业务增长，提升业务能力，实现企业战略升级，因此企业需要从研发、生产、供应、营销、服务等构成的端到端全链条确定关键场景，设定阶段性目标，动态开展阶段性"体检"并滚动优化目标体系。目标评估可采用数字化转型关键绩效指标（Key Performance Indicator，简称KPI）方法，以价值为导向，围绕营收和成本（财务维度）、质量和效率（内部流程和企业运营维度）、可持续发展（如客户及伙伴、学习与成长、转型支持等维度）等维度确定各应用场景对应的KPI，衡量价值创造和管理运营表现，形成完整的战略价值体系，最大限度地提升企业和客户价值。

明确财务维度KPI。评估企业价值、销售收入、盈利能力、资产利用效率等多方面的成效。例如通过电子商务化转型带动销售增长。通过协同研发缩短研发时间，推动产品更快上线等。

明确客户及伙伴维度KPI。评估企业品牌、客户体验、产业链合作伙伴协同三方面的成效。例如构建全渠道支撑能力，实现端到端的客户服务管理。全面了解客户旅程，开展客户洞察，挽留并发展客户等。

明确内部流程维度KPI。评估流程标准化和流程执行、预测、协同和精益等方面的成效。例如通过打通从线索到现金（Leads To Cash，简称LTC）的整体流程，提升内部流程效率等。

明确企业运营维度KPI。评估风险管控、智能决策和集约化运营方面的成效。例如通过数据集中管控，实现精准化运营；建立风险管控及合规体系，实现企业内控的提升，及国际业务的合规化等。

明确学习与成长维度KPI。评估组织能力建设、人力资本方面的成效。例如通过在线培训提升员工能力，通过远程会议构建数字化的协同能力等。

明确转型支持维度KPI。评估数字化平台对业务及商业模式创新的支撑与提升，以及平台能力沉淀、生态圈建设等。

（五）示范推广

能源化工企业数字化转型复杂度高，在业内尚未形成标准化、可借鉴的标准模板和参考模式。企业可采用先试点、再推广的方式，选择基础好、高价值的场景先行探索，形成可推广可复制的模板和实施方法论，发挥示范、突破和带动作用向其他领域、场景推广，不断提升数字化转型的深度和广度。

（六）评估改进

1.定期评价

企业要想持续增长，必须具备增长战略的迭代能力。随着数字化转型的深入，其带来的价值逐渐从降本增效转向注重增量价值，从以运营价值为主，转向战略价值、运营价值、社会价值并重。因此，在转型项目推进过程中，企业需要建立评价机制，衡量技术适配性和效能提升度。

对已经建成的数字化转型落地项目应进行全面综合的调研、分析、总结，包括对前期论证过程、开发建设过程以及运营维护过程是否符合要求，是否实现了预期经济效益、管理效益以及社会效益目标，是否能够持续稳定地运行等方面的工作内容做出独立、客观的评价；对于成效不佳或推进不利的项目，企业需要适时终止并寻找原因，主动调整方法及转型路径，及时制订补救方案；对于已取得显著成效的项目，应加快推广，加快迭代创新，寻求更大范围、更大规模的业务增长。通过及时反馈信息，调整相关政策、计划、进度，改进或完善在建项目，同时增强项目实施的透明度和管理部门的责任心，调整和完善发展数字化转型战略，提高决策水平，提高投资效益。在此过程中，企业可逐渐建立起一套评价指标体系，从多个维度考量转型成效，推进各单位"比学赶帮超"，形成互学互促的良好数字化转型氛围。

2.滚动改进

数字化转型项目实施完成后，需要建立PDCA（Plan-Do-Check-Act）的闭环优化机制，不断深化应用，使数字化转型实践充分释放价值。PDCA循环以数字化转型成熟度评估作为起点，开展评估既有利于企业诊断问题，发现不足，又有利于企业摸清家底，找到迫切需要改进的领域，抓住业务核心需求和痛点，保障企业数字化转型和信息化投入科学有效。通过动态滚动改进，形成战略图到实施图的闭环管理机制，保证数字化转型战略、信息化战略与企业战略相一致。滚动改进机制如图4-12所示。

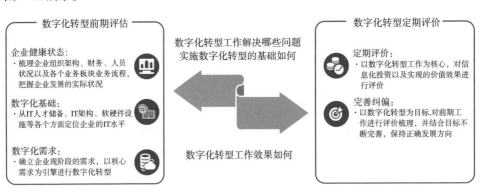

图4-12　滚动改进机制

二 / "数据+平台+应用"的信息化发展新模式

信息化建设发展至今，传统的建设模式已经无法应对业务需求的快速变化。企业正在从流程驱动向数据驱动转变，实现全价值链、全要素数据互联互通，围绕创新业务价值、重构客户体验，建立敏捷响应业务的新模式，如图4-13所示。

数字化转型和传统信息化在建设对象、交付模式、建设成本和价值影响等方面有着本质区别。为解决各业务领域信息化建设应用发展不平衡、信息孤岛、重复建设、应用分散、数据共享受阻等问题，构建通用的业务、技术、数据服务能力，打造更敏捷、高效、安全的信息架构，建立以业务为驱动、"数据+平台+应用"的信息化建设新模式，通过解耦与重构，将传统工业软件转化为微服务和工业APP。通过平台为业务数字化转型赋能，推进业务应用上云和上平台，从根本上打通传统信息系统之间的壁垒和信息孤岛，统筹解决碎片化供给和协同化需求的矛盾，提升系统纵向贯通性和业务覆盖度，促进业务协同。

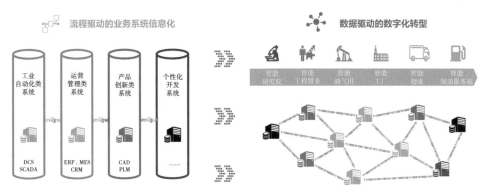

图 4-13 从流程驱动向数据驱动转型

"数据+平台+应用"的模式改变了过去重开发轻运维、重应用轻数据的建设模式，改变烟囱式、竖井式的信息系统建设模式，促进消除信息孤岛，降低开发、运维、迭代升级的成本，有助于企业掌握核心数据资产，如图4-14所示。

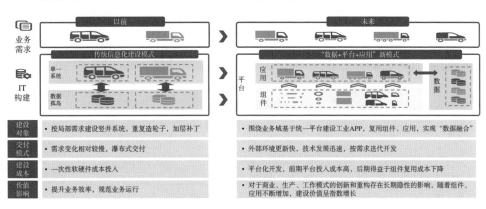

图 4-14 建设模型的差异对比

新模式下，形成应用架构按域规划、数据治理按域推进、信息系统跨域协同的长效机制，将充分发挥业务部门的业务牵头作用，通过加强信息和数字化的业务需求梳理和一体化设计，按照"数据+平台+应用"的新模式，规范信息化建设项目的功能设计、应用开发和建设推广。数据层面，传统模式下，缺乏统一标准，数据共享困难，跨部门跨系统数据共享程度低。新模式下，将统一入数据湖，按照统一标准实现数据按需授权和合规共享使用。平台层面，传统模式下，技术架构不统一，建设周期长，需求响应慢，集成关系复杂。新模式下，按照统一技术架构，实现能力沉淀、弹性扩展、组件复用，IT架构管理标准化和透明化。应用层面，传统模式下往往按照部门甚至岗位的局部需求建设信息系统，导致信息孤岛普遍存在，系统多、入口多，用户体验差。新模式下，进行统一的顶层设计和工业APP规划，快速响应业务需求，支持业务的协同和创新。

（一）数据治理

一切业务数据化，一切数据业务化。通过数据流动和算法模型，可以推进专业分工的精细化和精准化，提高运行效率，全面推动智能化发展。我们一定要认识到，拥有数据，并不等于拥有数据的价值。只有扫清这一误区，重视数据治理，才能找到数字化转型正确的方法和路径。

2020年4月中央发文，首次将"数据"与土地、劳动力、资本、技术等传统要素并列为要素之一，提出要加快培育数据要素市场。由于数据作为生产要素和监管目标，数据治理成为热点。数据治理（Data Governance，简称DG）起源于企业数据应用实践，发展于数据治理框架模型和成熟度评估模型，与信息技术（IT）治理同步发展，并在近年来快速演进，形成了独立标准，发展历程如图4-15所示。

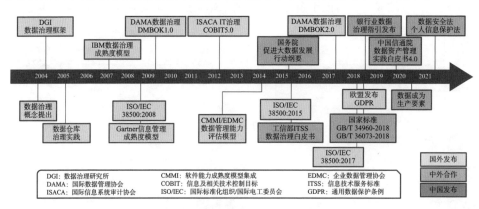

图4-15　数据治理概念的发展与演变

一些机构对数据治理进行了定义：

国际数据治理研究所（Data Governance Institute，简称DGI）：数据治理是与信息相关过程的决策权与问责制度体系；是对数据相关事项作出决策的工作。

国际数据管理协会（Data Management Association，简称DAMA）：数据治理是在管理数据资产过程中行使权力和管控的活动集合，以确保根据数据管理制度和最佳实践正确地管理数据。

GB/T标准：数据治理是对数据资源及其应用过程中相关管控活动、绩效和风险管理的集合。

ISO/IEC：数据治理是对数据采集、存储、利用、分发、处置过程进行评估、指导和监督的活动集合。

国际商业机器公司（International Business Machines Corporation，简称IBM）：数据治理是指管理企业数据生命周期中的数据可用性、数据保护、数据易用性和数据质量。

我们认为，数据治理是实现数字化转型发展战略的基础，是提升数据质量和数据共享服务能力、推进数字化转型发展的一整套管理行为和技术手段。数据治理包括组织、制度、流程、工具等内容。数据治理的最终目标是提升数据的价值，推进数据战略执行，促进转型发展。

很多国际领先公司很早就认识到数据治理的重要性，启动了相关工作。例如，壳牌较早启动数据治理工作，重点关注数字化文化构建、员工数据能力培养，统一思想、统一管理，并稳步推进数据治理及数据分析工作。以数据为抓手，体系化开展数据治理、数据应用及数据运营工作。在数据治理的基础上，统一建模，开展数据分析应用工作，通过数据自助分析平台、数据报表与可视化等，全面支撑企业业务需求，打通业务用户自主使用数据的"最后一公里"。他们成立了专业的数据治理团队，统筹集中管理数据，并明确数据所有者、管理者。强调要统一思想，构建数据文化。在长期视角下，关注数据文化的建设、宣导及员工数据能力培训，为集团数字化建设提供沃土。数据应用方面，在做好数据治理、统一建模的基础上，关注数据自助分析能力建设，打造依托于"分析窗口＋分析平台"的"一线指挥室"，全面支撑企业业务需求。壳牌数据治理如图4-16所示。

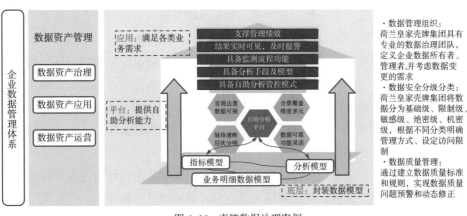

图4-16　壳牌数据治理案例

英国石油公司以数据驱动、数字化驱动、全球互联为数字化转型目标，统筹规划、整体开展数据治理工作，数据治理落地工作以数字化转型业务场景为切入，逐步推进。此外，其在集团层面建立数据集成管理平台，实现全球关键业务数据可见、可联、可共享。英国石油公司制定了五年的数字化转型路线，从绩效改善、风险管理、合作伙伴、数字化基础设施四个领域逐步实现数据驱动、数字化驱动、全球互联数字化转型目标。在数据治理方面，以数字化转型业务场景为切入点，统一开展数据治理工作。在数据分析应用方面，采取数据统一管理策略，从各业务独立收集和应用数据向建设集团层面统一的数据集成管理平台发展。BP数据治理如图4-17所示。

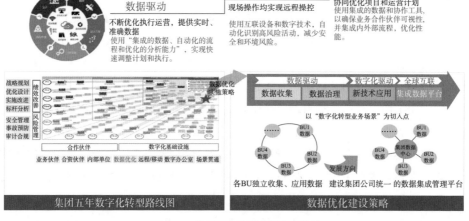

图 4-17　英国石油公司数据治理案例

企业需要设定专门的数据治理部门，负责制定并实施有关流程，提供技术保障，打造一体化、专业化、常态化、资产化的数据治理新模式，盘活企业数据资源"版图"，促进企业数据资源的共享和应用。企业数据治理需要构建"一个技术体系、一套保障体系、四项数据能力"。"一个技术体系"指搭建数据中台和数据湖，积累企业数据资产，共享"单一数据来源"；"一套保障体系"指围绕企业组织、制度、流程、人才、规范、模板打造的数据保障体系；"四项数据能力"指构建数据融合共享能力、数据资产管理能力、数据资产运营能力、数据应用创新能力。企业数据治理模式如图4-18所示。

数据治理体系的建设需要建立数据治理组织，发布数据治理相关管理制度和办法，统一数据架构与标准，优化数据治理流程，持续提升数据质量，形成集团公司全业务领域的数据资产。

图 4-18 企业数据治理模式

数据治理体系应以整体规划、分步实施、急用先行、治用结合为原则,推动企业管控纵向数据打通和横向数据共享。企业数据治理体系如图4-19所示。

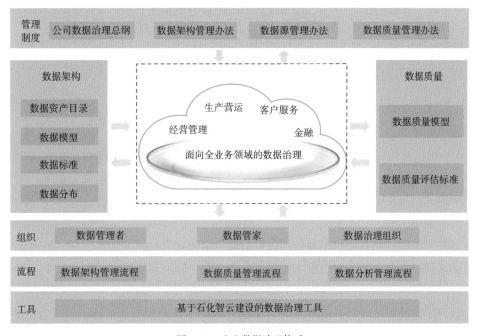

图 4-19 企业数据治理体系

当前,数据量日益提升,数据维度日趋多元化,数据驱动加速向全场景、全行业渗透。针对能源化工行业数据实时性、时序性要求高的特点,需要通过物联网强化边缘接入和计算能力,基于动态的数据资源,通过数据的分析应用形成商业洞察,促进价值链的智能协同和闭环优化,为业务转型和创新提供无限潜力,使企业获得数据带来的红利。企业应充分挖掘利用全产业链、全域数据价值,通过物联网强化边缘接入和计算能力,针对石化行业数据实时性、时序性要求高的特点,采集生产数据、运营数据、外部数据、客户数据等各类数据，形成全域数据湖，促进价值链的智能协同和闭环优化，如图4-20所示。

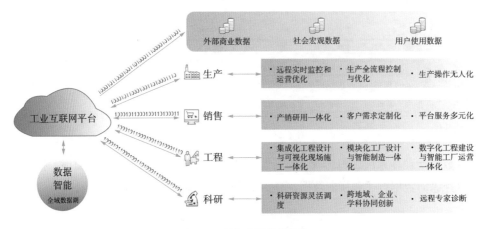

图 4-20　挖掘全域数据价值

（二）工业互联网平台

很多人知道工业互联网是由美国通用电气公司在2012年提出的，但不知道在通用电气牵头研究工业互联网的是一位经济学家，名叫马可·安努齐亚塔（Marco Annunziata），他曾提出工业互联网解决的是发达国家经济增长停滞的问题。因此，从工业互联网这一概念诞生之初，就不仅仅是一个数字基础设施，更是新型的生产组织模式、商业模式和工业生态，是新一代信息技术与工业经济深度融合的产物。

工业互联网作为第四次工业革命的重要基石，是顺应技术变革和产业变革趋势、推动数字技术与制造业相融相长的关键力量，是深化供给侧结构性改革、推动实体经济做强做优做大的重要引擎。发展工业互联网也是实现碳达峰碳中和目标，推进可持续发展的必然选择。党中央、国务院高度重视工业互联网发展。近年来，工业互联网多次被写入政府工作报告。"十四五"规划中明确要求加快5G、工业互联网、大数据中心建设，统筹推进基础设施建设。

工业互联网平台是面向制造业数字化、网络化、智能化的需求，构建基于海量数据采集、汇聚、分析的服务体系，支持制造资源泛在连接、弹性供给、高效配置的工业云平台，面向制造业数字化、网络化、智能化需求，向下接入海量设备、自身承载工业知识与微服务，向上支撑工业APP开发部署，全面连接工业全要素、全产业链、全价值链，实现工业资源的泛在连接、弹性供给、高效配置，是推动能源化工产业数字化、网络化、智能化发展的基座，对实现产业高质量具有重要的战略意义。

目前，制造企业数据孤岛、系统割裂导致数字化转型重复投资、投资回报率不及预期。因此，实现系统互联互通和数据集成将促进跨业务域、跨组织协作，实现价值最大化和全面智能化。现阶段企业智能制造发展的关键在于实现从设备层到工厂层的数据纵向集成，以及跨职能、跨组织甚至跨企业的数据横向集成和端到端集成，最终融合成数据闭环系统，形成数据供应链。

国际自动化协会（International Society of Automation，简称ISA）制定的企业系统与控制系统集成国际标准ISA-95，工业自动化模型分为5个层次：业务和计划、生产运作管理、监督控制、工厂控制、物理过程。其中，前两个层次归属于IT层面，后3个层次归属于OT（Operational Technology，运营技术）层面。信息化正在从单一系统、局部系统向复杂系统、巨系统快速发展，单一和局部系统解决的是企业协同问题，复杂系统解决的是产业链协同问题，而巨系统如工业互联网解决的是生态系统构建的问题。工业互联网带来了IT架构的深刻变革，作为连接各类企业级软件即服务（Software-as-a-Service，简称SaaS）应用的枢纽和打通端到端业务的纽带，打通"数据–洞察–行动"的总线，完成数据–信息–知识–智慧的蜕变，从而消除企业普遍存在的数据与信息"孤岛"，如图4-21所示。

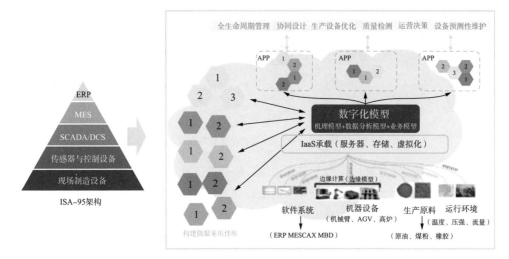

图4-21 工业互联网带来的IT架构变革

20世纪70年代起，IT及OT沿各自路径发展，20世纪90年代之后逐步融合，5层架构逐步向"数据+流程"双驱动的混合架构转型，如图4-22所示。

OT和IT的融合是未来成功实现智能制造的基础。目前，OT与IT系统间的数据流不断增加，自动化层和业务层之间的互操作性也不断提升，OT与IT集成程度越来越高，IT与OT的界限越发模糊，企业决策也越来越智能。工业互联网平台可以突破遗留核心系统与"竖井式"架构的桎梏，建立灵活、可复用的企业级架构能力。面向集团型企业，基于云平台打通集团间数据通道，开展协同设计、共享制造、供应链协同等网络化协同应用，针对企业内各业务部门信息孤岛林立、海量异构数据管理困难、企业知识沉淀和敏捷创新水平低等挑战，具备统一大数据管理架构以及敏捷低代码开发的工业互联网平台仍是企业数字化转型最有利的技术工具。借助工业互联网平台低成本、快速部署软件应用的特点，通过云化解耦提供轻量级工业APP，不但降低企业基础IT建设、运维成本，还能够根据企业需求针对性订阅SaaS化服务。深化智能制造全环节、全要素的应用，以设备上云为切入点，将机理模型嵌入软件和物理设备中，赋予机器自决策、自执行的能力，推动企业赋值、赋智、赋能再赋值，促进各要素、各环节全部数字化、网络化，实现数据全价值链贯通、人财物全要素连接、业务端到端掌握，形成新的产业协作、资源配置和价值创造体系，帮助不同类型、不同基础的企业实现数字化转型。

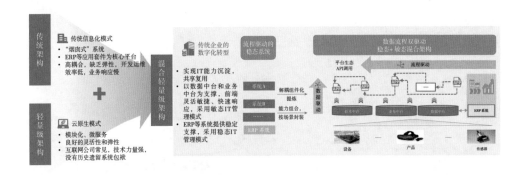

图 4-22　IT 架构演进思路

能源化工工业互联网平台是"云边端"协同的工业互联网平台，通过云端与边缘侧的高效协同，大幅提升工业互联网平台与工厂、设备的连接能力，通过连接产业生态实现运营模式与生产技术创新。企业侧的边缘云着重构建装置数字孪生建模能力、物联感知能力、工业应用与数据管控能力、工业知识运行与管控能力。

当前，企业数字化转型需求越发强烈，利用平台实现"提质、降本、增效"已经成为企业内生需求。从技术角度看，工业互联网促进了不同系统之间数据和信息的集成；从业务角度看，工业互联网则促进了业务的融合和管控能力的提升。管控能力的提升，不仅能提升企业内部的管理水平、改变生产和管理方式，而且能把能力拓展到企业之外，推动商业模式的改变；其不仅能提升物质产品的生产和管理水平，还能提升知识产品生产和管理水平、促进技术创新和持续改进。

现在，越来越多的人意识到工业互联网平台和细分行业的深度融合是未来的趋势。工业互联网融合应用正在向纵深拓展，行业工业互联网平台以及所蕴含的丰富的工业知识、机理、经验，推动能源化工产业链上下游、大中小企业融通发展，提质、降本、增效、绿色、安全作用日益彰显。工业互联网平台通过挖掘数据资产价值，可以为企业提供数据采集、集成、处理、分析等数据生命周期服务，并提供各类开发工具和基础服务能力，支持企业开展应用迭代开发和平台运营。数据分析、数据知识沉淀是否具备较强的行业专用属性，是企业工业互联网平台选型的重要原则。

面向未来，企业将基于智能技术群落打造适应未来发展的高经济性、高可用性、高可靠性的技术底座，加快升级和构建DT时代全新的数字基础设施体系，建设数据智能、无缝衔接的产业赋能平台，提升客户体验和协同运营能力。数字化平台将由单一类型的交易撮合平台或功能性平台向多平台协同发展进化，最终打造形成产业赋能平台，通过能力数字化扩展及业务数字化相连，拓展平台的用户和产业边界，最大范围发挥大数据、智能化技术等在内的数字化基础设施的作用，促进无缝化界面扩展和智能化协同，以更低的成本和更便捷的方式满足业务需求。因此，我们需要将核心业务或核心产业能力下沉至中台，实现产业基础设施的模块化，通过中台对能力的集成和封装形成模块化的服务能力，实现产业能力的随需调用。对于企业IT部门来说，既需要新建数字化产业基础设施，也需要对传统的产业资源进行数字化改造，并构建一系列的赋能工具和机制，建立敏捷的技术架构，利用弹性数字基础架构和连接内外应用的数字化体验提升企业的数字化管理水平，如图4-23所示。

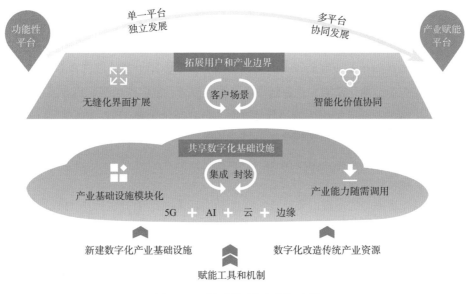

图4-23 平台进化赋能产业转型升级

工业互联网平台可由内及外优化和管理企业。需要注意的是，工业互联网不仅是"产品—人—机—料—法—环—测"等工业端的技术联结和运行机理的映射，还包含了这些工业端的管理关系、工艺关系、生产组织、上下游实体供应链等关系网络的映射。我们预测，工业互联网平台应用将超越网络、平台和安全三大体系为代表的数字空间，向传统生产单元、系统、设备、车间、工厂等物理实体加速扩展，与制造业、流通业、服务业、金融业全面融合，重构工业价值体系，激发发展动力，如图4-24所示。

图4-24　生产、企业、产业链优化

（三）工业APP

数字化转型旨在通过数字技术的应用，改善业务流程、优化资源分配、增强客户体验，并在市场中取得优势。企业需要紧密关注其业务需求，并利用数字技术来改进运营效率、提升客户体验和创造创新机会。工业APP强调知识经验的软件化和服务化，它关系到企业业务的竞争力和创新能力，工业APP建设应百花齐放、百家争鸣，满足企业个性化需求。企业既需要经济价值高、推广作用强的行业通用APP，也需要有丰富的、基于知识图谱和智能算法的行业特色工业APP。用户可通过应用商店进行订阅和交易流转，实现生态的持续运转。工业APP的规划和建设要以价值导向为原则，依托开放的工业互联网平台生态，以业务场景为驱动，敏捷迭代、渐进升级，实现科技提速。

对于新建智能工厂，可以采取绿地模式（Greenfield），打造云原生APP，建设基于角色的岗位工作台，例如中科炼化、古雷石化等新建工厂即是这种模式。对于老厂升级以及改扩建工程，在数据治理基础上，可采用棕地模式（Brownfield），即现有系统应用升级和重构，将现有系统的数据、应用按照与平台不同等级的成熟度搬到新架构里，兼顾采用蓝地模式（Bluefield），即按照目标架构的要求，有选择性地将部分数据或者功能模块从老系统搬到新系统里。不管采取哪种模式，建立统一数据架构和标准都是前提。

在加速数字化转型的过程中，企业信息和数字化面临着严峻的治理挑战。数字化转型使得治理环境和治理对象数字化，治理活动也需要走向数字化，只有运用技术手段对组织内部人员、组织、业务、流程、基础设施、数字资产等各要素实施科学管控，才能保障企业数字化转型的成功。企业应坚持"统筹推进、融合发展、集成共享、协同智能"工作方针，以"两化"深度融合为主线，强化顶层设计和统筹管理，依托统一的工业互联网平台、建立跨业务领域的协同机制，从根本上在组织、平台等方面提供消除信息孤岛的保障，打破业务壁垒，着力解决各业务领域信息化建设应用发展不平衡、信息孤岛、信息化建设分头立项、重复建设、应用分散等突出问题，消除数据共享壁垒，促进信息和数字化高质量发展。业务部门要从"要我信息化"向"我要信息化"转变，充分发挥业务应用的主体责任，按照业务域开展数据治理和应用顶层设计，依托工业互联网平台，实现业务与信息化的高效协同，促进和引领技术创新、产业创新和商业模式创新。

三 / 数字化转型成功因素

（一）加强数字化领导力与企业协同，打造敏捷型组织

生产力决定生产关系，组织形态应服务于人类的社会形态变迁，为生产力服务。组织形态正在从传统的科层组织，逐步演化形成矩阵组织、扁平化组织、无边界组织和平台组织等形态。人类社会的主要组织形态如图4-25所示。

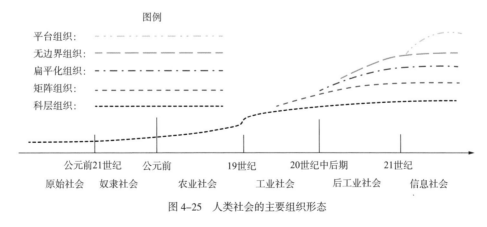

图4-25 人类社会的主要组织形态

数字经济在为全球经济注入活力的同时，给组织变革带来了巨大的推动力。速度和敏捷成为企业在数字化时代的关键成功要素，这就导致了以传统的科层制为理

论建立起来的工业化时代的组织模型将不再适用于数字化时代的要求，因此，企业如果想在数字化浪潮中乘风破浪，将不得不进行组织变革以适应外部环境的变化。企业应系统推进组织结构、绩效考核、组织职责、企业文化等方面的变革，打造数字化、平台化与生态化的组织新形态，使组织需要更加高效地适应战略转型、业务转型要求，敏捷响应业务需求和市场需求。数字化服务的敏捷型组织与传统组织对比如图4-26所示。

组织转型维度	传统组织特点	数字化服务的敏捷型组织特点
岗位体系	1）长期不变的岗位体系 2）工作相对静态，需要固定技能 3）部门内部的岗位设置相对固定	·定期回顾岗位体系，以有效承接组织职能 ·工作相对动态，强调能力要求 ·岗位之间灵活组合形成部门
薪酬体系	1）薪酬体系相对稳定 2）薪酬体系关注水平的标杆管理和公平性 3）定期提供奖励 4）薪酬保密性	·薪酬体系具有一定灵活度，可容纳新兴职位与人才 ·薪酬体系关注结构的多样化与员工体验 ·给予容错空间，强化创新激励 ·提供即时激励 ·薪酬公开、透明
绩效管理	1）绩效评估和目标设定一年开展一次 2）年终一次性反馈收集 3）目标保密，关注个人成就 4）主要由直线经理进行评估 5）重点关注绩效结果 6）按照基于意见的定性过程开展评估	·高频次绩效管理 ·定期目标设定是一个开放、合作的流程 ·持续收集反馈，并提供即时信息 ·目标公开透明、关注团队业绩 ·由直线经理和项目团队经理共同评估 ·重点关注辅导和促进人员发展 ·主要依赖于数据开展评估
职业发展	1）以胜任力要求引导职业发展 2）单一发展通道，升职或辞退 3）区分管理与专业领域 4）各层级发展要求以基础条件为主	·以个人职业目标确定发展方向 ·发展通道及路径多样 ·专业领域进一步细分（如营销、技术、运营等） ·各层级发展要求同时关注基础条件、能力要求、行为表现等多方面因素
企业文化	1）层级式组织 2）清晰、具体的指令式工作要求 3）决策信息的快速传递与严格执行 4）一致的身份认同感、责任感与归属感 5）团队整体的同步性 6）相对严格的组织管控 7）关注细节和具体流程 8）明确、严格划分的内部层级	·组织层级扁平化、网络化 ·组织形式灵活调整 ·工作开展关注协同合作，而非指令执行 ·管理者以领导力、感染力驱动工作开展 ·团队内部决策权平等 ·个人具备充分自主权 ·团队内部交流充分、协调性强

图4-26　数字化服务的敏捷型组织与传统组织对比

1.培养数字化领导力

数字化领导力是一系列行为的组合，其主要表现为领导具有数字化战略思维能力，能够运用数字化思维去发现、分析和解决企业战略发展上的问题，并且能够保持战略定力。过去，团队成员依赖领导者分配任务，数字化领导力则强调团队成员之间的主动协同、主动自我管理。在数字化思维指导下，企业领导不仅能够对组织所处的外部科技环境和科技政策具有敏锐掌控能力和调整适应能力，对随之伴生的数字化风险具有防控能力，而且能够借助数字化技术、手段和方式进行高效的沟通交流，在组织内带领或支持数字化人才的建设发展、数字化组织的变革发展。

数字化领导力的运用对组织及其内部成员的发展都具有影响。从个体层面来说，数字领导力有助于开发、培育和利用员工的创新能力，从而促进员工绩效的提升；从组织层面来说，数字化领导力的运用能通过影响企业战略定位创新、产品服务创新、资源能力创新和商业生态环境创新等提升组织绩效，实现企业的可持续发展。

2.打造敏捷型组织

在数字化的发展浪潮下，建立敏捷型组织已经成为企业的必经之路，其中"稳定主心骨"和"动态灵活性"成为了必要条件。为了再造组织结构，企业应搭建稳定的总部服务平台，建立为企业引导战略、提供生产服务的主心骨，同时组建以价值创造为驱动力的跨职能项目团队，以提升组织灵活性。在流程方面，企业需要将核心流程标准化、数字化，并为非核心流程制定领导原则，做到灵活变通、持续改善。人员能力对敏捷型组织的建设至关重要，企业应以统一价值观凝聚团队，提升团队的自主性，并通过打造学习型组织提升人员能力，建立一专多能的核心人才梯队。敏捷型组织的构建是一个不断学习、动态演进的过程，工厂也需要不断总结评估，以逐步迭代的方式向敏捷型组织转型。

在一个敏捷型的组织中，通过数字工作系统，与组织内外的伙伴互动、产生线上线下融合的高效行动，实现价值连接、协同、创造和分享契约。传统时代，工作目标由管理者分配。数字化时代，敏捷型组织成员共同承诺目标。

3.促进业务与IT融合

随着整个商业生态系统彼此互联，企业必须灵活应对不断变化的业务需求和市场需求。当IT和业务部门恰当协作时，企业能够更有效地实现目标。IT和业务部门需要按照公司统一的战略和管理原则构建和维护信息系统平台，支撑起整个企业的发展。2003年宝洁全球把传统的标准化IT全部外包出去后，将IT部门转型为信息与决策方案部，其新职能主要集中在商业模式创新，业务流程再造，信息分析以及业务决策上，此后，IT与业务部门天然的协作机制建立起来。这种模式直到今天仍被成功地沿用，并且效果显著。

数字化转型中，业务和IT如何紧密协作一直是难点和重点，也就是业务组织和技术组织的合作关系如何确立，以便从机制上保障数字化转型的持续推进。在传统的协作关系中，IT为响应业务需求而搭建，处于被动地位。IT系统要想为企业创造更大的价值，就要由被动走向主动，走在业务的前面，引导业务需求，驱动业务改变，要在明确公司发展的战略和大方向后再进行企业架构的规划和流程与IT建设，而非一味在业务提出需求之后再去满足。当然，能达到这个程度绝非一日之功，和企业当前的IT现状和企业领导对IT的认知有很大关系。

（二）建立健全体制机制，加快标准化与安全体系建设

1.加快标准化体系建设

长期实践表明，标准引领是加快推进数字化转型的关键抓手，是数字经济的必要条件，由数据、网络、技术和应用串联起来的数字经济，没有标准化的支持，社会互联成本过高。完善标准体系建设，有助于强化企业推进数字化转型合力，获取转型实效。未来亟待加快制定工业设备连接、工业数据共享等方面的标准，实现设备、数据的兼容连接。通过标准体系与认证认可、检验检测体系的衔接，促进标准应用落地。本书重点分析两个标准：

一是数据标准。企业每天产生和利用大量数据，比如，经营管理数据、设备运行数据、外部市场数据等。但是，工业设备种类繁多、应用场景较为复杂，不同环境有不同的工业协议，数据格式差异较大，不统一标准就难以兼容，也难以转化为有用的资源。

二是平台标准。目前，系统平台接口标准极不统一，互联互通难度大。由于工业互联网相较于消费互联网发展起步晚，发展初期没有跨地域大规模信息共享需求，只有企业内部车间小范围内信息共享需求，不同企业为满足此类需求，开发了不同工业现场总线。工业现场总线的多样性，增加了采用不同协议设备连接的难度，由于工业数字装备外部通信硬件接口形式多样、标准不统一，也增加了硬件设备互联互通难度。

企业需要通过总结凝练大量最佳实践，研制推广一系列具有普适规律的方法、工具、标准，沉淀内部先进理念和方法，将最佳实践内化为可操作执行的方案，引领转型创新实践，最大限度获得价值效益。同时，通过标准的研制、宣贯与推广，可以在企业内部构建起一套"共同话语体系"，更好厘清各项工作间的界限边界和配套关系，更加有效破除跨部门、跨企业、跨领域合作壁垒，加速凝聚协同推进数字化转型的强大合力。

2.筑牢数字化安全体系

在数字化转型过程中，企业极大地改进了原有的生产和经营方式，信息技术与业务发展的深度融合将凸显网络安全风险的实质性影响，网络安全风险已延伸至生产和经营的方方面面，将会直接影响业务运营，进而影响生产安全、社会安全，甚至国家安全。当前，无论是从产业自身发展需求角度还是国家监管需求角度，网络安全需求都在不断升级。

从产业角度讲，数字技术创新应用给企业带来巨大的创新红利，同时引起企业IT环境的变化发展，云安全、数据安全、工控安全等诸多新的安全风险随之而来。

此外，大数据、人工智能等数字技术也被广泛用于网络攻击中，大大增加了网络安全防护难度。

从监管层面，国资委在2019年修订印发的《中央企业负责人经营业绩考核办法》中，首次将网络安全事件纳入考核范围，并视情节给予负责人相应的处分。这必将是促进我国网安事业发展的又一股力量，提高央企防范重大网络安全事件的能力和水平，保护国有资产不受侵害。近年来出台的《数据安全法》《网络安全审查办法》《网络产品安全漏洞管理规定》等相关法律法规，给数字经济时代企业经营主体责任提出了更为明确的要求。

（三）打造数字化人力资源体系，建立数字化人才生态

1. 大力培育数字化人才

数字化人才是ICT专业技能和ICT补充技能的融合，且更倾向于ICT补充技能的价值实现，即拥有数据化思维，有能力对多样化的海量数据进行管理和使用，进而在特定领域转化成为有价值的信息和知识的跨领域专业型人才。数字化转型加速演进，各领域的信息和数字化人才需求激增，数字化高端人才、专业人才市场缺口较大，给企业数字化转型发展带来人才挑战。伴随产业数字化进程不断深入，技术应用瞬息万变，企业的数字化能力决定了转型成败，数字化能力不只是科技技能的提升，更是组织能力的重构，打造与场景相匹配的数字化人才梯队是其中最为关键的一环。

2. 构建数字化人力资源体系

在数字经济时代，打造学习型组织，培养具有数字化思维的人才队伍、构建数字化人力资源管理体系是企业发展的需要，也是新时代发展的必然要求。选择合适人才、优化人才结构、提升组织管理效率是企业转型成功的重要因素。数字化的人力资源管理方式帮助企业完成从组织结构、岗位需求、人员招聘、绩效考核、培训赋能、员工体验到管理报告等诸多环节的闭环管理，满足企业在合适的时间、有合适的人选、能完成既定目标的需求，发挥更好的协同运营价值，数字技术是企业应对人力资源动态化、精细化管理挑战的强大支撑，深刻影响其人力资源管理能力。

3. 建立数字化人才生态

为满足数字经济时代的发展要求，可以通过打造人才资源池、产学研联合培养的方式，发挥全社会多领域人才的专业优势，与先进企业打造联合体，加强技术合作、联合创新，培养复合型人才和多元化的数字化人才，建立数字化人才生态。

企业层面，为推动技术创新不断取得突破，积极推动科研体制机制改革在保持开放式创新的优良传统基础上，深挖联合攻关模式的潜能，建设科技孵化器，企业

及科研院所共同建立技术转化平台，鼓励科研人员带着成果进入科技孵化器创新创业，推进部分技术率先实现产业化。健全产销研用一体化人才培养机制方面，着力打破技术领域界限，跨专业、跨部门加强队伍建设，组建管理部门和一线岗位紧密结合的矩阵式技术经营团队，为新技术创新提供有力保障。

在数字化转型项目实施中，需要构建多角色、跨组织的创新团队，如图4-27所示。

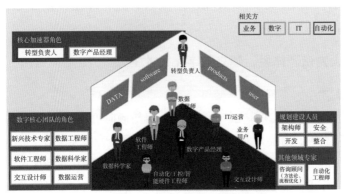

图4-27　多角色、跨组织创新团队

（四）坚持理念创新，确立数字化转型全局与业务目标

1.构建"以客户为中心"的战略策略

数字化转型中，业务转型聚焦于客户，根据客户需求特点制定转型策略，赋智优化全产业链，实现生态协同发展。在过去几十年中，随着市场经济的发展，社会生产力的提升，按照企业所关注的对象经历了大致三个时期：生产时代、产品时代和顾客时代，不同时代下企业的竞争力构建也体现出了不同的特点。企业竞争力和竞争优势的核心不仅依赖于拥有特定的组织资源或能力，同时也来源于组织内部的运行机制，它确保企业经营的不同方面得以协调，形成组织合力，发挥1+1 > 2的效果，它是支撑企业短期经营目标、中长期战略目标达成的组织保障。因此，每个组织要为目标客户提供价值，并以此打造最适合的业务模式、组织模式和企业间协作模式。然而在过往，部分部门由于受到内部考核的影响，其目标并不是服务客户，而是为了自己的KPI努力，反而忽视了企业存在的意义。

数字时代，最大的挑战在于创造客户价值的方式完全改变，无论是与客户沟通的方式，还是为客户创造价值的方式都不再遵循传统产业逻辑展开，企业需要重新设计数字化的动态交互场景，设定复合的数字化角色，并通过数字化赋能，协同各商业活动主体，构建多方互联的价值网络，构建全新的数字化发展模式。

2.制定全价值链优化的转型目标

全价值链优化是指企业通过全价值链的数字化变革实现运营指标的提升。企业的数字化应立足于顶层设计，结合企业的核心竞争力，如产品设计能力、社会化服务能力、渠道终端覆盖力，实现产业互联、生态发展。任何企业都有始创、成长、达峰和衰落的过程，只有不断地创新发展，才能实现基业长青。这个过程，就是原有业务和新生业务的持续交替迭代。大型企业既要"立足现在"，盘活存量和资源，又要"面向未来"，创新增量和模式。数字赋能的守正和创新如图4-28所示。

图 4-28 数字赋能的守正和创新

一方面，要激活传统业务，持续释放出成长的空间和时间，按照守正的原则，通过数字化给价值链的各个环节赋能。例如经营管理、核心运营和专业化业务，聚焦赋能优化，推动产业向智能化、无人化、绿色化加速转型，实现降本节费、提质增效。另一方面，企业必须有居安思危的意识，在传统业务达峰之前，要找到破局点，进行商业模式创新。如果把企业看作一个系统，竞争环境的不确定性就是这个系统的"熵"，而数字化转型就是通过建立一个"耗散结构"来清除熵增，实现熵减，熵减可以通过打造开放系统以及做功来实现，通过打造开放系统，打破封闭状态，加快能量、物质、信息的流动。

（五）力促开放式创新与集成创新，探索融合发展之道

1.推动开放式创新

当今世界正经历百年未有之大变局，科技创新是其中一个关键变量。数字化转型重塑科技创新发展路径，为科技创新注入数字力量，而开放式创新正逐渐成为数字经济发展的关键动力。

20世纪90年代，随着企业内部研发团队规模越来越大，在封闭式创新情况下企业相互保密，各自进行封闭的技术革新和竞争，传统科层制管理难以提升创新效率。在一个有效竞争市场，企业运用开放式创新并不意味着对自身权利的放弃，而是意味着对各方参与者价值的承认，企业相互公开协议，通过专利保护规则或技术标准联盟协调标准，最终实现市场价值的分享。与传统的封闭创新相比，开放式创新模式可以从公司的外部和内部同时获得创新资源并且商业化。

随着全球供应链整合和产业协同度提升，技术升级和产品迭代速度加快，跨学科的研发和创新成为常态。传统产业通过开放式创新将高校、设计公司、供应商，

与全球集成商联系起来，形成创新生态和技术共同体，形成跨产业、跨地域、跨领域的开放式创新平台，形成价值互联网，而网络中多对多连接形成的网络效应，促进了效率远高于传统的供应链和线下业务体系的高校、产业、资本等参与者之间的各种交易合作，从根本上解决过去我国产学研体系产业协同度低、核心技术转化率低、科研市场脱节、知识产权流失等问题。

2.促进集群式创新

随着云计算、区块链、人工智能、量子计算、5G等数字技术迅猛发展，第二次科技革命不断与应用场景深化融合，技术融合也呈现出了一些新的发展特点。单点技术和单一产品创新正加速向多技术融合互动的集成化、平台化、系统化创新转变，硬件、软件、服务等核心技术体系加速重构，创新周期大幅缩短，新业态、新模式快速涌现，数字技术与制造、材料、能源、生物等技术的交叉渗透日益深化。技术融合创新成为当今时代抓住发展机遇的"金钥匙"。

在以智能制造为特点的未来工业中，单一技术为主导的模式已经不再能满足新需求，多种新兴技术的集群式创新、融合发展与突破成为产品设计的特点。面向工业4.0，结合新一代信息技术、智能传感器和智能装备，聚焦工业级业务场景，深化跨学科、跨领域融合创新应用，通过小批量高速迭代、多种技术融合、产品快速升级、跨组织跨专业协同，将虚拟的数字世界和真实存在的物理世界有机融合，实现技术集群式创新。

3.探索融合式发展

信息化和工业化深度融合是信息化和工业化两个历史进程的交汇与创新，是我国特色新型工业化道路的集中体现，信息化是信息技术在国民经济各领域的应用，既是发展过程也是发展目的，信息化和工业化的融合既加速了工业化进程，也拉动了信息技术的进步，IT和OT分别作为经营管理和生产控制的两大技术力量，在数字化转型的过程中，相辅相成、缺一不可。

IT（Information Technology，信息技术），主要包含计算机技术、网络技术和通信技术。在企业经营中，IT信息系统为企业的战略决策、经营管理、行政管理、业务执行提供了有力支持。

OT（Operational Technology，运营技术），可定义为对企业的各类终端、流程和事件进行监控或控制的软硬件技术，含数据采集和自动控制技术即电子、信息、软件与控制技术的综合运用。因此，OT既包括硬件设施（如机器人、电机、阀门、数控机床等），也包括对这些设施进行控制的各种软件技术。

在工业3.0时代，OT和IT具有相互独立的界面，二者没有融合的倾向。传统信息化时代，底层的自动化控制系统响应速度要求高（精准实时，毫秒级–秒级），但只针对单体的设备；MES、ERP系统响应速度要求低，但管理的范围面向生产甚至整个供应链。在传统IT架构模式下，"烟囱式"建设的信息系统修改困难、集成混乱；数据被割裂深锁在各个系统内，不能被自由利用；项目建设周期过长，无法快速响应业务需求，企业迫切需要建设新型数字化架构。传统定义的IT与OT如图4-29所示。

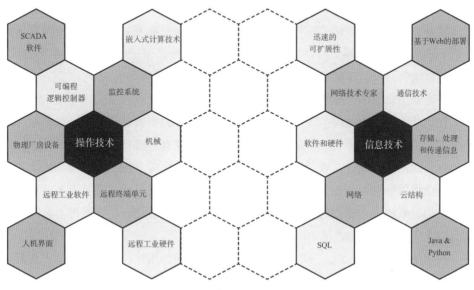

图4-29 传统定义的IT与OT

数字化转型强调打通IT与OT，通过工业互联网平台扩展管控一体化范围，以工业大数据为血液，消除断点、堵点，加速业务与应用的融合，提升用户体验，实现敏捷交付，从以流程管控为核心的信息化，转向以用户体验为核心的数字化。IT与OT融合的发展趋势如图4-30所示。

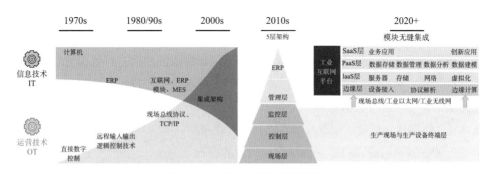

图4-30 IT与OT融合的发展趋势

通过OT与IT融合，既能促进IT在OT端发挥网络化、云化、智能化的作用，也可保障OT端更多利用IT端的使能技术。未来融合模式主要分为两类：将OT端的信息与IT端打通，即建立IT端与OT端的联结；将OT端的信息输出到IT端，使得OT端信息在更大范围内共享，即OT端的信息云化。

（六）挖掘数据要素的价值，以数据治理发挥数据驱动力

数据也被称为"未来新石油"，随着信息技术的快速发展和深入应用，企业数据海量增长，数据量指数级的变化节奏让企业创新变得更加复杂，仅收集更多数据是不够的，企业现在必须实时地从数据中获取更多价值，来正确地驱动数据的价值。如何通过庞杂的数据体现出业务价值已经被越来越多的企业所重视。

1.推动企业经营管理从流程驱动向数据驱动转型

在传统的信息化建设模式下，流程驱动是以流程为主线，将相互关联的业务活动串联和协同起来，使这一组业务活动以设定的方式有序进行，从而完成特定的活动目标。通过流程改进、管理制度改进、组织职责优化等手段，实现业务的高效运转。企业推进信息化过程，往往是从梳理和重构业务流程开始，并将业务流程固化在相应信息系统中，典型的业务场景如计划管理、物料管理、质量管理、合同管理等流程在企业资源计划系统中得以实施。

在传统信息化建设模式下，虽然形成了数据，但数据往往只是业务运作最终形成的历史记录，即数据本身是一个业务协同后的附属品，形成的数据作用也仅仅是历史数据查询统计和分析。数据驱动不只是用数据反哺业务，还应通过数据来产生新的商业模式或业务形态。

数据驱动是以数据为核心，根据数据所映射的内外部环境的要求及变化，通过进行数据获取、建模、分析、执行而驱动业务活动的决策和运行，以实现数据价值创造。一方面，在数据驱动过程中，充分发挥数据精准、预见等特点，通过对生产过程和生产操作进行定义，驱动生产系统和操作执行依据数字定义运行。同时，通过消除不确定性，科学客观支撑生产管理的决策，进而推动生产系统运行。另一方面，数据驱动是通过移动互联或其他技术手段采集海量的数据，将数据进行组织形成信息之后，对相关的信息进行整合和提炼，在此基础上经过训练和拟合形成自动化的决策模型。通过数据驱动，企业可基于供需双方的精准匹配带来直接的业务创新增长，不断优化低效、问题环节以提升运营效率。

2.加强数据治理以打造企业数字化转型的基石

数据作为企业的战略资产，需要以资产化的方式进行治理。企业获取数据不是目的，而是要通过数据促进业务创新，提升资源配置效率。数据的核心价值不在于其数量大，而在于质量高。因此，只有通过数据治理，提升数据质量，整合各类数据，实现上下贯通、横向融合，才能实现数据资产运营，充分发挥其战略价值。

传统的数据治理工具和手段面临前所未有的挑战，主要表现在两个方面：一是传统的信息系统建设中数据资源共享程度不高，信息系统跨组织、跨地域、跨业务的协同能力较弱；二是"信息孤岛"成为信息化建设的主要瓶颈，数据标准化和数据资源中心建设严重滞后，无法满足企业业务需求。

要实现数据"好找、好用、好看、实时、共享"，亟须利用大数据、人工智能等先进数字技术完善数据治理工具，搭建企业数据资产管理体系，创新数据资源管理模式，丰富数据应用与消费手段，提升数据资产应用价值，从而帮助企业解决数据资产查找难、应用难、管理难等问题，挖掘数据价值，促进数据资产的变现和升值。

四 / 数字化转型案例

企业推进数字化转型中的目标可归纳为三个方面，一是降低运营成本，提高运行效率，提升企业整体效能；二是支持研发创新，促进产销衔接，敏捷应对市场需求；三是发展平台经济，实现精准、高效的供需匹配，打造新的业务增长点。国内很多集团公司和炼化企业通过业务、组织、技术的协同创新，践行信息化发展新模式，在降本增效、提质升级、生态建设等方面形成了一系列成果，成为了能源化工行业数字化转型的先进代表。他们的经营管理体系、项目建设方式、信息化整体架构为其他企业开展数字化转型工作提供了很好的借鉴，也在实践中积累了丰富的经验，形成了可复制、可参考的模板，并在广大企业中应用，取得了较好的效果。

（一）组织转型：强化组织机制，助力转型发展

某特大型能源化工企业是全球最大的成品油和石化产品供应商之一，2021年该集团制定了"十四五"信息化发展规划，推进包括四朵云、三大体系、两大平台的"432工程"建设，打造"数据+平台+应用"的信息化发展新模式，完成了数字化转型战略研究，形成包含1个支撑、4大能力、15项任务的"1415"工程。为保障信息化规划和数字化转型的落地，该集团积极推动以业务为驱动的"域长"负责制，发挥业务部门的牵头作用，加快业务和信息化的深度融合。

域长负责制按照该集团信息化"六统一"建设原则即统一规划、统一标准、统一设计、统一投入、统一建设、统一管理和"统筹推进、融合发展、集成共享、协同智能"工作方针，以"两化"深度融合为主线，强化顶层设计和统筹管理，提供工业互联网统一平台并建立跨域协同机制，从根本上在组织、平台等方面提供消除信息孤岛的保障，打破业务壁垒，着力解决各业务领域信息化建设应用发展不平衡、信息孤岛、信息化建设分头立项、重复建设、应用分散等突出问题，消除数据共享

壁垒，促进该集团信息和数字化高质量发展。

该集团基于"十四五"信息化发展规划和数字化转型战略研究成果，确定了油气新能源、炼油化工、油品销售等19个业务域，明确了各域的目标、任务、路径和措施。在落实落地数字化转型方面，谋一域需要与谋全局统一起来，抓好组织实施。该集团构建了域长负责、部门协同、全域覆盖的信息和数字化建设应用长效机制，发布了域长负责制工作方案，包括组织体系、工作职责、保障措施、工作安排等内容。方案明确了各部门业务域信息化建设应用责任部门及人员，构建了专业负责、部门协同、全域覆盖的长效机制，从而充分发挥业务部门的业务牵头作用，信息和数字化管理部负责组织统筹等工作，共同开展顶层设计、业务流程标准化、数据治理、深化应用等工作，推进域长负责制的落地。

域长负责制主要包括组织机制建设、管理评价机制建设以及基于组织和管理机制的顶层设计、业务流程标准化、数据治理、深化应用四项工作职责的推进。从组织机制建设来看，建立起了由网络安全和信息化委员会、业务域管理团队组成的组织机构，其中网络安全和信息化委员会办公室设立在信息和数字化管理部，主要负责整体工作的日常协调和组织推进，技术架构和数据架构管理，以及信息技术平台建设与运营管理。各业务域域长牵头，组建由域长、副域长、成员和专家组成的业务域管理团队负责本领域的工作落实，主要工作包括信息化应用的顶层设计、数据质量、授权管理、深化应用以及业务流程标准化与业务需求的统筹管理等工作。各域长负责顶层设计、业务流程标准化、数据治理、深化应用等方面工作。同时，该集团建立了一套信息和数字化评价指标体系，一方面客观地评价各业务域推进工作的成效、各企业的信息化发展水平，分析其短板及不足；另一方面通过指标体系，引领信息化建设、数字化转型和智能化发展的思路与方向，并进一步分享信息化发展的经验和做法，比学赶超、取长补短。"域长负责制"的组织机制如图4-31所示。

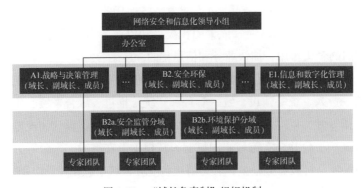

图4-31　"域长负责制"组织机制

在科学的组织机制和管理机制引领下，该集团依托域长负责制组织信息化顶层设计，编制形成数字化转型规划，协同各业务域开展数字化转型研究工作，推进各业务域研究制定本业务域的数字化转型的蓝图和规划，确定重点任务、行动计划和实施路径，推进数字化转型。

各业务域参加工业互联网平台的建设，打造以能力开放、持续交付和服务管控为核心的研发运维一体化能力，持续积累和沉淀业务中台、数据中台和技术中台服务能力，形成完善的数字化服务机制。为确保工业互联网平台的稳定高效运行和"数据+平台+应用"的开发模式落地，该集团组建了服务队伍和质量管控队伍，形成了"ABCD"管理运行模式，持续开展工业互联网平台的管理和运行。平台管理方（A）和平台服务团队（B），一起为PaaS平台"立法"，制定平台的标准、规范，负责资源准备、管理和发布，发起平台培训、准入和授权，进行组织、协调等日常管理。质量管控团队（C）和应用建设方（C），一起在PaaS平台上"执法"，规范质控流程、标准，管控组件设计和组件开发过程的质量，负责代码检查和缺陷管理，进行内测和部署测试。依托工业互联网平台，该集团信息和数字化管理实现了系统开发组件化和项目管理平台化，基于能力开放中心、持续交付中心和服务管控中心，工业互联网平台提供统一标准的公共服务、组件，建设APP应用商店，构建共建、共创、共享、共赢的工业互联网生态。项目管理方式由金字塔向扁平结构转变，通过平台进行质量、进度的全流程管控，实现项目的敏捷开发和应用的快速迭代。

该集团充分发挥域长负责制优势，借鉴行业先进经验，利用已有建设成果，建立健全该集团数据治理体系，打造一体化、专业化、常态化、资产化的数据治理模式，构建该集团数据资源"版图"，促进集团数据资源共享应用，实现数据资产价值提升。该集团的数据治理架构如图4-32所示。

图4-32 数据治理总体框架

该集团完成了数据治理体系设计及工作方案制订，发布了《经营管理数据管理办法》，规范了数据应用流程，初步建立数据服务运行体系，在总部、事业部和试点企业开展了数据盘点和治理工作；加强经营管理数据服务平台推广应用，总计接入430多个源系统，形成数据模型6.7万个，发布数据资产3.5万个，支撑了总部、专业公司和企业的财务分析、风险防控、客户服务等90多个数据应用，日访问量超过200万次。数据服务平台提供的 API 调用、数据订阅等多种数据服务形式，满足了报表展示、在线查询、多维分析等多种应用场景的需求。

该集团通过建立"域长负责制"新机制，绘制了信息化发展新蓝图，激发了信息化管理变革新活力，促进域长单位实现了从"要我信息化"向"我要信息化"的转变，开创了"业务主导、技术统筹、协力推进"的信息化工作新局面，为促进该集团信息和数字化高质量发展奠定了坚实基础。

（二）集中集成：规范业务流程，加强集团管控

某特大型能源化工集团业务覆盖能源化工行业的上中下游和周边业务，上游有石油、天然气勘探开发，中游有石油炼制和石油化工，下游有自营和代理各类商品的进出口和销售，周边有研究院、工程设计、设备制造等业务，具有组织庞大、业务复杂、链条长等特点。2010年，该集团开始扩张海外全球市场，先后收购了多家海外石油公司，给该集团带来机遇的同时也带来了挑战。集团在各地拥有众多的分子公司、业务单元，其组织架构、运营模式和业务流程均存在差异，集团管控能力弱，不能有效地进行资源整合，快速响应市场。再加上国家财税改革与企业体制机制变革，需要各级管理者在剧烈变动的组织中全面及时了解企业的运营管理状况，提升主动参与市场竞争、预见市场变化的能力。原有"分散部署、分散维护"的50多套 ERP 系统群，给该集团提高全球管控能力、快速响应内外市场的核心竞争力带来压力。

为了建立满足内外经营管理要求变化的快速响应机制，该集团启动了以 ERP 大集中系统为核心的经营管理平台建设，聚焦油田、炼化、销售、科研及专业公司、工程五大板块，保证了业务统一与企业个性。每个板块通过同类合并，取得最大交集，最终覆盖所有关联企业；通过统一组织单元概念，保证系统有一致的组织架构；通过设定数据标准，规范客户、供应商、物料数据的管理，从分散时期的23类数据扩展到67类主数据；通过对2600个控制点做相应的配置规范，指导实施团队和用户搭建系统，从而保证新建系统的一致性。

经过四年的准备（2010—2013年），一年的试点（2014年），三年的推广（2015—2017年），两年的补充（2018—2019年），2020年该集团完成了集团122家股份公司及

资产公司5个板块的ERP大集中全覆盖。系统覆盖了该集团90%以上的核心业务，业务流程标准化率达到92%，采购资金节约率3%以上，IT总拥有成本减少15%~30%，极大增强了该集团的集团管控能力。ERP大集中的实施步骤如图4-33所示。

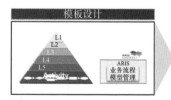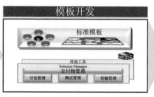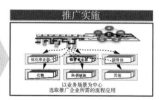

图4-33　ERP大集中实施步骤

　　ERP大集中系统的全面建成，进一步整合规范业务流程，加强集团管控能力，实现系统集成和数据共享，优化整体供应链，推进管理创新和业务创新，提升集团信息化水平。当前，该集团ERP大集中系统用户数已超过10万，日均同时在线人数过万，月结高峰期间同时在线人数在2万人左右，提升了该集团的管控能力和信息化水平。在提升业务管控能力及标准化程度方面，该集团依托ERP大集中系统制定单元流程、业务场景设计规范与建模规范，优化了上中下游业务流程超1000个，设计端到端业务场景900余个，流程标准化率达到90%以上，使用标准化大集中模板缩短实施周期约30%以上。同时，依托流程管理系统和自动化测试系统，该集团实现模板的流程、应用、主数据、培训与测试的系统化管控，沉淀流程库，确保大集中项目的高质量的快速部署和实施。在集中集成提升信息化水平方面，该集团整合了跨板块、跨职能的业务集成方案，优化设计了300余个业务提升专题解决方案，包括自产原油销售业务集成、化工产品销售业务集成、炼油产品销售业务集成、成品油业务集成，将原有分散建设的50余套企业ERP系统，按业务条线设计部署为5套ERP大集中系统，将原有企业分散部署系统中的80000多个应用程序整合优化，减少到3000多个，贯通上、中、下游流程，优化一体化供应链。同时，通过EDW（Enterprise Data Warehouse，企业数据仓库）为ERP大集中100余家企业提供了近4000张ERP基础表数据，提升了集团的信息化水平。

　　该集团经过多年的ERP建设，取得了丰硕的成果，尤其是ERP大集中实施以后，通过业务集成、系统集成，成功打通了原油、成品油、化工产品等相关业务链条，优化了上中下游一体化供应链，整体提升了集团统一资源配置和快速响应市场的能力。通过建设集成、优化、联动且受控的标准模板，集团实现了流程、主数据和应用的可复用，能够快速响应内外部变化，为实现共享服务和企业体制机制改革等管理创新提供了有效支撑，从而加强管控能力，实现系统集成和数据共享，优化整体供应链，推进集团管理创新和业务创新，提升整体信息化水平。

（三）共享共赢：财务共享服务，服务全球业务

某特大型石油集团是全球知名的海上油气生产商，经过多年的快速发展，该集团已成为一家资产过万亿的超大型国有企业集团，拥有油气勘探开发、专业技术服务、炼化销售及化肥、天然气及发电、金融服务五大业务板块，已成为主业突出、产业链完整、业务遍及40多个国家和地区的国际能源公司。

近年来，该集团的财务管理一直在适应和助力企业改革发展中成长，尽管已建成集团化财务管控体系，但伴随内外部合规要求越来越高，集团整体财务管控压力凸显，会计核算业务虽已实现系统的全覆盖，但标准化应用不足，缺乏协同业务处理能力，难以发挥信息系统整体价值，需要寻求更为高效的运营模式。同期，我国相关部门陆续颁布多项财务领域有关的通知及规范，为大型企业集团建立和实施财务共享服务提供了重要的政策依据。2013年财政部发布的《企业会计信息化工作规范》（财会〔2013〕20号）明确提出"分公司、子公司数量多、分布广的大型企业、企业集团应当探索利用信息技术促进会计工作的集中、逐步建立财务共享服务中心"。财政部在2014年发布的《关于全面推进管理会计体系建设的指导意见》中，要求企业推进面向管理会计的信息系统建设，提出"鼓励大型企业和企业集团充分利用专业化分工和信息技术优势，建立财务共享服务中心，加快会计职能从重核算到重管理决策的拓展，促进管理会计工作的有效开展"。

2018年3月，该集团财务共享服务总体方案向党组汇报，并最终审批通过。同年4月份信息化领导小组审批通过财务共享系统建设项目的立项报告，5月份财务共享服务项目正式启动，成立项目组并开展建设工作。该集团财务共享建设从立项到上线历时3年，于2019年试点上线，2021年6月30日完成境内共享上线，同年12月31日完成了海外非国际公司财务共享试点上线工作。2022年启动海外财务共享建设及推广工作，2023年6月30日完成了海外非国际公司财务共享实施推广上线工作。该集团共享服务中心建设历程如图4-34所示。

图4-34 集团共享服务中心建设历程

聚焦"成为运营水平世界一流、服务全球业务的卓越财务共享中心"的目标，该集团基于云技术架构建设多系统串联的"平台＋服务"一体化财务共享服务平台，实现"便捷服务＋高效运营"的系统应用，企业员工通过财务共享报账系统向共享中心提交申请，共享中心人员通过财务共享运营系统实现标准化、流程化、自动化服务交付。其中，财务共享报账系统是企业与财务共享服务中心进行业务交互的平台，属地单位用户通过财务共享报账系统完成企业各类财务业务申请单的提报、审批工作。按照一体化、服务化、平台化建设理念，通过系统集成化、自动化、流程化的处理，建设"高起点、高标准"的财务共享报账系统，提升用户体验，优化共享及企业管理。财务共享报账系统功能架构如图4-35所示。

图 4-35　财务共享报账系统功能架构

财务共享运营系统是共享服务中心工作人员与服务对象之间的统一沟通与信息交互平台，共享服务人员通过该平台进行服务请求的分配、处理以及跟踪查询操作。按照"自动化处理、便捷化服务、高效化运营"的总体设计原则建设财务共享运营系统。财务共享运营系统功能架构如图4-36所示。

整个财务共享系统实现了18个系统之间的集成，涉及120+个集成链路，为实现财务云集成化、自动化夯实了基础。

该集团财务共享服务实现了海外共享业务全覆盖，共承接20个二级单位的329个境内公司代码的核算、结算及报表业务，以及90个海外公司代码的核算业务，服务近9万员工，单日业务提报量最高2万多笔，共享单日处理量最高达42201笔。同时，全力推进财务业务标准、财务人员专业能力、数据应用能力建设，质量效率稳步提升，自动化、智能化、数智化建设成果显著，规模效应凸显。

财务共享运营系统

待办管理	服务目录	服务流程	派工管理	服务请求	服务水平
一般待办	服务目录新增	服务流程设定	手工派工	服务请求创建	服务水平协议
紧急待办	服务目录查询	服务流程确定	自动派工	服务请求修改	服务水平计算
个人待办	服务目录修改	服务流程指引	快速派工	服务请求查询	服务水平预警
岗位待办	服务目录版本	服务流程执行	精细派工	服务请求转寄	服务水平升级

呼叫中心	知识库	绩效管理	计费管理	统计查询	运营统计
工作台	知识文章	指标设定	计费标准	服务请求查询	运营部工作统计
交互记录	在线帮助	绩效模型	计费模型	服务待办查询	分中心业务处理统计
服务工单	全文检索	工作量统计	计费工作量统计	业务凭证查询	人员工作情况统计
客户识别	知识库集成	绩效评分	计费结果统计	未完成业务统计	业务处理时长统计

合作伙伴管理	组织架构管理	权限管理	日志管理	集成管理	公告管理

图 4-36　财务共享运营系统功能架构

（1）搭建标准化体系，助力共享服务高效运营

所谓"要上路，先修车"，财务共享在承接业务之前先做会计核算标准化、共享业务操作规范标准化，其本质是剔除多余的、低效的、可替换的规范及标准，精炼并确定出满足所有单位财务共享业务管理、会计核算需要所必要的、高效能的规范及标准，从而达到集团内统一的目的，做到"标准化的刚性"和"个性化的柔性"相结合，为财务共享的高效运营奠定基础。同时，标准化是执行监管的抓手，执行的标准如何统一、能否统一成为财务共享中心的难题。企业将标准化成果预置到系统中，通过业务在系统中的流转实现统一的管控，确保执行的标准统一。标准化实施成果示意如图4-37所示。

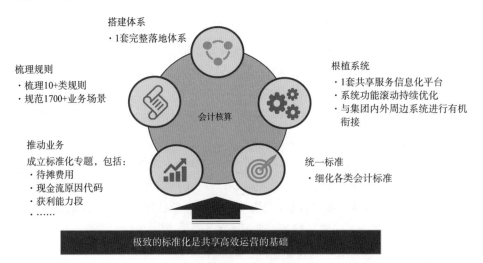

图 4-37　标准化实施成果示意图

（2）构建流程管理体系，提升业务处理效率

紧紧围绕标准规范，结合效率体验、内控合规和助推变革的要素，梳理销售至应收、采购至应付、资产核算、成本核算、费用报销、资金管理、总账及报表七大类财务业务范围内的共享流程及业务场景，搭建以"框架＋场景"为索引、涵盖共享业务流程、业务场景的流程体系，打造领先且具有企业特色的共享中心业务流程。在满足集团、企业、共享内控前提下，打通业务、财务、税务、资金、档案全部流程；同时，借助于信息化、自动化、智能化的手段，构建共享业务"端到端"的流程，提升效率。共享业务流程设计方案成果示例如图4-38所示。

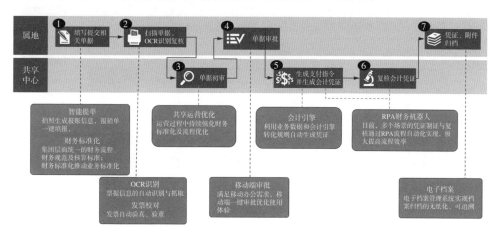

图4-38　共享业务流程设计方案成果示例图

（3）打造一体化共享服务平台，支撑服务落地

着眼于系统顶层设计，打造集团统一的一体化财务共享服务平台，支撑共享业务的开展，实现与ERP、eHR（Electronic Human Resource，电子人力资源管理，简称eHR）、合同管理、资金管理等业务系统紧密集成，设计服务申请、服务管理、自动派工、服务评价、查询分析等功能，实现业务处理自动化、流程化、专业化。财务共享服务平台功能架构如图4-39所示。

（4）创新智能化应用，提高工作质量

借助于影像、OCR（Optical Character Recognition，光学字符识别）、识别技术，该集团共享服务平台实现了原始附件影像化、电子化，以及原始单据自动分类处理、辅助审核，手机拍照后自动识别票面信息，从而完成单据的一键填报，通过影像系统将纸质版和PDF发票导入，实现识别与核验，并将结果同步至共享保障体系，提高审核效率。借助于发票底账库、纸电一体化开票信息搭建集团发票池，该集团通过共享平台打通销采业务全流程，实现增值税发票的全过程管理，提升业财税一体化、自动化程度。

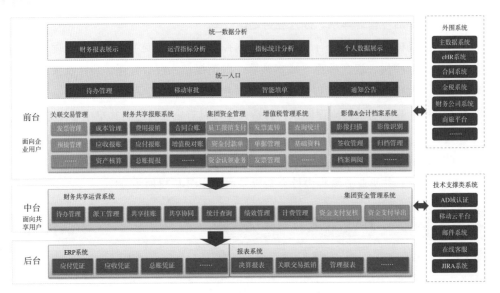

图 4-39　财务共享服务平台功能架构图

基于共享服务机器人流程自动化（Robotic Process Automation，简称RPA）应用场景库，财务服务平台可提供快速搭建RPA多任务调度管理平台、部署RPA应用，有效提高共享服务中心的工作质量、提升工作效率。关注财务数据分析，并通过数字化技术实现财务数据的沉淀、治理、挖掘及应用，提供有价值的业务分析，用数字说话，支持管理决策。财务数据分析如图4-40所示。

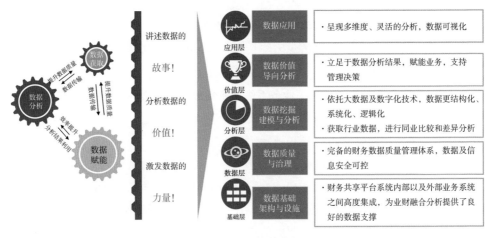

图 4-40　财务数据分析

该集团财务共享服务中心的建设实现了企业资源集约化，降低管理成本，实现人力、信息、后勤等资源有效整合与共享，降低管理与运作成本，通过流程标准化和集中化，大幅度地缩减人力投入和系统冗余，促进降本增效，降低运营成本，精简和优化人员配置，降低人力成本。此外，通过优化冗余业务流程，将流程活动分解为标准工业化流水作业，集中标准处理重复性流程，形成规模效益，提高财务整体工作效率。该集团财务共享服务中心的成功运营实现了快速复制与管理移植，支持业务增长与拓展。通过将重复性高和流程相似的基础财务工作集中处理，让新增业务领域可以很快实现管理复制与移植，释放低效利用的管理资源，聚焦核心业务和能力。作为财务转型的第一步，财务共享中心的建设为整体财务职能的转型提供了组织基础、管理基础和数据基础，从而撬动企业整体数字化转型。

（四）智能创新：同步建设投用，迈向"智能原生"

某大型临港炼化企业于"十三五"期间建设并投产，是国家优化临港重化产业布局的重大项目，共计建设 1000 万吨 / 年炼油、80 万吨 / 年乙烯项目及相关辅助配套该企业采用全厂信息化 EPC（设计、采购、施工即 Engineering Procurement Construction）新模式进行建设，实现了智能工厂和工程建设项目同步设计、同步实施、同步交付、同步投用，支撑了企业经营活动中经营管理和生产制造的智能化运营。该企业依托 ProMACE 工业互联网平台，采用"数据＋平台＋应用"模式，实现"供应链协同一体化、营运管控一体化、全生命周期的设计运营一体化"三条业务主线的协同。采用边缘计算、大数据、机器学习等新技术，实现了全面数字化交付，虚拟可视化工厂与实体工厂的动态联动，大幅提升生产效率。投入使用后的智能工厂助推企业实现了当年投产、当年达产、当年盈利，投产当年的效益在集团同规模企业中排名第一，成为最具竞争力的炼化企业之一。

该企业炼油装置和化工装置同步规划、同步设计、同步建设、同步开工，同时生产并达产，然而流程工业独特的加工特点和复杂性，给企业管理和稳定运行带来了较大的难度。具体表现在工程建设期多单位、多专业参与，建设者对接界面多、进度协调工作量大、信息同步难度高；生产投产期生产波动大，装置运行不确定因素多，安全、环保容易出现问题；生产平稳运行期原材料供应、生产和销售协同运营难度大，精细化管理要求高。在石油化工行业，炼化一体化管理、装置操作调整需要长时间的经验积累。作为一家新建企业，该企业不可避免地陷入了成熟人才匮乏的困境。

为解决炼化一体化企业在经营管理中遇到的问题，该企业采用了石化盈科的智能工厂解决方案，利用 ProMACE 工业互联网平台，构建集中集成数据仓库、数字化交付数据库、工业视频和实时数采数据库；搭建个人工作台、工厂模型、集成平台、工业数采、工业云管控、工业数据湖、工业大数据等 21 个平台技术组件；实现计划优化、仓储、物流、物料、操作、能源、设备、安全、环保等多项应用。

智能工厂的建设面向石化工业全产业链流程，支撑企业经营活动的经营管理层和生产核心的智能制造层，实现从生产管理到自动化控制的营运管控一体化。覆盖从采购、制造、销售到配送的企业供应链全流程，支持从设计、工程到运营的工厂全生命周期资产价值链管控。借助新一代数字技术和智能终端，将流程工业数字技术应用提高到一个全新的水平，提升了企业的全面感知、优化协同、预测预警、科学决策能力。智能工厂的建设极大地解决了项目初期管理人员和操作人员经验不足的问题，同时极大地提高了企业的IT能力、管理水平和生产效益。智能工厂建设框架图如图4-41所示。

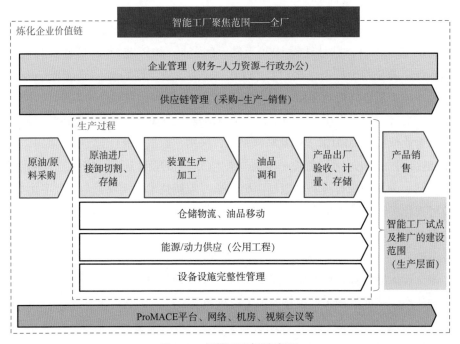

图 4-41 智能工厂建设框架图

该企业的智能工厂自2017年开始规划设计，经过设计、交付、运行、运营，于2020年12月进入持续优化阶段。在设计阶段，项目组深度调研企业业务和信息，确立项目管理机制与组织架构，制定各阶段目标任务，绘制项目整体蓝图。在交付阶段，石化盈科与企业业务、信息部门组成联合大项目组，优化业务流程，确定岗位职责，实现业务建议的有效吸收，信息技术的全程管控，达到建以致用的目的。在运行阶段，通过数据链接业务流程，衔接部门界面，以数据作为管理和决策的依据。在运营阶段，建设完整的知识传承体系，运维团队持续对数据、平台、新建场景进行把控，贯彻技术路线不偏移。智能工厂建设方法如图4-42所示。

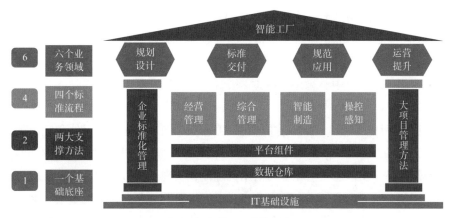

图 4-42　智能工厂建设方法

该企业智能工厂建设帮助企业在人员定员上比同规模企业减少50%，生产效率提升20%，实现了1600余人管理年产千万吨炼油、80万吨乙烯等31套工业装置，在异常状态的预警预测及处置上每年将节约千万元以上。作为管理和技术融合的创新尝试，该企业智能工厂的建设在能源化工行业实现了多个领域的突破。

（1）第一家开发和部署"千人千面"个人工作台，全面实现业务协同的智能工厂

该企业的各级工作人员在每天开始工作时只需要登录个人工作台，就能看到需要的各类数据。该企业智能工厂在集团首创"千人千面"的个人工作台，通过个人工作台，全面打通业务应用间的壁垒，杜绝了信息孤岛，实现了"数出一源"和单点登录，完成了从"人找业务"到"业务找人"，从"人找数据"到"数据找人"的实质性转变。"千人千面"个人工作台如图4-43所示。

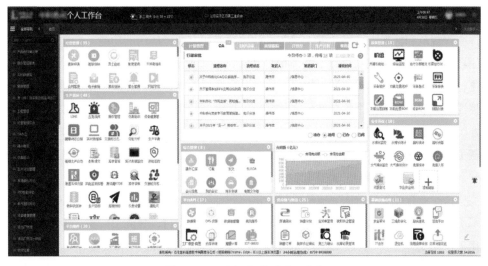

图 4-43　"千人千面"个人工作台

（2）第一家全面基于"石化智云"工业互联网平台开发部署的智能工厂

面对传统企业标准化体系繁杂带来的"数据多源，难以统一"和传统企业的生产营运层、经营管理层、过程控制层相互割裂，过于依赖人工干预这两个问题，该企业在智能工厂项目中，采用"数据+平台+应用"的模式，形成服务共享、协同智能、集成优化、安全敏捷的信息服务体系。

该企业智能工厂全面基于石油和化工工业互联网平台完备的组件和应用程序编程接口（Application Programming Interface，简称API）资源进行建设，实现"即上即用"的低代码开发，建立了统一的信息资源池，实现了"搭积木"式灵活组装和统一运维管理；以"集中集成、数据共享、工厂模型"为导向，实现模型和服务的共用共享，杜绝"数据重复录入、资源不共享、数据不唯一"等问题，为企业专业知识的沉淀和应用快速构建提供基础技术支撑，提高了用户体验和工作效率，实现了"一切应用皆上云，一切开发上平台"的快速开发部署，支持业务多样化需求。

（3）第一家采用EPC模式进行智能工厂建设和管理的项目

该企业是所在集团第一家炼油化工同步建成同步投产的企业，其智能工厂采用EPC模式进行建设，实现与工程项目同步设计、同步实施、同步交付、同步投用。

在智能工厂建设过程中，企业业务部门、信息部门、EPC服务商石化盈科各司其职，密切合作。业务部门负责业务应用的功能、性能、典型应用场景、数据集成关系等，信息部门负责智能工厂的技术架构、应用架构、信息安全、标准化、技术方案和产品选型、总体管理协调等，EPC服务商负责智能工厂整体设计、整体开发、整体实施和统一交付，共同打造了智能工厂建设的新模式。

（4）第一家集中集成无信息孤岛的智能工厂

该企业的智能工厂项目实现了界面集成、数据集成和服务集成。项目严格按照软件工程规范和标准，采用"五人组"设计法，对所有业务应用的功能、性能、典型应用场景、集中集成关系进行了整体梳理和清洗，梳理出集成关系130余条并进行标准化，做到应用功能不重不漏，数据和服务共享关系清晰，接口标准，全面覆盖业务管控需要。依托平台提供的标准化主数据、工厂模型、集中集成组件、工业数据湖、待办工具等组件，智能工厂确保了数据的唯一性和准确性，避免信息孤岛出现的同时，避免了大量的重复性录入工作，真正实现信息共享，提高约80%的工作效率。

（5）第一家开展全厂数字化交付的智能工厂

该企业智能工厂首次完成从设计、供应商到施工全产业链数字化集成和联动，实现了工厂全生命周期数字化交付。通过全面的数字化交付，智能工厂实现了虚拟可视化工厂与实体工厂的动态联动，汇集来自工程公司、施工单位和设备制造商的不同阶段交付的各类工程数据、工程文档、三维模型，形成了静态的数据成果库。智能工厂基于数字化交付成果搭建4D管道、三维、设备主数据等应用，指导工程建设期的管道焊接进度、质量管控和材料管理等业务，并且借助防腐保温量算、辅助工作量量算、管线横断面分析三维可视化应用，辅助企业施工管理，提高施工管理效率，确保安全、高效地开展施工工作。为公司智能工厂建设与应用打下坚实的基础。

该企业智能工厂的成功建设实现了全厂信息化EPC模式设计、施工、运营的突破，运用工业互联网平台，打通企业的各项业务链，实现从经营管理层、生产营运层到过程控制层的纵向集成，形成状态感知、实时分析、科学决策、精准执行、学习提升的闭环管理，构建生产管控新模式。

2023年，在新建智能工厂基础上，该企业启动智能工厂3.0的建设，积极探索应用新一代数字技术，通过建立覆盖全厂的5G专用网络，打造安全、可靠、稳定的神经网络，利用人员定位、视频智能识别、人工智能等提升企业本质安全，利用三维数字化工厂模型和现场传感器，实现物理与虚拟工厂的全流程联动优化；通过机器人代人、智能控制方面的探索研究，减少企业对人的依赖，提高智能化运作水平。

（五）智能升级：全域集中集成，领航智能工厂

中国石油化工股份有限公司九江分公司（简称：九江石化）坐落于长江南岸，庐山北麓，鄱阳湖畔，是江西省唯一的大型石油化工企业，主要生产石油化工产品，包括汽油、柴油、煤油、化工轻油、聚丙烯、芳烃类产品等。2023年10月，习近平总书记视察九江石化，详细了解企业转型升级打造绿色智能工厂、推动节能减污降碳等情况，对企业开展科学检测、严格排放标准等做法表示肯定，强调"破解'化工围江'，是推进长江生态环境治理的重点。要再接再厉，坚持源头管控、全过程减污降碳，大力推进数智化改造、绿色化转型，打造世界领先的绿色智能炼化企业。"

九江石化"十二五"以来，积极践行创新驱动两化融合战略，将数字技术与石化生产最本质环节紧密结合，围绕打造世界领先绿色智能炼化企业的愿景目标，以"数字化转型"为引领，从理念到实践、从实践到示范、从示范到标杆，迭代演进智能工厂建设。面向数字化、网络化、智能化制造的路径，九江石化打造了经营管理科学化、生产运行协同化、安全环保可视化、设备管理精益化、基础设施敏捷化的智能工厂，全面推动业务、组织和技术的深度转型，企业组织绩效持续提升，助推企业实现高质量发展。九江石化智能工厂建设如图4-44。

一直以来，九江石化创新思维、先行先试，以"原创、高端、引领"为方向，以"提高发展质量、提升经济效益、支撑安全环保、固化卓越基因"为目标，着力提升全面感知、优化协同、预测预警、科学决策能力，实现具有自动化、数字化、可视化、模型化、集成化特征的智能化应用。

图 4-44 九江石化智能工厂建设

"十二五"初，九江石化开启了智能工厂试点建设探索实践之路，制订了"填平补齐、完善提升、智能应用"的"三步走"路线图，经过2011年方案规划、2012年技术论证、2013年总体设计、2014年全面建设，到"十二五"末，建成了具有企业特色的智能工厂基本框架并取得初步成效，有效支撑了企业管理绩效、生产经营业绩、安全环保管理水平的全面提升。2015年7月，成功入选工业和信息化部智能制造试点示范企业。九江石化"十三五"智能工厂建设，在已取得的成果基础上，结合企业未来发展和业务需求，制订了"深化应用、固化标准、打造升级版""新三步走"路线图，智能工厂升级版建设稳步向前推进，围绕核心业务开展的智能化应用及成果不断涌现。

智能工厂建设，数字化是根本，标准化是基础，集中集成是重点，效益是目标。九江石化智能工厂建设重点聚焦两个方面，一是经营管理的智能化。数字化转型的目标在于价值创造，其中既包括企业业务可靠性、管理效率的提升，也包括劳动力的解放，更包括经济效益的创造；数字技术的深度应用可及时暴露管理问题，提出改进意见，使参与者从被动接受到主动需求，在持续推进建设的过程中不断深化改革，实现从结果管理到过程管理，从粗放式管理到精细化管理的转变，持续提升企业价值创造能力和核心竞争力。二是生产运营的智能化。通过常减压装置RTO、虚拟制造系统等在企业的深化应用，为生产经营提质增效、绿色安全提供了很好的支撑。企业运用云计算、物联网、大数据、人工智能等数字技术，围绕经营管理、生产运行、安全环保、设备管理、基础设施五大业务领域建成了面向数字化、网络化、智能化制造的基本框架。

经营管理领域，九江石化着力打造信息共享的经营管理平台，提高经营管理效率。在以ERP为核心的各类综合管理系统的基础上，以工厂模型、物联接入、数据服务和算法知识为重点，深度互融共享各业务域数据资源，构建工业互联网平台，统一基础架构、应用框架并形成可灵活组态化APP，最大限度挖掘数据资产价值，变"结果管理"为"过程管控"。经营管理平台架构如图4-45所示。

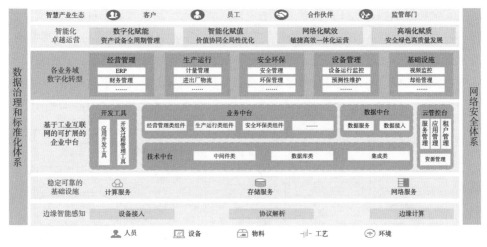

图 4-45　经营管理平台架构

生产运行领域，九江石化着力打造优化智能的生产运营平台，实现企业效益最大化。基于原料油快评系统数据，集成 MES、ERP、实验室信息管理系统（Laboratory Information Management System，简称 LIMS）等重要数据，以虚拟制造系统为中心，利用装置机理模型，借助智能优化算法，自动求解给出最优目标值及关键装置操作参数，并传递到实时数据库及 RTO、APC 系统，进而通过分布式控制系统（Distributed Control System，简称 DCS）执行装置优化控制，实现炼油全流程一体化智能优化功效，生产运营由传统经验模式转变为全局优化模式，助推经济效益稳步提升。生产运营平台架构如图 4-46 所示。

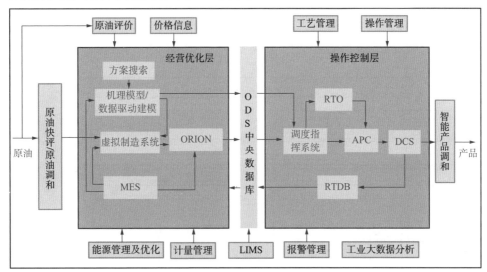

图 4-46　生产运营平台架构

安全环保领域，九江石化着力打造监控联动的安全环保管理平台，强化安全环保可控力。基于双重预防机制，构建集安全管理、环境监测、施工作业、火情警情、有毒有害气体、视频监控、应急指挥等一体的安全环保智能管理体系，支撑多层次业务可视化监控，多维度过程实时化监督，实现"从事后管理向事前预测、事中控制的转变"，提升本质安全环保管理水平。安全环保管理平台架构如图4-47所示。

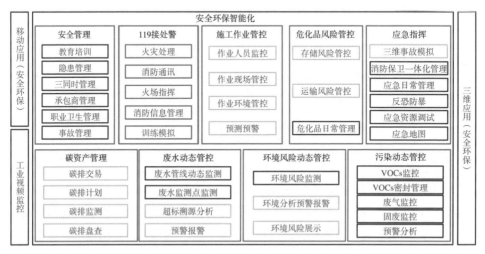

图4-47　安全环保管理平台架构

设备管理领域，九江石化着力打造预知预防的设备管理平台，实现设备管理精益化。以设备完整性体系为支撑，面向动、静、电、仪各类设备，持续提升现场全面感知的广度和深度，扩大设备运行状态实时监测、异常预警、趋势分析、故障诊断、预知维修的能力和范围，构建主要专业KPI指标追踪管理，保障稳定运行可靠性，初步实现设备全生命周期管理。设备管理平台架构如图4-48所示。

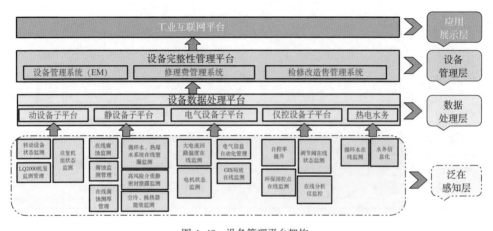

图4-48　设备管理平台架构

基础设施领域，九江石化着力打造互联安全的基础技术平台，支撑智能工厂安稳长运行。以数据中心为中枢，智能化重构ICT设施，企业级操作型数据存储（Operational Data Store，简称ODS）消除信息孤岛，数字炼厂与物理空间高度一致，工业企业复杂环境下的4G/5G技术深度应用，网络安全与运维服务一体化集中管控，各类通信系统互联互通，网络高速化、通信互联化、数据标准化、系统集成化、监控可视化，实现信息通信基础设施运营安全可靠、高效便捷。基础技术平台架构如图4-49所示。

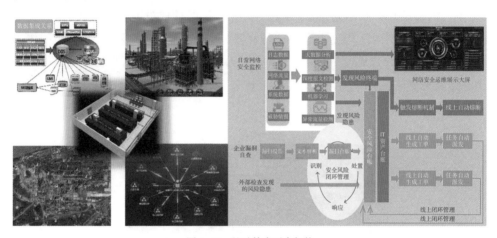

图4-49 基础技术平台架构

作为在营的炼化企业，九江石化在保证不影响生产的情况下，采用"五步法"开展智能工厂的建设，实现"高速路上换轮胎"，在自动化向数字化、智能化升级的过程中，充分考虑成本节约与效益提升这两大要素，提出老系统迁移方案，进行改造迁移、功能扩展，采用统一的数据采集和存储协议，补齐新应用。在营企业智能工厂建设模式"五步法"如图4-50所示。

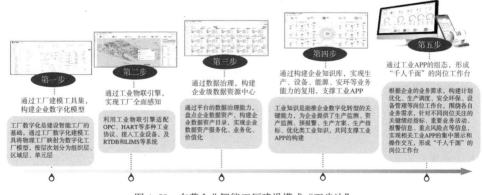

图4-50 在营企业智能工厂建设模式"五步法"

九江石化的智能工厂建设以需求为导向，以价值为引领，以创新为驱动，以效益为目标，通过不断探索和实践，成就了若干最佳案例，有力支撑了核心业务管理绩效的变革式提升。

基础设施完善支撑发展，集中管控重塑运营指挥。构建了生产网、办公网、4G/5G网、无线网、视频网、互联网出口，主干网带宽高达8万兆，用户接入达1千兆，2条150兆链路专线至武汉区域中心并与总部和互联网互联互通；建成投用数据中心机房，搭建企业私有云；面向工业复杂环境自建4个4G基站，与运营商协同建14个5G基站和9个NB基站（NB-IOT基站简称）。建成投用生产管控中心，实现"经营优化、生产指挥、工艺操作、运行管理、专业支持、应急保障"等六位一体的功能定位。同时，建成投用水务、油品、动力、电力、计量分控中心，形成"1+5"生产运营集中管控模式，协同效率提升50%，应急响应速度提升35%。生产管控中心如图4-51所示。

图4-51　生产管控中心

角色平台赋能决策分析，IT管理实现融合创新。按照工业互联网云边端架构，遵循"设计系统化、开发标准化、数据穿透化、数源自动化"原则，构建企业级、工厂级、车间级、设备级不同数据模型17万余个，面向成本效益、计划优化、装置加工、设备管理、安全环保、工艺管理等12个业务专题，建设"千人千面"的岗位工作台，有效消除信息孤岛，沉淀199个工业知识点和128个工业APP。基于"大安全"理念的网络安全与运维一体化集中管控平台，全面集成并采集全厂80余套主要应用系统、600余台设备运行数据，梳理优化再造7大类80余个业务流程并线上闭环，实现所有业务数据化、所有数据业务化，网络安全与系统运维迈向可视化、精细化、自动化。千人千面的岗位工作台如图4-52所示。

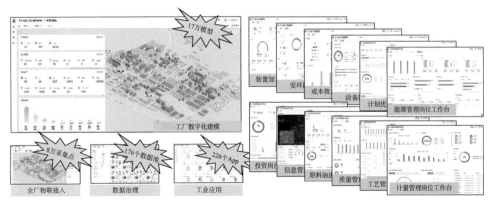

图 4-52　千人千面岗位工作台

数字孪生贯通一体优化，虚实映射构建数字炼厂。国内首家完整建立从原油到各装置物料物性分析模型，虚拟制造系统建立21套装置机理模型，19套主装置APC全覆盖，在常减压装置投用国内首套炼油装置RTO，实现炼油全流程优化闭环管理，提升生产计划、流程模拟、生产调度与执行一体化联动优化功效，轻油收率增加0.69%，加工损失率降低0.09%，运行成本降低22.5%，能耗降低2%。建成与物理空间高度一致的虚实映射跨平台数字工厂，涵盖80余套装置模型，集成MES、机组状态监测等25套系统信息，实现工艺管理、设备管理、HSE管理等六大类深化应用，虚拟场景可视化呈现实现企业级全场景覆盖、海量数据实时动态交互。

新建工程同步数字交付，设备管理推进预知预防。基于《石油化工工程数字化交付标准》（GB/T 51296—2018），与工程项目同步建设芳烃数字化交付系统，构建地上地下一体化、高精度三维模型及二维工艺逻辑场景，物理空间映射虚拟空间涵盖13159个三维模型工厂对象，并与9388张管道IDF文件、22617张竣工图纸、255张智能比例积分微分控制（Proportional-Integral-Derivative，简称PID）关联，形成以工厂对象为核心的工程数据资产中心，实现管道施工数字化、智能化和可视化管理。基于设备完整性管理体系，构建设备预知维修管理模式，包括涵盖17套大机组、500余台机泵、370余台电机、3套压缩机在内的设备运行状态、19套装置重点腐蚀部位及89套工控系统重要机柜温度等在线监测，建设电气调度自动化系统，轴承平均寿命提升36%，机械密封平均寿命提升52%，转动设备故障维修率由19.8%降低至7.2%，设备自动化控制率98.6%，高压系统继电保护装置动作次数降低50%。

质量管理快捷精准分析，产品进出集中计量管控。建设并提升LIMS/实验室行系统（Lab Execution System，简称LES）功能实现实验数据录入与分析过程无纸化移动，816个分析方法、结果计算与验证操作的程序化，分析检验、物料评价、仪器数据编码的标准化，确保过程数据完整可靠、质量管理与LIMS指标联动。439套在线分析仪表运行实现全过程实时监控管理，支撑由分散管理向集中管控和专业管理转变。构建物料进出厂公路、铁路、管输三位一体的计量集中管控模式，实现作业自动化、过程可视化、数据集成化、管理标准化，单车计量时间由5分钟下降到1分钟，公路出厂车辆数年均增长18.8%，劳动用工减少约40%，业务风险防控能力明显增强。

智能分析提升安全高度，施工作业联动全程监管。利用AI技术，针对生产区域关键业务环节布设的784个摄像头，构建亿级火焰模型库，建成智能火焰识别系统，基本实现生产区域7×24小时火焰识别监控全覆盖，系统响应时间100毫秒以内、报警识别时间3~5秒，日均误报率2%以内。HSE备案系统通过施工作业线上提前备案，实现"源头把关、过程控制、各方监督，闭环管理"。采用物联网和5G技术提高工作安全分析（Job Safety Analysis，简称JSA）质量，7+1类高风险作业施工全过程动态电子化监控，录入备案信息33.67万余条，直接作业环节违章占比减少约75%。

安全警情快速多维联动，环境监管敏捷实时可视。119接处警系统建立"集中接警、同时响应、专业处置、部门联动、快速反应、信息共享"的统一应急指挥模式，对全厂2359台有毒有害及可燃气报警仪、607个联动摄像头、4988个远程火灾报警传感器和设备实现集中管控与一体联动，报警实时处置率100%，处理响应速率提升50%。构建全方位、多层次、全覆盖的环境监测网络，环保地图系统集成各类环境监测数据，4G移动终端全天候监测装置四周及厂界空气VOCs和异味并形成数据轨迹图，污染物产生、处理、排放等全过程闭环管理，化学需氧量排放量下降74%，氨氮排放量下降93%，二氧化硫排放量下降97%，氮氧化物排放量下降57%，外排废水、废气达标率均100%。

九江石化作为全国首批智能制造试点示范企业，从2013年建设智能工厂至今，提升企业生产制造、经营决策、安全监控等数字化智能化、产业链现代化水平的同时，也形成了可推广的智能工厂应用框架和建设模板，成为了流程型行业特别是石化行业智能化改造的样本，为助力炼化企业数字化转型发展提供了示范支撑和发展路径参考。

（六）数字采购：打造电商平台，构建共赢生态

为推进传统采购向数字化采购转型，某大型石油化工集团积累多年采购管理实践，创新打造以供应链需求为基础的企业供应链（Supply Chain to Business，简称SC2B）电商新模式，于2016年推出工业品电商平台，对内服务集团内部，对外为社

会企业提供采购服务、销售服务、金融服务和综合服务。该集团基于电商平台打通旗下企业间的数据通道，对内促进新技术与传统产业链融合，打造数字化供应链，对外推动互联互通、智能采购，构建协同共赢的供应链生态。

建设之初，集团结合自身采购战略规划和实际需求，提出了以下建设方向。首先要融通复杂业务场景，提高采购便捷性。通过内部高度集成打造"互联网＋供应链"的SC2B电商新模式，持续推出采购、销售、金融、综合等业务，致力于实现采购供应链价值增长。为满足集团及各采购企业采购场景的业务复杂性需求，打造了灵活配置的采购业务流程，提高采购快捷性、便利性，通过超市化采购、专业市场采购、科研类采购等专属采购场景，实现集中采购、协议采购等采购业务的数字化转型，提升采购便捷性。其次要优化产业链，采用专业化采购供应链平台。企业采购正向互联网化、电子商务化、专业化的综合性采购供应链平台发展，打造垂直化专业市场，利用一站式采购供应链平台建设帮助集团完善物流服务、售后服务，实现便捷采购。同时，强调标准引领、渠道透明、性价比最优，从源头选择经过认证及评价的企业和产品，通过标准化招标、简约化投标、智能化评标，实现安全可靠、高品质、高性价比采购。最后要优化商业运营模式，全面聚焦供应链生态体系建设。尊重供应链发展规律、适应供应链运营环境，积极建设新业态下的供应链运营新模式，持续探索、不断实践，形成具有引导性、复制性、推广性的"纵向贯通产业链，横向融通供应链，金融助通资金链，多向打通服务链，嫁接连通制造链，合作互通贸易链"的"六通"特色业务模式，持续提升平台生命力和竞争力。

互联网经济下的供应链业态正朝着集商品交易、在线支付、物流配送、技术支持、金融服务、信用支撑于一体的供应链平台体系加速发展。该集团持续创新，增强内涵服务能力，拓宽外延服务范围，与关联方共同构建以供应链增值业务为核心的服务板块，打造阳光诚信、绿色安全、开放共享的供应链生态，促进集团与供应链上下游企业共享优势资源，提升采购、销售、金融、综合服务，推进供应链生态圈的建设与发展。电商平台建设的实施路径主要从两方面进行：一方面，向自身的采购商提供采购技术平台，实现买卖双方相连接，营造一个高价值、低成本、安全可靠的电子采购环境。另一方面，通过分析平台采购和供应双方交易数据，对自身生产的工业品进行准确评价、精准筛选，提升平台关联方供给质量与服务能力，构建诚信商业生态，树立行业标杆、产品标准和市场标尺，实施路径如图4-53所示。

通过工业品电商平台建设，该集团既实现了可观的经济价值，也提高了供应链管理水平。依托平台大数据分析，集团在线开展商业保理服务，拓展了融资渠道，实现自身资金链畅通；通过平台进行流转服务，在平台内部进行债权流转，累计开立超40亿元，流转超6亿元，融资超5亿元，快速灵活的债权流转，大大降低了供应商的资金压力，方便各级供应商在线进行采购。该集团通过平台汇集自身和供应链上下游参与方的采购需求，实施集中采购，公开招标，扩大集采批量，提升议价能力，共享寻源成果，降低采购成本。同时，依托电商平台，集团提高了供应链采购的管理水平，一是提高了采购效率，通过应用互联网技术与云平台技术将商品在线展示、在线交易，直接与需求企业对接，提高了供应链整体采购效率。二是提供了专业服务能力，通过采用具有双甲级招标代理资质和国家三星级（最高级别）检测认证的电子招标平台，保证依法合规开展招标服务。三是提升了管控水平，通过系统固化管理要求，使得交易过程更加透明、公开，增强了自我监督、社会监督与系统自动约束，实现阳光交易、交易全程管控，管理要求刚性执行。

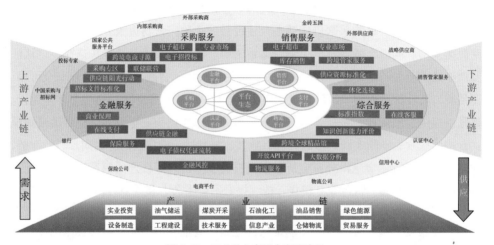

图 4-53 工业品电商平台实施路径

此外，供应链平台建设也为该集团和整个石化行业带来诸多社会效益。一是构建了健康采购生态。集团分批公开公布异议及投诉案件，营造公开公正、阳光透明的物资采购生态。二是形成了优胜劣汰供应链环境，提升了综合实力，扩大了市场影响，全面营造了诚实自律、守约互信、"重质量、重服务、重品牌、重口碑"商业新环境。三是助力社会企业共享采购成果。该集团利用核心供应链资源，通过平台架起服务社会大众的桥梁，贯通产业链，融通供应链，为社会创造价值，提高国有经济活力、竞争力和抗风险能力，放大国有资本功能。

2017年集团平台成为服务金砖国家的工业品电子商务平台；2019年被评为国家技术标准创新基地（工业品电子商务）；2020年被列为国家大数据产业发展试点示范项目；同年被评定为全国质量标杆企业；2021年跻身首批全国供应链创新与应用示范企业。目前，该平台累计交易金额已超过2万亿元，在线商品289万余种，注册企业10.2万家。国际业务方面，平台商品达2万余种，累计交易金额达736亿美元，业务范围涵盖全球104个国家和地区。该电商平台聚焦全球贸易融通，赋能国内企业走向国际，业务范围涉及原料、材料、设备、化工等多个专业领域。2021年以来，平台已开展全球线上下多渠道推广运营，助力优质中国制造走向世界。

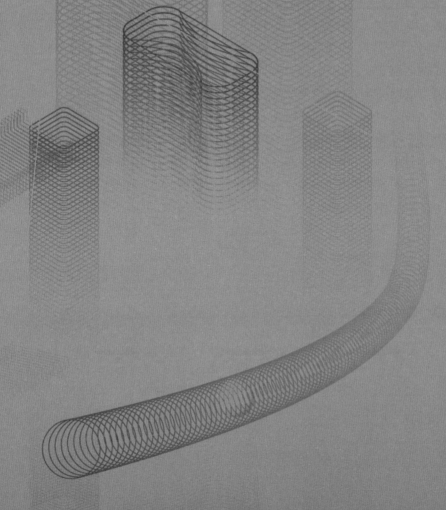

实践篇

能源化工数字化转型的路径

以新技术、新材料、新能源为主要驱动力的能源革命正推动人类社会进入全新能源时代，全球能源化工行业迎来周期性转折，行业洁净化、数字化、多元化转型升级压力凸显。在科技革命和产业变革交汇前夕，我国企业需加强数字化转型的顶层设计，大力应用和实施工业互联网平台，提升技术装备的数字化水平，在关键领域实施自主创新，积极应对全球性竞争、捍卫市场地位。

当前，传统的生产经营模式已无法满足客户多方位的需求，也无法适应新的技术发展。在业务侧，经营决策效率低、安全环保压力增、平稳运行难度大；在IT侧，传统模式陷入发展瓶颈、数据价值难发挥、业务响应不及时。部分企业仍处于数字化转型的早期阶段，缺乏宏观蓝图与路线设计。因此加快数字化转型，转变发展思路，已成为企业转型升级的必要举措。我国能源化工企业数字化转型的目标是通过业务、技术与组织的转型，激发企业的创新力，提升企业乃至全行业的管理水平和运营效率，推动经营管理由粗放型向精细化转变，运行成本和物耗能耗大幅降低，劳动生产率和本质安全水平都显著提升。

能源化工企业普遍为大型企业，数字化转型实践过程遵循着"统筹规划、集约建设、横向管控、纵向协同、创新推动、安全可控"的原则，以资源整合和信息共享为支撑，将分散在企业各个角落的数据连接起来，推动企业从单部门信息化、单一系统建设转向集团统筹自上而下管控、横向打通协同的数字建设。企业数字化转型通过夯实工业互联网平台底座，搭配场景、灵活配置、实时连接，打造面向操作人员的千人千面工作台和面向管理层的综合工作台。在分析和整合大量数据的基础上，企业可对生产全链条、全环节进行全域即时分析、指挥、调度、管理，通过领导驾驶舱和智能运营中心，实现对资源和发展趋势的精准分析、整体研判、科学调度、协同指挥，为管理层精准决策和高效治理提供强大技术支撑，进而实现整体管控。企业数字化转型蓝图如下图所示。

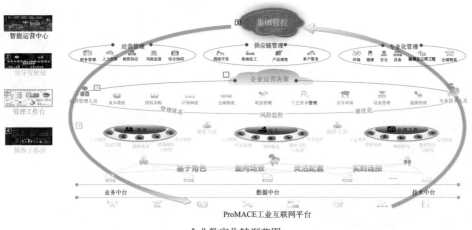

企业数字化转型蓝图

未来，能源化工企业将形成以数字化转型顶层规划为战略指引，以企业"智慧大脑"为决策统领，以生产经营全链条业务赋能为重要抓手，以数字技术、智能化平台和应用为基础支撑的转型升级蓝图，推动企业实现全面发展、全局管控和精细管理。数字化转型的顶层规划与实践将助力企业围绕生产制造、经营管理、客户服务全过程，基于"数据＋平台＋应用"的信息化建设模式，推进工业互联网平台和智能化应用建设，保障企业智能制造、智慧经营、敏捷服务的目标，引领行业数字化转型变革，为建成"数字中国"做出切实贡献。

第五章

数据驱动的智慧经营

数字经济时代，企业面临从管理模式到运营模式的重新定义和全面优化。企业的经营管理类信息系统在信息化建设之初基本采用分散建设模式，不同的业务数据被存储在不同的业务系统中，彼此相互隔离，形成了一个个"数据烟囱"。随着信息化架构的发展演进，企业以信息化应用的集成共享为目标，采用"数据＋平台＋应用"的信息化建设模式打破"信息孤岛"，将内部信息化应用"化零为整"，为管理创新和组织的分布式敏捷协同奠定基础。经过多年发展，大部分企业已逐步构建起规范的经营管理体系，累积了大量数据资产和应用系统。随着新一代数字技术的飞速发展和广泛应用，企业经营管理业务正在从信息化迈向智慧化，逐步发展为以 ERP 系统为支撑、流程和数据双轮驱动的新模式。

通过数字化赋能精细化管理，企业可全面提升运营质量，提高经营管理水平，塑造变革文化，打造持续稳定发展的软实力。在新的发展背景和竞争趋势下，企业应积极利用数字技术，推进管理创新，加快企业结构升级。

未来，企业需要构建集约化、一体化的经营管控新模式，依托数据服务平台，从战略全局出发，按投资、风险合规、财务、人力资源、物资、综合协同等业务体系，优化跨板块、跨专业的供应链、价值链，实现端到端流程贯通与数据共享，从单系统信息化建设向全业务、全流程的智慧经营体系转变。能源化工企业经营管理数字化转型的主要内容如图 5-1 所示。

战略落位	风险防控	智慧供应链	降本增效	集中共享	服务协同
投资管理	风险合规	物资管理	人力资源管理	财务管理	综合协同管理
数字化投资管理	数字化合规管理	数字化物资管理	数字化人力资源	数字化财务管理	数字化综合协同
数据集成	数据存储	数据处理	数据服务	数据治理	数据安全

图 5-1 企业经营管理数字化转型核心业务板块

实现经营管理业务的数字化转型，企业需要顺应经济全球化、网络化、数字化的时代发展要求，将现代化管理思想、管理方法、管理技术、管理手段与数字技术充分融合，全面提高管理的效益和效率。企业经营管理数字化将围绕精准、效率、敏捷，以人为本，聚焦"计划、流程、组织、制度、文化"，重塑管理流程，提高企业的沟通、协同、决策效率，主要应该从以下几个方面开展：一是打通各部门管理系统孤岛，促进信息交换协同与集成管控，构建数字化、端到端的流程管理体系；二是重视以人为本，强化员工数字素养，建设数字文化；三是建立数字化服务标准和反馈系统，整合公司价值链服务平台，提升管理能力与水平；四是构建基于共享理念的数字化管理体系，强化数据共享，促进跨部门的业务协同；五是以数字化辅助决策，提高决策速度，实现"人财物、供产销"的规范化管理、集约化管控和一体化统筹，驾驭经营风险，提高企业效益，提升企业竞争力和持续发展力；六是强化动态管理，构建基于实时数据驱动的决策体系，全方位透视企业实时经营管理情况，提升企业应变能力；七是加强风险管理，构建企业内部监督体系，打造风险防控长效机制；八是制定企业数字化管理指标及标准，全面提高经营水平，实现企业管理数字化、标准化和精细化的目标。

一／企业资源计划：集中集成集约，提升管控水平

我国经济已由高速增长阶段转向高质量发展阶段，质量和效益替代规模和增速成为经济发展的首要问题。近几年，各行各业纷纷站在了新的历史起点，经营发展形势更加严峻复杂。全球化发展给集团型企业带来巨大机遇的同时，也带来了挑战。大型集团公司在各地的分子公司、业务单元、组织架构、运营模式和业务流程由于种种原因均存在差异，不能有效进行资源整合。企业需充分发挥一体化优势，进一

步提高集团管控能力，提升协同优化和一体化优化水平，努力实现协同增效、优化增效。

企业资源计划（ERP）是建立在信息技术基础上，集信息技术与先进管理思想于一身，整合企业的全部业务流程、管理过程和数据，为企业员工及管理层提供决策手段的平台。ERP平台自20世纪80年代以来已逐步发展成熟，经过40余年的不断应用和研究，已经成为企业战略规划、经营管理、流程优化、生产计划排产等环节不可或缺的工具，成为企业挖潜增效、提高竞争力的有效抓手。

（一）企业资源计划的发展趋势

当前，高质量发展是中国经济增长的长期主题。以数字经济为核心，打造新业态、新模式和新生活，亦将成为经济发展的新常态。数字化转型已经成为众多企业为实现高质量发展而采取的顶层战略。在支撑数字化转型的众多技术中，企业资源计划管理与企业数字化转型的关系最为密切。无论是经营管理还是业务运行，无论是研发、生产、采购、销售、服务还是分析、决策、预警，无论是新的商业模式创新还是传统商业模式的改进，都离不开企业资源计划管理系统的支撑。

在新常态下，企业应在技术、场景、业务、流程等方面重构ERP蓝图架构，以客户为中心，提升端到端流程效率，提高业务协同化、管理规范化、场景智能化、技术专业化水平，实现价值提升和商业创新。

ERP系统在业务协同化方面将致力于打破业务间壁垒，实现业务流程的协同化、数据的互联互通，提高企业整体效能。在管理规范化方面将会注重标准化、数据化、流程化、可视化和绩效化管理。将企业的各项数据进行整合、分析和利用，实现数据驱动管理，提高管理效率和精度。在场景智能化方面将不断融合新技术以提高管理效率和精度。例如，采用RPA、机器学习等技术，实现对财务流程的自动化管理，提高财务管理的精度和安全性等；通过大数据和人工智能技术，实现对供应链的实时监测和优化，提高供应链的可视性和响应速度。在技术专业化方面，未来ERP系统将会应用云计算、大数据和人工智能技术，提供模型化分析工具，实现更加智能化的数据分析和挖掘，提高企业的决策水平和运营效率。企业应向着更加开放的架构方向发展ERP，实现各种不同业务系统之间的数据共享和交互，提高ERP系统的整体效能。

（二）构建"研产供销服"全价值链协同的ERP系统

ERP系统在企业经营管理中发挥着至关重要的作用，企业可通过ERP系统进行综合管理和协调，将企业内部的人力、物力、财力等资源整合起来，实现资源的共享和优化，降低企业成本，提高竞争力。当前，智慧经营已成为新一轮企业转型的重要方向，ERP系统可帮助企业快捷、低成本地实现数字化转型，解决发展过程中面临的以下诸多痛点。

首先是组织架构复杂、缺乏集中管控手段。企业的不同部门和业务单元之间存在各自独立的业务流程，缺乏统一的标准与集中的管控手段，导致业务流程不协调，需要人工处理大量的数据交互和业务流程管理，不仅增加了成本，还增加了管理风险。其次是信息交互复杂、难以监控安全和合规风险。大型企业拥有大量的敏感数据和关键业务信息，如果这些数据和信息被泄露或遭到攻击，将会对企业造成极大的损失。最后是资源利用不充分、造成资源浪费。大型企业不同的业务部门可能会发生同时购买同类产品或服务的情况，而这些部门之间缺乏沟通和协调，无法共享资源和实现资源的优化利用。

企业应梳理诊断自身管理流程和业务运营模式，对标最佳实践，基于云平台构建和ERP系统功能，加强业务流程和数据的标准化，简化业务处理环节，优化业务流程的自动化和运转效率，提升ERP系统对企业经营管理的支持度，并与其他经营管理系统有效集成，实现财务流、物流和信息流的三流合一。

ERP系统建设有助于提升管理者对业务的全面洞察力和分析决策能力，促进管理创新、精准施策。ERP系统全面支撑企业研产供销服全价值链管理，促进经营业务的一体化集成管理。在财务领域，可自动记录业务环节的价值变动结果，搭建端到端的成本管理体系，建立事前计划、事中控制、事后分析的管理规范，实现产品成本的精细化管理。在采购全过程与控制管理环节，实现采购业务的一体化管控，全程跟踪需求计划，落实库存责任主体。在销售管理领域，通过建立科学化的市场动态评估应用体系，与信用管理系统集成，实现实时在线的信用控制。ERP系统可助力企业实现数据向财富的转变，聚焦数据整合，总览数据脉络，掘金数据"石油"，最大化发挥数据资产的价值，深刻洞察用户行为和特征，为新业务商机的挖掘，提供更加科学、全面的数据支持。ERP支持研产供销服全价值链协同如图5-2所示。

在ERP建设中，企业应把握"六统一"的原则，即统一规划、统一标准、统一设计、统一投入、统一建设、统一管理，全力建设以ERP系统为核心、高度集成的智慧经营管理平台，为实现自身发展战略提供强力支撑。

一是统一规划，为平台搭"框架"。ERP系统架构设计首先需要与企业的业务战略和管理模式、运营模式相匹配，其次要满足集中管控和一体化运营要求，着力推进业务标准化和专业化管理。企业应对建设和应用情况进行调研和需求分析，对应用架构、数据架构、集成架构、基础设施等进行统一规划。

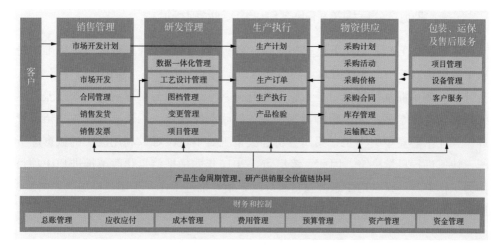

图 5-2　ERP 系统支持研产供销服全价值链协同

　　二是统一标准，为平台奠"基石"。统一的标准是 ERP 系统建设的基石，在系统中实现一整套可复用、标准化的业务流程和解决方案是适应企业实际业务发展、保障 ERP 系统建设全面成功的根本。ERP 系统标准由流程、主数据、应用、IT 基础设施、培训及测试五部分组成，在流程标准化、数据标准化、应用标准化等方面取得丰硕的成果，并在试点和推广实施中不断补充和完善，为 ERP 系统的进一步推广奠定坚实的基础。

　　三是统一设计，为平台促"成长"。在 ERP 系统统一标准的基础上，集团可在上中下游三个板块的企业中进行设计工作，进一步验证 ERP 系统实施模式，发现设计中存在的问题，补充完善模板，而后进入快速而扎实的推广阶段，使以 ERP 系统为核心的经营管理平台不断成长。

　　四是统一投入，为平台添"资金"。ERP 系统建设属于基础性、全局性、集成型的信息化项目，应由总部统筹安排年度投资计划，子企业应综合考虑板块内系统建设和专业软硬件配套设施，统筹平衡后纳入总部投资计划中。

　　五是统一建设，为平台画"路径"。ERP 项目建设将提高应用系统之间，应用系统与基础设施、网络之间的集成度与紧密度，包含规划、需求分析、系统选型、系统部署、培训、数据迁移、系统集成、运行维护等阶段，企业需合理规划建设路径，保障平台的稳定运营和数据的安全可靠。

　　六是统一管理，为平台定"规范"。在 ERP 系统管理中，战略规划、年度计划、技术方案、信息标准、系统应用、运行维护、信息安全、队伍建设、技术培训均应纳入统一的管理范畴。

（三）案例：分层构筑 ERP 系统，提高业务联动性

某煤炭化工产业集团下属机构复杂，各级单位存在多种主数据编制标准，造成主数据难以统一，无法有效利用数据资产；财务业务流程、操作规范等不一致，会计核算体系混乱，导致财务数据无法充分共享；采购与管理沟通时效性差，亟须提升信息化水平；人事薪酬招聘等业务的联动性较差，无法支持一站式招聘管理，人才招募竞争力不足；集团分析和决策工具不足，难以利用巨大的数据库资源，快速进行科学决策。因此，该集团在 2015 年明确把信息化改革推进 ERP 项目作为工作重点，成立 ERP 系统项目领导组，指导推进工作。集团建设层级如图 5-3 所示。

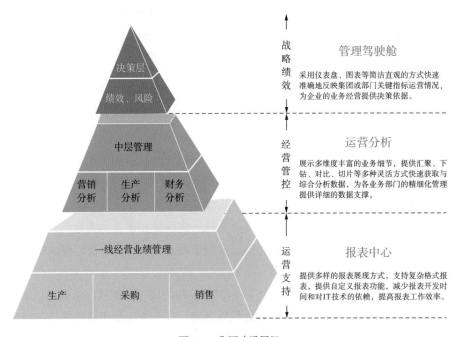

图 5-3　集团建设层级

基于自身实际及发展痛点，该集团制定面向决策层、管理层、一线执行层的层级机制，覆盖战略绩效、经营管控、运营支持等业务维度。集团 ERP 建设分为试点、推广、优化提升三阶段，通过一系列改进，取得一定的建设成效，主要应用效果体现在以下几个方面。一是系统上线统一该集团的主数据管理标准，积累可观的数据资产，实现科目、供应商、客户、物资编码等主数据的统一管理，规范了编码规则，改变了原来各单位各自为政的现状，为集团统一管理奠定基础。二是围绕 ERP 建设财务共享系统、财务公司核心系统、增值税管理系统等周边系统，统一财务统计口径、提供更加精细化的财务核算、辅助财务数据分析和提炼，基本实现业

财一体化管理，为集团财务管控提供高效支撑。三是为该集团物资采购与销售提供统一的管理平台，实现财务与预算管控、物资集中管控、煤炭集中销售、生产板块全覆盖，借助信息化手段全面提升集团运营管控能力。四是部署人力资源（Human Resource，简称HR）系统，实现组织人事薪酬招聘等在线管理。系统包含员工自助和经理自助两部分，定制一站式招聘管理流程、个性化招聘解决方案，实现招聘需求、招聘过程、招聘指标分析、新员工入职等环节在线联动管理，构建畅通的互动模式，大大提升企业人才获取竞争力的能力。五是建成商务智能决策分析平台，为不同层级的管理者提供适时分析和决策工具。该集团先后建成管理驾驶舱、运营分析中心、报表中心三个分析决策系统，利于进行风险预警，构建数据仓库，为各级管理人员辅助决策提供信息平台，充分发掘数据信息价值，为大数据分析奠定基础。

二 / 战略与决策管理：智能投资优化，构建战略闭环

战略是一种从全局考虑谋划实现全局目标的规划，是一种长远的规划，是远大的目标。企业战略则是企业各项业务开展的行动纲领，是对企业整体、长期、基本问题的谋划，具有明确的导向性、保障性与前瞻性，影响着企业的发展潜力与发展前景。投资决策是战略落地的重要抓手，是企业在一定时间内的一种战术，企业战略指导投资决策的方向，投资的成功则是战略成功的重要表现。随着新一代信息技术的发展，战略投资管理一体化建设在国内外企业中陆续开展，例如，壳牌通过建设投资业务管理平台，实现了投资项目管理的在线处理、项目评级、数据整理、计划管理、经济评价、投资组合优化，提高了投资计划的编制效率，预期实现投资项目数据全球共享。国内企业投资项目周期长、干系方众多，业务协作困难，需要建立良好的投资管理机制，降低投资风险、减少经济损失。利用分类、聚类、深度搜索、图计算等方法，结合投资对象的企业征信、财务指标、法律、工商、关联关系，企业可建立投资目标的多维度画像，在ERP、合同管理等数据基础上，映射贸易关系形成网络关系图，为企业投资决策提供指导，降低决策失误的风险。

企业战略与决策管理的信息化建设历经多年，随着投资业务发展，信息资源整合，数据资源体系构建，管理协同需求增加，投资管理一体化系统应运而生，进一步支撑企业战略投资决策、流程优化与业务创新。

（一）企业战略与决策管理的痛点和难点

近年来，国内外企业不断深化改革，投资管理系统逐步完善，制度逐渐健全，

但随着投资项目的深入开展，企业在沟通协作、制度规范、前期论证决策、计划管控、监督考核、后评价等方面面临挑战，传统管理已经无法满足业务需要。

企业投资管理过程业务环节多、工作事项繁杂、审批流程长，并且固定资产投资类项目普遍金额大、周期长，投资项目各阶段工作往往涉及多方干系人、多个专业与多个岗位，管理难度大。部分企业对投资项目前期工作不重视，认为前期管理工作是走形式，导致前期管理过程中出现一个或多个环节不规范、缺乏依据、无迹可寻的情况；部分企业的投资项目前期管理方式粗放，投资估算和设计概算严肃性不足，项目建设内容随意变更；甚至有的企业只重视投资进度，不重视相关审批，导致部分项目虽然已经基本建成但无法投用。

投资项目论证决策是项目管理的牵头环节，也是最重要的一环，但当前决策不够深入，论证重视程度不够的现象时有发生。部分企业认为项目论证仅仅是申请项目的条件，对项目论证涉及的技术方案、产品方案、经济性等关注不够，致使论证不足。此外，企业固定资产投资中往往会出现概算超估算、预算超概算、决算超预算、突破计划投资的现象，导致投资计划管控工作难以落实，甚至造成资金风险。同时，部分企业依然存在超概算列支、挪用投资资金、虚列投资、工程预付款不受控等情况。

投资项目监督管理贯穿项目事前、事中、事后全过程，但各业务单元往往按各自分工各自运行，容易导致业务数据前后脱节，管理人员缺乏项目监控与及时、全面的数据，造成执行管控不到位、项目进度延后、成本超支等问题。

投资项目后评价方面，目前工作主要靠项目结束后收集材料，数据的真实性有待评估、准确性差、标准不统一，管理人员对项目的执行绩效指标、整体运营情况、财务效益等缺乏统一的"度量尺"，缺乏项目评价分析所需的数据支撑。

（二）打造"促决策、助规范、更便捷"的一站式管理平台

投资管理生命周期通常覆盖决策阶段、实施阶段、评价与分析阶段。投资管理以项目为主线，涉及投资项目中的全生命周期，包括可行性研究、论证、决策、设计、采购、施工、验收、资金回收等一系列过程，以及相关的规划、协调、监督、控制和总结评价，从而保证投资项目的质量，进一步缩短工期，提高建设速度和投资效益。投资项目管理全生命周期如图5-4所示。

为解决投资管理的痛点问题，企业应基于战略规划，建立覆盖前期决策、投资计划管理、项目执行与交付、结算与转资、评价与考核、监控与分析的全生命周期管理闭环。投资管理采用微服务、组件化设计理念，与ERP、合同管理系统、工程管理系统、OA等全面集成，形成业务运营和增值服务，实现云模式下快速部署，打

造具有可拓展性、高度开放的投资管理一体化系统。

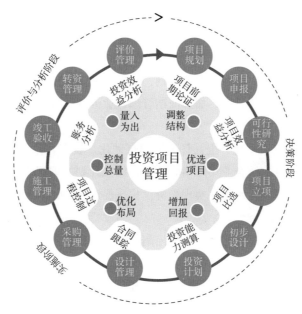

图 5-4　投资项目管理全生命周期

投资管理一体化系统应用业务场景如图5-5所示。

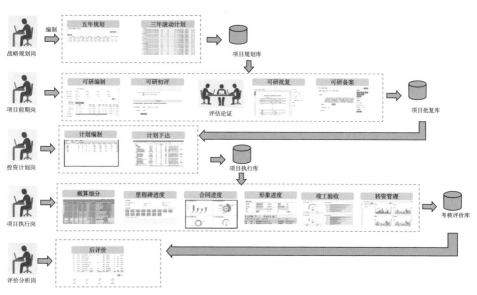

图 5-5　投资管理一体化系统应用业务场景

智能化的投资管理系统应是"能感知、促决策、助规范、避风险、更便捷"的一站式管理平台，横向覆盖投资项目管理全生命周期，纵向支撑决策层、管理层到执行层的集中化管理，满足企业各层级、各部门之间投资管理协同的需要，为科学决策提供支撑，规范投资行为，促进投资优化，聚焦以下五大价值提升方向。

一是覆盖投资管理全业务链条，实现投资管理制度流程化、投资行为规范化，业务全程受控、责任可循可溯，提升管理效率。企业将前期管理、投资计划管理、项目执行、考核评价全生命周期纳入规划，实现业务流程横向协同、纵向贯通，提高管理效率；建立投资项目库，加强前期管理，业务规范到位、全程受控，决策线上留痕、责任追溯可循。

二是构建协同工作平台，提高计划编制自动化、智能化水平，实现投资优化，促进管理创新。平台支持企业年度指导计划和批次计划的编制、平衡与下达，提高计划编制自动化和智能化水平，实现投资优化，促进投资计划管理由粗放型向精细化、科学化、智能化转变。

三是构筑全口径全过程的项目预算控制体系，实现投资规模控制和项目预算控制，维护投资计划严肃性，提升项目管控水平。企业将前期费用、预付款、预付大型设备款纳入管控范围，建立项目批复概算和年度投资计划双口径控制的资本性支出控制体系，实现项目全口径全过程投资管控，杜绝计划外项目、超概算列支、挪用投资资金、虚列投资完成等行为，堵塞控制漏洞，提升投资管控水平。

四是增强项目动态监控能力，提升项目管控水平，降低投资风险。企业对投资项目全程进行有效监控，全面掌控前期工作、年度计划、物资采供、工程施工、资金支付、财务核算等主要环节执行情况，及时跟踪测算投资效益效果，动态优化调整投资安排，从严抓实投资回报，适时控制投资风险，促进提升项目运行质量和投资效益，确保投资受控、结算资金落实、预期效果落地。

五是提高投资绩效考核、项目评价的科学性和全面性，支撑投资决策。企业建立投资和项目评价指标体系，规范评价标准，科学全面地考核评价项目。建立对标分析模型，进行效益评估，实现对后评价项目的横向对比，强化投资绩效考核，支撑决策分析，指导后续投资行为和项目筛选，促进投资管理质量和效益的不断提高。

（三）案例：一体化投资管控，赋能企业投资管理

某大型能源化工集团为解决规划计划联动不足、投资规模监控难、过程监管缺失、管理手段欠缺等投资业务难点，构建了以一体化投资优化和管控平台为底座的智能化投资管理体系，实现战略与决策管理信息的有效传递，强化依法合规管控，统一经济效益测算，推进跨域深度融合，提高了投资管理效能，提升了投资决策科学性。

系统建设之初，该集团结合自身战略规划，提出以下建设目标。首先是支持投

资业务全流程全链条闭环运行。集团需要打破管理壁垒，畅通职能连接，强化过程管控，增强合规管理，贯彻落实国家有关部委、集团投资管理制度等相关投资管控要求，推动管理制度化、制度流程化、流程信息化建设，以投资业务为核心，实现境内和境外、固定资产投资和资本金融投资业务的全过程管理，强化全过程、全要素的数据汇聚与整合。其次是推进投资业务多维度、多场景效益测算。该集团计划统一经济评价体系，构建投资优化组合及整体投入产出模型，开展多维度、多场景的效益测算服务。最后是抓实企业、板块、集团各层级投资回报。该集团希望打通项目资产全生命周期价值链条，改变集团战略与决策管理审批难，生产经营、财务预算、合同管理、资金支付数据共享难等问题，抓实各层级投资回报，推动投资与财务、生产深度融合，发挥投资引领作用。

为实现建设目标，该集团明确了项目的总体建设思路。一是战略规划引领布局。通过战略规划管理，一体化投资优化和管控平台支撑中长期规划的线上管理，强化宏观形势分析、产业政策研究功能，对确定投资政策和投资重点、明确投资方向和重大战略布局提供决策支持。二是强化项目前期管理。通过与OA深度集成办公，一体化投资优化和管控平台实现项目可研、项目审查线上管理，确保项目源头唯一、不重复。三是投资计划监管留痕。通过平台实现投资规模与项目的全面管控、线上编制计划、线上释放订单，规范和加强投资计划管理标准，提高投资管理效率和精细化水平，为实现全集团全级次投资计划全面线上管控提供有效支撑。四是项目执行动态监控。建立投资管控过程中的监控、预警、预测机制，对投资项目年度计划、资本支出、形象进度、合同支付、项目转资等核心业务环节的实施进展进行全面监控，统筹平衡投资资金、防范财务资金承受能力风险点，合理安排投资规模，提升投资效益。五是"一把尺子"规范评价。建立炼化、销售、上游三大板块企业经济评价体系，包含参数、方法及模型等多个维度，运用科学的方法践行"先算后干、边算边干、算赢再干"，提高投资回报。

一体化投资优化和管控平台以单一投资项目为基础，以投资管理业务为主线，嵌入"门径"管理理念，跨部门细化梳理投资管理各环节责任主体和管控要素，打通并建立战略规划（战略协议）、项目可研、项目审查、投资计划、执行监控、项目后评价、投资绩效考核、综合统计、合资合作全生命周期9大业务以及项目中心、审批中心、评价中心、优化中心、报表中心、权限中心、专家中心7个中心，沉淀了157个业务术语、2410个数据元标准、1个建议主数据、22个参考数据、390个指标数据，保障了投资业务有支撑、投资流程有衔接、投资跨域有融合、投资分析有数据、投资测算有模型，实现了全集团域内人员100%线上工作、投资项目100%在线管理、投资规模100%线上管控，满足了全集团投资业务穿透式管控、透明化运行。

　　该平台依托大数据、云计算等技术，构建了多层级投资测算模型，包括单项目经济评价模型、投资优化组合模型、三大计划融合模型、整体投入产出模型等，增加规划决策科学性，为战略与决策管理数字化转型赋值。其中，单项目经济评价模型在集团层面建立分板块经济评价财税模型、评价方法、价格体系。企业通过评价方法结构化、计算指标标准化、成果输出多样化，为用户提供快速、高效、精准的项目在线全过程效益评价，并通过净现值（Net Present Value，简称NPV）、内部收益率（Internal Rate of Return，简称IRR）等多个经济指标辅助项目排队比选。投资优化组合模型以规划为指导，以生产经营指标为目标，基于存量与增量关系，充分考虑经营规模、单位成本、投资回报及现金流等因素，构建业务测算模型。通过开发工具软件，支撑测算各板块不同基础方案的投资规模与效益，优选最佳投资组合，推荐最优投资规模。单项目经济评价模型如图5-6所示。

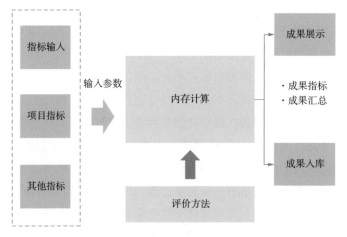

图 5-6　单项目经济评价模型

　　目前，一体化投资优化和管控平台已完成战略与决策全口径全流程的在线管控，实现全集团投资管理业务管控模式由"人工、经验、低效、粗放、被动"向"数字、智能、敏捷、精准、清晰、主动"的转变，投资管理更加高效便捷，业务智能化水平明显提升。项目建设为下属企业节省了单独建设的成本，节约了人员工作时间。另外，平台针对安全隐患、环保、科研、新能源、新材料等专项项目开展跟踪和统计，坚持绿色可持续发展，并通过日常应用培养了一批投资管理信息化人才，持续加强数字化管理赋能，驱动业务变革。

　　一体化投资优化和管控平台支持线上审核、结果自动汇总、文档实时导出、报表智能分析和展示等功能，节约了大量纸张印刷、快递等成本，该平台与公文管理系统集成，实时获取所需数据，单个项目批复时间加快6个工作日，优化了原审批过程中办公室操作节点多、审批流程长、耗时久的问题，极大提高审批效率。该平台支持集团总部部门在线开展专项论证工作，规范各类型论证并留痕，实现"一站式""两段式"审批，支持集团在尽快完成相关批复手续的同时，保证计划工作正常推进，实现全部项目资料在线归集共享。依托平台建设，该集团更加重视项目的前期工作质量，减少实施过程中的调整与变更。

三 / 风险与监督管理：依法合规治企，防范经营风险

内部控制法规最早起步于发达国家（美国COSO1992及塞班斯法案），在国内大中型企业率先形成基本体系。近年来，我国国家层面对企业内控与合规要求越来越严格。国资委下发《关于加强中央企业内部控制体系建设与监督工作的实施意见》（国资发监督规〔2019〕101号），要求中央企业进一步优化内控体系建设，加强内控信息化建设力度，加快实现"强内控、防风险、促合规"的管控目标，中央企业要着力健全领导责任体系、依法治理体系、规章制度体系、合规管理体系、工作组织体系，由事后监督转变为事前预警、事中控制，持续提升法治工作引领支撑能力和数字化管理能力。风险与监督管理的发展阶段与展望如图5-7所示。

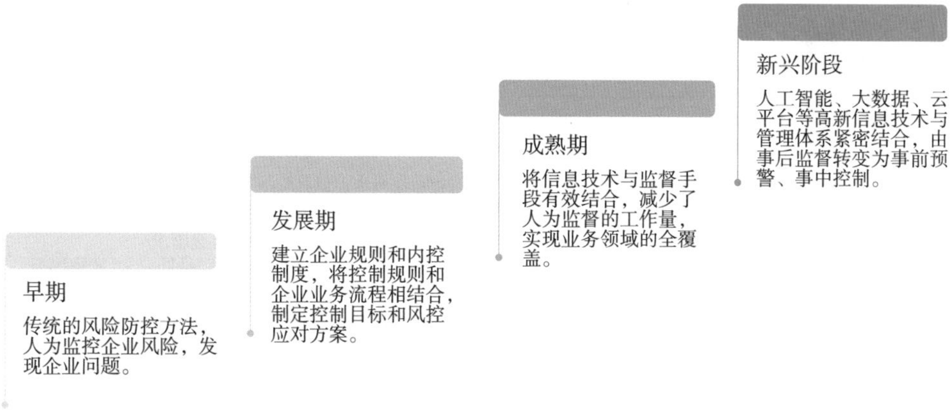

新兴阶段
人工智能、大数据、云平台等高新信息技术与管理体系紧密结合，由事后监督转变为事前预警、事中控制。

成熟期
将信息技术与监督手段有效结合，减少了人为监督的工作量，实现业务领域的全覆盖。

发展期
建立企业规则和内控制度，将控制规则和企业业务流程相结合，制定控制目标和风控应对方案。

早期
传统的风险防控方法，人为监控企业风险，发现企业问题。

图5-7 风险与监督管理的发展阶段与展望

伴随着日益复杂的国际政治形势及日益激烈的市场竞争格局，企业在经营过程中发生各种风险的概率不断上升，对企业加强内部控制和风险管理的能力提出了更高的要求。与此同时，企业内部控制与风险管理却面临着水平低、范围小，仅局限于少数职能部门，并没有应用于全企业管理过程和整个经营系统，也没有高度交叉控制、融合、统一等问题。企业内部控制和风险识别具有整体性和反复性的特征，不仅要求企

业开展整体性的控制和治理，更要求正确识别和分析导致风险的不同因素，辨别来自内部控制各阶段不同层次的风险，以及由层次性风险运转衍生的不同类型风险。

企业风险与监督管理正从线下单一部门条块化管理，向着线上多部门信息、数据融合共通，实现统一数字化监督防控的方向发展。企业风险与监督管理数字化转型将赋能企业构建以内部控制系统为主导、兼顾风险管理的大监督体系，实现企业监督管理范围和强度的有效提升。企业应从观念上更加重视内部控制与风险管理，利用数字化工具实现持续动态管理，与业务流程、环节紧密结合，将风险制度贯穿于企业的风险识别、风险评估及风险应对的各个环节。以数字化赋能企业风险与监督管理，健全公司治理结构，提高企业整体运作效率，打造企业内部风险管理制度和内部监督机制。企业风险与监督管理深刻影响着战略目标的实现。国内外企业纷纷在此领域引入数字化手段，打造数字化、智能化的管理体系。例如，科威特国家石油构建一套整体的多合规框架体系，将风险、内控、审计、流程、政策法规、权责全面整合贯通，规避多头管理、多次投入、重复监督；支持企业同时遵守多项内外部法规，降低合规应对和监督成本。航天科工将风险管理、内部控制、内部审计、法律事务、信用管理等领域进行统筹整合，实现企业经营生产管理的全面风险防控，达成整合资源、统筹规划、信息共享、协同发展。多合规框架体系如图5-8所示。

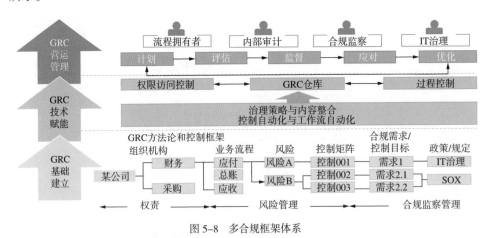

图 5-8　多合规框架体系

风险与监督管理旨在围绕企业总体经营目标，在企业管理的各个环节和经营过程中执行基本流程，建立健全管理体系，通过风险的识别、预测和衡量、选择有效的手段，以尽可能降低成本，有计划地处理风险，实现全面、全员、全过程、全措施的风险防控机制，进一步提升企业防范化解重大风险能力，提高企业管理水平，增强企业竞争力。企业的风险与监督管理数字化转型包含审计管理数字化、法务管理数字化、合同管理数字化、合规管理数字化等典型场景。下一阶段，企业数字化风险与监督管理将重点聚焦于特色场景建设，通过场景推动大监督风控体系形成，最大限度降低企业经营风险。本书将重点介绍法治合规、合同管理、审计管理三大风险与监督管理场景的数字化建设。

（一）法治合规：聚焦风险防控，护航健康发展

依法治企、合规经营是企业经营管理的前提，是保障企业管理效率与质量的基础，是强化体制机制高效融合、推动企业可持续发展必不可少的条件。依法合规管理有利于促进企业稳健经营运行，防范违规风险，规范员工行为，防止决策失误，减少生产安全方面出现的问题。因此，以数字化推动合规管理体系构建，打造法治合规管理平台已成为企业完善合规管理的重要手段。企业应按照"管理建在制度上，制度建在流程上，流程建在系统上，系统建在数据上，数据支撑管理"的理念，在以大数据、人工智能为代表的新一代信息技术的助推下，将制度、风险、内控、合规嵌入业务流程，深度融合管理与业务；以风险控制为导向、以制度建设为基础、以内部控制为指引、以合规管理为抓手、以法律服务为支撑，打造事前制度规范、事中动态监管、事后监督问责的全覆盖、全链条、一体多面、多维互动的合规管理体系，为依法合规治企方针全面落地提供重要的信息化保障，构建法治合规工作新格局。

1.建立全流程、全方位的法治合规管理已成为发展趋势

合规管理如何与企业既有的法律、内控、风险、纪检巡视等管理体系相融合，如何避免与既有体系之间叠床架屋，一直是一个难点问题。国资委明确提出"四位一体"融合要求，但由于法律、合规、风险、内控管理工作启动时间不同、监督实施主体不同、负责部门不同，企业在工作推进过程中存在职能交叉、工作重复、合力不足、效率不高、效果不显著等问题。如何真正融合并建立企业的合规信息化系统，通过信息化发挥全程留痕、可以追溯、动态监测、及时预警的风险防范作用，形成立体化的合规管理体系，大多数企业仍然没有头绪。

传统的监督监察体制只管人合不合法，但很可能不清楚员工行为的合规性，尤其是海外投资行为是否遵守了当地的监管要求。目前来看，很多企业还停留在管人的层面，这样的合规体系已经远远跟不上现代企业发展的需要。各大型企业普遍存在业务管控措施未深度嵌入系统流程，检查方式单一，无法有效在线检查，无法对业务事前、事中、事后进行全过程管控，法治、合规、内控、风控人才队伍建设、管理和专业化培训手段不足等问题。

法治合规管理是一种事前预防、事中控制、事后整改的全流程控制过程，将风

险防范措施融入全业务流程是实现企业合法合规经营的重要前提。在风险防控中,风险评估是一个非常重要的环节,但多数企业往往只关注某个领域的风险,而忽略了其他业务的风险,这种"局部性"的风险评估方式,难以对整个企业各个业务领域的风险做出全面的评估和预判。此外,风险预警机制不足也是风险防控面临的主要问题,等到风险已经出现后才采取应对措施,将大大增加风险的控制难度。因此,对于企业来说,结合国家法律法规和企业内部管理制度要求,建立综合性的风险评估、预警机制至关重要,只有这样,才能及时掌握风险动态,更好地预防和控制风险的发生。

2.建设"五位一体"的法治合规管理平台

企业应秉承"注重标准引领、注重企业业务覆盖、注重新技术应用、注重数据价值挖掘"的原则,全面提升依法治企能力,发挥法治合规强管理、促经营、防风险、创价值作用,着力健全领导责任体系、依法治理体系、规章制度体系、合规管理体系、工作组织体系的"五大体系",持续提升法制工作引领支撑能力、风险管控能力、涉外保障能力、主动维权能力和数字化管理能力的"五大能力",实现法律、合规、风险、内控、制度有机融合、协调统一、高效运转的法制工作运行机制及智能化平台,在合规风险识别、法规识别应用、风险事件管理等业务场景中进行实践。

在合规风险识别方面,企业可通过建立合规风险清单、风险指标和模型,定期开展合规风险识别,发布预警跟踪应对处置情况,沉淀合规风险事件库,形成事件台账,进行动态的跟踪整改,实现合规风险识别、评估、预警、防控、报告的全过程螺旋式闭环管理。在法规识别方面,企业运用平台将内部文件库与外部法规库集成,根据关联信息精准获取对应外部法规库的修订内容,标记差异推送给相关业务部门进行内容评审、标注,实现内部规章制度库的同步更新,有效提高法规制度的执行落地效率。在风险事件管理方面,企业通过开展在线年度风险评估,对评估出的重大风险进行监测,同时对日常风险事件进行报告与跟踪,更新风险的应对和防范化解情况,实现风险事件的上报、应急处置、调级、延期、销项,强化风险管理。

通过构建以风险控制为导向,以制度建设为基础,以内控体系为平台,以合规管理为抓手,以法律支撑为保障的法治合规工作格局,有效整合法律、合规、内控、风险、制度管理体系,构建"五位一体"法治合规管控体系,企业可加强法治合规建设,促进自身高质量发展。在建设过程中,企业应注意以下要点。

▶以业务流程为主线融合法治合规管理

法治合规管理平台应以业务流程为主线,通过建设法规收集、识别转化、指标模型、问题整改等功能,将法治合规管理机制和管理要求融入业务,实现制度流程化,流程信息化,确保业务开展得合法合规,做好业务风险的防范,切实保障制度的执行。

▶模型智能发挥在线监测和预警作用

法治合规管理平台基于内控检查、风险预警、合规检查、制度检查等工作需要，应在业务模型设计基础上，依托数据服务平台的数据资源，利用模型管理工具，建设内控、合规及制度业务的检查、预警、画像模型，并通过模型验证和调优的闭环管理机制，持续优化模型逻辑，实现后端易用、精准的模型沉淀入库，与前端风险问题的在线监测和自动预警。

▶以风险为指导，建立法律、合规、内控、制度共同检查、成果共用

法治合规"五位一体"的融合平台应以人工风险评估、智能风险预警的风险结果为指导，实现法律、合规、内控、制度检查工作的同计划、同部署、同实施、同检查、同考核机制。法治合规平台建立法律、合规、内控、制度共同检查、成果共用的机制，如图5-9所示。

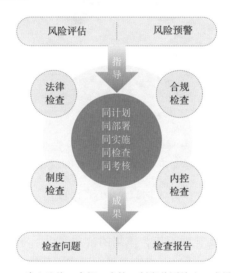

图 5-9　建立法律、合规、内控、制度共同检查、成果共用

▶"数据+平台+应用"模式实现事务"全周期"协同

平台应整合内外部有效数据，融合法律、合规、内控、风险、制度管理体系，实现统一平台、统一组织、统一用户、统一权限、统一工作流、统一规则库、统一部署，真正推动关键事务事前、事中、事后"全周期"的协同，避免不同应用之间的相互跳转与信息隔离，充分实现合规业务全链条展示。法治合规平台采用"数据+平台+应用"创新模式建设，如图5-10所示。

通过建立全链条、多维度和智能化的法治合规管理平台，将合规融入业务，规避法律风险，辅助业务改进，发挥内控风控、法治合规对业务管理的放大、叠加、倍增作用，企业将推动关键业务事前、事中、事后全周期的协同风险防控，加强风

险敏锐感知力，增强法治管理自我免疫力。

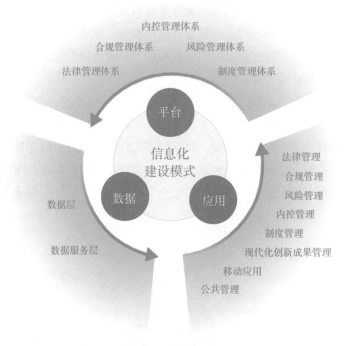

图 5-10　平台采用"数据 + 平台 + 应用"创新模式建设

3.案例：依法合规治企，有效防范企业经营风险

某大型能源化工集团经营业务遍布全国各地及海外地区。为全面统筹法律、合规、内控、风险、制度管理工作，该集团公司建设了业务融合、动态化、协同化、智能化的"五位一体"法治合规管理平台，实现了管业务与管风险、管合规相结合。

该集团结合自身业务特点与发展规划，在项目筹备阶段，提出以下建设目标。

▶做好合规顶层设计，防范内控管理风险

该集团以前分散建设的法律、合规、内控、风险、制度信息化系统已无法满足当前业务管理需要，迫切需要按照"一个平台、五个专业"的框架进行顶层的融合设计，在突出和满足五个专业管理的基础上，整合共有功能，建立一个平台统一、信息共享、流程整合、功能强化、协同运行的法治合规智能化平台，以便发挥管理合力。

▶整合应用设计，功能共建共用

本着"后建让先建""平台搭应用"的原则，该集团计划在新建合规管理、风险管理及提升各业务专业管理建设的基础上，深入调研各系统的数据源、数据模型、功能设计、应用集成，找到最大公约数和最小公倍数，合并同类项，实现功能共建共用，数据模型、技术组件复用与能力沉淀。

➤提高自动化控制水平，筑牢风险防范根基

该集团希望加强企改管理、法律管理，统一数据治理能力，解决数据分散存储、缺乏统一数据标准、难以保证数据质量等问题。通过数据标准管理、数据模型管理、数据质量管理等手段，建设分域数据资源中心，加强数据统一管理能力，提升数据资产质量，实现数据价值最大化。

在法治合规管理平台建设期间，集团秉持务实、创新、融合理念，坚持"互联网＋法治合规"思维，采用"数据＋平台＋应用"的设计模式，基于工业互联网平台，在充分利用已有资源的前提下，按照安全性、稳定性、易用性、可扩展性等原则进行设计。

➤构建有重点的全面覆盖、全员参与、上下联动的法治合规管理体系

该集团建设了法律、合规、内控、风险、制度各个专业管理的独有功能，法规识别、指标管理、企业画像等公共功能，以及工商支持、模型管理、报告管理、电子证据、工作流服务等公共组件功能，全面覆盖企业的各项合规业务领域。同时平台支持覆盖至集团、事业部、二级企业、下级企业、业务部室等多级组织，涵盖各级组织的党委（党组）、董事会、经理层、专门委员会、首席合规官、专兼职管理员、业务与管理部室等，充分调动各级企业合规与业务人员全面参与。法治合规管理体系如图5-11所示。

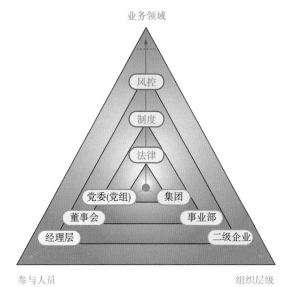

图 5-11　法治合规管理体系

➤建立制度先行、事前预警、跟踪整改、追责处罚、审查评价的运行机制

该集团将合规管理全流程纳入系统运行机制，以制度先行，建立法治合规的执行依据与标准；搭建数据服务模型，内嵌模型计算规则，自动化预警各类风险，针对性地采取有效措施进行应对；对于未有效应对风险产生的问题，及时进行跟踪整

改，不断进行法治合规管理过程的纠错纠偏；对于产生了重大影响、造成了重大损失等的问题，按照规定进行追责处罚，以严肃法治合规的执行与监管；同时在法治合规的各环节，实施定期/不定期的审查评价，以动态监测法治合规建设的成果成效、不断优化法治合规运行机制。法治合规运行机制如图5-12所示。

图5-12 法治合规运行机制

➤利用培训教育、文化宣贯、考核评价体系培养一批专业化、高素质的合规队伍

专业化、高素质的合规队伍是整个法治合规管理的基石与保障，法治合规管理平台整合了学习教育资源，通过内外部人员在线学习和培训，形成法治合规学习档案，并将学习成果与应用效果进行可视化展示，建立宣贯、学习、考核、激励等机制，逐渐培养出一批专业化、高素质的合规队伍，如图5-13所示。

该集团建设的法治合规平台涵盖法律、合规、内控、风险、制度管理等专业功能，包含

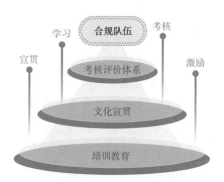

图5-13 法治合规平台队伍建设

法规识别、指标管理、企业画像、模型管理等18项公共功能，进一步加强与合同管理、审计管理、信用风险管理、金融科技平台、国资监管等系统的集成，促进业务高效开展和数据共享，有效消除信息孤岛。同时，该集团将法治合规平台与数据服务平台集成，依托数据服务平台的数据清洗、数据加工、数据申请等服务能力实现数据集成，对2条业务线的1600余个数据字段进行梳理，制定关键信息标准。

法治合规平台通过事前、事中、事后全程监管的信息化管理模式，确保合规经营防范风险，从而一定程度上规避了法律风险和行政处罚，增强了企业竞争力，给企业带来了可持续的经济效益。该平台通过将法律、合规、风险、内控、制度融合形成一体化的管理流程，节省人力成本，避免职能交叉、共享信息和资源，有效降低管理成本，提高效率。

（二）合同管理：智慧合同监管，有效规避风险

合同管理旨在为企业搭建涵盖制度、流程、标准文本的一体化合同管理标准体系，打造合同签约新模式、新业态，通过在线动态监管合同"签订前—签订中—

履约中—履约后"全生命周期，规范合同从合同准备、起草、审批、用印到合同签订、履约、变更、归档的各个环节，运用区块链、自然语言处理（Natural Language Processing，简称NLP）等新技术，全面提升合同智能化应用水平，增强合同风险感知能力，保障企业合法合规经营，为企业生产经营管理提供更加有力的支撑和保障。

1. 合同风险不断变化对企业提出更高的管理要求

合同风险存在于经济活动的全过程，随着市场经济多元化的发展，合同风险不断变化。具体表现在，合同办理人多是经办人和非法律专业人员，法律意识薄弱，快速识别潜在的合同风险存在困难。合同审查审批人员面对重复性高的文本审查工作，容易造成条款和内容偏差，审核过程中积累的经验和技巧，难以自动共享和充分利用。合同用印通过线下台账手工登记备案，真实用印情况难以收集。随着商业主体越来越复杂，商业活动所跨越的地域越来越广，合同的应用场景也越来越丰富，使得传统"纸质合同""手写签名""寄来寄去"的方式暴露出了巨大的隐患，流程管理困难，代签、冒签、漏签现象严重，签署过程耗时长、邮寄成本高、效率低下，合同文档保管风险也较高。

目前，有的企业还未建设统一、标准的全生命周期合同管理信息化系统，合同业务仍然采用手工、线下处理的方式，合同审查审批效率不高，合同管理不够精细，合同标准文本管理不规范，不利于数据共享。有的企业虽然建设了合同管理系统，但合同履约环节缺少收付款金额和出入库数量等关键履约信息，无法实时掌握合同履约内容和进度；合同的付款未基于合同发起，无法了解合同付款进度；合同执行金额靠经办人手工维护，维护率低且无法保障准确性；缺少经办人导致无法判断合同履约是否完毕，需线下沟通，沟通成本高，准确率低。如何推动企业内外部优化、引导企业打开合同管理业务数字化转型的入口，已成为行业目光聚集的焦点。

2. 集业务、法务和财务于一体的合同管理系统

商业社会发展到今天离不开契约，公司与公司，公司与个人，各种商业主体之间的关系、合作都需要合同文件来进行规范。当下，企业业务分布点多线长面广，合同用印集中，合同签署过程耗时长，邮寄成本高，效率低下，文档保管风险高。面对这样高频、刚需的痛点，企业急需建立合同管理系统为合同业务提供全方位支撑，通过信息化手段推进法治建设。依托合同管理系统，企业可推动合同管理制度的有效落实，实现合同管理制度与业务的有机融合，并通过人工智能、大数据、云计算、区块链等技术的创新应用，整合企业内外部法规制度、风险信息和业务数据，建立统一的合同监管体系，建设便捷的全过程线上合同签约服务体系，创新合同签约新模式。合同管理系统应以合同业务为主线，辅以合同相对人、标准文本、标准术语、工作助理、合同授权、查询统计等应用，合同管理系统框架如图5-14所示。

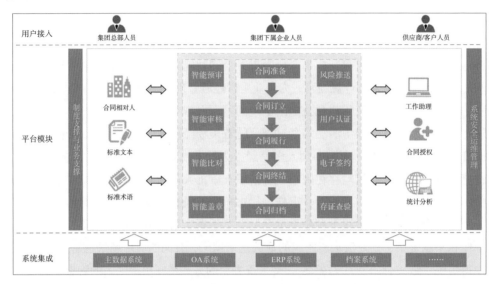

图 5-14 合同管理系统框架

合同管理系统通过建立端到端的流程,实现合同业务全生命周期闭环管理,助力企业合规管控。企业应基于合同管理系统紧密集成相关业务,搭建风险管理平台、电子签约平台、合同数据管控中心等应用场景。合同业务闭环管理流程如图5-15所示。

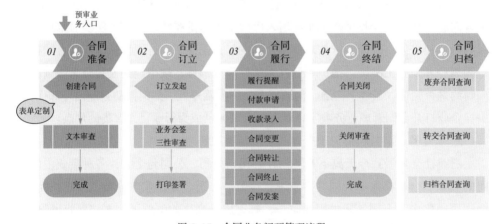

图 5-15 合同业务闭环管理流程

➤建设风险管理平台,防控合同法律风险

基于法律法规、自身规章制度以及对风险的防范意识,企业可建立涵盖指标管理、风险预警、督办管理的一整套完整风险管理体系。根据内部现有的数据源,结合信用风险数据中的风险预警信息,企业应从法律合规的角度梳理出风险预警数据,并与合同风险管理平台融合,在合同的订立、审批等环节提醒合同办理人和合同管理员,加强合同法律风险防控。合同合规风险管理平台如图5-16所示。

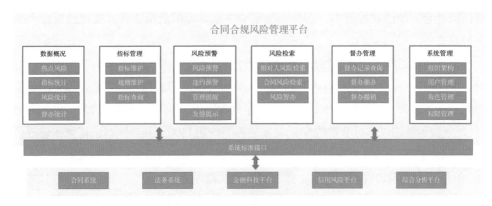

图 5-16　合同合规风险管理平台

▶搭建电子签约平台，实现合同签约新模式

企业可构建一套安全、可信、高效、节约的区块链电子签约平台，利用电子签名、区块链、生物识别、可信时间戳等技术，联合公安、运营商、银行、工商等权威数据库、国家权威CA机构及专业律师事务所，为员工与合作方提供身份认证、CA数字证书、在线签约等电子签约服务，实现低能耗办公。区块链电子签约平台可有效帮助企业节约运营成本，按照契约规则进行诚实经营，构建完善的智能商业信用体系。

▶建立合同数据管控中心，支持管理决策

企业可利用成熟的数据仓库技术，按照不同层级、不同维度定制合同分析指标，以自由组合的方式，实现定制化、可视化查询，驾驶舱总体数据分析和个性化需求报表分析功能，满足了全系统各层级人员的数据分析需求。

企业运用合同管理系统将制度、人员、业务流程、合同文本与系统进行充分融合，搭建了健全的合同管理体系。通过构建集业务、法务和财务于一体的风险防控体系，企业实现合同管理数字化、规范化、可视化，推进合同管理智能化服务；通过建立电子签约平台，企业构建完善的智能商业信用体系，可更有效地按照契约规则进行诚实经营，创新合同签约新模式。

3.案例：合同签约新模式，增强企业风险防控能力

某大型能源化工集团积极改进工作方式，推进法律工作数字化转型，明确提出法律工作要实现"从事务型向管理型""从事后救济向事前防范和事中控制"的两个根本转变，合同管理系统建设是其中的一项重要保证，该集团据此提出多个工作目标。一是构建合同全生命周期管理体系，建立合同数据管控中心。二是打造合同签约新模式，构建一套安全、可信、高效、节约的区块链电子签约应用，提高合同管理智能化水平，进一步加强对业务合规性要求的控制能力。三是加强合同履约管控，

增强海外合同风险防控能力。四是系统集成共享赋能前后端业务，实现数据深入融合与共享。

基于建设目标，该集团按照"数据+平台+应用"的模式，逐步构建新的业务应用、组件和统一入口，建设合规高效的合同管理系统。自系统建立以来，该集团每份合同平均签署备案时间由原本的13.5天缩减到3.25天，效率提升了4倍多，单笔合同（一式三份）签约成本可节省约50元，预估可节约超1500万元。同时，该集团通过合同管理系统建设，也在合规管控、风险防控、智能应用等方面取得一定成效。

▶搭建合同全过程管理体系，助力企业合规管控

合同管理系统通过"一体化"设计实现该集团及下属企业合同的集中化、一体化、分层次管理，通过"模块化"设计实现合同全过程管控，通过"集成化"设计实现系统集成、数据共享，通过"可视化"设计建立大屏实现对合同数据快捷的查询、统计与分析、指标考核与监控，通过"标准化"设计将标准合同示范文本作为行之有效的抓手。

▶强化合同履行风险防控，助推管理水平提质升级

该系统解决了合同"重订立、轻履行"的现象，从源头统一合同履约报销流程，规范企业合同报销及终结的流程步骤，提高合同履约数据质量。打通合同管理系统与费用报销系统流程，将合同履行过程向前延伸至合同管理系统由业务发起时，并将费用报销系统中的财务付款履行结果全过程反馈回合同管理系统，实现合同全生命周期管理，真正达到合同准备、订立、履行到终结的全流程闭环控制。摒弃合同支付线下审核审批的传统管理方法，该集团将线下各系统单独操作变为线上系统间的流程化运行，实现合同履行环节与ERP后勤模块和费用报销对公支付集成，通过实时数据共享和信息反馈，最终达到业务端与财务端一体化发展，切实提高合同履约准确率和工作效率，全面提升合同管理水平和合同管理系统整体应用成效，促进企业应用能力和应用水平的双提升。

▶聚焦合同管理智能化应用，探索合同管理数智化转型

该系统将NLP、OCR、大数据等前沿技术应用到合同管理的业务流程中，开展合同智能化管理工作，建立合同智能化应用平台。借助"区块链"技术，探索数字经济模式创新，实现合同签约新模式。该集团创新电子合同签约模式支持"随时随地"签约，降低公共突发事件对企业业务交易的影响，实现纸张替代、交通替代，降低企业合同签约业务运营成本，助推绿色办公。

（三）审计管理：业审融合一体，提升审计价值

业审融合是企业内部审计流程和业务流程的有机融合，标志着审计工作不再只

局限于监督职能，而是与业务活动紧密联系，辅助企业决策，从而更好地迎接市场竞争和挑战。审计管理数字化转型以"业审融合"为目标，以审计数字化、网络化、智能化为发展方向，借助大数据、人工智能等信息技术，深度挖掘数据价值，构建审计数据资源和审计数据模型两大体系，搭建"审计数据、审计作业、审计管控"三大专区，全面提升"审计查证、数据分析、模型研发、动态监督"四个审计能力，助力集团审计业务体系化、合规化发展。

1.企业审计管理面临数据治理难题

目前，大部分企业缺乏审计数据资源体系，虽然相关部门为审计开通了部分业务系统的查询权限，但是与审计业务密切相关的业务系统尚未建立审计数据集市，数据不够全面完整，远远不能满足审计监督的需要。同时，上下级单位开展的审计工作相对独立，管理层对各级审计工作的基本信息了解不充分，影响企业内部审计工作考核机制的制定，从而导致审计价值无法充分发挥。

另外，企业缺少统一的数据标准，各系统在数据定义、数据维护等方面存在差异，企业常常因为系统老旧、系统间数据不一致、数据缺失等问题无法获得审计所需要的信息。审计人员仍需要了解不同应用系统的使用，钩稽不同应用系统的数据关系，在不同系统间来回切换，这为数字化审计带来了很大的困难，导致审计人员需要花费大量的手工工作才能将初始材料整理成符合要求的数据，数据质量已经成为制约数字化审计的重要因素。

2.业审融合一体化的审计大数据平台

为规范审计项目实施程序，提升审计项目质量，防范审计风险，企业需将项目管理环节流程细化，进行灵活配置。同时，企业应以审计管理业务为依据，拓展审计管控功能，建设综合管理、统计分析、审计资源等功能模块，借助审计管控工具、审计工单等功能，不断强化业务管控水平，加强审计业务成果的可视化展示及分析。基于综合管理要求，企业搭建的审计综合管理系统可在数据服务、审计作业、审计管控等场景中得到深度应用。审计综合管控如图5-17所示。

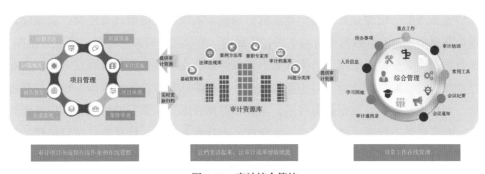

图5-17 审计综合管控

数据服务场景应用以审计需求为导向，建设审计数据资源的采集、处理和存储机制，通过对各类基础数据进行广泛采集、格式化清洗、结构化加工，形成结构清晰、稳定可靠、动态更新的审计数据专区。企业应将传统的审计思路、方法通过大数据、云计算、人工智能等新一代信息技术沉淀、固化为审计问题线索模型，逐步形成覆盖生产经营主要风险领域和关键环节的审计模型库，为开展非现场审计提供数据支撑。审计数据服务应用场景如图5-18所示。

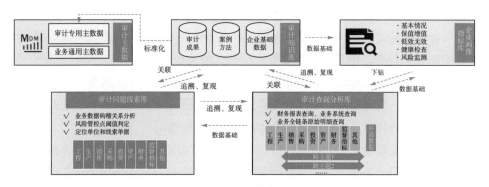

图 5-18　审计数据服务

审计作业场景应用以审计查证为目的，建设问题线索模型应用、查询分析、模型实验室、企业审计画像四大板块，开展财务管理、采购管理、销售管理、资产管理、工程管理、投资管理、生产管理、其他管理和监督指标九大主题审计模型应用，推动审计作业"现场审计为主"向"非现场审计为主"的转变，实现审计查证网络化、智能化的目标。审计管控场景应用以审计管理为目的，企业应对审计管理信息系统现有的管控功能进行完善，同时拓展远程视频等模块，实现审计管理网络化的目标。

审计综合管控场景应用以审计大数据平台为基础，采用云架构，依托企业云平台服务和已有技术组件，构建新的组件和应用；基于经营管理数据和数据中台开展数据治理，统一形成指标数据，并在数据资源体系构建、数据标准规范、业务标准化方面进行持续的价值提升。在审计数据资源体系构建方面，通过梳理业务流程、调研业务系统、梳理业务对象、盘点数据属性，实现数据再审计业务化，企业建设审计数据集市，并以数据中台为基础，拓展内、外部数据资源，构建"全业务范围、全数据类型、全时间维度"的审计数据资源体系。在规范数据标准建设方面，企业建立统一的核心数据标准，对主要数据问题进行贯彻整改，可大幅提升核心数据质量，形成内部审计的数据资源目录，集成开源算法库，积累行业特色，实现资源共享。在审计业务标准化搭建方面，企业规范审计业务标准，优化审计项目流程，可实现审计项目全流程在线作业与管控，整合各类审计监督工作成果和信息数据，使多年审计实践积累沉淀的宝贵资源得以显性化归集利用，为审计成果增值赋能。

3.案例：全周期、多功能、强管控，赋能企业审计工作智能化

某大型能源化工集团内部审计机构主要负责研究编制审计中长期规划、年度审计工作计划和项目计划，开展审计管理制度体系、审计队伍能力和审计信息化建设，统一调配审计资源，组织实施对直属单位审计项目的审计报告审理把关和签发工作，在促进公司治理、揭隐患、防风险、促发展等方面发挥了不可替代的独特作用。为进一步贯彻落实党中央、国务院关于"坚持科技强审，加强审计信息化建设""构建与业务信息系统相融合的'业审一体'信息化平台"等决策部署，加速构建"集中统一、全面覆盖、权威高效"的审计监督体系，该集团按照"数据＋平台＋应用"的信息化建设新模式，结合审计工作场景，推进审计数据资源整合、审计业务流程再造和数据查证方法创新，通过打造"业审融合"数智化平台，监控生产经营主要风险领域和关键环节，全面推进审计工作数智化转型升级。

▶贯彻落实国家关于审计监督工作的要求

2020年9月，国资委印发了《关于深化中央企业内部审计监督工作的实施意见》，提出"按照国有资产监管信息化建设要求，落实经费和技术保障措施，构建与'三重一大'决策、投资、财务、资金、运营、内控等业务信息系统相融合的'业审一体'信息化平台；积极运用大数据、云计算、人工智能等方式，探索建立审计实时监督平台，对重要子企业实施联网审计，提高审计监督时效性和审计质量"等一系列工作要求。

▶打造审计数据资源体系

该集团需要从审计需求出发，实现相关业务系统数据的持续采集。审计数据类型复杂，需要不同的结构化、非结构化数据处理工具；审计数据量巨大，需要基于数据全生命周期的策略管理实现优化存储，将与审计业务密切相关的数据集成至企业数据服务平台，打造"全业务范围、全数据类型、全时间维度"的审计数据资源体系。

▶提高审计智能化水平，实现自主分析

原ERP环境下建设的审计系统、预警模型等审计工具，虽然探索建立了一些零散的问题线索模型，但是尚未覆盖生产经营主要风险领域和关键环节，附带工具多为查询分析，对发现问题、洞察情况的数据支撑不足。该集团希望将新一代信息技术如知识图谱、机器学习等充分应用到审计业务中，强化审计工作的智能化应用，通过新一代信息技术将传统的审计方法沉淀、固化为审计模型，实现审计模型的全流程管理，完善企业画像，满足风险导向的审计工作要求。

结合国家要求与自身审计规划，该集团建设审计数据、审计作业和审计管控三大功能区域，打造集中统一、运行高效、上下贯通的"业审融合"平台，并且在远

程在线审计方面取得突破，提高了业务信息集成共享能力。经统计，现场审计时间比例压缩30%，辅助线索核实率超过90%，管理效率成倍提高，推动了生产经营管理与审计业务的深度融合。平台的建设促进了审计工作数字化转型，激发了审计工作内在活力和发展动力，进一步发挥了促进该集团高质量发展的"全科医生"和"经济卫士"作用，并取得以下建设成效。

▶ 深化大数据应用，有效提升大数据审计业务能力

该集团以规划设计为引领，按照"数据＋平台＋应用"的信息化建设新模式，持续拓展数字化审计，加强大数据审计理论研讨和审计查证技术方法创新，持续提升审计人员的大数据审计思维理念。该集团着力提升审计发现问题的精准度和非现场审计的深度与广度，通过全样本量数据分析、人工智能技术手段，推动审计信息和数字化成果共享共用，实现审计数字化监督和管理能力的提升。

▶ 提高工作效率，远程在线审计取得有效突破

围绕重点业务领域和关键环节，该集团坚持科技强审，加快推动传统的手工经验审计向数字化、网络化、智能化审计转变。集团层面全面实现了"远程在线＋审计"，在不同类型的多个审计项目上实现了全过程远程在线审计，近二十个境外审计项目全部做到境内远程实施，节约了成本费用，减轻了被审计单位的迎审负担。

▶ 深化业务责任，全面推动审计项目规范管理

该集团夯实审计监督业务责任，搭建可同时满足内部管理、部门协同，以及对外报送需求的问题分类体系，推行审计综合管理、人事管理、考核管理及审计项目管理等基础信息的一体化、标准化、规范化管理模式，形成了"业务主导、技术统筹、协力推进"的审计信息化工作新局面。

四 / 财务管理：业财协同创效，推进价值管理

财务数字化转型是实现企业数字化转型的重中之重。2022年3月，国资委印发《关于中央企业加快建设世界一流财务管理体系的指导意见》，提出企业要"以数字技术与财务管理深度融合为抓手，固根基、强职能、优保障，加快构建世界一流财务管理体系"。由内部管理需求驱动，以新一轮产业升级为前提，以政府政策为催化剂，以技术变革为实现基础，围绕统筹发展和安全、注重质量和效率，依托数字技术推动构建世界一流财务管理体系成为企业财务管理数字化转型的特点与目标。

区别于传统会计电算化，现代化企业财务管理数字化转型将更多"非财务"因素纳入企业财务管理的日常工作中，提出财务管理对策，助力企业实现绿色转型，推动企业高质量发展。随着数字技术的发展，数字化、智能化正在升级企业财务模

式，促使财务管理从"核算型"向"战略财务、经营财务"转变，加快财务转型，提升价值创造能力。国内外各大企业纷纷应时而动，进行财务转型及管理创新，使其财务管理模式适应时代发展。例如，西门子通过建立金融服务公司，助力集团财务转型，针对下属机构多、资金分散、管理困难、融资成本高、信息平台欠缺等问题，建立西门子金融服务公司（Siemens Financial Services Ltd，简称SFS），向全体成员单位提供现金流收集与分散、资金风险管理、技术性财务支援及专业化、全方位的金融咨询服务，更好地强化财务管理，降低财务成本，增强企业经营活力，优化资金资源配置和产业布局。又如，壳牌公司财务与数据运营部门共同实施的转型项目，旨在确保财务职能更有效地助力业务，制定更完善的商业决策，同时持续降低成本。财务部门利用低成本工具（如RPA），积极推动"智能自动化"战略，使业务流程更加高效和有效，将员工从重复性的手工劳动中解放出来，把主要精力放在更具增值性的活动上。

未来，企业财务管理数字化转型将聚焦数据治理、打造数据中台，以财务共享服务和业财一体化为切入点，依托财务处理过程标准化、流程化、自动化、智能化建设，提升企业财务在敏捷响应决策层、满足业务层管理需求等方面的能力，推进财务支撑企业经营管理相关业务敏捷高效地开展。本书将从全面预算管理、资金集中管理、财务共享服务三大场景描绘未来财务管理数字化转型的模式与路径。财务管理数字化转型步伐如图5-19所示。

图 5-19　财务管理数字化转型步伐

（一）全面预算：业财深度融合，引领资源优化

企业全面预算通过科学编制，将整体经营活动量化成一系列的计划安排，实现对企业战略规划和年度经营计划的执行与监控。从传统预算管理到全面预算管理，企业通过建设数字化管理系统，脱离了以财务报告为核心的架构体系，打造了灵活、可扩展模型设计的全面预算系统，建立了良性的财务秩序，确保企业财务资金的高效管理。纵观全球范围的石油天然气行业，位居前列的埃克森美孚公司基本构建了全面预算管理体系，实现了从战略管理出发，从预算管理切入，通过管理报告及内审内控的过程支持，达到业绩评价及经理人考核激励，进而形成周期性闭环运行。

企业构建全面预算系统，勾画出采购、生产、销售、财务等各个层面的业务框架和联系，帮助管理者及时发现并解决企业战略执行过程中出现的问题，并对现有资源加以优化，最大限度地提升企业经营决策的科学性与合理性。全面预算系统为企业生产经营状态提供了多维、立体的数字化表达，帮助企业从容应对各种变化的因素，轻松对未来做出预估。

1.企业财务预算管理与业务融合不紧密

能源化工企业普遍为大中型企业，预算编制工作量大，传统的编报过程缺乏有效技术手段，人工效率低，造成了预算数据颗粒度粗糙等情况。同时，由于大部分能源化工企业财务管控的顶层设计尚未完善，预算指标没有从战略目标、业务源头进行设计，无法从指标穿透到不同层级的运营单元，难以用预算这"一根针"穿起企业运营的"一条线"，导致企业战略目标不能与预算形成互锁的分解关系。随着数字化时代的来临，能源化工企业开始逐步探索预算管理的信息化建设，应用预算系统开展预算管理工作。但大多数预算系统仍然保留着传统预算管理模式，存在预算管理与业务经营的融合不紧密，预算无法深入更小的业务单元等问题。

2.全方位、全过程、全员参与的全面预算管理模式

随着智能财务时代的到来，大中型企业以及跨国企业纷纷开始应用全面预算管理系统，极大地提高了企业效率，预算管理在统筹安排公司资源、控制风险等方面发挥着重要作用。企业在积极推动搭建灵活高效财务管理平台的同时，通过打造全面预算系统，优选灵活、可扩展的维度设计和模型设计功能。在实际操作中，全面预算系统为提升企业全面预算管理水平注入了新动力，不仅简化了部署，大幅降低了硬件成本，而且从根源上提升了计算性能，提高了运维效率，降低了运维人员投入，为企业创造了更大的价值。全面预算系统聚焦企业的预算编制、预实对比和预算管控等预算管理业务，以企业生产经营活动为主线，将业务预算、财务预算融合一体，实现预算下达、编制、审核、上报、管控、调整、预实分析等功能的同时，满足多级管控需求以及各项预算管理要求。

在发起和审核预算环节，企业可依托全面预算系统向操作者和管理者展示审批进展和状态，为业务和财务人员提供"业务逻辑设计器"，数据准备、逻辑关系、计算进程一目了然。通过可视化工具，预算管理者能随时掌握预算编制进程和状态。在预算填报环节，全面预算系统注重定制化，系统提供定制报表设计工具，可根据操作习惯为使用者生成个性化的报表清单，让报表操作快捷、方便。在采购、销售、生产等环节，企业可用系统延伸业务环节的预算管理，为业务人员量身定制业务预算功能，增强对多种生产经营业务的适应性。在业务变革阶段，全面预算系统注重运行维护的便捷性，针对生产经营管理活动中经常出现的组织、流程、业务变革，

系统提供"一键部署"功能，方便在出现变革时根据变动的要素，同步调整系统模型、报表等，快速完成配套调整，省去大量的运维工作，灵活应对管理变革。全面预算管理系统操作如图5-20所示。

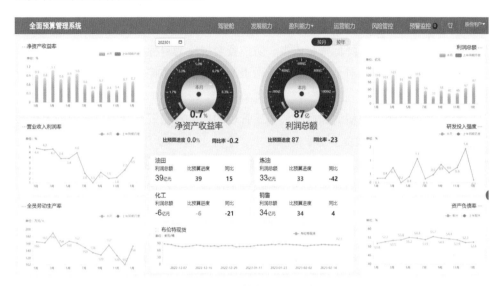

图 5-20 全面预算管理系统操作界面

企业预算管理正从财务预算向管理预算转变，各类专业预算相互衔接、相互促进，形成全方位、全过程、全员参与的预算管理模式，将全部经济活动纳入预算管理体系之中，促进业务融合。全面预算管理系统是以基础能力、预算编制、预算管控和绩效分析四大模块为核心构建出的一体化全面预算管理系统，能够支撑完整的预算管理闭环，实现战略规划、年度预算、滚动预算、月度预算、预算调整、预警监控、场景分析、经营活动分析、考核评价等业务场景应用。

为建立全面预算管理体系，企业需经历三个阶段：一是打通信息通道，提升业财融合，打通各预算管理层级、各管理条线的信息传递通道，提升业财融合水平，助力战略目标的落地和企业价值的有效提升。二是巩固和强化管理流程，促进职能协同，集团总部及分（子）公司利用系统编制整体预算目标，使公司战略目标得以具体化，将经营目标落实到各层级和各职能部门的日常工作中，做到明确并记录预算责任、固化预算流程，避免"推诿扯皮"的现象，促进职能间的协同，降低预算成本，提高预算管理效率。三是提供灵活多视角的数据支撑，利用系统自动生成预算分析报表，为公司的生产运营和经营管理提供多视角的数据支撑，继而挖掘背后的深层原因，并对解决措施加以跟踪，促进公司业务的健康发展，减少不良资产，降低财务风险。

（二）资金集中：智能全球司库，提升资金价值

2022年1月，国资委1号文《关于推动中央企业加快司库体系建设进一步加强资金管理的意见》首次明确提出司库体系的定义：司库体系是企业集团依托财务公司、资金中心等管理平台，运用现代网络信息技术，以资金集中和信息集中为重点，以提高资金运营效率、降低资金成本、防控资金风险为目标，以服务战略、支撑业务、创造价值为导向，对企业资金等金融资源进行实时监控和统筹调度的现代企业治理机制。

资金管理是企业的精气和血脉，司库管理的核心就是资金管理范围的扩大化和手段的专业化。按照国资委1号文的要求，企业要进一步升级司库体系建设理念，将司库发展定位从业务运行支撑向管理决策支撑转变、从业务管理向价值管理转变，通过对资金等金融资源的集中运作、资源合理配置、资本增值运营，主动创造财务价值，以现金流和价值管理凸显现代企业财务管理的地位和作用。同时，企业应以数字化赋能集团司库管理，对资金等金融资源的内外部数据信息进行实时获取、信息共享和集中处理，全面挖掘数据价值，从而对资金头寸、融资成本、利率汇率等进行多维度、全方位的分析研判，及时识别风险隐患，赋能司库管理效能提升和企业战略决策支持。

1.从内外部资源统筹配置看企业资金集中管理

当下多变的国际形势为境外资金管理带来诸多挑战，导致企业在境内外资源统筹配置难度增大，对内外部管理信息的需求进一步加大。传统资金集中管理系统与企业内外部系统拉通难度大、耗时长，因此企业在建立智慧司库创新体系时会选择先进的资金集中管理平台架构搭建系统，建立数据字典和统一资金数据标准，对内拉通集团总部到二级板块再到基层单位相关业财系统的一体化协同，对外拉通与银行等金融机构、监管机构、数据服务商、供应商、客户等的在线连接。内外部各类系统的集成数量多、技术复杂、数据分散，且数据融通整合难度大、耗时长，对新型资金集中管理平台有了更高的要求。内外部资源统筹配置业务如图5-21所示。

2.智慧司库创新体系引领资金集中管理平台建设

在全球经济一体化不断推进的当下，大型集团跨境经营时，金融风险贯穿于金融资源的配置和交易全过程，保障资金安全成为全球司库管理的首要目标。作为集团全球化经营的关键支撑，智慧司库创新体系建设需要从管理升级和技术赋能两个维度着力构建风险管控量化模型，借助数字技术，及时发现风险线索，积极主动地管控风险。智慧司库创新体系也要求企业在资金集中管理平台上建立数据分析模型，通过形象化的图表或报表，将数据信息转化为能够提供经营决策分析的数据资源。

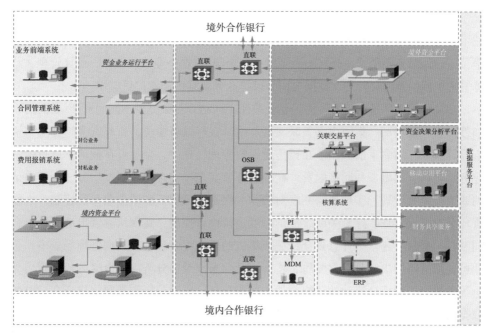

图 5-21　内外部资源统筹配置业务

在司库管理需求多变的背景下，企业应结合智慧司库创新体系打造资金集中管理平台，并以"集中统筹、分级负责、安全平稳、运行高效、价值引领"原则为集团构建以内部资金平台为基础的资金运作和监督平台。按产权和管理关系，集团总部需搭建资金集中管理顶层平台，所属企业按照管理层级和管理需要建立分层级的资金池体系，形成集中管控与分级运行相结合的管理体系、资金运作与风险管控相结合的运作机制、境内与境外相结合的资金池、政策支持与实施创新相结合的管理模式、重点管控与高效运作相结合的管理要求。司库资金集中管理平台架构如图 5-22 所示。

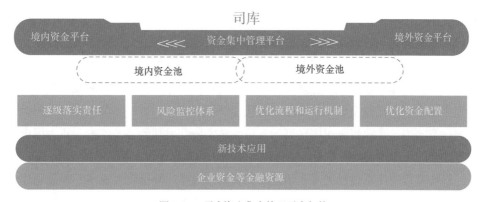

图 5-22　司库资金集中管理平台架构

资金集中管理平台以服务大型集团资金集中管理为目标，通过应用新一代信息技术，与前后端业务系统、金融平台、银行系统等内外部系统集成，实现管理功能全覆盖，保障全集团"一张网、一个库、一个池"，在企业账户管理、预算管理、结算管理、授信及融资管理、数据应用管理等业务场景中拥有广泛应用。

在结算管理场景中，平台支持企业按照不同结算对象提供不同的资金结算方式，如外部客户供应商、集团内部关联交易、内部银行成员单位，所有资金结算均与资金预算关联，做到事前控制。在授信及融资管理场景中，企业可在授信下进行融资业务，包括直接融资和间接融资。在授信环节实现授信合同、额度切分、额度申请的线上全流程管理，实现授信额度对贷款、保函、信用证和票据业务的控制。在融资环节对融资管理、融资关联、授信额度进行检查控制，实现从融资申请、融资合同签订、提款、还款、计息到会计凭证集成的全流程管理。在数据管理场景中，企业可使用战略层决策分析驾驶舱，掌握资金分布、余额分析、现金流分析、授信分析等结果，形成资金流动性分析、债务融资分析、风险分析等专题，将资金、财务数据转化为有价值的数据资产。在资金风险管控场景中，企业按照财务资金风险管控目标，依据内控制度风险管控矩阵，可建立"内控审批平台"和"系统总控制室"，强化资金业务过程风险管控及提示、预警，记录违规业务台账，最终形成资金业务风险管控和业务运行报告，规范资金业务运行，强化资金集中管理。

近年来，国资委多次下发相关通知，要求央企、地方国资企业加强企业资金风险的管理，鼓励企业建设司库管理、资金风险防控相关的信息化系统。目前市场上的司库管理多是资金、融资、票据等业务台账式的事后管理模式，而有效的资金管理方式应是事前、事中、事后的全面管理，为建设全面的资金集中管理机制，企业可从以下维度深入探索。

打造企业智慧司库创新体系。加强司库管理体系建设是企业国际化发展战略的重要支撑，在传统资金业务运行支撑的基础上，智慧司库聚焦资金及金融资源管理，通过加入信息化和数智化手段，提高资金使用效率，发挥资金价值创造的作用，加强资金风险防控。通过构建管理架构清晰、业务流程顺畅、风险管控有效、运行高效的现代化司库管理体系，智慧司库体系建设将助力企业在国内国际双循环的变革转型大潮中牢牢把握主动权，适应全球化经济发展趋势，进一步参与国际分工，增强国际竞争力。企业智慧司库转型的先行先试实践和成功经验，可进一步为国内大中型企业的司库建设提供参考，整体提升中国企业司库建设水平。

以智慧司库体系建设助力集团提高资金运营效率、降低资金成本。智慧司库体系的核心是构建资金集中管理平台，即面向大型集团总部和下属企业将银行账户、票据管理、资金结算等操作类业务和资金集中、债务融资等运营类业务纳入信息系统管理，固化管理要求、规范操作流程，实现穿透监测。通过对资金头寸、融资成本、利率汇率等进行多维度、全方位的分析研判，智慧司库体系助力集团及时识别风险隐患。同时，根据各金融机构授信额度、利率和期限，结合集团各类融资需求，智库司库以数字技术优化债务融资方案，实现资金分析和风险管控场景化、动态化和智能化，为企业资金健康运行保驾护航。通过资金集中管理信息化建设及深化应用，集团将增强对资金的管控能力，健全资金管理全业务流程及其集成标准，提升境内外资金业务"可视、可控、可运作"，以及对资金业务的全过程动态管理和实时管控能力。按照市场上一般集团的资金规模进行测算，集团的资金集中度将大幅上升，提升幅度境内90%以上、境外超过70%；资金成本显著降低，通过优化债务结构每年节约财务费用数十亿元；资金安全度显著提升，提升了资金运作的规范化、安全性水平，各级管理主体风险管控能力得到有效提升，管理效益、经济效益显著。

规范资金数据标准，积累数据资产。智慧司库创新体系助力集团构建了内部数据集中平台，集成内部企业和部门主要系统的资金和交易类数据，进行数据主题分类，采集多元化数据源，构建基于数据中台的数据资产管理体系。基于先进的企业数据治理模式创新，资金集中管理平台能减少多模式重复配置，提高数据处理效率，降低数据使用人员的操作难度，并提供更多可视化统计功能。

打造支撑金融资源高效协同的运营体系。通过服务产业的资金集中管理系统与境内外内部资金管理平台核心业务系统的相互集成，智慧司库创新体系有效支撑了集团产融结合的运行体系。集团通过搭建智慧司库创新体系，将资金集中管理平台分别与内部ERP、会计集中核算系统、信息化标准管理、费用报销、人力资源管理、合同管理、财务指标报告管理、财务共享服务等系统进行集成融合，并联通了资金集中管理系统、境内外内部资金管理平台核心业务系统、电子票据系统与境内外合作银行信息系统。资金集中管理平台通过多种形式的直联，逐步形成财务资金集中管控与分级运行相结合，建立产业财务资金管理信息化运行体系，本外币融资与境内外资金协同运作的资金集中管控模式。通过资金集中管理平台，集团将构建集中管控与分级运行相结合的管理体系，形成资金运作与风险管控相结合的运作机制，全面提升资金集中管控和统筹运作能力。集团以资金集中管理构建智慧司库创新体系，建立对金融资源高效协同的运营体系，实现"内生式"价值创造。

以安全可控完善集团智慧司库创新体系建设。从基本的流程管理入手搭建资金风险管理体系，智慧司库创新体系将助力集团构建制度管控、系统预警、案例示警、检查纠偏、考核问效"五位一体"的资金风险管控机制。在符合国家网络安全等级保障基本要求的基础上，结合实际资金管理业务需求，集团以构建智慧司库创新体系为核心，以完善网络、搭建平台、畅通金融为路径，设计并建设全方位安全体系的资金集中管理平台，从安全通信网络、安全区域边界、安全计算环境、安全管理中心等四个方面实现了对资金集中管理平台的全面安全升级，完善智慧司库安全可控体系。

（三）财务共享：统一规范流程，实现集约管理

财务共享服务诞生于20世纪80年代，是在国际化、信息化发展和经营规模高速增长背景下公司管理和控制活动的创新。财务转型是实现企业数字化转型的重中之重，是企业内部管理的需要，新一轮产业升级的要求。共享是数字经济时代的重要特征，也是企业集约化管理的主要模式。财务共享服务将企业事务性、重复性、可标准化的财务业务分离出来，整合到一个新的业务单元，为全集团提供统一、标准、高效的专业财务服务，进而提高公司整体运行效率和效益。随着企业全面数字化转型深入推进，财务共享服务已经从过去的会计核算等事务性服务逐步转变为财务分析等价值创造服务，通过对企业业务流程的持续优化，对沉淀的海量数据进行深入分析，在整合内外资源、实现集约管理、降低操作成本、加强数据安全、提高决策能力等方面的作用逐步凸显。无论是从信息化技术的发展来看，还是从管理模式的创新来讲，财务共享服务是时代发展的必然产物，承担了集团数据价值实现的职责，并逐步推进RPA、AI等数字转型技术优化共享流程。

1.企业财务共享中心建设的"六要素"

在传统财务核算模式下，企业往往存在决策反应不及时、子公司各自为政、资金舞弊、信息不透明等风险。很多企业财务力量不强、财务人员不足，部分企业财务人员岗位重复设置、标准不统一，整体运行效率不高。企业财务人员忙于低端、重复性的日常事务，缺乏高效率的技术及手段处理业务，财务部门管理难度和复杂度高，运行效率低，财务管理人员难以集中精力聚焦经营管理、价值分析、决策支持，未能够充分发挥价值引领的职能。基于以上现实问题，企业财务管理亟待进行资源整合，建立财务共享中心，整体提高企业系统应用、数据共享及风险防范能力，制度、流程和职能也需要进一步优化。从一定程度上来讲，财务共享中心的建立可以有效提升财务运行效率，提升企业基于业务价值的财务分析能力。

企业实施财务共享模式解决了信息传递、信息透明度，降低了企业管理水平方面的风险，但财务共享中心本身也存在着新的风险，包括组织结构变革、企业文化冲突、人员心理变化、系统整合、业务流程再造等，对企业财务模式数字化转型构成了障碍。一方面，企业财务共享中心从根本上改变了企业组织架构，导致了管理权限的重新划分，相关管理制度的改变都将产生运营生产方面的风险。同时，企业财务共享中心的建立，对集团多级管控也带来了挑战，分、子公司的权柄上移，自主经营能力受到了限制。另一方面，财务共享从根本上是财务管理模式的变革，是

财务业务流程的变革,即以财务部门为中心逐步向以业务流程为核心转移,追求业务流程标准化、统一化,提高信息处理效率。在信息整合过程中,庞大的信息量为财务管理系统带来极大的挑战,同时基层信息多级传递也存在高风险,财务数据丢失、错误等问题将对企业经营决策造成误导。

因此,财务共享服务中心的建设对于企业来说是一个全方位的财务转型,是企业管控模式的变革,涉及体制、机制多个方面的革新,涵盖场所、流程、组织人员、规范制度、信息系统以及服务等一系列工作及内容,这些维度被统称为"六要素"。财务共享中心建设关键"六要素"的SPORTS模型分解如图5-23所示。

图 5-23 财务共享中心建设关键"六要素"的 SPORTS 模型分解

财务共享中心建设的"六要素"缺一不可,其中规范、流程、信息化技术是中心赖以高效运营的核心及根本,是建设方案的核心。

2. 搭建一体化财务中心,支撑全流程共享服务

财务共享服务是一场以技术驱动的管理变革与创新,是经企业管理领域实践而打造的企业资源共享最优配置。财务共享服务中心通过与企业前后端业务系统的紧密集成,为企业提供了从业务申请、审批、账务处理、资金支付、数据分析、审计稽核的全流程、全生命周期的数字化支撑。

企业运用财务共享服务中心进行财务管理,利用信息技术、网络平台规范业务流程。企业业务端负责进行业务审核,提报服务申请,并递交记账原始资料或影像资料,财务共享中心档案管理人员对原始资料进行签收、审核和扫描,并对服务申

请进行任务分发，财务共享中心核算运营人员接受工作任务，基于影像资料进行账务处理、财务报告等服务，最后档案管理人员再进行原始资料归档。财务共享服务中心需要与企业 ERP 系统、HR 系统集成，获取财务和 HR 的基础数据；与 ERP、合同管理、HR 系统、资金集中管理、费用报销等系统集成，实现财务业务处理操作。财务共享服务业务流程如图 5-24 所示。

图 5-24　财务共享服务业务流程

共享服务中心在满足集团、企业、共享内控前提下，打通业务、财务、税务、资金、档案流程；同时，借助于信息化、自动化、智能化手段，实现共享业务"端到端"流程落地，提升效率。在流程的各个环节，企业可运用数字技术提升财务共享服务的自动化与便捷性，提高服务的效率与质量。系统流程化示例如图 5-25 所示。

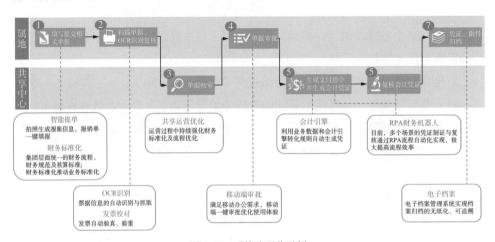

图 5-25　系统流程化示例

▶智能填单显著提升系统使用的便捷性

企业借助财务共享服务中心统一了提报入口，支持员工报销、资金核算、资金支付、总账核算等业务提报，梳理细分各类业务情景，按场景设置不同的企业用户填报模板，为企业员工提供精准情景化填报方式，简化用户填报，并根据企业管理要求固化各类业务填报的校验逻辑，提高业务填报的准确性和有效性。同时，借助于系统建立的票据、费用与单据模型、OCR识别技术，共享服务中心可实现手机拍照后自动识别票面信息，从而完成单据的一键填报。财务共享情景化提报流程如图5-26所示。

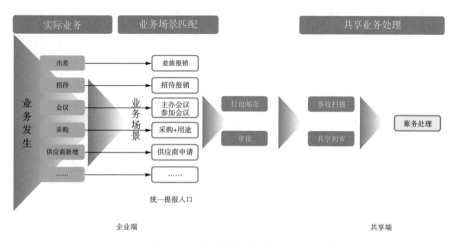

图 5-26　财务共享情景化提报流程

▶会计引擎+Transaction Launcher技术应用提升凭证处理自动化水平

企业可运用会计引擎为共享系统提供财务业务到会计凭证自动形成服务，利用会计引擎及SAP财务共享平台（Shared Service Framework，简称SSF）带入带出转化规则自动生成凭证，促进财务核算规范统一、共享流程标准化、系统管理规范化的深度融合。会计引擎示例如图5-27所示。

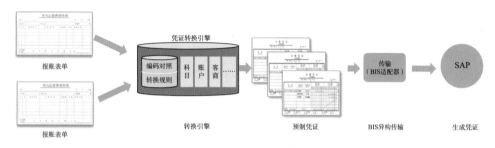

图 5-27　会计引擎示例

企业通过定义业务系统与核算系统之间的主数据转换规则，实现业务单据信息向会计凭证信息的自动转换，65%以上的业务可借助于会计引擎实现自动创建凭证，提升了财务人员凭证制作的工作效率。

▶**影像及OCR识别技术提升审核的效率及质量**

企业发票校验流程过去多采用线下处理方式，单据多、环节多、整理核对的工作量大，且同供应商交互较多、发票质量不高，企业手工提报工作量大且效率较低。同时，发票校验工作也成为财务共享中心运营效率提升的一个瓶颈，通过对整个发票校验流程进行自动化改造，有助于提升财务工作效率。借助于影像、OCR识别技术，企业可实现原始附件影像化、电子化以及原始单据自动分类处理、辅助审核，通过影像系统将纸质版和PDF发票导入，实现识别与核验，并将结果同步至共享保障体系，提高审核效率。OCR识别技术的应用如图5-28所示。

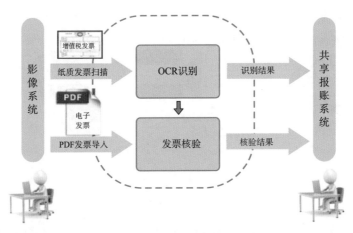

图 5-28　OCR 识别技术的应用

▶**"集团发票池＋税务系统及通道"推动税务业务自动化**

借助于发票底账库、纸电一体化开票信息搭建集团发票池，企业通过共享服务中心打通销采业务全流程，实现增值税发票自动引入、流转过程自动记录、税金自动核算、月末自动对账、申报表自动生成的全过程管理，提升业财税一体化、自动化程度。

通过构建财务共享服务中心，企业可优化组织结构、规范财务流程、提升流程效率、降低运营成本，为建立良好的财务共享服务，企业应在标准化设定、周边系统集成、流程优化再造等方面进行价值提升。

▶**推动会计核算标准化**

所谓"要上路，先修车"，企业在承接财务共享业务之前需先完成会计核算标准化、共享业务操作规范标准化，其本质是剔除多余、低效、可替换的规范及标准，精炼并确定出满足所有单位财务共享业务管理、会计核算需要所必要的、高效能的规范及标准，从而达到集团内统一的目的，要做到"标准化的刚性"和"个性化的柔性"相结合，为财务共享的高效运营奠定基础。

同时，标准化是执行监管的抓手，执行的标准如何统一、能否统一成为财务共享中心的难题。企业应将标准化成果预置到系统中，通过业务在系统中的流转实现统一的管控，确保执行的标准统一。

➤ **与周边系统高效集成，强化风险控制**

企业需将财务共享服务中心与业务系统直联，实现财务数据提取和处理的全程连接，进而极大地提升数据处理效率，有效降低手工处理条件下的数据错漏或篡改风险。同时，实现系统间数据的交叉验证，强化企业经营风险的有效控制。

➤ **建立服务管理体系，支持高效能运营的财务共享服务组织提升**

企业应对标世界一流服务质量管理体系，搭建运营管理平台，管理整个共享服务中心的每个岗位、小组及服务水平协议（Service Level Agreement，简称SLA）并配合进行相应绩效考核。建立服务评价标准，以业务处理质量、共享服务覆盖度、服务满意度等多维度评价指标进行深入挖掘和分析，全面提升共享服务管理水平。同时，借助数据挖掘技术来提高共享服务的智能化水平，通过对大量数据的分析，发掘潜在的规律和关联性，推动共享服务的自动化程度和数据分析能力的提升，提高服务处理的精度和速度。深挖共享服务潜在价值，帮助共享服务管理者更好地应对日益复杂的市场环境和客户需求变化，提高服务水平和竞争力，并为客户提供更高效、便捷的服务体验。共享服务管理模式如图5-29所示。

图 5-29 共享服务管理模式

➤ **实施流程优化再造**

紧紧围绕标准规范，结合效率体验、内控合规和助推变革的要素，企业应梳理销售至应收、采购至应付、资产核算、成本核算、费用报销、资金管理、总账及报

表七大类财务业务范围内的共享流程及业务场景，搭建以"框架+场景"为索引、涵盖共享业务流程、业务场景的流程体系，打造领先且具有企业特色的共享中心业务流程。共享业务流程设计方案成果示例如图5-30所示。

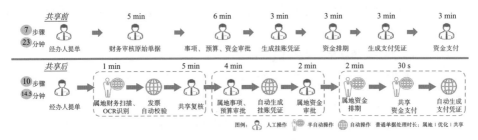

图5-30　共享业务流程设计方案成果示例

3.案例：共享中心助力集团财务云集成化、自动化

某大型能源集团面对各单位会计核算标准执行不统一、财务人员紧张等管理问题，积极寻求更为高效的运营模式。企业经过多年的快速发展，已成为一家资产过万亿的超大型国有企业集团，目前拥有油气勘探开发、专业技术服务、炼化销售及化肥、天然气及发电、金融服务五大业务板块。该集团的财务管理一直在适应和助力企业改革发展中成长，目前已建成集团化财务管控体系，随着内外部合规要求越来越高，集团整体财务管控压力凸显。虽然该集团会计核算业务已实现系统的全覆盖，但标准化应用不足，缺乏协同业务处理能力，难以发挥信息系统整体价值，需要寻求更为高效的运营模式。

为落实该集团总体发展思路，推动财务系统数字化转型，财务共享项目孕育而生。该集团财务着力打造运营水平世界一流、服务集团全球业务的卓越财务共享中心。自2019年试点上线后，以边推广、边运营、边优化提升的工作策略，服务全面覆盖该集团境内非金融企业，已完成18个系统之间的集成，涉及120多个集成链路，提升了会计凭证自动生成率，为实现集团财务云集成化、自动化夯实了基础，并在以下四个方面取得成果：

▶财务服务支持中心

该集团形成完整财务共享服务管理体系，服务质量与效率并重，快速推广与高效运营相结合，形成了基于业务、流程、运营管控的完整财务共享服务管理体系。财务服务支持中心基于共享服务RPA应用场景库，快速搭建多任务调度管理平台，助力75%以上的业务场景通过会计引擎实现自动创建凭证，提高单个流程的生产率80%~100%，大幅提升了共享人员的工作效率。基于RPA的调度管理如图5-31所示。

▶标准规范推动中心

以财务规范护航集团"一本账"落地。自系统上线，随着不同业务板块的企业陆续上线，已完成多次财务规范的大版本更新，包含业务场景变更内容梳理、业务类型变更调整、系统配置调整、会计引擎规则调整、新增表单、程序开发6个大项，共计971个明细项工作，有力支撑整个集团内不同业务领域企业的规范化账务处理。

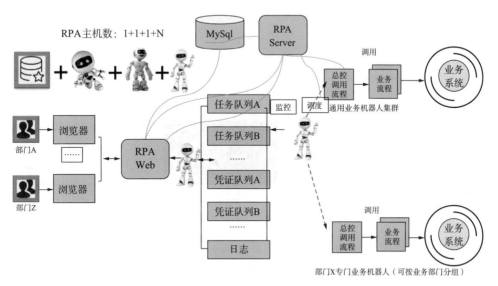

图 5-31　RPA 调度管理

▶财务人才培养中心

通过知识管理实现业务集中的价值增值。将所有知识性文档集中保存，提供分类检索功能，可以实现全集团共享，同时以此支撑建立个人学习平台，引入大数据分析技术，根据个人实际情况实现知识的精确推送，干在实处，学以提能。

▶共享数据可视化平台

为了保障系统的可用性和业务连续性，系统监控管理持续进行，探索财务共享所沉淀的所有数据，创造丰富的视觉效果来共享洞察，快速获取信息概览，通过数据访问、关联、过滤和转换功能让用户能快速理解分析结果，便捷地发现异常指标，揭示其相关性，预报其趋势。共享数据可视化平台也纳入财务共享平台的建设范围，该集团基于财务共享云平台搭建共享数据可视化平台，提供自服务数据准备、可视化应用、深度分析等功能。财务共享数据可视化平台如图5-32所示。

五／人力资源管理：激发组织活力，深度赋能员工

人力资源管理（Human Resource Management，简称HRM）作为企业管理的核心组成部分，其效益对于现代企业的经营发展越来越重要，人力资源管理是根据企业

发展战略的要求，有计划地对人力资源进行合理配置，通过招聘、培训、使用、考核、激励等一系列过程，调动员工积极性，发挥员工潜能，为企业创造价值以确保企业战略目标实现。

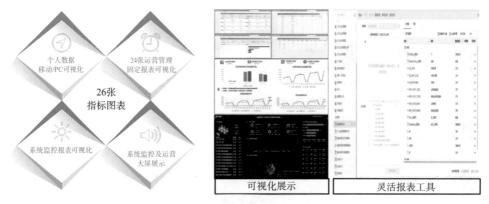

图 5-32　财务共享数据可视化平台

随着企业数字化转型的推动，人力资源数字化已成为企业发展的必然趋势，人力资源数字化使得管理信息的互联互通更加快捷，打破了信息壁垒，带来了更多量化数据资料。国内人力资源在数字化技术上经历了持续迭代、不断进化的转型过程，逐渐缩减与国外的技术差距，目前数字化人力资源系统已经从基础事务的信息化向人力资源全面数字化转变，企业正通过数字人才、数字工具、数字管理和数字场景等要素对人力资源管理进行全方位升级，关注人力的业务价值而非成本已成为发展主旋律。数字人力资源管理驱动了企业员工工作方式变革，改善管理流程和员工服务效率，国内外企业运用微应用、智能终端、自助服务机器人等工具进一步推动了人力资源管理的数字化建设。例如，IBM利用数字化技术改造企业与员工交互的方式，带来更好的工作体验。IBM认为，在数字化时代，企业人力资源管理的任务已不再是简单的事务管理，而是要帮助企业以全新眼光去审视和关注领导力、架构、多样化、技术以及员工的整体体验。IBM的人力资源管理数字化转型以3E（即效率、体验和关系）为中心，以3D（即数字化的人才、数字化的人力资源管理和数字化的工作场所）为抓手，通过自身的数字化转型，打造数字孪生组织以推进企业数字化转型。数字化人力资源管理更侧重增进人企关系即员工与企业之间的情感联结，而数字化人才则更侧重效率亦即企业层面的价值创造，转型后，IBM的组织架构减少了6个层级，管理效率显著提高，同时，员工满意度提升了22%。IBM人力资源管理数字化转型模型如图5-33所示。

人力资源数字化转型是对企业战略的重塑调整，借助数字化技术，运用数字化思维顺势而为，打造与自身战略相匹配的转型模式是企业从容应对数字时代人力资源管理挑战的必然选择。一方面，基于各类人力资源管理应用，企业实现人力数据从后台、中台到前台的多端整合，赋能企业战略决策从高层、中层到基层执行的便捷互动与纵向贯穿。另一方面，以企业人力资源管理为核心打造的数字化运营平台，实现了线下数据转向线上运作，为企业经营战略目标的实现提供了数据支撑，人力数据可视化分析展示、电子考勤、远程招聘、线上培训、数字绩效考核、数字档案等场景应用百花齐放。企业应重视人力资源管理领域的转型发展，运用"数字化的思维"顺势而为、打造一体化人力资源管理平台、发展与企业战略相匹配的人才供应链、建立符合数字化的人才管理机制，把握数字时代人力资源管理的发展机遇。

图 5-33　IBM 人力资源管理数字化转型模型

（一）企业人力资源管理的新趋势与新机遇

当前人力资源面临的挑战不仅来自 HR 本身，也来自高层决策者对 HR 价值的认可程度。对人力资源战略价值认识越清晰的企业越重视人力资源项目的投入，企业业务发展越快、规模越大。不难发现，业务发展与人力资源职能重视度互为因果。因此，HRM 已从"幕后"走到前台，"成本中心"将成为历史。越来越多的企业已经认识到人力资源职能对于企业战略发展的重要作用，HR 队伍的人工成本关注度已被归置为最后考虑的因素。

提升业务支持能力，实现 HR 服务的专业化、标准化，提升员工满意度是 HRM未来发展的方向。相较于业务层面，IT 技术已不再对人力资源管理形成重大困扰，企业逐步建设人力资源共享服务模式推进项目实效目标的实现。已转型共享模式的企业更关注通过组织效能的提升来加强 HR 对业务的支持力度，而未转型的企业更注重 HR 个体能力的提升，从长期发展视角看，将个体能力转换成组织能力有助于推动企业业务迈向更高一层台阶。人力资源管理信息化建设大多围绕满足人力资源业务处理和业务管控，转型需要管理层更多的支持、信任与推动，在实践中也需要进一步提高员工的参与度。

（二）打造"应用一体化、业务移动化"的人力资源管理平台

人力资源管理的核心是通过价值链管理以实现人力资本价值的增加，为优化人力资源管理体系、建设人力资源职能组织架构、完善人力资源管理价值链，企业应总体设计 HRM 信息化建设路线，构建应用一体化、业务移动化的一站式管理平台，建设与 HR 发展战略相适应，覆盖整个人力资源管理的标准化数据资源体系、自动化业务处理体系，夯实数字信息基础，加大融合创新力度，助力人力资源管理高质量发展。

▶构建标准化数据资源体系

人力资源数据是干部、员工的电子化、数字化档案。目前，多数企业人力资源信息系统中的数据量过于庞大，有的是共享机制不健全造成的重复数据、有的是信息处理不规范造成的错误数据等，对管理的推动作用较小，但维护成本却非常高昂。人力资源管理应该规范数据资产，提高数据准确率，做到指标、流程标准统一，构建标准化数据资源体系，规范数据管理，有效筛选具备使用价值、参考价值的数据，为人力资源管理决策提供及时有效的参考。经过持续完善，企业可建立数据治理常态化机制，加强数据集成共享，建成以人力资源数据为主、相关经营管理数据为辅的 HR 大数据仓库。

▶构建自动化业务处理体系

企业应紧紧围绕"管理制度化、制度流程化、流程信息化"的目标，通过业务梳理、流程优化，大力推进系统集成，建立人力资源业务端到端流程标准化体系，搭建功能高度融合、流程无缝衔接的业务处理中心，提升业务处理标准化、自动化、智能化水平。通过推动系统融合与连接，规范和完善业务流程，实现组织用工、干部人才、薪酬绩效等各项业务的全流程贯通，减少线上线下重复操作，提高组织人事管理整体效能。

在高校毕业生入职全流程贯通方面，通过连接校园招聘网站、人力资源业务平台、员工自助系统、HR 系统、劳动合同系统 5 个系统的 7 个步骤，实现学生应聘、入职、合同签订、定岗定薪的全程信息化。业务数据完全从招聘网站按照业务规则获取，消除人为干预和手工信息转接，支持招聘、调配、薪酬、福利各业务岗位的协同工作，提高工作效率。高校毕业生入职流程系统示意如图 5-34 所示。

在全流程在线处理员工关系方面，企业通过流程信息化处理，取代原来的线下审批、制作表单、手工维护信息等方式，实现员工岗位变动、企业内部/企业间调动、员工离职、借调、内退、离岗等业务全流程标准化管理。流程处理更加便捷、信息反馈更加及时，可以将企业业务流程的结果信息直接集成到 HR 系统，极大地提高了业务处理的时效性，提升数据质量。

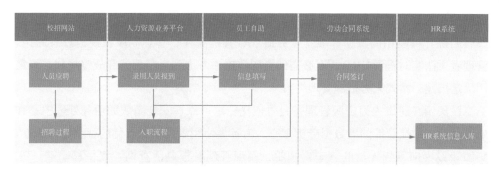

图 5-34 高校毕业生入职流程系统示意

员工关系在线处理流程如图 5-35 所示。

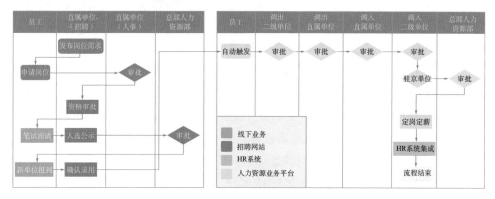

图 5-35 员工关系在线处理流程

在员工薪酬支付方面，为解决薪酬计发和银行打卡流程不贯通的问题，企业可打通 HR 系统与资金集中管理（简称 TMS）系统、银行支付系统间的通道，实现员工薪酬支付银企直联业务贯通。同时，通过 HR 系统提取员工信息、银行信息和支付金额，开发按需筛选、一键推送等功能，实现数据集成至 TMS 系统，确保实际支付金额与薪酬结果一致，保障资金收支、筹融资对账、薪酬支付等资金业务与业务系统信息共享，让信息"多做工"，员工"少跑路"，进一步增强人力资源薪酬支付业务的一体化管理能力。

通过人力资源管理平台的建设和应用，企业从管理理念、管理体制、管理职责、业务处理等方面对 HRM 进行标准化设计，为企业各类使用者提供差异化、场景化的"智慧"服务，进一步提升人力资源管理的标准化、自动化和智能化水平。

（三）案例：提升人力资源管理效能，变"人治"为"数治"

某大型能源化工集团现存人力资源管理业务缺乏信息集成，相同信息多次填报，没有实现数据应用的闭环管理，内部协同效率低。在数据治理方面，缺少人力资源数据维护标准，各类信息的完整性、准确性不高，亟须制定规则一致、定义统一、归属明确、可复用的数据标准。业务流程、管理流程、管理制度及规范没有固化，管理者无法实时查看HRM所有必需的资源数据。考虑到自身现状和战略规划，该集团决定搭建一站式人力资源管理平台。

该集团在建设人力资源管理平台时依托稳定可靠、安全高效的业务处理中心和响应及时、敏捷智能的大数据分析中心，为各类使用者提供差异化的智慧场景服务。集团建设面向领导人员的管理驾驶舱，实现管理看板灵活查询，支持移动端、PC端、智慧大屏等多种应用途径，为各级领导决策提供快捷、翔实的参考依据。面向HR人员提供各人事业务系统统一入口、一站式办理渠道，大幅度提高组织人事人员的运行效率。面向员工推广员工自助系统并不断拓展服务功能，为员工提供信息查询、政策咨询、事务办理、学习成长等服务支持，增加员工参与感，提升用户体验，实现人企共赢。通过一系列建设，取得了多方面的成效。

一是聚焦目标效能，实现管理提质增效。该集团通过人力资源一体化平台的建设和应用，加速数据共享和信息交互，通过数据精准推送，实现数据应用的闭环管理，提高内部协同效率，避免相同信息多头重复填报，真正做到让基层减负。投入使用后，HR系统功能和信息集成率达到100%。以员工调动业务为例，系统上线前，管理人员需要大量时间准备调动人员资料，填写调动单、汇总表、需求单，共享端接单后需要手工操作导入HR系统。系统上线后，管理人员直接从系统中发起业务，自动生成调动单据、发起审批流程，信息直接集成到HR系统，极大地提高了业务处理的时效性。经统计，系统上线后信息维护平均可节省50%以上的时间。

二是聚焦数据质量，初步建立人力资源大数据仓库。完整、准确、及时的信息数据是业务管理和决策的重要支撑。该集团通过HRM平台逐步完善人力资源数据维护标准，规范数据从产生、发布、共享、使用的全生命周期管理流程，构筑人力资源大数据仓库，持续提升数据质量。同时开展人力资源信息系统数据治理和验收工作，各类信息的完整性、准确性得到极大提升。该集团利用HR系统检查工具向企业推送问题数据106.6万人次，已整改完成管理人员、专业技术人员、技能操作人员信息共104.2万人次，整改完成机构、岗位信息共7.9万个。

三是聚焦业务标准，提升管理精细化水平。通过人力资源业务平台的建设和应用，该集团固化业务流程、管理制度、标准及规范，目前已实行进京人才标准管控、成熟人才标准管控、人员流动规则管控等业务管控规则50多条。

四是聚焦决策支撑，推进智慧人事转型升级。人力资源数据决策分析运用数字化技术、信息化手段，根据业务关键诉求，为该集团提供数据建模与趋势预测等高阶分析，并基于数据趋势提出问题解决或优化建议，进一步承担数据分析洞察与大数据专家角色。通过人才地图和"一企一表"的组织人事移动应用让管理者可以更便捷地掌握集团实时信息，为管理决策提供强有力的数据支撑。

六 / 物资供应管理：全域集约规划，物资调度升级

物资供应管理决定着一切生产活动能否顺利开展，是影响企业运营效率的重要因素。随着社会经济的发展，消费者对产品质量、服务水平和供应稳定性的要求越来越高，企业物资供应面临着更为复杂的挑战，因此，持续改进物资供应流程，进行数字化建设，提高服务水平已成为每个生产企业需要解决的课题。

企业物资供应管理数字化建设针对物资管理过程中的数据共享、信息孤岛问题，打造一体化物资管理平台，通过物资管理中的物资需求计划管理、采购合同交货、生产制造与物资监造、供应商交货、物资供应全过程协同管控，实现物资管理业务系统集成和物资供应全流程贯通。基于物资供应全过程跟踪，助力数字化仓储建设，实现实物管理、仓储作业和移动在线办公。物资供应管理积极利用先进、科学的管理技术和方法，紧跟现代化发展的步伐，使用计算机进行智能化的管理，减少工作人员的工作量，提高管理的效率和质量。

为适应新的技术发展和竞争的需要，物资供应管理的数字化转型将聚焦优化物资供应管理模式，降低物资供应成本，向可视化、数字化的智能业务运营、供应链一体化、内外协同等方面发展。下一阶段，企业应持续完善物资供应管理数字化体系，提高物资管理专业化、信息化、规范化水平，彻底解决物资管理数据孤岛问题，创新更多物资管理场景，提升物资采购业务效率和工作质量，打造仓储库存全流程管理应用，实现物资供应管理与企业战略、生产运营的高度衔接，完成对上支撑企业高效运营、对下为基层员工减负的使命。

（一）物资供应：集成物资管理，实现经济保供

物资供应管理承担企业生产建设物资的采购供应任务，支撑从需求计划、采购计划、采购寻源、采购合同、供应商管理、过程控制、储备与库存管理、配送到采购结算等物资供应全过程管理，具有业务链条长、环节多、涉及面广、经营风险高、管理难度大等特点。产业链上下游的整合，以及人工智能、云计算、大数据、物联网等技术的蓬勃发展，为物资供应数字化转型带来了更多的机会。面对快速的技术突破和激烈的竞争环境，物资供应管理需适应新的技术发展和竞争的需要。在新形势下，企业急需通过构建和优化物资供应管理体系，打造物资一体化管控平台，支

撑企业强化防险控险能力，全面提升物资供应的效能和水平。

1. 企业物资供应管理进阶所面临的挑战

目前多数企业的物资采购仍然使用多系统模式，导致物资资源相对独立、缺少共享，需求波动较大时容易出现库存浪费或供给不足的现象，各企业重复建库，分散采购、配送、质检，不利于发挥规模优势，不仅增大了供应链成本，加大了保供压力，而且加重了实物资产管理的负担。同时，物资供应涉及场景多，采购需求复杂，变更频繁，容易产生库存积压；采购业务量大、业务流程长、物资品种繁多，而供应链各方协同不够，造成供应效率不高；库存周转量大，库房作业方式陈旧，导致工作效率难以提升。

物资采购计划是实施物资采购活动的主要依据，其影响涉及物资采购全过程，一经确定便不能随意变更，但在实际工作中物资采购计划的编制还存在随意性，部分物资采购人员过分追求品种全、数量足的储备保供观念，不考虑目前买方市场、社会资源充足、交通便利的现状。编制采购计划过大不仅浪费人力、财力，有时甚至还影响企业的生产经营活动。

目前企业主要采用招标、比价两种方式进行采购。最初，企业通过招标和比价的确大幅度降低了采购成本，积累了丰富的供应商资源，但随着企业自身的发展，仅仅依靠这两种方式执行的采购工作已经无法满足提升采购效率和效益的需要。招标和比价过多地关注短期收益与单笔采购的价格，对采购的综合成本考虑不足，导致虽然单笔采购价格看似较低，但物资后期的使用成本较高，致使采购总成本提高。综上，企业物资供应管理的进阶急需规范业务流程，加强业务监控，防范经营风险，节约采购成本，通过建设一体化智能物资供应平台，实现透明化管理。

2. 企业物资供应管理的数字化探索

物资供应管理工作的目标是以最小投入为企业换取最优质的物资供应服务。物资供应部门作为企业管理部门一个重要组成部分，在调节企业物资、实现企业资产生产和提高企业资产利用率等方面都发挥着巨大的作用。为更好地进行物资供应管理，企业需要打造集成共享的一体化智能物资供应平台，统一用户登录，统一业务处理，提升用户体验；加强内外部业务协同，优化系统集成，消除应用断点，提升物资供应链整体运行效率和仓储服务水平；实现跨系统跨部门数据共享，满足不同岗位物资业务全流程跟踪需求，防范业务风险，保证及时供应。一体化智能物资供应平台建设蓝图如图5-36所示。

一体化智能物资供应平台通过对物资供应业务全过程的在线管理，规范业务流程，加强业务协同和数据共享，借助大数据、物联网、智能AI、移动作业等新技术应用解决采购需求复杂、变更频繁、容易产生库存积压、库房作业效率低的问题，为集团业务发展、整体管控、供应链协同提供总体支撑，实现提高业务协同和数据共享，减少库存积压，防范经营风险，提高工作效率，保证及时稳定供应的目标。近年来，国内外企业纷纷建立智能物资供应平台，推动传统物资管理的数字化转型。例如，国家电网现代智慧物资供应链采取5E+1中心的构建方式，帮助供应链各方协同运作，提升物资管理质效和供应链服务能力，实现有序运作、智慧运营。与传统物资供应管理相比，现代智慧物资供应链集成电子商务平台、企业资源管理系统、装备智慧物联平台、电力物流服务平台、掌上应用、供应链运营中心，能够实现各类数据的接入、存储、治理以及实时动态感知，可及时发现异常情况并对资源进行统筹调配，结合人工智能实现业务分析、风险预判和业务评价。基于大数据技术，智慧供应链可实现对海量历史数据的自我学习，进行业务管理规则的优化。

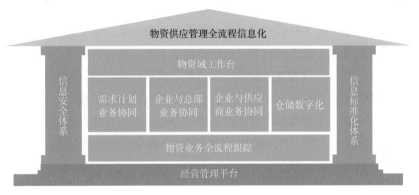

图 5-36 一体化智能物资供应平台建设蓝图

在传统物资供应管理的基础上，通过建设一体化智能物资供应平台，对信息流、物流、资金流进行控制，将供应商、制造商、物流商用户连成一个整体的功能网络结构模式，已成为企业推动物资管理数字化转型的重点方向。企业应充分应用大数据和人工智能技术，加强对物资需求和供给的分析预测准确度，根据物资供给和需求特性建立物资供应策略，对供应链中各个环节的价值增加程度进行分析，最大限度地降低成本，增加效益。具体举措包括：

按照采购金额、物资通用程度和可替换性、物资市场供应程度、物资缺货风险、物资流通数量等要素进行ABC物资类别和性质的划分，以此制订相适应的供应策略，合理使用框架协议、捆绑采购、招投标、库存储备、第三方物流、供应商库存等供应手段。

建立整合的物资需求计划和供给信息系统集成工具来实现需求计划、供给计划和运输计划的集成，保证全面整合的物资需求与供给的平衡。

通过持续回顾各供应点的供应能力和供应效果，动态优化现有的供应网络。对物资近期耗用情况建立阶段性和周期性的规律归总，并以此建立需求预测模型，并对模型进行统计追踪及调整优化。组织内对需求计划达成一致认识，相关部门和战略供应商能及时在线获得需求计划信息。

根据物资的现有库存、需求趋势和所设定的补货参数执行补货流程。各单位根据企业内当前的供需波动设置某类物资的存货额度，基于当前服务对象要求和预测精确度设置安全库存，根据当前供应商供货情况和生产订单设置供应商库存目标。

签订长期框架性供货协议降低供货风险。在线获知供应商近期生产能力和生产计划，掌握物资生产进度。使供应提前期、供应批量、财务影响、需求项目优先性、关键路径、替代路径等限制因素在整个企业获得一致认识，并将其集中纳入整体的需求和供应的计划平衡过程中。

企业运营何等艰难。不转型，企业很难发展下去，可谈及转型很多企业却不知道应该从何处入手。数字化时代，企业与物资供应商互联互通、休戚与共，因此对他们的依赖也更强。企业之间就是供应链的竞争，物资供应管理转型的使命更加艰巨，对高成本、高库存、重资产的供应链管理痼疾的解决思路，不应是一味地竖向集成，而应借助市场获取资源，提高物资供应商和供应链的管理能力，从客户需求预测和研发这个源头来找答案。从本质上说，企业要应用智能商业的思路来重新审视自身的业务和流程，并进行全面的改造与创新。数字化时代，企业必须看清形势，把握机遇，找到适合的新型商业模式，打造新型能力，才能突破困局。

（二）仓储管理：智能立体仓储，自动高效便捷

仓储管理是对仓库和仓库中储存的物资进行管理。过去，仓库被看成一个无附加价值的成本中心，由人工进行现场管理、肩挑人扛，手工清点记录。随着物联网、自动化技术不断发展，现代的仓库已成为企业的物流中心，作为连接供应方和需求方的桥梁，被视作企业成功经营的关键因素。因此，提升仓储物流水平，降低仓储物流成本已成为企业提质、增效和降本的焦点。当前，物联网技术在仓储物流领域的应用逐步深入，机器人等自动化搬运技术不断加强，库内自动化程度不断提高，基于数据驱动的智能分析及预测预警不断为管理决策提供指导和支撑，企业仓储正由传统人工现场管理、机械管理逐步向电子化、信息化方向过渡。

1.企业仓储管理的诉求与挑战

企业的物资种类众多，常用物资种类一般会在千种到万种以上，物资的形态各异，大到几十米的设备，小到几公分的螺栓垫片，涉及的验收方式、清点方式、上架方式、保管方式各不相同，再加上物流仓储管理动态化、交叉性、不确定性等特

点，传统的管理手段是大部分依靠人工经验管理，无论是现场操作的工作量，还是管理工作量都极其繁重，给企业物流仓储管理带来很大的困扰，致使管理成本居高不下，管理质量很难达到预期要求。目前，很多企业仓储物流管理人员的年龄结构偏大、水平层次偏低，随着时间推移，人员的自然减员严重且得不到有效补充，同时，企业人工工资上涨，用工成本也不断增加。

对于企业尤其是大型集团，物资供应从需求提出到最终满足，流程方面涉及需求计划提报、供应商发货、物流、到货、质检验收、上架、库存、提货、领用配送等诸多环节，管理方面涉及生产、销售、采购、仓储、物流、检验等多个企业部门，外部生态方面涉及供应商、质检机构、物流商、客户、施工单位等多个主体，导致产业链上下游之间物流信息难以协同流转，物流数据分散在不同的信息系统，极大影响了物资仓储物流整体的流转效率。同时，由于缺少移动设备，保管员日常收货、发货或盘点作业时，不能及时录入业务数据，需要经常往返办公室和仓库之间。需求部门领用材料也会出现抢料的情况，以致部分需求部门需要多次往返仓库才能领到材料，影响工作效率。

目前，很多企业在仓储物流领域的手段和设施比较传统，即使已经建设了ERP系统，也仅做到了对需求、订单、入出库记账几个关键节点进行管理，并且在几个关键节点之间，尤其是供应链上下游企业协同、企业内部协同还是主要依靠纸质单据进行传递和流转，尚未建立科学有效的数字化管理体系。由于缺少数字工具的应用，企业仓储物流数据不能实现全面统一采集，不仅造成大量人力物力成本的浪费，在数据交换及核对统计层面，也导致了很多高值物流数据的流失和浪费。

2.打造多元立体的数字仓储服务

随着企业规模的日益扩大，传统仓储管理逐渐暴露出流程复杂、工作衔接不畅、效率低下、沟通成本高等问题。在数字化转型的大趋势下，仓储管理迎来智能化变革。如何有效保障物资供应，加强企业内外部对物资仓储管理的协同能力，提升物资供应效率，提升企业精益化管理水平，创造更大的价值，是所有企业面临的课题。针对这一情况，数字化仓储管理系统应运而生。

数字化仓储管理系统采用云架构设计，依托云平台服务构建组件和应用，使用微服务技术架构将业务模块组件化，业务核心标准化。企业可构建数字化仓储管理系统打通仓储上下游，实现跨企业、跨部门、跨岗位的在线协同，打通企业内外物资管理的壁垒，有效提升运营效率。数字化仓储系统旨在为企业业务发展、整体管控、仓储物流供应链协同提供总体支撑，通过信息技术的创新应用，整合企业组织、岗位和环节，建立统一的物流仓储管控体系，为各类行业、各企业提供便捷的物流仓储平台，推动企业物流仓储业务自动化、生态化、智能化。数字化仓储系统服务能力如图5-37所示。

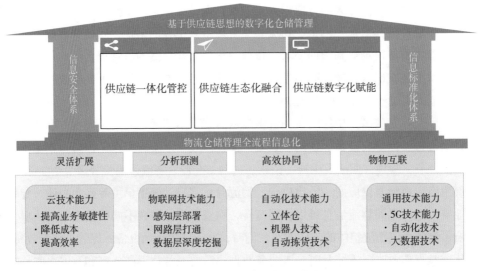

图 5-37 数字化仓储系统服务能力

在构建数字化仓储管理系统的过程中，企业可将条形码、射频识别（Radio Frequency Identification，简称RFID）等数字化、自动化和信息化科学技术应用到物资供应仓储管理业务场景中，整合物资流转各个环节业务流程，实现企业内外协同，提高仓储管理效率，改善服务质量，提升管理水平，具体可包含以下典型应用场景。

▶供应商协同

系统助力企业将管理范围从内部延伸至供应商，供应商在同一平台与企业物资供应部门协同作业，共享物资信息及交货信息，统一规范入库管理。供应商协同机制如图5-38所示。

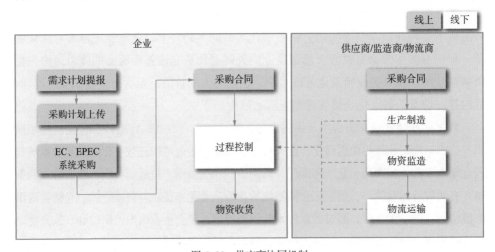

图 5-38 供应商协同机制

供应商交货后，系统线上共享交货单，企业物资供应部门快速在线登记到货信息、在线反馈到货质检信息；应用物联网技术在仓库现场实现扫码上下架作业；实物收货后自动触发ERP入库过账等业务，促进账实一致。供应商交付流程如图5-39所示。

图 5-39 供应商交付流程

▶物资库存、需求领用数字化管理

企业依托条码和电子标签形成数字化载体，实现对货位标签、物资标签电子化管理，支持对物资上下架，货位调整、转储、盘点、冻结、报废等业务处理，便于数据快速采集、识别和追溯。同时，系统将总包方、施工方与业主方使用的物资编码统一，实现三方需求计划的数字化管理，提高工作效率与需求计划准确性，并为后续采购、领料和项目数字化交付提供便利，支持物资使用部门进行领料申请提报与审批、紧急领料申请及后续处理流程。需求计划数字化管理机制如图5-40所示。

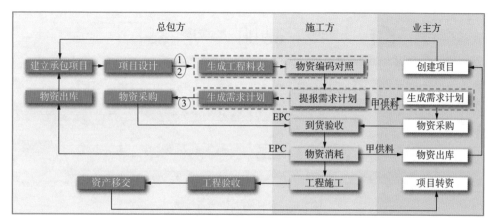

图 5-40 需求计划数字化管理机制

当前，数字化仓储管理系统已在多家大型企业应用，帮助企业实现物资标识、仓库货位、流转单据、物流信息、人员信息的标准化，使得仓储整体作业更加规范。

3.案例：数字化建设提升仓储管理的普惠性和韧性

某特大型国有能源集团统筹建设数字化仓储管理系统，实施项目周期8个月，实施范围涉及25个设施、2个天然气终端、7个基地仓库、14个钻井项目与各海上作业区办公室及采办中心职能部门，覆盖业务包含需求、采办、合同、订单、库存、领用。该集团综合应用互联网与物联网技术，结合RFID通道门、电子大屏等设备设施，实现物资自动出入库、快速识别与定位，提升了仓储管理准确性和现场作业效率。仓储出入库信息管理如图5-41所示。

图 5-41　仓储出入库信息管理

同时，该集团依托数字化仓储管理系统，全流程智能处理"物资到货—在库管理—船运/物流—领用消耗"的线上操作，全面打通仓储环节和船运物流环节，实现仓储配送的集约管理，降低信息流通时间，保证仓配作业效率。仓储和物流全业务流程如图5-42所示。

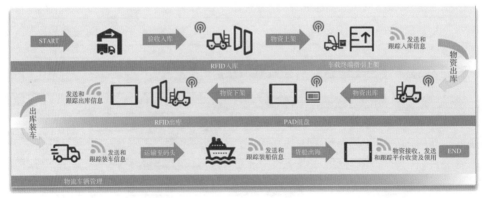

图 5-42　仓储和物流全业务流程

该集团通过仓储数字化建设及应用，经实际运行检验，供应商交货效率、质检效率、收发货效率、领料及配送效率平均提高30%。同时，通过实物链条整体不断优化，库存周转率平均提高10%~15%。按照库存平均水平3亿元计算，在总出库量不变的前提下，库存成本平均下降3000万~4500万元，再加上人员减少、无纸化高效办公带来的经济效益，中大型企业仓储数字化平均每年带来的直接效益在300万~500万元之间。

数字化仓储管理系统的建设并非一蹴而就，该集团系统梳理全链条协同关系，构建数字化仓储组建群，充分应用数字技术，提升物资仓储物流管理的普惠性和韧性，服务物资供给侧结构性改革，并取得以下建设成效。

▶基于仓储数字化，实现全链条协同管理与数据共享

该集团打造数字化仓储管理系统时注重全链条协同关系。集团实现采购订单签订后，采购商可通过电商平台通知供应商交货或供应商主动发起交货。供应商创建发货单并上传电子资料，实现货物资料的电子交付，生成带二维码的发货单并发货。采购商收到货物和发货单后，扫描发货单二维码，就能自动将交货的品种、数量读取到仓储数字化平台中，清单完成后进行到货登记。同时，数字化仓储管理系统与ERP系统无缝衔接，实现自动化记账。基于以上机制，该集团通过仓储数字化功能，实现供应商交货、仓库收货、ERP过账等数据共享，提高与供应商交货协同的工作效率和仓储到货入库的工作效率。数字化仓储全链条协同如图5-43所示。

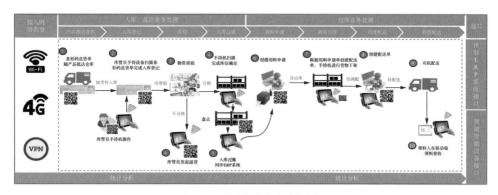

图5-43　数字化仓储全链条协同

▶构建数字化仓储组件群，实现企业内部多方协同

数字化仓储组件群包括到货登记、入库补单、出库登记中心、出库补单、领料配送协同、质检协同等，需要该集团内部多方协同。物资到货通知需求提报人员后，需求提报人员线上依据需求计划创建领料申请单，自动生成配送申请。配送人员按

配送申请中各需求单位需要的物资品种和时间提前联系保管员拣货下架，并通知车辆调度员安排配送车辆。物资装车送到现场前，系统可提前通知需求单位做好接收准备。需求单位接收物资后可以直接在移动设备上签收。通过领料配送协同和移动设备，需求单位、配送人员、保管员、车辆调度员能高效地完成物资领用配送签收的线上协同工作，提高工作效率。

▶ 融合应用新技术驱动仓储管理数字化转型

数字化仓储系统已融合物联网、大数据、机器人等多种先进的数字化技术，帮助该集团完成对以往复杂仓储物流业务流程的重塑，提高线上线下服务效率，通过对仓储物流数据的综合分析，支撑企业管理决策。其中，采用物联网技术可实现物资流转过程的全面感知，提高信息采集和作业质量；采用机器人技术可完成物资的自动搬运、自动上下架、自动装车，逐步实现少人化和无人化管理；运用大数据技术可对数据深度挖掘，搭建需求预测模型，实现合理、科学的定额管理，不断优化库存结构，降低库存成本。

七 / 综合协同：高效敏捷协作，功能随需而变

综合协同管理利用计算机和网络向多人提供服务，满足企业员工远程办公、实时协作和高效管理的需求，实现及时沟通、数据共享、移动办公等。随着技术的进步，企业协同办公通过跨部门组织变革和流程再造，已经成为数字化建设过程中的重要内容。目前，企业内部综合协同数字化建设场景正在不断丰富和细分，综合协同管理已经从最初的办公自动化软件（OA）拓展到各种跨部门业务，如办公、办文、办会、党建、商旅、后勤等协同场景。综合协同管理数字化转型不只是单一部门的信息系统建设，更是企业经营理念和运营模式的创新。

随着业务持续发展、技术不断创新，按照国家数字化转型及国产化要求，综合协同管理未来发展趋势将以全局管控视角，致力于构建一个协同高效的工作环境，与企业具体业务场景相融合，统筹整合业务数据资源。这意味着综合协同管理平台将不局限于企业的通用需求，而是更多地满足企业个性化、定制化需求，专业服务对于移动办公协同的重要性将会越来越高，综合协同管理一站式平台服务属性将越来越强。例如，华为于2017年1月1日发布华为全联接平台WeLink。相对于原有的办公模式，WeLink实现各种办公应用之间的融合，通过建立与团队、知识、业务、办公装备的联接，打破内外协同边界，构筑简单、安全、高效的极致办公体验。支撑线上线下精兵作战和跨企业团队协同合作，率先在内部面向员工提供ROADS（Real-time、On-demand、All-online、DIY、Social）办公体验。

当前，综合协同平台化、生态化模式正快速发展，企业对综合协同管理的需求正不断叠加，按照基础需求、发展需求和特定需求的层级递进。综合协同管理的演进路径遵循从高频到低频、从通用到特殊、从单品到平台的发展脉络。最基础的需求是将人与人、人与工作整合起来，如即时通信、党建管理、商旅管理等基础功能。在有了地基后开始建设产品生态，整合更多的第三方应用强化体系的服务能力。个性化需求是结合企业自身发展规划从体验出发，解放人力，该类需求在不同行业存在较大差别，对软件的部署形式也有不同的倾向。构建一体化综合协同应用，需从企业组织架构出发，由基础需求不断向上进阶，统一工作平台和操作体验，建设集成共享的协同应用服务，才能实现对综合协同类业务进行统一管控，实现支撑平台内外多业务线条拉通集成。基础需求建设的重要性可见一斑，本书将具体介绍基础需求中的综合办公和协作平台两部分。综合协同数字化需求构建如图5-44所示。

图 5-44　综合协同数字化需求构建

（一）综合办公：搭建应用积木，打通办公经脉

综合办公数字化发展进程可以划分为三个阶段，即以流程引擎为基础，逐步梳理企业管理流程，实现流程审批电子化，打造业务流程管理（Business Process Management，简称BPM）端到端，搭建移动端和PC端的统一门户；在此阶段上逐步打破企业的信息孤岛，搭建统一的办公平台，集成文档管理、企业管理等拓展应用；引入大数据分析模型，完成商业智能的基础架构，最终实现公司其他业务系统和管理系统的互联互通。

发展进程的第二、三阶段是转型过程中提高效率、助力发展的利器，企业通过应用集成、业务流集成、统一待办、日程管理、会议管理、通讯录管理、车辆管理、接待管理等应用呈现业务融合和办公数据处理的成果，作为企业综合办公数字化转型的重要载体。各企业通过搭建统一的综合办公平台，为员工带来了更好的办公体验，有效提升了办公流程运作效率，增强了企业管理的规范性，为企业打破信息孤岛，实现企业内部，甚至跨企业联动资源共享提供了强大助力。

1. 业务多样化、办公复杂化推动综合协同办公的发展

当传统企业发展壮大到一定规模，业务联络、信息数据对接、人员协同办公的需求也越来越紧迫，企业内部对各个部门行为和业务数据记录等安全性和及时性要求也越来越高，办公业务痛点也会逐步凸显。办公服务于领导，服务于全体机关人员，既要兼顾大局，更要服务细节，工作人员往往忙于应对，单凭人工处理往往会造成相应不及时的情况。很多工作消息需要人为主动查找，由于业务系统多，员工需要分别登录不同业务系统进行操作，流程和业务数据均无法整合，造成信息同步难、反馈不及时、工作效率低等问题。

企业越发展业务越多样化，办公工作复杂化程度越来越高，流程需求也越发迫切。办公类工作并不是仅依靠办公室的人员就能完成，这项工作往往还需要与其他部门的紧密协调和配合。工作过程中如果没能做好沟通协调工作，信息得不到及时的传达，需要办理的事项没有及时办妥，就会影响工作质量。随着互联网和社交媒体的发展，沟通渠道也越来越多元，如何最大限度地整合各个渠道的用户信息并进行收集分析，是企业做好用户服务联络的关键。

2. 搭建多层次、多维度、多场景的综合办公平台

业务及组织变革带来发展的诸多难题，企业亟须建立一站式的综合办公平台满足多层次和多维度的业务应用。以高度标准化为基础构建的综合办公管理平台可以为企业提供差异化、场景化的高效服务，让各类事务工作有登记、有报告、有落实、有反馈，做到各司其职、有效配合、精准优质。综合办公平台架构如图5-45所示。

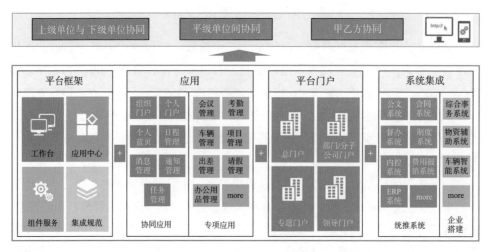

图5-45 综合办公平台架构

综合办公平台可将分散的企业业务集中到统一平台，使各级员工能随时随地按需访问公司内部的关键数据和业务处理节点，全面构建起一个融合大科研、大生产、大工程三大业务领域于一体的岗位工作台。门户工作台按照业务要求或使用者习惯构建岗位用户常用的业务场景及业务视图，涵盖会议管理、日程管理、车辆管理、接待管理、通讯录管理、IT管理、考勤管理、项目管理等模块，深度整合岗位相关的应用功能，灵活定制岗位用户经常查阅的栏目合集，员工可根据自身使用习惯，自定义添加常用的场景及应用。

企业应按照"厚平台、薄应用"设计模式构建综合办公平台，以支持协同工作，提升办公效率。在整体建设过程中应注意融合新一代数字技术，以便更积极地应对企业组织架构及业务发展变革的需要。

▶**通过移动化技术助力综合协同办公业务向多终端一体化发展**

结合现代移动通信技术，企业应将其融入综合办公业务，通过掌上终端（手机、PDA等）、服务器、个人计算机等多平台的信息交互沟通，实现管理、业务及服务的移动化、信息化、电子化、网络化和智能化等，面向岗位或员工提供高效优质、规范透明、实时可得、电子互动的全方位管理与服务。

▶**通过微服务技术助力综合协同办公业务向平台化发展**

以微服务组件的服务模式，突出综合办公业务平台的统一建设、应用和集成，企业利用一体化微服务框架实施标准落地、集中应用、统一管理、可视化监控，有效提升综合办公业务流程整合能力、应用开发部署效率，实现跨业务、跨流程、跨部门间的业务协同和数据资源共享，为最终用户提供业务需求的及时响应、业务办理的统一管控、业务数据的统一管理，实现信息化应用的统一支撑。

▶**通过大数据、人工智能技术助力综合办公业务向数字化、智能化发展**

以大数据、人工智能等技术为核心，结合企业综合办公业务的特点，打造全新办公模式。在办公区内，通过人、物、事之间的泛在连接和协同，与移动终端对接，随身服务，打破异地化的紧箍咒，不受时间、空间的限制，让数据流和业务流跑起来，让员工聚焦高价值工作，充分发挥员工的创造力，让办公的价值边界得以快速外延，实现整体价值的跃迁

3.案例：抓住综合办公关键，业务变自生变

某能源专业化公司主营能源工程建设、营运和销售业务，为实现公司业务高质量跨越式发展，结合新技术发展和产业变革趋势，落实公司信息化发展规划的有关要求，该公司综合协同办公云平台建设充分应用新一代信息技术，按照"数据+平台+应用"模式统筹推进。

该项目覆盖合同管理、法务管理、风险管理、制度管理、审计管理、纪检管理、

股权管理、党建管理等业务，为实现各项应用和服务间的耦合，以及后续的可更替，可演进，保障公司各部门可以实现系统的分级、分权、分域管理，在平台建设时提出构建集成综合协同办公云平台、保障移动终端应用高效的建设目标。

按照公司整体规划要求、结合业务特点、遵循建设目标，该公司在建设协同、高效及智能化的综合办公云平台基础上，统一办公入口，逐步将公司管理云、生产云等各业务领域应用、数据资源及办公资源进行整合联动，最终建成一个协同高效智慧的工作环境，支持公司业务管理创新、高效办公。云平台已覆盖机关职能部门15个、直属单位8个、合资单位11个、项目部4个，建成13个以上专项应用，集成40个以上第三方系统，已推广到37家下属单位，用户超过1500人，有效支撑了日常办公、业务管理、专业服务等方面的工作需求，并获得一定的建设成效。

一是搭建综合协同办公云平台，应用信息化手段强化公司制度管理。根据该公司信息化相关制度、规范、标准，项目通过线上流程强化制度，规范标准，健全了信息化管理体系，确保了工作有据可依，有章可循。综合协同办公云平台建设是对管理模式的创新和变革，通过将一些传统业务转为线上，将原有模糊不透明的信息快速准确地呈现给领导层，从而使数据更准确，决策更客观。该公司通过平台迅速提高管理水平，促进管理现代化，协助转换经营机制，辅助建立现代企业制度，有效降低成本，加快技术进步，增强市场竞争力，提高经济效益。

二是提供一站式服务，推动业务人员从事务型向管理型转变。该项目通过相关部门的积极配合，加快综合一体化平台建设与应用的步伐，推动了信息平台及时上线应用，促进了业务与办公协同管控、规范运行，初步实现了零时差、零距离管理和一站式、标准化服务，解决了集中管控与远程服务的问题，推动了业务人员从事务型角色向管理型角色转变，实现从粗放管理向精益管理转变。

（二）党建平台：智慧赋能党建，点燃红色引擎

党建信息化发展于21世纪起步，2002年，党和政府机关率先实施以办公自动化建设为目标的"海内工程"，可视为党委工作系统信息化建设的开端。这一阶段主要是党委部门开始进行电子党务的初步尝试，兴起党建网站建设。党的十七大将信息化作为与工业化、城镇化、市场化、国际化并举的重大任务提出，这标志着信息化运用从经济社会领域向政治文化领域包括党的建设领域扩展，关于党建信息化的认识和运用也提升到了一个新高度。党的十九大报告提出"善于运用互联网技术和信息化手段开展工作"为党建信息化工作指明了前进方向，提供了根本遵循。

1.企业党建管理的发展趋势与困境

党建信息化正逐渐从"管理+服务"向网上党建转变，从单纯的业务管理、党

员教育，逐步过渡为集资源共享、管理服务于一体的综合应用平台，未来趋势是形成"一云多端"，面向全体党员、统战成员、工会会员、团员青年、广大群众的网上党建系统。当前，党建信息化建设普遍存在企地双重管理的现象，引发整体性、协调性较弱的问题，各单位封闭开发、独立运行、独立投资，这将导致设计标准不统一、数据质量不高、更新不同步，无法实现数据信息共享，造成"信息孤岛"的后果。各级党群组织亟须结合中央部门相关制度文件，对标全国党员信息系统，运用信息化手段，建设党群数据质量管控体系，加强党群数据质量管理，使党群组织、人员信息更加完整准确，为各级党群组织科学决策提供数据支撑。同时，通过完成与全国党员信息系统、国资委中央企业党建信息化系统的数据对接，企业可避免层层部署、逐级上报、反复修改提报等烦琐流程，减轻基层工作负担。

基层党建存在工作标准不统一、不同行业之间发展不平衡、基层机构精简、人员短缺、兼职多、业务素质参差不齐、党员流动性大、管理服务难等问题，党支部标准化、规范化建设亟待加强。各级党群组织迫切希望通过信息化手段，以党群相关制度文件为基础，对基层通用性业务进行标准化流程设计，制作规范统一的任务清单、资料模板，为基层党务工作提供业务规范、服务精细的专业指导和权威准确的数据分析服务。

基层党组织普遍存在学习教育资源短缺，基层获取不便捷的问题，基层开展党课教育准备时间长、工作量大，结合基层实际的优质教育资源更是严重不足，亟须通过信息化手段，打破时间与空间限制，为各级党务工作者、党员、工会会员、团员青年提供统一入口的网上学习教育阵地，形成资源集中共享、教育随时随地的新模式，引导全体党员、统战成员、工会会员和团员青年进行自主学习、自我提升。

2.建设常态化学习、精准化追踪的党建信息化平台

数字经济时代，建立党建工作信息化的平台可以扩大党建工作的覆盖面和影响力，各级组织部门通过党建门户建立具备多种实用功能的网站。在党建工作信息化背景下，各级门户不再是简单的宣传工具，更是有效的学习平台，党员可以进入党建网站，在线学习党建知识，用线上党建平台支持线下党建工作，用线上党建教育促进线下党建学习。利用信息化手段，更有效地进行党员管理和党建知识管理。同时，信息化系统可以实现统一的党建知识管理，依托党建知识库，实时对党建工作过程进行跟踪管理，进一步强化党建工作的监督与考核。

党建信息化平台给各级党组织开展党建工作提供了有力支撑，为广大党员拓展了线上的活动阵地，给广大党务工作者配备了得力助手。企业建设党建信息化平台需秉持务实、创新、融合理念，坚持"互联网+党建"思维，采用"数据+平台+应用"的设计模式，在充分利用已有资源的前提下，依照安全性、稳定性、易用性、

可扩展性等原则进行方案设计,可在智能统计、智能会务、智能推送、积分商场等场景下进行应用。

在智能统计场景下,企业可依托党建信息化平台集成智能报表服务,构建多维数据逻辑视图、维护主数据、数据层次关系和指标计算逻辑,完成"语义基础"和"语义元素"的配置,并以此为基础,结合党建业务需求,构建智能报表"语义模型",为报表展示、自助分析和图形展示沉淀数据基础。党群智能统计如图5-46所示。

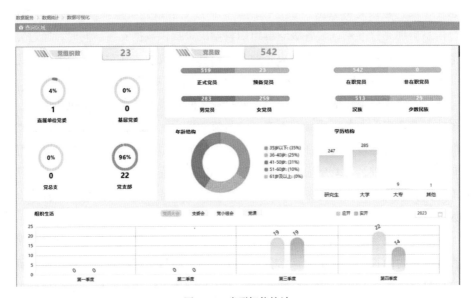

图 5-46　党群智能统计

在智能会务场景下,企业通过平台的会务系统为党群会议提供线上服务,包括会前线上会议预约及通知发送,会中参会人员权限控制及到会人员自动统计,会后自动生成会议记录等便捷功能,实现党群会议的线上全流程自动化管理。

在智能推送场景下,企业可自建大数据模型,依据平台使用者的学习记录、党内任职、栏目订阅等信息,结合智能分析结果,为各群体用户推送相关的党内教育资源及资讯信息。同时,依据平台用户的整体应用情况,分析热点栏目和热点资讯,准确把握用户群体的学习需求,有针对性地进行平台栏目设计及资讯投放,更好地为用户提供优质学习教育资源。智能推送应用场景如图5-47所示。

在积分商城场景下,党员用户可通过商城获取实实在在的商品折扣,有效提高党员学习的积极性。电商平台通过积分引流,可成功促销助农产品,充分发挥党建引领作用。

党建信息化平台注重将党建传统优势与现代信息技术手段有机融合起来,有效促进党建运行一体化,为促进党建信息化平台建设的顺利开展,企业应重视党建工作规范化建设，党员教育常态化开展、党建资源集约化使用，充分发挥党建信息化平台的支撑作用。

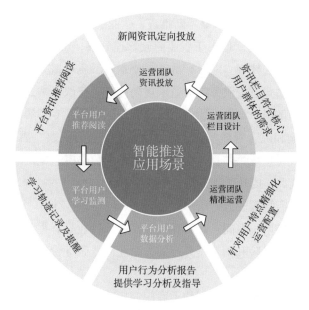

图 5-47　智能推送应用场景

▶加强党建工作规范化建设

企业应使用信息化手段加强平台数据质量管控，保障党组织党员信息更加完整准确，为各级党组织科学决策提供有效的数据支撑。依托平台班组党员覆盖管理、换届选举提醒等各项基础业务功能，加强线上督促指导，促进班组党员力量覆盖率实现100%，推动落实党支部工作条例、基层组织选举工作条例。

▶推动党员教育常态化开展

通过丰富拓展移动APP"富学习"功能，企业可依托党建信息化平台为党组织服务党员学习教育提供便捷渠道，形成资源集中共享、教育随时随地的新模式，促进学习方式便捷化，通过积分管理，将党员线上学习、组织生活等纳入积分范畴，使党员教育抓在日常、严在经常，解决党员教育"不经常""一般粗"的问题。

▶促进党建资源集约化使用

通过对标全国党员管理信息系统和中央企业党建信息化系统，企业可建设统一管理、权威规范的组织、人员信息库，依据上级管理需求，提取各项数据及统计报表。资源集约化使用可进一步支持线上缴纳党费等功能，既满足了广大党员非现场交纳党费的迫切需要，又大幅减轻了党务工作者收缴党费的工作量，还有利于规避资金和廉洁风险。

（三）商旅平台：一站式全流程，推动共享经济

随着商务旅行支出的增长、企业管理需求的增加，中国企业商旅管理行业进入加速发展期。随着"走出去"战略不断推进，企业的业务往来已经拓展到世界各地，商旅更加频繁、费用较高。但由于企业商旅管理分散，难以取得大幅度优惠政策，大型企业规模优势无法体现。同时，员工需要拿着纸质单据去财务报销，过程烦琐且易出错，缺少一站式管理服务。为追求规模优势、获取一站式服务，企业积极搭建独立的商旅管理部门、设立专职的商旅监管团队、开发专属的商旅平台，对商旅服务进行集中采购和综合管理。企业通过商旅平台整合机票、酒店等供应商资源，并通过平台预订代付、统一结算，实现员工出差的免垫资、免发票、免报销，整体议价降低了采购成本，提升了商旅管理和服务效率。

1. 企业商旅服务管理的业务难点

企业商旅巨大的增长空间意味着在我国发展该行业具有重要的战略意义和社会价值。然而，机遇、风险和困难是并存的，企业商旅服务管理在业务发展方面还存在诸多难点。

首先，合规管控不到位严重制约了商旅的规范化发展。企业供应商分散，整合难度大，无法实现统一采购的规模效应，导致工作效率低、沟通成本高、商旅制度不健全、执行不到位且缺乏有效监管。其次，企业商旅采购不集中也是一大问题。机票、酒店、火车票、用车等产品服务无法得到一站式购买、一体化服务，导致预订分散、费用不可控。并且，企业商旅的分散预订无法利用集中采购优势，使得企业大客户协议难以落地，进而导致采购成本增高，造成商旅费用浪费。最后，报销流程烦琐极大地影响了员工的使用体验。企业员工流转于各预订平台，通常要耗费较多的时间进行商旅预订。多渠道分散预订既不够便捷，又耗时伤神，管理者和财务人员在不同平台切换完成审批，数据无法打通，造成管理效率低，增加公司人力成本。

2. 拓展传统业务边界，打造运服一体的自运营模式

企业商旅管理面临种种业务难题，亟须系统化工具建立全流程化、全服务化、全智能化、全数据化的全流程一站式服务模式。当前，多数中国企业客户计划使用商旅平台进行规范化管理，平台提供一体化商旅应用服务包含用户层的便捷化服务，实现出行免垫资、报销免贴票；企业管理层的精益化管理，实现商旅管控更精益、商旅数据更透明、风险防控更有效；商旅运营层的数据化运营，实现运营管理线上化和实时化，运营策略更灵活，生产执行更高效；资源管理层的标准化接入，实现多渠道快速接入商旅资源，根据企业管理制定标准化服务。商旅服务平台支持多渠道资源接入与整合管理，提供标准化资源服务，支撑商旅产品的多元化，实现可灵

活配置的策略管理模块，帮助企业加强对商旅运营策略的整体管控能力，打造符合企业商旅规范的产品服务与一体化全流程的业务场景。

员工可通过商旅产品的预订系统（包含PC和APP应用），进行快捷的预订。系统深度融合企业费控机制，完成商旅业务流程重组（Business Process Reengineering，简称BPR）。员工可在同一系统内完成申请、预订、报销的全部流程。员工应用层主要场景如图5-48所示。

图5-48　员工应用层主要场景

运营人员可通过系统管理资源接入、运营政策、业务流程、报销逾期、对账结算、数据分析、票据分拣与归档等，提升商旅管理整体效率。例如，在票据分拣归档、对账结算方面，运营人员可依托机票打印机系统配置，实现机票和火车票线上分拣、归档、入库与智能化分析查询。在"统买统卖"模式下，通过商旅平台对外统一与供应商按账期对账，对内与上线企业先报销后对账，提高整体效率。运营管理层对账结算应用如图5-49所示。

图5-49　运营管理层主要应用—对账结算

企业通过商旅平台开发员工商旅应用、企业商旅管理、商旅运营管理，面向集团、企业和员工提供运营策略管理、商旅资源管理、商旅标准管理、产品预订管理、服务管理、数据管理，在拓展基于传统业务延伸服务、增值服务的同时，通过标准业务流程及管理规范、丰富产品、提升效率、降低成本、提高质量、获取增量发展空间，提升公司经济效益。为充分发挥商旅平台的经济、管理效益，企业应从以下四大维度加强规划建设。商旅平台解决方案总体蓝图如图5-50所示。

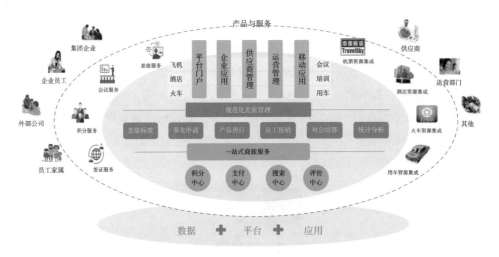

图 5-50 商旅平台解决方案总体蓝图

一是加强一站式全流程商旅服务管理，推动商旅规范化建设。企业可通过建立统一规范的商旅管理标准和业务流程，推动业务规范化、流程标准化、应用自动化，实现员工出差申请到结算的一体化管理。企业应在内部打造运营数据中台，结算生命周期管理，对商旅事前申请、事中管控、事后分析进行全程在线管控，使商旅管理更加透明、合规，有效防范商旅业务风险，推动商旅管理更加规范标准，员工商旅行为更加高效可控。商旅全流程闭环管理如图 5-51 所示。

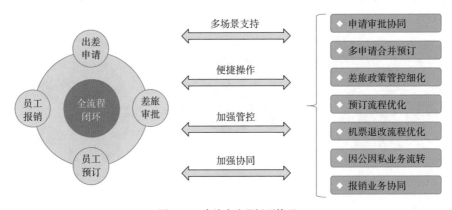

图 5-51 商旅全流程闭环管理

二是构建集团商旅供应链体系，发挥规模优势，促进企业商旅降本增效。商旅服务平台可创新企业商旅供应链体系，实现商旅资源统一集中管理。企业应充分发挥平台集采优势，接入优质服务商产品资源，完成国内、国际各类产品线的资源扩展与整合优化。通过规模化采购、专业化运营，商旅服务平台助力企业整合系统内外部资源，有效发挥规模优势，直接降低商旅采购成本。以某大型能源化工集团为例，自商旅平台上线以来，累计节约商旅费用1.69亿元，节省率达17%，提升了集团的经济效益。

三是打造运服一体自运营模式，全面提升用户体验。企业可运用商旅服务平台以自营模式完成商旅核心交通与住宿产品的运营和服务；以店铺模式快速接入新渠道新产品，完成产品快速对接和平台级的统一销售与服务管理。运服一体自运营模式可互通因公因私协议政策，拓展现有因私业务范围，让更多国内、国际折扣惠及员工及家属的因私出行；可衔接众多内部系统，携手财务共享全面实现商旅申请—预订—报销对公结算的自动化管理，助力实现员工出差免垫资、免发票、免报销，提升服务水平与用户体验。

四是提升数据分析和业务咨询智能化，助力商旅模式升级。商旅服务平台采用工业互联网平台以及大数据、人工智能等新一代信息技术，覆盖企业商旅标准管理、服务商管理、商旅资源管理、企业对账结算管理等业务环节。企业利用商旅服务平台结合大数据技术深度挖掘和洞察商旅数据，为企业商旅管理与决策提供数据支撑。通过AI技术实现智能商旅服务，基于数据服务平台搭建商旅数据分析体系，利用可视化工具实现商旅运营端和企业端数据分析看板展示，支撑商旅运营的精细化管控。大数据和人工智能技术的应用为平台数字化和集约化管理提供了基础，将员工从报销事务中解放出来，提高工作效率，大幅减少财务部门人工审核工作量，大幅提高财务处理时效和准确率，避免了管理人员重复审批，提高了出行和报销效率。在线智能平台的运用进一步助力商旅模式的升级，通过业务处理节点优化整合以及无纸化报销，商旅服务平台可为全集团节省用纸、墨盒等材料使用，促进绿色低碳环保。

八 / 数据分析服务：数据汇聚治理，驱动智能决策

数字经济新时代，数据成为企业发展的关键生产要素，随着数据在各个领域的深度应用，诸多问题不断显现。为应对能源化工销售整体放缓的趋势，实现企业级客户资源共享，及时掌握外部市场和行业信息，企业亟须寻找新的业务增长点，发现新客户和新需求，优化产品差别化营销策略，满足客户差异化和多样性的需求。

未来二十年是以数据资产为核心的数据经济时代，这不仅需要企业对现有基础设施和软硬件工具进行数字化升级，更要对整个企业架构、业务流程、运营方式和商业模式进行深刻变革，站在集团和企业的视角进行全价值链分析，尽快实现财务会计向管理会计转型、资产管理向资本运营转型、财务管理向价值引领转型、决策执行向决策支撑转型。例如，雪佛龙利用数据驱动的分析方法，开发了炼油厂线性

规划优化系统PETRO，通过结合经营管理和生产营运数据，进行需求预测，并对生产计划、采购计划和物流计划进行优化，实现了生产计划方案的优化。

为应对油品销售市场竞争激烈的严峻形势，及时掌握零售、直批销售的量价情况，企业要制定动态的量价策略，强化价格管理，从全局、板块、企业等层面，进一步按市场化原则理顺各环节的价格关系，推动各产业链优化组合，实现集团整体价值最大化。同时，企业应建设集成共享的综合分析服务平台，从规范管理、保供降本、创造价值三个角度驱动业务链条优化，使物资供应保障服务水平及市场拓展能力更上一层楼，提升信息化对物资供应战略决策的支撑能力。

（一）企业经营管理数据治理的挑战与改造需求

随着数字化转型的不断深入，如何使用数据、释放数据价值成为企业面临的重要课题。目前，多数企业数据应用刚刚起步，覆盖全流程、全产业链、全生命周期的数据链尚未构建，生产与经营数据仍未融合，不能从业务转型角度对数据开展预测性和决策性分析，难以深度挖掘数据资产的潜在价值。同时，企业对大数据分析平台的性能要求越来越高，在处理非结构化数据和TB/PB级大数据时更是如此。为应对数据波动，进行实时分析，数据服务平台应采用高效的数据处理技术和算法，如分布式计算、内存计算等，以降低数据查询和分析的延迟，提高平台的性能。现阶段，国内能够提供全链路服务的数据服务平台供应商较少，企业往往需采购多家供应商的产品以满足从数据采集、治理到分析可视化的需求。因此，企业迫切需要借助数据服务平台，不断完善各环节的技术能力，提供一站式的全链路服务，以降低采购和维护成本。随着云计算技术的发展，企业对数据服务平台的云原生和弹性伸缩能力有更高的要求。因此，企业也需要依靠数据服务平台，支持云原生架构，以便轻松地将平台部署在公有云、私有云或混合云环境中。

目前，数据兼容性也是企业在搭建数据服务平台时需要克服的关键挑战之一，许多企业的IT基础设施已积累了很多不同种类的数据库和数据文件，需要一个平台能够兼容多种数据格式以及多个操作系统。为解决这一问题，企业创建的数据服务平台，需要采用先进的数据抽象技术和标准化接口，在保证数据一致性和完整性的同时，实现跨平台和跨系统的数据共享和互操作。此外，平台应具备丰富的功能，如3D大屏展示、可视化图表嵌入等，更直观地展示分析结果，提升数据分析的价值。平台在发展中需要支持不断迭代、优化功能模块，提供更高的定制化能力，以满足不同企业的个性化需求。

在大数据时代，数据安全与隐私保护成为企业关注的焦点。企业要依靠数据服务平台，对数据采取严格的保护措施，如数据加密、访问控制等，以确保数据在存储、传输和处理过程中的安全性。此外，高质量的数据是实现有效数据分析的基础，企业要凭借数据服务平台，提供强大的数据质量管理功能，包括数据清洗、数据校验等，以确保数据的准确性、完整性和一致性。

（二）构建"共享共赢"的数据服务平台

在竞争激烈的市场环境中，企业需要进行数字化转型和信息化能力的整体提升，以提高运营效率、降低成本、加强创新能力与竞争力。企业应牢牢把握数据服务平台这个"数据枢纽"，实现企业内部数据集中采集、存储、整合，最终完成数据资产化，汇集各业务领域专业共享的数据应用服务，支撑数据资产运营，为打造"共享共赢"的数字化生态圈奠定基础。数据服务平台总体定位如图5-52所示。

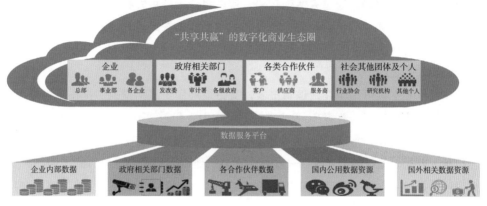

图 5-52 数据服务平台的定位

数据服务平台位于技术支撑平台的平台服务（PaaS）层，旨在推进数据资产统筹集中管理，建立常态化数据管控机制，充分发挥数据价值，促进业务转型。同时，数据服务平台也是平台云中的一个重要组成部分，为企业各业务领域数据应用提供统一的数据模型及数据能力以支撑这些应用中的报表、分析、监控、预测等功能，具体包括采（数据集成）、聚（数据处理）、理（数据治理）、用（数据共享输出）、保（安全）五大核心功能，能为智能制造、经营管理、勘探开发、智能物流、客户服务及对外资产运营提供统一、安全、可靠的数据、算力、算法和开放的服务。

企业数据服务平台可利用可视化大屏工具、报表分析工具、自助分析决策工具、数据开发管理工具，满足不同数据场景、不同需求层次、不同使用对象的多样数据需求，快速建立全业务场景的数据门户，让业务决策分析触手可及，让数据真正驱动生产力，助力企业形成共建共用、共享互促的数字化生态。

➤**数据开发管理工具**

数据开发管理工具需覆盖结构化、半结构化、非结构化数据场景，可以将各类多源异构数据统一接入，完成海量数据快速稳定集成、指标高效计算等处理。工具配合可编程平台（SQL+Python）完成数据整合、转换加载至数据模型，同时工作流全方位监控数据流向，快速搭建数据中台或者数据仓库，提供数据获取、数据清洗、数据元素管理、数据模型创建、数据转换逻辑、数据流调度等主要数据开发方式。

➤**可视化大屏工具**

可视化大屏工具可内置丰富的行业大屏模板和图表、交互、地图类组件，支持ECharts等第三方组件。零代码搭建栩栩如生的可视化大屏，并且支持可插拔式数据源驱动包，无须编码，通过灵活拖拉拽，自由组合，即可轻松实现实时数据大屏，同时支持钻取、联动等分析功能，敏锐洞悉数据间的关系，让企业数据跃然屏上，敏捷清晰地洞察数据变化，支撑企业高效决策，助力企业数字化转型。

➤**在线报表工具**

在线报表工具可用于在线编辑报表，支持最终用户灵活拖曳，提供多维分析、钻取等报表分析应用。兼容Excel，支持不规则表头和斜线表头，支持合并单元格、缩进、分栏等样式，支持Excel原生能力。企业用户可基于Excel自定义制作复杂报表模板，并通过拖拉拽自定义每一个数据区域的维度、数值与聚合方式，简约高效地实现数据权限管控、联动、复杂计算，在线灵活构建自助报表，支持快速查询与钻取，提升报表统计效率。

➤**自助分析决策工具**

自助分析决策工具可以5分钟敏捷构建一站式全链路、企业级千人千面的数据分析应用，通过灵活的场景、报表、大屏等模块化管理方式加以细致的权限管控，轻松实现企业级数据分析应用搭建，高效应对决策层、管理层、执行层各类需求。同时，分析决策经验主导向数据和业务场景（业务模型）驱动转变，实现知识的沉淀和传播，逐步形成企业高质量知识库。传统数据可视化上线流程与基于数据服务平台可视化上线流程对比如图5-53所示。

与传统数据分析流程相比，数据服务平台采用低代码设计器构建分析页面，从可视化分析、报表应用及自助探索三方面出发为企业提供商务分析和能力输出。所有涉及内容均实现在线处理，页面编辑上手容易、修改便捷，针对业务需求变更可快速响应，实现"所做即所得、所调即生效"的敏捷开发和运维效果，提供灵活的应用扩展能力、完善的企业级管控能力、丰富的数据源接入能力、强大的数据开发处理能力和简单的数据应用搭建模式。

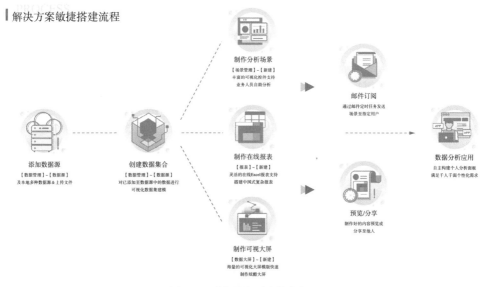

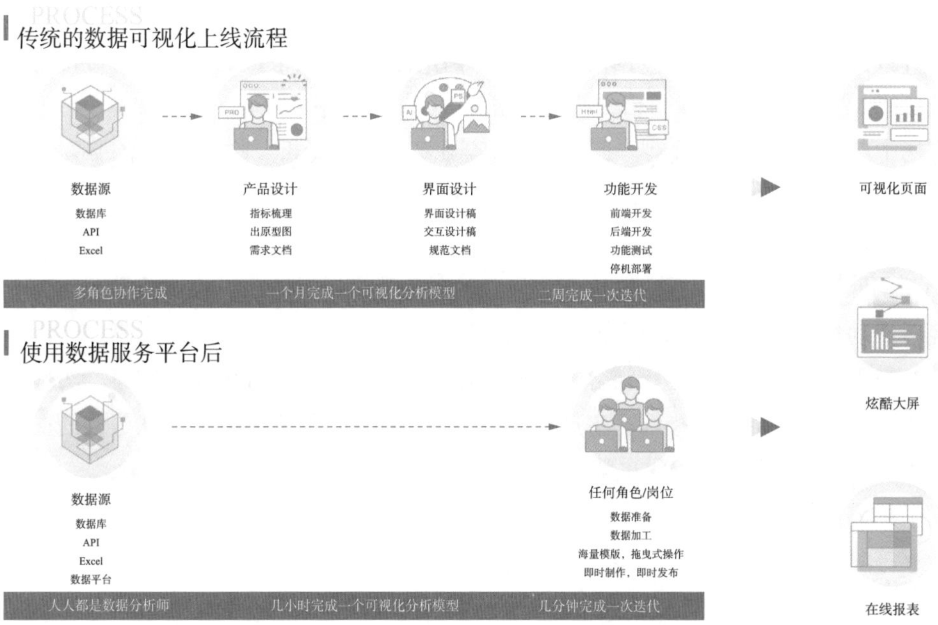
PROCESS
传统的数据可视化上线流程
数据源
数据库
API
Excel
产品设计
指标梳理
出原型图
需求文档
界面设计
界面设计稿
交互设计稿
规范文档
功能开发
前端开发
后端开发
功能测试
停机部署
可视化页面
多角色协作完成
一个月完成一个可视化分析模型
二周完成一次迭代
PROCESS
使用数据服务平台后
炫酷大屏
数据源
数据库
API
Excel
数据平台
任何角色/岗位
数据准备
数据加工
海量模版，拖曳式操作
即时制作，即时发布
在线报表
人人都是数据分析师
几小时完成一个可视化分析模型
几分钟完成一次迭代

图 5-53 传统数据可视化上线流程与基于数据服务平台可视化上线流程对比

数据服务平台通过实时获取数据、零代码自助构建应用、自定义报表切片、二次加工计算、多维灵活分析等商务分析输出能力，洞察业务变化、快速响应业务需求，解决实际业务问题，实现企业数据应用可视、分析、决策的三层价值，推动企业向数字化、智能化迈进。数据服务平台搭建流程如图5-54所示。

解决方案敏捷搭建流程
制作分析场景
【场景管理】-【新建】
丰富的可视化控件支持
业务人员自助分析
邮件订阅
通过邮件定时任务发送
场景至指定用户
添加数据源
【数据管理】-【数据源】
及本地多种数据源&上传文件
创建数据集合
【数据管理】-【数据源】
对已添加至数据源中的数据进行
可视化数据集建模
制作在线报表
【报表】-【新建】
灵活的在线Excel报表支持
搭建中国式复杂报表
数据分析应用
自主构建个人分析面板
满足千人千面个性化需求
预览/分享
制作好的内容预览或
分享至他人
制作可视大屏
【数据大屏】-【新建】
海量的可视化大屏模版快速
制作炫酷大屏

图 5-54 数据服务平台搭建流程

企业可凭借数据服务平台，创新数据治理模式，解决多模式重复配置的问题，提升数据处理效率，简化数据使用人员的操作流程。根据平台提供的丰富可视化统计功能，更好地发掘数据价值，实现数据效益、工作效率的提升，从而在竞争激烈的市场中获得更大的竞争优势。近年来，从全业务价值链分析、物资采购全过程控制，以及针对其他板块的应用需求来看，企业越来越注重生产数据和经营数据的融合。

▶全价值链分析

全价值链分析旨在搭建以价值为核心的财务分析指标体系，将价值模型与生产经营活动相结合，实现原料采购、运输、生产、销售、库存等各环节的生产经营指标、管理指标与财务指标相结合，构成企业一体化的价值管理体系。同时，实现各相关兄弟企业相同价值指标、生产经营指标、管理指标的横向对比，从价值的视角为生产管理，经营管理提供决策支持。

具体地，在生产数据方面，主要包括机器状态数据（如运行时间、停机时间、效率等）、生产过程参数（如温度、压力、流速等）、产品质量数据（如产品合格率、废品率等）、设备维护数据（如维修时间、故障次数等）。这些数据通常用于监控和优化生产过程，以提高生产效率和产品质量。数据为企业提供了一个实时、详细的视角，帮助企业了解产品的制造过程，评估其效率和质量。经营管理数据方面，主要包括与企业运营全局相关的数据，如财务数据、市场销售数据、供应链数据以及人力资源数据等。其中可能包含各类原料的采购量和价格、运输成本和时间、产品生产数量和成本、产品销售数量和销售额，以及各类产品的库存数量等。这些数据可以为企业提供一个宏观的视角，帮助我们了解企业在市场上的表现以及资源的使用情况。

在建模融合方面，企业需要通过一系列的数据整合技术，将散布在不同系统中的生产数据和经营管理数据进行集成，构建一个统一的数据视图。基于这些数据，企业可构建一个以价值为核心的财务分析指标体系，将价值模型与生产经营活动相结合。具体来说，首先需要通过数据挖掘和机器学习技术，找出生产数据和经营管理数据之间的隐藏关联和模式。然后，可以基于这些关联和模式，建立预测模型和优化模型，用于指导生产和经营活动。通过这种方式，企业不仅可以实现全价值链的深度分析，而且可以提供决策支持，提升生产效率和经济效益。

▶物资采购全过程控制

从所有企业的需求情况（不局限某一板块或某一企业）来看，企业的重点是构建覆盖全采购业务链条的综合型分析，例如物资采购全过程监控分析及预警，具体功能及企业需求的迫切情况如下：

集成从企业到总部，从需求方到设备制造商、监造商、物流商的采购业务相关数据，实现从需求提出到招投标、采购合同签订、生产制造、监造、物流运输再到收货的物资采购全过程数据实时共享，重点环节的及时预警，满足总部与企业之间，企业各部门之间的信息实时共享需求，提高对重点采购环节的风险预警和防控能力。

具体地，在生产数据方面，主要包括生产进度数据、质量控制数据、工艺参数数据等。经营数据方面，主要包括以下几类数据：采购需求数据、采购订单数据、物流信息数据、库存信息数据、收货信息数据等。企业需融合生产与经营数据，通过数据分析支持需求预测、供应商选择、生产监造与质量把控、物流与库存管理。

生产数据和经营数据融合的需求让企业对数据服务平台在数据处理能力、分析能力、时效性和数据共享互通以及平台易用性、开放性等方面提出了更高的要求，也对数据质量以及数据共享机制提出了更新的需求。企业数据分析正逐步从统计分析向预测分析转变，从单领域分析向跨领域转变，从被动分析向主动分析转变，从非实时向实时分析转变，从结构化数据向多元化转变。如何建设统一的数据服务平台，彻底改变数据整合共享困难较大的问题，进一步提高数据质量及安全，成为企业重点关注的问题。

（三）案例：多领域、多场景的数据服务平台使用路径

目前，基于数据服务平台搭建的应用已初具规模，服务企业达100余家，用户数量超1万人，涵盖财务、炼化、销售、物资、审计、人力资源、党建等多个业务领域的30多个数据分析项目，以下简要介绍几个案例。

1.某大型能源化工集团业审融合大数据审计项目

传统审计模式面临四大业务痛点：如何应对有限的审计资源制约内部审计职能的实现、如何在海量业务交易中实现审计全覆盖和精准审计、如何降低单次审计时长以提高审计结果时效性、如何将内审职能从提供事后信息转变为提供前瞻性洞察。

某大型能源化工集团基于数据服务平台自助分析决策工具，围绕财务、采购、销售、工程4个业务领域以及风险与监督管理领域，结合审计查询分析思路与业务对象进行归集，自助搭建审计查证模型。目前已为该大型能源化工集团审计部门实现近百个审计查证模型搭建，建立支撑审计成果综合分析利用的审计知识库。

该集团基于在线报表工具，对审计数据专区数据或报送审计署数据进行灵活分析，支持大数据量查询与后台批量导出；支持可定制化的报表展现样式；支持对多维数据模型进行在线分析处理系统（Online Analytical Processing System，简称OLAP）操作，进一步提升企业财务报表的逐层穿透能力，并与业务系统自动关联，提升报表分析工具的易用性，实现单一业务领域的审计数据查询分析和不同业务领域的审计数据关联分析。

基于数据开发管理工具，该集团引入 Python 编程语言和 SQL 结构化查询语言，定制化开发审计模型实验室、新增语义基础数据查询权限控制等，掌握一定信息技术的审计人员可根据能力选择不同适用工具，实现数据的快速处理和智能分析，有效发现庞大数据内的隐性关联关系，推动生产经营管理与审计业务深度融合。

该大型能源化工集团业审融合大数据审计平台的查证工具帮助审计业务人员不断提升数据分析能力和系统应用水平。2021 年该集团公司审计项目全部实现远程在线审计，保障了审计任务全面完成，辅助发现了违规分包、恶意串标、超信用限额赊销等问题线索数百个，线索核实率超过 90%。

2.某大型能源集团销售股份有限公司经营管理数据中心

随着油品销售板块市场环境的变化，某大型能源集团销售股份有限公司面临严峻形势，需要业务管理部门实时、全面掌控销售企业经营管理数据，利用积累的业务数据和先进技术手段，打通企业内外部信息，横向实现业务串联，纵向实现各环节深入挖掘，搭建销售公司经营管理数据中心应用，直观反映全国加油站分布及社会加油站竞争态势，实现全网点可视化分析和销售企业的数字化运营与管理。

基于数据服务平台的可视化工具，该公司利用海量组件，搭建成品油、零管、物流、非油品、天然气、财务等多个主题可视化应用。其中地图组件可绑定坐标信息，将销售公司各省、市、县加油站精准定位，采用交互式处理设计器实现分析页面图表与数据的联动。经营管理数据中心可视化场景如图 5-55 所示。

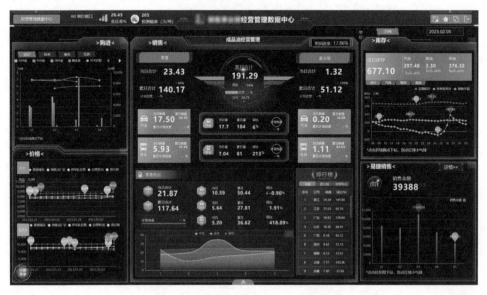

图 5-55 经营管理数据中心可视化场景

该公司基于数据开发管理工具形成语义模型，实时同步、定时导入数据；利用在线报表工具自定义表关系和筛选条件，搭建销售公司零售价格分析、零售监控日报、天然气分析、成品油经营分析、物流运行分析、零管分析、非油品分析等多个主题报表模板。数据服务平台提供可视化大屏展示该销售公司各业务节点动态数据，公司各层级各部门人员可直观清晰地掌握经营情况。平台实时展示销售、采购、库存、财务等业务联动，通过零售高速优化网点功能，为该公司统筹决策提供抓手，实现高速统筹调度，年化毛利增加2亿多元。

3.某大型化工集团资金分析决策支持应用

近年来，全球政治经济环境错综复杂，国际金融市场持续动荡，特别是利率、汇率剧烈波动带来了新的挑战。某大型化工集团利用信息化手段解决资金分析决策中的难点，实现多类型数据源的获取、储存和集成，建立一站式智能化分析决策平台，提供可定制、可扩展、可协作的数据储存、数据集成、数据治理、数据分析、数据监测、场景建模、数据可视化、智能算法以及工作流等功能，切实加强金融市场趋势研判能力，不断提升资金决策科学性、全面性，提高资金运营效率和质量，为企业财务资金决策持续提供可量化的数据支撑。

该集团公司基于自助分析决策工具提供的统计和数学处理工具、算法工具，对数据进行深层加工和挖掘，自助搭建资金分析模型，支持多应用场景扩展。基于人机深度结合的设计理念，业务人员自助完成数据分析和场景化分析决策模型的构建，在对生产、经营、财务等各类数据进行治理和整合基础上，根据需求灵活调动财务数据、业务数据以及外部市场数据，根据市场变化、决策要求不断优化分析逻辑，验证新假设，使模型不断迭代完善，进一步激活数据价值，为公司战略决策提供数据支持。

在数字时代浪潮下，数据服务平台将为企业探索数据应用、数据分析提供更多可能性，重塑企业整体架构、业务流程、运用方式和商业模式，聚焦人员岗位职责，助力企业高质量、快速实现数字化转型，夯实企业数字化基础，提升数字经济下的新型核心数据资产的竞争优势。

第六章
绿色安全的智能制造

　　我国是能源化工大国，产业规模居世界第二位，与世界先进能源化工工业水平相比，我国发展仍有较大差距，低端过剩、高端短缺的结构性矛盾依然突出，部分高端产品、化工新材料、专用化学产品无法满足需求，产品结构优化、落后产能淘汰、过剩产能压减的任务仍然艰巨，安全环保形势严峻，"双碳"、绿色发展任重道远，这些都成为制约高质量发展的关键因素。能源化工企业亟须提高生产智能化、精细化水平，提升客户价值，积极应对激烈的市场竞争，大力推进数智化改造、绿色化转型，打造世界领先的绿色智能企业。

　　数字化与生产运营业务相融合已然成为能源化工企业绿色发展、安全生产、提质增效的重要抓手。从能源化工产业链来看，智能制造覆盖了油气生产、油气储运、炼油化工、研发管理、工程管理等业务领域。从价值链来看，智能工厂又涵盖了计划、调度、操作、质量、能源、安全、环保、设备等管理内容。能源化工智能制造建设蓝图如图6-1所示。

图 6-1　能源化工智能制造建设蓝图

一 / 智能运营：科技赋能运营，建设智慧大脑

智能运营是企业数字化转型的重点任务之一。国资委印发的《关于加快推进国有企业数字化转型工作的通知》中提出"坚持数据驱动"的基本原则和"推动跨企业集成互联与智能运营"的转型方向，从业务视角切入，通过数据联通，对接企业内部各项管理职能，实现运营数字化并提升企业整体管理效率。在数据、技术、管理的基础上，企业应注重更有效地调度资源，灵活适应环境变化，对内深度广泛参与运营全过程，提升对市场变化的反应速度和决策速度；对外及时有效获取市场与客户需求信息，提升快速响应和应变能力。

近年来，国内外大型企业愈加重视运营管理，积极推进运营中心建设。沙特阿美公司建设运营协同中心，如图6-2所示，实现全流程实时监控和跟踪，促进了沙特阿美整体效益最大化；天津滨海新区通过智慧滨海运营管理中心打造了新型智慧城市体系；中国远洋海运集团应急指挥中心实现了主要产业板块业务的运营情况实时监控。这些运营中心的建设，优化了资源配置，提升了科学决策水平，强化了集中管控能力，为企业高质量发展奠定了管理基础。学习国内外智能运营经验，我们通过人工智能、大数据可视化等技术建成企业智慧大脑，实现了企业智能运营、集中监测、应急联动和智能展示，已成为企业现代化管理的必要路径，有效提升了企业科学决策能力。

图6-2 沙特阿美公司运营协同中心

（一）实现数据驱动下的生产运营新模式

能源化工企业的运营管理业务主要包括协同优化、生产经营计划、调度指挥和大宗物料管理等。企业拥有从战略到管理、从组织到流程、从生产到经营、从技术

到规范的海量数据，不同类型、不同层级的数据有着不同价值，要求智能运营中心的建设打通整个流程链条。当前，运营管理业务面临诸多难点痛点，一是企业运营管理业务涉及计划、调度、财务等多个部门，"跨部门、跨业务"协同及数据共享是主要业务难点；二是重点业务运行的实时监测和预警不足，业务监测的覆盖面和应用深度不够；三是生产指挥中心缺少异常情况下的信息化支撑手段，应急指挥接入的信息不够充分，不能很好地支持异常事故（件）下的应急指挥场景。针对业务的难点痛点，能源化工企业积极探索运用云计算、人工智能、虚拟现实等技术手段，利用先进的算法、模型及智能化应用提升业务精益化、协同化水平，通过建设智能运营中心，赋能业务发展，实现效益最大化，提升实时化、可视化、协同化、精益化管理水平，打造实时监测、智能分析、智能运营的生产运营指挥新模式。

（二）构建企业实时监测、整体优化的"智慧大脑"

智能运营中心的定位是企业的"智慧大脑"，基于"智能运营中枢"，构建覆盖协同优化、监测预警、调度指挥、集成展示等多个业务领域的应用，即"1+4+N"（1个中枢、4项功能、N个应用），如图6-3所示，是整个企业主要运营业务的实时监控、预报警、协同指挥和展示中心。智能运营中心应以精益化运营、效益最大化为发展方向，提升应急响应能力。

图6-3 "1+4+N"智能运营中心框架体系

以效益最大化为目标，实现资源配置的最优化。企业应聚焦效益最大化，搭建生产经营计划优化模型，实现从生产单元优化、单企业优化、区域优化到集团层面的全产业链资源配置优化，测算最优化的生产经营方案，依托强大的运营和盈利能力分析，指导资源合理配置，提质增效、降本减费。

以业务实时监测为基础，助力精益化运营。应用物联网、5G等新技术，企业可加强感知层的数字化能力和数据远端传输能力，提高区块监测、重点环节等各项业务实时状态监测水平，实现业务数据的实时传输和集中管控，实现上中下游各板块及企业生产经营、安全环保信息的集成共享，及时监控企业重大安全生产风险和重大隐患治理情况。

以异常事件处置为手段，提升应急响应能力。当出现异常突发事件时，通过总部调控中心、区域指挥中心、作业操控中心等，快速实现上下游关联企业的资源协调。通过对重点管控的异常信息及异常事件进行全过程闭环管理，加强企业各单元在异常处置方面的协同，实现生产调度、应急指挥的深度融合，提升应急指挥的决策支撑能力。某集团智能运营中心如图6-4所示。

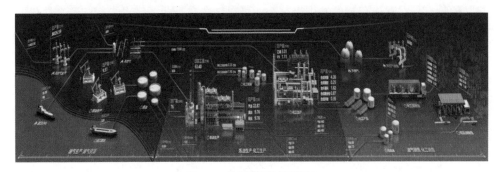

图 6-4 某集团智能运营中心

（三）全场景集成互联的智能运营

智能运营中心建设过程中，数据治理是核心，企业需要建立集团级数据资源中心，统筹抓好数据的挖掘、处理、集成和应用，把数据转化为实实在在的经营效益、竞争优势，并在此基础上持续开展智能分析，围绕生产经营实践，推动业务专家与数据专家共同研发人工智能、大数据算法，结合业务实际不断提升系统测算的准确性和可靠性。智能运营中心的典型场景包括生产经营计划优化、产销完成超欠预警、盈利能力分析等。

▶生产经营计划优化

基于能源化工企业实际生产经营情况，智能运营中心构建了面向企业所有生产及公用工程装置的计划优化模型，可根据企业业务需要，针对重点装置构建分子模型、机理模型，实现装置产品收率与进料物性、操作条件等的联动；针对汽油辛烷值、10%、90%馏出温度等关键性质进行非线性建模，优化调和配方，提高整体经济效益；针对装置电、蒸汽及瓦斯等公用工程消耗进行非线性建模，使公用工程消耗更加贴合实际。模型建成后，企业可开展原油采购优化、生产方案优化、产品结构优化、资源互供优化等多方面应用并结合生产实际及市场现实情况，对计划优化测算结果进行专项分析，以图形表格等可视化展示形式进行线上或线下优化结果展示，直观、准确、完整地为自身运营决策提供支持。

➤产销完成超欠预警

智能运营中心可对油气生产与销售、炼油化工及油品销售等板块主要产品的产销完成超欠情况进行预警，包括原油加工量，乙烯产量，对二甲苯（Para-xylene，简称 PX）产量，汽油、煤油、柴油产量和汽油、煤油、柴油全口径销量、天然气销量等。中心为企业提供两种预警机制，包括月累计超欠排名分列前五，月累计产销量超欠比例超过月计划5%。此外，智能运营中心还可根据业务需要将超欠预警扩展至其他物料，在默认配置的基础上，企业可以结合自身业务需求自行配置个性化的预警机制。

➤盈利能力分析

日效益测算分析：智能运营中心根据预先设置的价格模型、投入产出模型、物料单耗模型和费用模型，每日自动计算日效益，实现企业与集团层面效益的自动测算，减少人工干预对效益带来的偏差。计划专员及业务人员可针对效益计算结果进行收入、成本的明细分析，体现量价同频共振，为各板块的生产经营决策提供分析支持。

市场走势分析：智能运营中心集成外部及内部数据，实现不同市场板块的市场价格监测，每日自动生成日、周、月三种口径的趋势图及明细数据，支持用户上传文字价格并一键生成标准格式的价格日报，减少机械重复工作与人为产生的数据与格式错误，为企业生产经营分析提供数据支持。

二／油气生产：建设智能油田，助力增储上产

能源是工业的粮食，是国民经济的血脉。近年来，受能源转型、全球地缘政治、经济形势和市场博弈等因素的影响，油气行业震荡加剧。在复杂的行业环境下，我国油气行业还面临着油气勘探难度逐年增大、对外依存度持续高位等严峻挑战。油气公司不仅要实现能源多样化、生产低碳化，还要增加油气产量，以满足经济发展对能源的需求，确保能源安全供给。

当前，新一代数字技术已成为推动油气行业变革的加速器，国际上各大油气公司都纷纷将数字化转型作为未来发展的战略方向之一，并将引领行业实现颠覆性的技术创新，重塑行业格局。埃克森美孚通过"数据湖"平台改善上游生产活动，每年投入约10亿美元用于机器学习的研究，同时还通过一个可监控数百万个传感器数据的人工智能程序管控旗下分散在全球的炼厂和化工厂，监测石油流量等重要数据和信息；中

国海洋石油集团有限公司建立了海洋工程数字化技术中心，借助数字仿真技术，实现海上吊装、海上浮托、水下生产设施安装的仿真预演；挪威能源巨头Equinor在北海启动了世界上第一个全自动海上油气平台——Oseberg-H，成为世界第一个完全自动化的海上油气无人平台，由Oseberg油田中心远程操作，不需定期巡检，每年仅需1~2次维护；道达尔公司利用飞艇和无人机勘探，并基于大数据平台定位故障点。油气公司正在积极构建智能油气田，以更高效更安全的方式实现能源的开发。

企业在建设智能油气田时，要围绕上游的油藏、井、管网、设备设施等核心资产，借助信息技术实现物联化、集成化、模型化、可视化，全面辅助资产管理和效益优化，助力高效勘探、效益开发，达到资产价值最大化。

（一）油气生产亟须提升智能水平，变革工作模式

油气田业务涵盖勘探、开发、石油工程全过程，油田企业的数字化能力还有待提升。

应用系统智能化水平低，IT建设模式落后。随着油田勘探开发进程的持续推进，油气田企业进行油气资源开采的难度越来越大。原有针对业务需求搭建的信息化应用，服务能力不足以满足日益复杂的业务应用以及智能分析决策对业务数据大范围、高效率、高负荷的需求，企业迫切需要将业务智能化与云生态相结合，构建油气工业云体系。同时，传统的数据服务模式下，数据处理模式无法及时、有效地处理和应用，影响数据应用效率，进而影响业务分析和预警效果。

专业多，业务协同和资源共享困难。油气田企业内部组织较为复杂、规模较大，各部门缺乏统一、有效的信息化、智能化、一体化协同工作环境，在复杂油气藏的勘探与开发、远程协同、知识共享等方面存在较大困难。针对这些问题，需要借助信息化智能化系统建立模型，引入AI、大数据等分析方法，通过系统实时地分析与预测异常，主动提醒，降低风险，优化生产工艺参数，提高工作效率。

工作现场环境复杂，工作模式亟待改变。油气田企业目前在生产上面临环境复杂的问题，现场多处在山区、戈壁、沙漠、浅海等偏远地带，环境条件复杂，工作环境风险高，员工劳动强度大。生产管理模式面临员工队伍构成趋向老龄化，一线队伍结构性缺员矛盾突出等问题，亟须利用数字技术、智能化手段，实现高风险作业的无人化，降低劳动者工作强度，变革传统依靠人力的工作模式。

（二）打造协同化、智能化、一体化的智能油气田

针对勘探开发业务对象复杂、不确定因素众多等业务特点，企业信息化智能化建设应构建以云计算、大数据、物联网等技术为支撑的智能油气田云平台，采用松

耦合的云平台服务架构,以微服务灵活快速构建APP,以统一、开放及可扩展的基础云服务支撑油气田开发生产大数据分析。

智能油气田基于企业智能油气田云平台,遵循和完善智能油气田标准化体系和技术支持体系,围绕油田核心业务,建设包括油气藏动态、单井、管网、设备、质量健康安全环境管理体系(Quality、Health、Safety、Environment,简称QHSE)、协同研究和生产运行优化等7类功能应用,实现油气藏动态管理与优化;油气田单井、管网、设备的智能诊断与优化,助力"高效勘探,效益开发"。智能油气田的主要内容如图6-5所示。

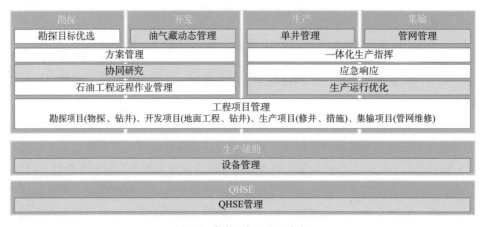

图6-5 智能油气田主要内容

智能油气田建设聚焦数据治理,运用新一代数字技术切实提高业务协同水平,最终实现油气生产降本增效,其核心价值主要体现在以下方面:

助力油气田生产企业提升业务效益。企业应以实现经济效益最优运行为核心目标,从传统管理向新常态下油藏生产经营模式转变,通过建立油藏整体运营模型,动态且实时地反映油藏生产经营状态,对生产做出预测,并对生产经营调整方向给出建议,促进油气田企业经营更精细化,提高经营效益。另外,面向一线生产单位,通过智能化分析辅助,实现井站的无人值守、集中管控,大幅提升劳动生产率,减少单井用人数量,降低劳动力成本。

数据入湖,发掘上游数据资产新价值。企业应建立满足大数据分析和应用的支撑环境,以满足结构化、非结构化以及实时数据的存储需求,从而改变传统的数据组织和管理模式,将以结构化为主的数据服务转化为集结构化、成果文档、实时数据、音视频、体数据、地理信息等6类数据于一体的统一管理和服务,着力打造大数据环境下的在线实时处理能力和离线分析挖掘能力,形成一套较为完善的数据资源管理体系,扩展数据类型和覆盖面,提升数据的应用效率。

业务协同，为油气田开发生产提质增效注入新动力。借助智能感知硬件，以及协同研究、油气藏动态管理、单井管理、生产运行优化、管网管理、设备管理、健康安全安保环保管理体系（Health、Safe、Security、Environment，简称HSSE）等数字化应用，实现"流程驱动转变为数字驱动、人工分析转变为模型辅助、局部诊断转变为高效协同、传统模式转变为一体化管控"。同时，通过生产上下游包括气井产能、地面集输、净化处理业务之间的综合协同，企业能够优化传统单一的计划调配产模式，有效提升生产效率，降低能耗。

应用上云，形成信息化建设应用新模式。基于云平台建设智能油气田，针对应用进行组件化设计，形成业务组件和技术组件。将通用部分进行封装沉淀，通过复用、拼装和服务编排，快速支撑新应用开发，提升新场景、新需求的响应速度，降低新应用的建设成本。

AI赋能，构建智能分析预警新能力。全面应用人工智能技术，建设智能问答、测井曲线特征识别、油藏指标智能巡检、抽油机泄漏偏磨检测、油藏储集体智能识别、抽油泵故障预测、管线泄漏智能识别等一批智能化应用，提高人工巡检效率，地震数据、测井数据分析效率，增强设备故障提前发现的能力。

（三）面向全流程的智能油气田应用场景

▶单井智能管理

在进行单井运行故障诊断、单井工况分析与运行指标分析、单井生产预测等多个针对单井生产问题时，企业可建立单井各类预警、分析、预测及评价方法与模型，实施单井智能管理。利用大数据等技术，对生产参数进行智能预警、诊断及分析，也可以通过量价分析方法实现单井效益评价。

▶油气藏动态管理

在对油气藏开发生产异常进行主动分析、预警预测和诊断决策时，企业可以依靠智能油气田、油气藏动态管理，以油气藏为核心建立多种分析预测模型，在可视化场景下采用最新模型成果进行开发生产模拟分析，依托油气藏数模成果、油气藏工程方法、大数据分析理论构建模型和工具，由专家经验及系统自学习形成专家知识库，实现对油气藏流体分布规律的认识。同时，企业可以围绕上游的油气藏、井、管网、设备设施等核心资产，主要涉及勘探、开发、生产、集输、QHSE、生产辅助、协同研究等7大业务域内容，支撑油田主营业务的在线分析、提前预测，全面提高生产效率，突出系统应用落地"感、协、优、策"四项核心能力。

▶油气生产运行优化

为了方便调配产方案的下达、最优方案生成、远程操作、远程运行状态监测、运行维护等跨部门工作协同，企业可以依托智能油气田智能调配产系统，以气井智能调配产为目的，基于气井生产动态、趋势及调配产目标，构建多因素配产模型，推送最优调配产方案，提升调配产智能化水平，同时智能调配产能将多参数控制因素配产模型代替传统人工经验判断配产，传统手工操作转变为人工参与下的远程自动控制，提高响应效率，优化用工结构。

▶管网模拟及运行优化

依托管网的模拟及运行优化功能，建立企业油气集输系统管网仿真模型，优化管网运行方案，实现生产系统平台及管网运行的一体化模拟、管道段塞预测、智能制定管输量、监控管网工况，从而降低管网运行安全风险，实现管网高效、低耗、稳定运行。

▶协同研究

企业搭建智能油气田协同研究系统，能够构建开发生产一体化协同研究环境，实现各业务研究类型的一体化研究模式，通过建立油气藏、井、管网的部分或整体的一体化模型，形成自动化的工作流。企业研究人员可以将各种动静态数据、工程数据等通过数据通道导入一体化模型中，进行地下、地面的一体化的模拟，将模拟的结果用于开发生产优化，结合开发生产的反馈意见再次进行模拟研究，形成研究和开发生产管理的全过程闭环式工作模式，提高一体化协同研究工作效率。

（四）案例：构建智能油田，助力高质量发展

面对勘探开发对象复杂、管理区域广、生产战线长、工作环境艰苦等挑战，西北某油田分公司坚持以信息化为重要手段，推进智能油田建设。建设之初，该企业提出了三大建设目标。一是要整合勘探开发业务流程，实现油藏单井综合分析。建立具有西北特色的碳酸盐岩油藏分析模型，通过对区块、单元、单井的各项开发资料整合，形成完整的分析基础材料，提升油藏分析精准度，为高效开发提供有力的技术支撑。二是要实现生产全流程一体化管控，提升预警感知能力。在油气生产和处理过程中，及时掌控各项生产异常状况，实现异常指标预警提醒。三是打破应用系统交互壁垒，夯实企业信息化基础。建立一套切实可行的数据治理方案，梳理业务类型、数据体量、基础设施承载量，制定数据转换标准，配置充足、完善的中心机房，夯实信息化基础。

企业通过智能油气田项目有利推进了油田的数字化转型，实现了核心资产的全生命周期管理，助力"高效勘探、效益开发"。智能油气田建设蓝图如图6-6所示。

图 6-6　智能油气田建设蓝图

　　智能油田项目实施后，传统依赖人工的重复性工作量大大降低，管理人员工作效率得以提升，现场人员工作量明显下降，站库值守及巡线人员优化了19%。企业初步建成了一体化管控模式，提升了生产运行、综合研究、工程管理、安全管理、经营管理等的协同能力，实现前线与后方联动决策，劳动生产率提高了13%。同时，通过平台应用，减轻了生产操作层劳动强度，降低了劳动风险。通过实时预警，异常处置时效提升了27%，保障了现场设备平稳运行。智能油田系统上线以后，在生产经营、安全环保、人员和车辆管理方面取得了显著的经济效益，初步测算单个采油厂形成年效益300多万元。

三／油气储运：夯实建营一体，保障能源供给

　　油气储运业务包含"储"和"运"两个环节。油气长输管道、大型旁接油库、液化天然气（Liquefied Natural Gas，简称LNG）接收站是油气储运的核心环节。其中，油气长输管道包括大口径、高压力等级的原油、成品油、天然气等管道；大型旁接油库包括原油国储、商储、大型中转油库，与管道连锁控制，是整个管道动力系统的一部分；LNG接收站包括沿海或内河LNG接收站，包含LNG码头、罐区和LNG气化处理厂等。

　　油气储运覆盖原油、成品油、天然气、液体化工品等4种输送介质，涉及码头、大型液体站库、长输管线、LNG接收站、储气库等基础设施。技术进步引领了油气储运业务的数字化转型升级，将5G、区块链、云计算、大数据、物联网、人工智能

等新技术应用于油气储运领域，可有效提高油气储运设施的可靠性和经济性，推动生产方式和管理模式变革。

（一）智慧管网：数字武装管网，护航能源安全

安全生产是油气输送企业生存的基础，是企业生产运营的核心内容，油气管网的重要性日益突出。油气管网是贯穿石化行业上、中、下游供应链的主要物流方式，覆盖原油、成品油、天然气、液体化工品等4种输送介质。我国作为油气消费大国，管道密度相较于欧美国家仍存较大增长空间。管道运输能力陷入瓶颈，一定程度上限制了天然气行业发展。油气管网的统一调度、实时调控和安全、可靠、经济地运行是数字化转型要实现的重要目标。

国外一些公司非常重视数字化转型，例如意大利SNAM集团，面对数据利用能力不足、资产老化、管网复杂、安全风险较高的挑战，借力数字化技术，通过联合研发管道仿真软件、管道泄漏监测系统，并全面整合SCADA系统，实现生产和安全一体化高效管控，实现管容能力开放及公平交易，如图6-7所示。

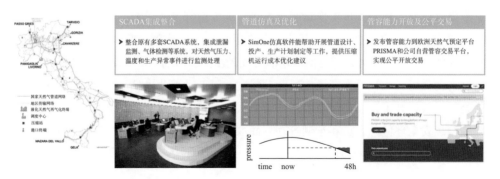

图6-7 意大利SNAM集团数字化转型实践案例

目前，物联网、人工智能、5G、北斗等"智能+"技术推动着我国油气管网向全面感知、集成共享、优化协同、预测预警转变。智慧管网建设基于工业互联网平台中支持底层感知数据采集、汇聚、分析的数据资源中心，建立贯穿油气管网规划、设计、采购、施工、运行、废弃全生命周期一体化智能化应用，实现信息共享、互联互通、协同高效。

1.信息技术赋能智慧管网建设的挑战

随着城市的发展，长输管线要穿越人口密集、环境敏感等区域，如果发生泄漏极易造成严重后果，产生较大的社会影响。因此，企业安全与环保日常管理压力巨大。一些企业在管道日常维修维护、巡线等业务中，缺少规范化管理流程，各类事件、记录、台账缺乏标准。同时，由于管线检测手段单一，内检测难度大，检测过

程缺乏标准，检测结果缺乏统一管理和数据共享，影响了管体本质安全。

大型油气储运企业大多数都开展了工业互联网平台建设，在日常运行过程中积累了大量的业务数据，支撑了企业生产决策、应急指挥应用。但是，大部分油气管输企业未全面开展数据治理工作，站库建设年代较长，老旧严重，基础资料缺失，数字化交付程度不足，后期数据采集较为困难。一些管线工程建设期归档资料多为事后补充，无法保障资料的完整性、准确性。由于管线建设缺乏统一的数字化交付标准，日常运行基础设施、技术支撑体系等标准不统一，数字化管理系统应用深度不够，投产后数据发生变化不能及时更新。因此，工业互联网平台还没有充分地"让数据说话"，中控监控手段单一，集成度不足，模型化、可视化等程度不够，没有充分发挥数据价值。

很多油田的野外管线面临复杂的外部环境，常用的探针刮片等手段所采集的数据难以具有代表性，无法掌握管线整体腐蚀情况，往往出现腐蚀穿孔漏气后进行事后补救。完整性管理部门不能有效地监管第三方施工、打孔盗气、违章占压等活动，导致管线事故时有发生。现阶段，很多油田的业务管控依赖于人，重点流程人工参与较多。自动化检测、分析、报警等主动安全水平不足，人工依靠经验管理现状严重，难以实现预防预警。同时，企业缺乏地质灾害防御和预判手段，管线周边地质环境复杂，山洪、滑坡等地质灾害极易对管线造成破坏，已经修筑的水工保护是否合理，能否发挥作用，直接影响管线安全运行。

2.建设油气储运一体化的智慧管网

智慧管网建设主要围绕原油、成品油、天然气的储存和运输业务，涉及码头、站库、长输管线等资产的生产运营管控等主要内容，通过建设标准统一、关系清晰、数据一致、互联互通的业务应用，如综合管理、数字化管理、完整性管理、智能化巡检、运行管理、隐患管理以及应急管理等，实现安全生产的标准化、数字化、可视化、自动化、智能化，促进油气管网全生命周期内安全、可靠、经济地运行。智慧管网设计思路如图6-8所示。

智慧管网建设以管网资产管理为核心，聚焦以下建设目标：一是要提高企业品牌形象，助力生态环境保护。管道事故可能造成管道泄漏、设备损坏、人员伤亡、环境污染等重大灾害性损失，因此预防管道事故发生，对生态环境保护具有积极的意义。智慧管网要有效降低管道安全事故发生率，提高管道安全运行水平，提升油气管输企业的品牌形象，展现一流的社会责任形象，更好地服务社会。二是要降低事故频率，提高用工效率。智慧管网需有效整合企业既有资源，减少信息重复采集，节省人力成本，提高信息利用率和时效性。通过安全预警、事前预警等功能，将可能发生的事件遏制在萌芽状态，事件发生后，能够缩短救援和人群疏散的时间。随着完整性管理体系的运用，人员结构的优化和配套区域化改革的推广实施，有效提高劳动生产率。三是要开展集中统一的数据管理，辅助生产运营决策。搭建"标准统一、数据集成、安全可靠"的油气储运数据中心，覆盖油气储运建设、运营全生命周期的数据，将业务、地理信息、实时、视频等各种类型的数据进行集中管理。建立完整的数据采、存、管、用的流程规范，使数据能高效地交换、共享、更新和维护，实现数据的采集、存储、管理、应用高效运行；建立健全数据库灾难备份设施和机制，通过完善安全技术、加强数据访问权限控制等安全策略来加强数据安全管理，提升容灾、备份、挖掘、分析能力。四是要实现生产业务与信息技术深度融合，促进业务流程与组织机构优化。智慧管网将生产运行业务与物联网、大数据等信息技术深度融合，打通管输业务流程形成完整数据链，以库存为纽带，实现库存动态跟踪、管道输送资源优化、计划自动优化，加强接卸损耗分析，控制原油损耗，推动信息化对输油生产、经营分析业务的融合支撑，大大提高工作效率。全面落实管道完整性管理贯标，推动了企业在管道完整性管理的机构成立，构建了高后果区识别、风险评价、完整性评估和效能评价体系。五是要建设融合通信平台，提高应急处置能力。自主创新的可视化应急通信指挥系统将工业电视、视讯会议、移动视讯通过业务云架构融合互通，创新实现了移动手机用户群同步接听下的一键式追呼、强呼等调度功能，对突发事件进行定位，通过电话、视频等多种方式反馈突发事件位置和周边情况，响应效率提高一半以上，提升了突发事件应急处置水平，有效控制事故次生灾害。

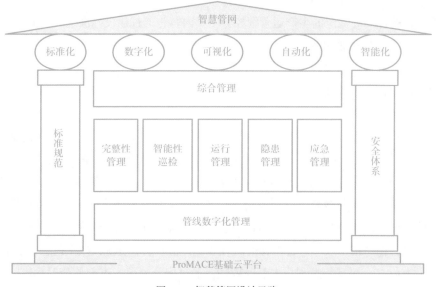

图 6-8　智慧管网设计思路

3.精细透明化的智慧管网应用场景

▶摸清家底，建成集中统一管理的数据中心

基于集中集成、标准统一的技术平台，智慧管网利用二三维一体化、多源数据融合、模型驱动等技术创新应用，实现集团级的多属性、多维度、多周期、多地形等管线业务的复杂应用，智慧管网系统有效支撑了管道完整性评估、高后果区识别、隐患管理、应急响应和日常运行等应用。智慧管网利用管线探测、周边环境调查、资料数字化、内检测等技术手段，收集、校核建设期和运行期的管道数据，梳理管道本体、站库、桩等本体及附属设施，调绘管线周边环境的重大危险源（加油站、油库等）、敏感目标（学校、医院等）、自然保护区、沿线抢险资源、消防队伍等数据，弄清管道交叉空间位置关系，通过三维建模、全景影像、视频监控等技术手段，实现了可视化管理。摸清了家底，管线基础数据实现从纸质分散到电子化集中，可以实时获取管线相关数据，减少企业统计上报的工作量，并降低数据统计的主观性及减少误差。管理人员利用数字化成果，查找管线管径、埋深、走向等信息，结合周边地理环境信息，确定改线方案，指导地下工程施工，提高施工效率。

▶落实管道完整性管理规范，促进管理机制体制改革

基于GB 32167—2015《油气输送管道完整性管理规范》这一国家标准要求，智慧管网系统建成了从数据采集、高后果区识别、风险评价、完整性评价、维修维护至效能评价的闭环管理体系，各油气长输管线企业成立了完整性管理中心，有效支撑管理机制体制变革，提高了管道管理水平，打造了长输管线企业的生产管理营运平台。对管线占压和穿越（如铁路、水源地、学校、居民区）进行远程监控，给海洋、沙漠、偏远山区的管线和设备安上了"安全眼"。通过三维模型实现对重点穿跨越的埋深、高程进行纵横剖切分析，系统做到地下管线可视、地面站库多维度展示。通过全景影像使市政管网光缆、电缆和第三方管线交叉、横跨关系清晰可视，实现了管线"高后果区、高风险区和重大危险源"的可视化。

▶巡线精细透明管理，随时查看巡线动态

统一的移动应用平台支撑了管线基础信息和业务活动查询、隐患管理等方面的移动应用，为现场应急指挥抢险提供支撑，为巡线透明、有效管理提供服务，改变了传统的巡线是否不清、巡线是否到位不明、必经点是否巡到的被动管理方式。智能化巡检实现巡线人员的任务派发、事件上报、必经点位、轨迹路径回放、巡线人员监控、绩效监督考核等巡线业务的在线监控和全流程管理。

▶建成调度运行一体化平台，提供"一站式"决策支撑

依托油库数字孪生体，智能调度构建站库工艺流程数据模型，建立储罐、阀门、泵、管线的工艺连接关系，支持工艺流程方案规划和调度操作指令管理。通过抽取并集成计划调度最关注的动态信息，生产管理建成涵盖调度、运销、计量、能耗等业务的调度运行一体化平台，为各级管理人员提供"一站式"决策支撑。

▶建立应急响应新模式，提高应急响应速度

应急管理建立应急响应新模式，通过无人机、单兵视频、全景影像的空间快速定位联动，开展协作响应和资源共享，实现了火灾和泄漏事故的动态模拟。三维事故模拟功能对事故的发生发展过程，进行模拟演练和日常桌面推演，实现统一指挥、协调、调度，响应时间缩短一半以上。系统可以在应急事件中快速定位事件，启动应急预案快速应对，同时辅助应急指挥分析决策，多途径和手段在应急过程中进行信息的自动流转，看得见、听得清、信息准、反应快，确保指令下得去，情报上得来，提高了应对突发事件的应急和指挥决策能力。

4.案例：智慧管网，保障能源安全

某特大型石油化工集团扎实推进智能化管线管理系统建设，是落实国家对加强油气管道隐患治理要求的有效措施，是企业提升管道管理水平的迫切需要，重点完善基础数据、加强运行监控、增强应急能力、提升管道管理水平、保障管道安全运行。项目建设之初，该集团结合自身战略规划，提出以下建设目标：

▶落实国家监管要求，推进管道安全管理

国家对油气管网及城市地下管网的安全问题空前重视，国务院相关部门督促有关企业全面推行管道完整性管理，及时消除潜在风险，确保管道安全可靠运行，加快推进管道检验检测与信息化建设，依法打击危及管道安全的非法违法行为，明确要求开展普查工作，完善信息系统，加强推进管道安全管理。

▶建立管道信息化系统，提高油气管道安全保障能力

集团为加快安全保障技术研究，健全完善安全标准规范，建立管道信息系统和事故数据库，深入研究油气管道可能发生事故的成因机理，尽快解决油气管道规划、设计、建设、运行面临的安全技术和管理难题，开展全系统油气管道隐患拉网式排查和整治工作，提高油气管道安全保障能力。

▶建立集中统一数据中心，打破管线业务数据孤岛

根据总部+企业的部署模式，集团建立管线数据模型和处理入库流程一体化的数据管理体系，完善数据更新、发布、数据模型的管理机制和数据中心同步机制，在云平台建立基础地理数据、数据库及应用服务器，为总部和企业提供统一的管线业务数据服务。

▶借助信息化管理系统，落实管道完整性管理规范要求

国家发布了《油气输送管道完整性管理规范》，代表着国内管道完整性管理进入一个新时期。油气管道数字化管理已成为石油石化行业的发展趋势，也是建设世界

一流能源化工公司的内在需求，为集团全面了解管道的安全性和资产完整性状况，提升管道管理水平，带来了新机遇。

为实现以上建设目标，集团公司建设标准统一、关系清晰、数据一致、互联互通的智能化管线管理系统，实现资源优化、运行管理、风险管控、应急救援、信息共享目标，满足总部、事业部（专业公司）、企业三个管理层级的管理需求。项目建设数字化管理、完整性管理、运行管理、应急响应、隐患治理和综合管理6大功能和1套标准规范，安全可靠的支持环境，构建智能化的大数据分析和移动应用，满足总部、事业部（专业公司）和企业对管线安全运行管理要求。

智能化管线建设项目分为2个阶段建设：试点建设阶段建成数字化管线管理系统，形成一套涵盖长输、厂际、厂内数字化管线建设模板，形成一套设计、建设、运营、维护等阶段的业务、技术和数据标准规范，形成一套可推广的智能化管线管理系统；全面推广阶段建成覆盖长输和厂际的数据完整、真实和唯一的管线数据中心，实现管线管理的标准化、数字化、可视化，逐步实现全部地下管线三维展示、运行动态及时把握、应急指挥快速响应。

项目按照"厚平台、薄应用"设计思路，采用引进与开发相结合的策略，根据集团的管理需求和特点进行建设，总体规划、统一设计、自上而下、分步实施。具体来看，主要体现在以下几个典型领域：

➤管线数字化管理

总部通过系统及移动应用，实时获取管线相关数据，随时随地在线多维度查看各企业管线信息、周边环境信息、业务信息、运行信息等数据情况，减少企业统计上报的工作量，并降低数据统计的主观性及误差。应用数字化管理功能，详细查找到管线管径、埋深、走向，结合周边地理环境信息，规划地下管线牺牲阳极埋设位置及数量；在后期的施工过程中，根据地下管线位置走向采用了机械+人工的方式开挖，提升施工效率25%，节约投资约10%，保障了施工安全。通过实地交叉管线勘测和三维技术对管线空间位置关系进行展示和分析，并将分析结果与设计院共享，辅助确定新的迁改方案，节约了改线费用。

➤完整性管理

总部、事业部可随时查看管线高后果区分布情况、风险评价等级、管线内外检测及完整性评价情况，可以通过该结果确保管线健康合理运行，提高了管道完整性业务的管理效率。通过人工上报和系统自动采集对第三方施工、管道占压、阴保失效、打孔盗油、设备故障、安全隐患、自然灾害等日常的管理工作的非正常事件进行管理，实现从发现问题、分析问题到处理问题的闭环管理，及时进行督办和考核，做到对异常事件早发现、早处理，有效保障管线安全运行。

➤ **巡线管理**

总部及事业部等管理部门及人员无须到企业现场，随时可通过系统查看及跟踪企业巡检落实情况、巡检异常事件上报情况，总部查看企业不同岗位人员巡检情况仅需要2分钟，并可以进行不同角度的比较分析。通过实时在线巡线管理及异常事件管理，事件上报及时率达90%。

➤ **应急管理**

项目通过无人机视频、单兵视频、全景影像等运行管理手段，结合系统内50余万条的应急数据信息及预案信息，将分散的资源快速定位联动，建立应急响应新模式，提高应急响应速度，保障事故快速处理，经过测算，实现了以电话描述突发事件位置和周边情况，响应效率提高一半以上。

➤ **隐患管理**

通过智能化管线管理系统，实现了隐患的分类分级管理、分布管理和定位管理。总部、事业部（专业公司）和企业层面，都可以查询长输管道和厂际管道隐患情况，摸清了隐患的分布、位置、周边环境信息，不同类型、级别的隐患以不同的图标、颜色区分，快速掌握隐患治理动态。隐患治理施工人员使用防爆单兵设备24小时不间断拍摄，将施工全过程实时监控并全部回传，确保隐患治理施工过程全程受控，满足了企业相关安全要求。

智能化管线系统通过提高企业预防能力，降低了事故频率，因第三方施工等因素导致的泄漏事件发生率由系统建设前的1.04次降低至0.50次/（千公里·年），按长输管线2万公里计算，降低约11次，每次泄漏造成经济损失约300万元，共可节约3300万元；通过推行完整性管理，用工效率提高，用工数由最初的0.38人/公里降低至0.24人/公里。该系统全面落实管道完整性管理贯标，助力管理组织优化，推动了企业有关管道完整性管理的机构成立，构建了高后果区识别、风险评价、完整性评估和效能评价体系；实现管线"所见即所得"，有效提升工作与培训效率，首次摸清了管线家底，实现了管线数据管理可视化、透明化，数据的获取效率提高近20倍；提升了管线突发事件应急处置水平，有效控制事故次生灾害，对突发事件进行定位，通过电话描述突发事件位置和周边情况，响应效率提高一半以上。

（二）智能LNG接收站：打造绿色LNG，畅通保供动脉

作为清洁、高效的生态型优质能源和燃料，天然气在优化能源消费结构、改善大气环境、支持可持续发展的经济发展战略中发挥着重要作用，在生产生活中被广泛应用。LNG是天然气的液态形式，因其安全可靠、方便储存运输，拥有更为广阔的应用前景。国际大型石油公司高度重视LNG业务，壳牌保持着全球LNG第

一地位，注重天然气一体化发展，通过LNG全产业链发展，打造一体化竞争优势与产业链抗风险能力。例如，道达尔拥有天然气和LNG市场领先地位，通过并购Engie公司LNG业务，将LNG销售与电力生产紧密结合，加速实施天然气全价值链整合战略。

近年来，在国家能源战略、环境保护、经济发展形势等多重因素影响下，LNG作为清洁、高效的优质能源，在优化中国能源消费结构、控制温室气体排放、改善大气环境等方面发挥着越来越重要的作用，LNG产业也得到蓬勃发展。LNG接收站是我国接收进口LNG资源的重要中转站，其建设情况将直接影响我国的LNG供应能力。能源咨询机构IHS Markit数据显示，2021年，我国超过日本成为全球最大的LNG进口国。为满足日益增长的天然气需求，我国加快推进LNG接收站建设。在LNG接收站建设过程中，新一代数字技术应用越来越广泛，为保障LNG接收业务安全、可靠、高效运行提供了强力支撑。

1.智能化发展迟缓制约LNG接收站业务

LNG接收站的重要任务之一，是接卸由LNG远洋运输船运来的LNG并在储罐内储存，储存的LNG一部分气化输送至天然气输气干线，另一部分通过槽车运输至气化站、加气站等。LNG接收站交接计量主要包括到港交接计量、盘库计量（库存计算、外输计算和自耗计算）和能耗计量。从LNG接收站存储情况来看，储罐内LNG为液态、闪蒸汽（Boiled off gas，简称BOG）总管为气态、外输管道为气态、槽车外输为液态，不同储存设施中LNG处于不同相态。即使同一相态，船运LNG组分不同也会导致计量参数不同。同时，气态部分的LNG在不同压力、不同温度情况下计量也需较大换算能力。因而，接收站要实现实时精准计量、盘库难度较大。

常规接收站一般涵盖接卸系统、存储系统、BOG处理系统、加压系统、气化外输系统、槽车装车系统、外输计量系统、燃料气系统、火炬系统九大系统，生产过程包括LNG接卸、运输、储存、外输、加注等环节。整个站场的工艺过程复杂且存储介质易燃易爆，直管受热交换影响容易出现管喷，储罐内不同密度LNG如果混合方式、速度不正确，容易出现翻滚，LNG码头、接收站阀门、焊缝、弯头以及槽车装车区等均容易发生泄漏。LNG一旦泄漏至地面，会产生大量的蒸发极易发生火灾爆炸。因此，不间断地智能巡检，各智能系统设备之间的联动预警，确保生产过程、设备运行处于受控状态显得尤为必要。

目前，LNG接收站的智能化建设相对迟缓，尽管各LNG接收站均有自动化基础，但系统性较差，也未按"平台+数据+应用"的主流模式建设，单业务智能模块的独立运行，难以实现数据共享和业务协同，整体信息化提升运营管理水平的能力较弱，还无法满足LNG企业智能化运营的要求。

2.LNG接收站智能化建设助力业务安全高效运行

智能化LNG接收站的建设应按照信息标准化体系和技术，基于工业互联网平台，将云、大数据、物联网、人工智能等先进技术与LNG建设运营活动深度融合，实现底层系统联防联动、生产管控集成一体化、产销协同优化、管道和设备完整性管理，打造全面感知、预测预警、协同优化、科学决策四项关键能力，保障LNG业务安全、可靠、高效运行。智能化LNG接收站建设主要内容包括：

▶建设数字化场站，实现LNG接收站智能化运营

以工厂对象为核心，通过智能工艺和仪表流程图（Process & Instrument Diagram，简称P&ID）、三维协同模型和智能文档等方式，将工程建设过程中产生的设计、采购、施工、试车及项目管理的工程数据全面拉通，构建LNG接收站三维数字化工厂模型。以数字化工厂模型为基础，运用新一代信息技术，实现数字化接收站的建设，全面推动各项新技术与LNG业务紧密融合，积极推动业务模式创新、流程优化、管理提升，辅助接收站智能化运营，实现接收站的全生命周期管理。

▶全方位智能联动、数据共享，提升LNG接收站本质安全

运用5G、北斗、物联网、大数据、人工智能等技术，建立视频违章识别模型，智能分析现场监控视频，及时识别违规操作等，实现异常信息推送和自动统计，全天候保障现场安全生产作业。建立预警预测优化决策系统，结合LNG接收站生产动态信息，通过"事前预警、事中处置、事后评估"的机制，提供动静态信息展示、一键报警、接警快速分析、事件智能分级等应用，满足生产现场的生产要素的预警预测管理需求。实时采集、传输、处理LNG接收站生产运营过程中的经营管理、生产运行数据，实现对LNG生产各种要素的全面动态感知，消除业务系统间条块分割、数据孤岛现象，为技术创新和管理创新的两轮驱动、实现LNG接收站本质安全提供坚实保障。

▶管理数字化，提升LNG接收站精细化管控水平

统筹考虑LNG接收站全生命周期建设需求，贯通规划、前期、定义、实施、验收和运维业务链条，开展管控一体化建设，推进全生命周期的数字化管理，提升精细化管理水平。通过孪生体模型和全面感知的物联网系统，监测物理实体运行状态，模拟发展趋势。在数字化接收站模型上实现业务流、数据流、审批流全流程上线，以接收站安全生产为重点，全面建成安全管理、生产管理和设备管理三大业务管理活动的数字化，业务通过智能平台进行协同处理，从底层实现数据共享，提高工作效率和生产管理水平。

▶应用规则、机理模型辅助运行分析，提升LNG接收站节能降耗水平

LNG接收站主要生产过程包括LNG接卸、储存和外输，生产与经营优化以生产

操作优化需求为导向，实现工艺卡边操作，利用规则、机理模型辅助生产运行分析，为科学决策提供依据，降低生产能耗。LNG储罐热动力模型、LNG储罐卸船工况预翻滚故障模型辅助优化BOG高压压缩机启停操作，降低压缩机能耗；海水气化器热动力模型辅助优化分析海水与LNG气化量配比，降低泵能耗；LNG冷凝器热动力学模型分析实时卸料与外输工况，优化再冷凝器操作。智能化LNG接收站运用各种规则模型与机理模型开展预制、预测分析生产工况，辅助决策，最大限度实现资源利用，保障安全生产，减少生产能耗。

> **深化新技术应用，提高实体质量，推进智能化运行**

聚焦生产运行、设备管理、安全管理三项核心业务，确保整体生产过程可监测、可预警、可优化，全面推进LNG接收站智能化运行。接收站利用人工智能算法，对视频、图像进行智能识别，对风险进行实时监测，实现"预测预警可控"。利用防爆移动终端、智能安全帽等智能感知设备，实现接收站工艺巡检、设备巡检和安全巡检等多专业巡检相融合。依托传感器和智能算法建立设备在线监测及配套管理，打造以设备为核心，设备定期检查为主线，以状态维修为主的多种维修方式并存的接收站综合性设备管理模式。根据生产工况变化智能识别误报警，辅助设备判断工作，实现接收站隐患快速识别、智能工单、库存预警、维修计划，同时具备设备台账、设备维检修全过程管理等功能。智能化LNG接收站应用多种智能设备，将多方采集的数据有机结合，打造槽车装车业务一体化业务应用，包括远程信息备案、线上人员培训、远程计划申报、装车网上预约、进场人车智能安检、无人值守称重、身份证集成应用、智能设备辅助巡检、自助结算打印等槽车装车的全流程管理等，全方位地推进LNG接收站智能化运行。

3.以智能化应用场景促LNG接收站业务高质量发展

智能化LNG接收站能够有效地提升LNG业务效率，帮助LNG企业实现高效、绿色、本质安全的运行。智能化LNG接收站在建设之初，通过构建数字孪生体将各类业务数据与三维模型进行叠加，构建虚拟数字化空间，通过不同的模式确保建设过程透明化、运营过程可视化、应急联动实时化。智能化LNG接收站的典型应用场景包括智能化生产调度、计量盘库、智能巡检等。

> **智能化生产调度**

接收站生产调度主要业务是"进、出、存"，进料主要是LNG来船接卸，出料主要是三种途径，管道外输、槽车发运，部分接收站还具备返装船功能，另外还需考虑自耗气、损耗等，生产调度人员需要根据操作规则制定调度计划。智能化LNG接收站将接收站生产调度作业规程抽象成规则模型，如不同组分、不同密度LNG介质的掺混规则，采用上进料、下进料的约束条件，储罐高低液位报警数据等，将业务经验沉淀到工业互联网平台，从而生成调度计划。然后要基于接收站基础工艺模型、规则模型，进行工艺路径自动规划，针对各类工况，一方面将常用的工艺流程固化到系统中，实现一键生成"操作卡"；另一方面，根据平台固化的工艺模型和规则模块库，通过可视化点选的方式，自动规划工艺路径，生成"操作卡"后，线上提交审批，审批完成后，下发到中控调度岗。智能化生产调度如图6-9所示。

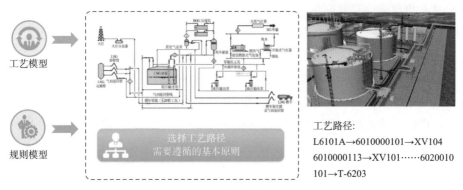

工艺路径：
L6101A→6010000101→XV104
6010000113→XV101……6020010
101→T-6203

图6-9　智能化生产调度

> **智能化计量与盘库**

智能化LNG接收站通过智能化计量盘库，随时掌握库存、损耗、接收站整体盈亏情况，依据ISO 6578、ISO 6976、GPA 2145等相关标准体系建立计量计算模型，信息化平台获取实时数据，实现LNG到港交接、外输、盘库和能耗统计等主要计量工作，随时掌握接收站库存和盈亏情况。

> **智能化巡检**

目前接收站常用的几种智能巡检手段包括高清摄像头、防爆手持终端、智能防爆巡检机器人、激光云台甲烷检测器等，智能化LNG接收站以此来实现LNG接收站的智能化巡检，通过这些智能化的手段，最大限度减轻劳动强度，获得较好的巡检效果。

> **智能预警联动**

基于工业互联网平台，集成LNG接收站内工控、消防、安防、电信、电力等相关的底层监控、操作控制等系统，通过建立规则模型，实现各类异常事件的综合联动预警和报警。

4.案例：科技助力创新，数字技术提高企业智能化水平

某燃气企业LNG应急储备项目承担着区域应急保供、季节调峰，实现管网互联互通的重要使命。该项目建设内容包括码头工程、储罐工程、接收站工程、外输管道工程。项目充分借鉴行业接收站及管道数字建设经验，打造特色信息化系统，树

立"标杆工程"。项目实施后，企业可有效地管理下游用户的气量销售及上游采购，有利于气量统计、结算，用户用气特点的分析，提升了企业的运营管理水平。

企业通过智能化LNG接收站建设，实现了由传统的"集中监控、人工调节、定期巡检、本地维护"转变为"远程监控、无人值守、自主决策、协同服务"，接收站动态实时可控、生产趋势预测、预警智能分析、动态优化、生产过程安全可控，提升了接收站流程自动化管理水平、业务智能化运行水平。具体来看，主要体现在码头作业、接卸管控、船期计划、辅助生产运营决策等典型领域。

▶实时分析各领域数据，有效支持码头作业

智能化LNG接收站将移动端平台、码头自控系统、各工业监控系统、船讯网、海事局、天气网、视频监控系统等集成至工业互联网平台，对码头重点作业实时数据进行汇总和可视化展示。通过与内外部多系统集成与传送，企业实现数据自动集成、采集，在平台内通过中台实现数据共享与汇总、分析。

▶持续核准罐区可接卸状态，合理规划实现接卸精细管控

通过来船计划不断核准罐区可接卸状态，在船到港后结合不同生产运营模式，自动推荐进罐安排，规划各储罐进液方式、建议卸载量、安全液位最大卸载量，进一步实现接卸精细管控，保障安全生产。

▶以船期计划驱动，联动分析生产运营状态，保障安全生产

考虑到船期计划的不确定性，项目结合预计到港日期动态进行库存预警、外输计划预警、设备维护保养计划预警、安全环保作业计划预警等。结合实际生产运行状态，推送作业安排信息，保障合理排产。

▶实践收、存、发推演分析辅助生产运营决策

以全年收、发、存计划为基础，结合实际生产工况，项目按照不同生产模式，进行全年接卸、罐存、外输推演分析，针对异常情况进行预警提醒，让异常早发觉、情况早评判、措施早准备，辅助生产运营决策。

（三）智慧码头：建设智慧码头，融合创新驱动

石化码头是原油、成品油、LNG、液体化工品等商品进出口的重要基础设施，利用物联网、大数据、北斗、5G等新一代信息技术，可以促进石化码头向标准化、可视化、一体化、模型化、智能化方向快速发展。智慧码头建设需要解决企业目前存在的以下问题：

无法实现船舶可视化跟踪，远洋运输滞期费用高。无法实时跟踪船舶动态，不能及时掌握船舶位置和到港时间，不能为后续作业计划制定、资源配置、应急响应等活动提供有效支持。远洋运输滞期费问题突出，物流成本压力大，有必要开展船

期优化，减少船舶滞期时间，降低一程采购物流费用。

码头接卸效率低，接卸损耗大。码头接卸涵盖船期、检舱、制定卸货方案等内容，缺少接卸信息共享平台，无法实现船期计划、船舶动态、储运资源、调度、接卸作业等一体化管理，进而影响码头接卸效率。尚未实现接卸损耗分析，无法明确海运损害和接卸损耗的责任主体，影响码头经济效益。

生产运行信息化程度低，影响业务管理效率。生产运行覆盖总体协调、组织、指挥、监督、服务等业务，负责统筹上下游接卸、存储、外输等工作任务。目前存在数据人工填报、调度令依靠电子邮件或传真等现象，影响生产运行管理效率。

智慧码头建设需充分利用新一代信息技术，围绕原油、成品油、LNG、液体化工品的码头装卸业务，建设船舶动态、船期优化、码头接卸、生产运行、调度优化等业务应用，智慧码头的建设内容如图6-10所示。

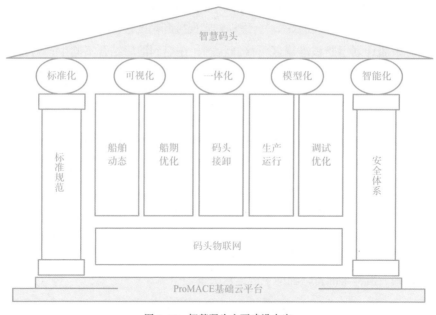

图6-10　智慧码头主要建设内容

智慧码头建设应实现以下四个目标，一是实现船舶实时动态跟踪，为后续接卸处理提供支持。通过船期计划导入，系统自动定制"我的船队"并整合船舶信息、原油装载情况、目的港及相关业务信息，基于船舶自动识别系统（Automatic Identification System，简称AIS）地理信息技术，辅助调度员跟踪一程油轮装港、在途、到港、离岗的状态。调度员根据船种、油种、装船量等信息制定船期计划，对照船期计划进行到港前的预警与提示，保证接卸顺利完成。二是要优化船期计划，减少滞期时间，降低物流费用。调度员根据油种、装期等因素，进行装港、拼装、到港、接卸优化，合理安排船期，优化船期分布，均衡到港，从而减少滞期时间，降低滞期费用。三是要实现码头接卸一体化管理，提升接卸效率。调度员通过船期计划、船舶动态、储运资源、调度、接卸作业、滞期等一体化管理与信息共享，提升码头接卸效率。计量员开展接卸损耗分析，计算一程损耗、接卸损耗，登记损耗超标合同，进行短量索赔，提升码头经济效益。四是要通过调度优化，实现精细化管理。调度员通过调度优化，避免炼厂操作和码头操作之间脱节，防止产品降级和计划外的产品混合。通过整合业务链条上各相关系统，实现数据流转与共享，减少数据重复填报，为管理者提供决策依据。

码头业务的数字化转型主要应用场景包括：

▶船舶动态全过程管理

码头调度员实时掌握油轮到达装货港以及装船等其他信息，外贸代理公司业务员及时通报拼船信息及装船原油品质等。调度员通过对油轮在途监控，随时定位船舶，自动推算到港时间。根据到港时间、泊位状态、吃水深度等因素，下达船舶接卸任务。

▶船期优化

调度员根据船期优化的约束条件和影响因素，建立船期优化模型，采用混合整数规划优化算法对船期进行优化，以期实现全局优化。根据企业经营目标、经营效率和经营利润，调度员在船期优化处理模型中，增加全局优化目标，优化目标可以设定为总运输费用与滞期费之和最小。

▶码头接卸电子化

根据码头接卸操作票，实现码头卸油操作各环节的电子化管理，包括油轮、油种、货主基本信息、靠泊、商检、岸罐检尺等各类操作记录，为运销数据的统计汇总、后期卸油考核提供依据。

▶自动规划最优工艺路径

对储罐、主要生产设备和工艺管线进行数字建模，在数字模型的基础上融合优化算法模拟各类生产作业的具体工艺流程，结合实际工况自动规划最优工艺路径，优选主要生产设备和作业储罐，避免出现作业冲突和发生油品质量风险，同时降低人工优化的工作强度和出错概率。

（四）智能油库：油库数字孪生，安全高效运营

油库是协调原油生产、加工，成品油供应、储存及运输的纽带，也是国家原油及成品油储备和供应的基地，在石化供应链上发挥着举足轻重的作用，关乎国民经济命脉。国内外石油化工企业重视油库的建设。国外，美国马拉松石油公司和康菲

石油公司率先利用物联网、无线技术、集成技术、基础设施升级改造等技术提升了油库管理水平，为智能油库建设提供参考依据。国内，中化兴中公司岙山油库和绍兴石油东湖油库是利用物联网、人工智能等新一代信息技术建设智能油库的典范。根据国家政策要求和企业业务需要，具备全面感知、共享协同、安全预警、绿色低碳的智能化能力，是未来油库建设的必然趋势，亦是油库数字化转型升级的必然要求。

面向石化油库，企业可基于自主可控的工业互联网平台，融合新一代信息技术，建立各类底层感知数据采集、汇聚、分析的数据资源中心，构建业务、数据一体化的智能油库管理系统，助推油库各类业务管控模式由被动向主动转变，提升油库全面感知、实时监测、智能分析、联动预警的能力。油库在石化产业链上的重要作用如图 6-11 所示。

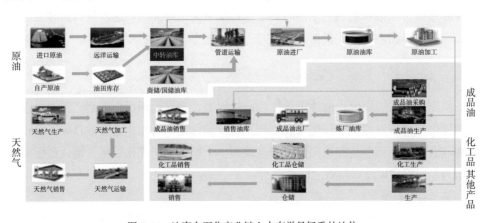

图 6-11　油库在石化产业链上占有举足轻重的地位

目前，大多数石化油库自动化设备设施未能实现全覆盖，底层控制系统感知手段严重不足，自动化数据采集能力欠缺，生产、设备、安全、环保等指标监测手段缺失。大多数老旧油库建设年代较长，设备设施陈旧，基础资料缺失，数字化交付程度不足，导致后期数据采集较为困难。部分油库安全管控依赖于人，重点流程人工参与较多。自动化检测、分析、报警等主动安全水平不足，管理大多依靠人员经验，难以实现预警预测。由于工程建设阶段没有统一的数字化交付标准，大多数石化油库信息孤岛严重，日常运行基础设施、技术标准、数据标准等标准规范不统一。

智能油库主要围绕原油、成品油、液体化工品等介质的储存和中转业务，利用新一代信息技术，建设计划管理、运行管理、生产作业、计量损耗、运销管理等业务应用，促进科学生产、本质安全。智能油库设计思路如图 6-12 所示。

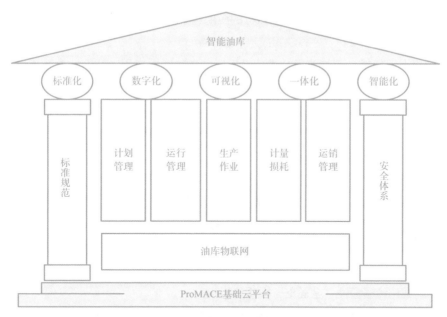

图 6-12　智能油库设计思路

　　智能油库建设以油库管理业务为核心，聚焦以下四个目标，一是建成油库数字孪生体，提升数字化能力。建设数字化交付平台，打通建设期与运营期实现数据共享，按照实体对象数字化、工艺流程数字化、操作规程数字化、管理流程数字化，构建数字孪生体。集成工控系统、可燃有毒气体监测、感温光栅等底层感知系统实时数据，为预警预测模型提供数据支撑。二是构建智能调度模型，杜绝误操作事故。对油库储罐、主要生产设备和工艺管线进行数字化建模，集成罐、泵、阀门等设备设施实时数据，将常用的罐区生产调度逻辑规则进行抽象和梳理，模拟各类生产作业工艺流程，辅助制定生产调度指令，减少人为失误造成的安全风险。三是全方位支撑报警联动，提高应急响应速度。当石化油库发生火灾、可燃有毒超标等异常报警时，自动定位报警地点，智能调取报警地点周围视频监控信息，查看附近人员数量、分布位置，并通过公共广播、人员定位卡向库区现场人员发送应急语音，及时将报警信息推送给相关人员。四是建立储罐"一罐一案"，确保储罐本质安全。建立基于风险的检测（Risk-Based Inspection，简称RBI）分析档案，将RBI分析报告中的储罐外观检查、罐壁超声测厚、罐顶超声测厚、基础沉降等信息电子化，实现储罐外观、罐壁罐顶厚度、基础沉降等信息的动态监控、历史追溯，为保障储罐安全运行、延长设备运行周期、避免事故发生发挥积极作用。

智能油库覆盖全要素全业务全流程的应用场景包括：

▶支撑全要素预警，提高油库应急响应水平

应用点云扫描、三维渲染技术建设库区前端物联网应用，智能油库系统集成底层物联感知数据，实现储罐、泵、阀等实时数据，人员定位、施工作业、视频监控、可燃气体和有毒气体检测报警系统（Gas Detection System，简称GDS）等监测数据三维可视化展示，实现火灾消防、可燃有毒气体、液位异常、视频识别等报警联动、分级推送，为库区安全生产提供全方位支持。

▶贯穿生产业务全流程，实现生产下达－执行－反馈闭环管理

打通总部、库区的生产业务流程，实现采购、销售、借油、还油、借罐、还罐、盘库等业务通知下达，库区接收总部下达的出库、入库作业计划，规划工艺路径，辅助生成调度令下发，库区操作人员按指令完成生产作业，并将作业结果及时上报给总部，实现生产的下达－执行－反馈闭环管理。

▶精细化计量管理，全面支撑损耗分析

通过采样及化验获化验密度、化验温度、含水率等基本数据，按照国标计算方法，并结合化验数据、运行数据、罐容表数据、体积修正系数等关键数据，计算储罐的体积量、混油量、纯油量等数据。依据销油凭证、收油凭证、接卸单数据等以含水和损耗为目标进行统计分析，计算含水量、含水率、损耗量、损耗率等指标数据，为生产运行提供数据基础。

▶实时监测工艺异常，提高工作效率，减少人为失误

对储罐、主要生产设备和工艺管线进行数字建模，在数字模型的基础上融合优化算法模拟各类生产作业的具体工艺流程，结合实际工况自动规划最优工艺路径，在作业之前检查阀门开关状态是否与设计一致，在作业过程中实时监测泵阀开关状态异常，提高工作效率，减少人为失误。

（五）成品油储运：智能计量管控，保障能源供给

成品油储运是指将汽油、柴油、航煤等成品油料进行运输、储存、派送的过程，包括大规模的油库、油站、储罐等设施，过程涉及油品的进货、存储、分装、运输和销售等多个环节。目的是将油品从炼厂或其他供应商处运输到油库，并分发零售店或其他销售点，以满足市场需求。在储运过程中，需要采取相应的措施，确保油品的质量和安全，防止出现泄漏、火灾等事故，以及杜绝偷盗油、质量不合格等风险。储运过程对于油品的宏观调控、可持续供给、人民生活和国民经济发展等方面都有着重要的作用。

成品油储运过程的管控是指对成品油从储存到运输全过程进行严格的管理和控

制，包含成品油的物流交接、仓库管理、油品分发、终端零售，覆盖油品销售企业的核心业务，涉及油品质量和安全，直接影响到销售企业的声誉和市场竞争力。传统的成品油销售企业在储运过程中往往依赖大量人工参与，在过程的规范性、数据的准确性、安全风险防范等方面均存在挑战，不利于企业提升管理水平、获得客户信任、提高市场占有率和竞争力。为深入贯彻国家和成品油销售行业有关质量、计量管理的方针政策，企业迫切需要对成品油销售的储运过程进行数字化赋能、智能化升级，实现对成品油储运全过程的精确管控。

成品油储运智能化管控技术的应用以油库和加油站为具体的业务单元。其中关键环节是油库，承担了成品油接收存储调配发送的核心业务。近年来，由于国内经济的不断发展，国内成品油库库容保持快速增长态势，我国成品油库建设项目正在不断推进。中国海油、中外合资企业等强势进入该市场，不断新建、收购成品油库，扩容态势迅猛。目前，国内大型油品销售企业尚未大规模使用系统化、标准化的成品油储运智能管控技术与应用系统，油库层面储运管理还主要集中在库级信息化应用与自动化计量改造层面。这些基础信息化系统的建设与自动化计量的改造，为实现计量、质量、账务的统一化、标准化、智能化管理提供了基础，也为成品油储运智能化管控技术推广应用创造了条件。

成品油储运智能化管控技术立足于企业的油品采购、一次物流、仓储、二次配送、终端零售等全供应链计量和质量业务。通过成套智能化系统，企业能够实现对油气产品进、销、存的全面管控，引入智能化技术赋能，全面提升油品销售企业实物流、质量流、商品流的管控水平。系统的总体建设思路为以下7个方面。一是基于储运过程业务管控技术，实现多运输类型、多油品种类、多交接方式的油品收、发、存计量业务线上智能管控；二是通过收发油凭证与ERP记账凭证业务联动技术，解决实物流、商品流不一致的难题，保障实物、账务、所有权库存的账实一致；三是开发企业业务穿透分析与风险智能识别技术，对库存、损耗、密度、脱销等风险因素进行实时监控与预测预警；四是开发统一调度、高并发、高频次的大容量分布式数采技术，实现多类型、分散的自动计量与收付油设备的精准计量；五是将大数据方法应用于油品质量的群落分析、油品特征的模糊匹配、油品性质关联预测，有效把控质量；六是利用油品储运业务链跟踪技术及油源大数据识别技术，对油品储运过程进行双重溯源，第一时间识别质量风险；七是开发包含季节因子、星期因子、油品价格变化因子的油库发油量预测技术，基于高质量业务管控基础数据，结合快速自学习迭代模型进行油库发油趋势预测，助力精准物流调度。

成品油储运过程的智能化管控技术可为油品销售企业提供一套完整的全过程计

量管控应用系统、多项成品油质量监管智能技术以及油库发油量智能预测方法。企业可运用该技术为ERP等相关业务管理系统提供精准的计量数据支撑；为安全环保、设备、人员、资金、偷盗油风险的预警和处置提供精准的数据支撑；为油品质量管理提供大数据分析基础，实现双重溯源；为销售企业的生产经营、管理和决策提供一套成品油储运智能化管控系统，对大计量业务进行集中管控，并为生产经营管理和决策支持提供数据支撑。

成品油储运的数字化转型主要应用场景包括：

▶油品物流企业储运全过程计量智能管控

企业依托成品油储运智能化管控系统可实现不同计量自动化控制的数据采集、分析与开发，并且同ERP、电子商务、零管等不同系统进行信息集成，规范油气储运全过程业务管控标准，建设计量相关的业务模板，实现油气进销存三大业务管理的体系化、智能化。成品油储运过程管理如图6-13所示。

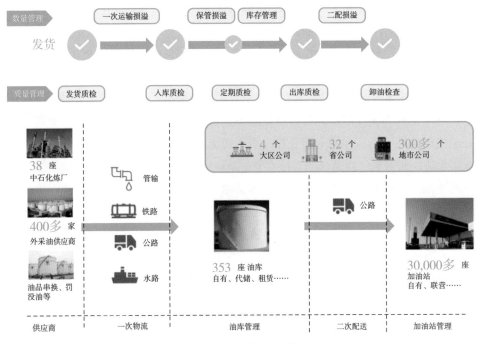

图6-13　成品油储运过程管理

在业务管控方面，企业以油库业务为基础，落实计量管理规范，利用大数据对比等多种计量手段，统计数据差异、智能识别收发油异常。同时，集成物流、ERP数据，准确计算所有权库存，为财务等相关业务提供支撑，准确管理实物库存，实现实物库存、财务库存的账实对照。油库收发存业务管控如图6-14所示。

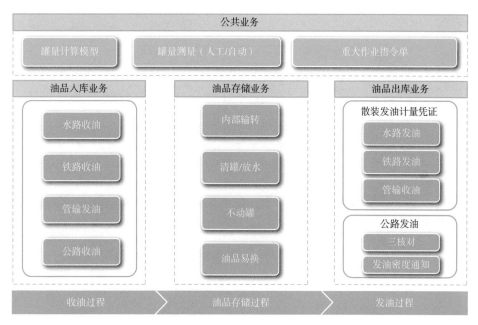

图 6-14 油库收发存业务管控

> ▶油品储运质量智能化监管

企业可运用研究法辛烷值（RON）预测模型以及成品油储运双重全过程溯源技术，降低储运过程质量检测设备投入，第一时间识别成品油质量风险。溯源技术可分为物流链溯源与油品群落溯源。物流链溯源指企业利用库站关联、物流跟踪、过程管控等技术，打通到油站最后一公里，建立加油站–油库–物流–供应商/炼厂跟踪系统，识别油库、炼厂、供应商环节质量问题，实现油品溯源跟踪。油品群落溯源则为采用外采油特征画像，建立模糊匹配模型实现新油品特征识别，给出该油品的可能来源，进一步提升油品溯源的精准度与效率。油品储运双重全过程溯源如图6-15所示。

> ▶油库发油量智能化预测

成品油物流调度的关键环节是油库物流调度。为有效提高油库周转次数，需要制定与油库实际情况贴合的收发油配送计划，其关键在于对油库的一段时间内发油量变化趋势进行较为准确的预判。企业可通过大数据自学习迭代训练方法建立油库发油量预测模型及相关技术，引入季节因子、星期因子、油品价格变化因子等影响参数，并基于实际历史数据进行自学习训练，可较准确地预测油库一段时间内的每日发油量变化趋势，助力销售企业物流精准调度。

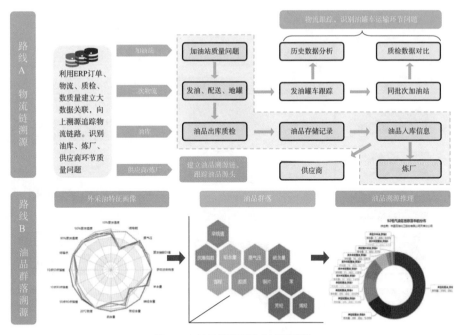

图 6-15　油品储运双重全过程溯源

四 / 智能工厂：打造智能工厂，树立智造标杆

　　为提高行业发展水平，全球能源化工企业积极部署智能工厂建设，探索智能制造之路，运用数字孪生、人工智能、云计算、大数据等新一代数字技术提高生产效率、降低产品能耗。例如，巴斯夫采用场景化方式，构建虚实结合的数字工厂，规划了生产优化、生产管控、设备运行等18个用例；沙特阿美在胡莱斯油田打造人工智能决策中心、智能可穿戴设备、数字化员工等用例，成为首个拥有"灯塔工厂"的石化企业。智能工厂成为能源化工企业提升数字化、网络化、智能化水平，加快数字化转型的重要抓手。智能工厂将5G、人工智能、大数据等数字技术与炼化生产过程的资源、工艺、装备、环境以及人的制造活动和全要素进行深度融合，以更加精细和灵活的方式提高企业运营管理水平，推进企业数字化网络化智能化转型升级，实现高质量发展。

　　智能工厂建设以工业互联网平台为底座，围绕供应链协同一体化、生产管控集成一体化、资产全生命周期管理三条主线进行建设。智能工厂业务架构如图6-16所示。

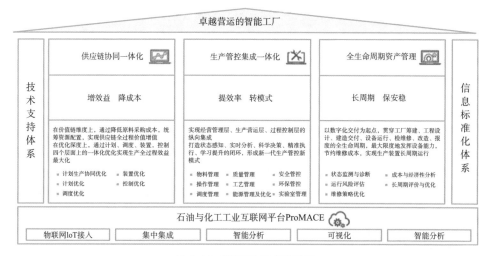

图 6-16　智能工厂业务架构图

▶供应链协同一体化

智能工厂供应链协同一体化属于复杂的多目标优化范畴。由于行业特点及过程和机理的复杂性，优化的边界条件多而复杂，存在强耦合性。因此根据优化目标不同，智能工厂供应链优化过程可以分为三类。第一类优化过程是以业务协同水平为优化目标，以生产计划管理、调度管理、装置操作、计划生产跟踪水平等为约束条件进行优化，实现相关业务链的实时闭环管理，提高协同响应水平；第二类优化过程是以集成优化水平为优化目标，以计划、调度、数据交互的协同水平等为约束条件，同时考虑企业生产经营条件，实现由全局到局部优化、由月度到日常优化的协调统一和无缝衔接；第三类优化过程是以效益最大为优化目标，根据企业、分厂、装置日效益变化情况，捕捉生产经营出现的偏差，实现快速、持续优化。

▶生产管控集成一体化

以提升管理效率为目标，智能工厂通过企业客户服务层、经营管理层、生产执行层和过程控制层四个关键业务域信息的共享和反馈，实现市场需求、生产计划、调度作业、现场操作和自动控制的双向信息联动和实时绩效反馈。在安全、环保、节能、设备、工艺、质量等多约束条件下，智能工厂实现全厂的纵向一体化管控，推动企业生产管理由传统的以专业划分的分段式管理模式转变为集约化、一体化管控模式，从而达到全厂数据、人员、资源的信息高度共享和全过程一体化生产优化。

▶全生命周期资产管理

将提高资产利用率、保证企业本质安全的目标贯穿总体设计、基础设计、详细设计、施工、中交和试车等建设设计期全过程，以及运行生产、检维修、改扩建、报废等运营期全过程，实现企业资产全生命周期的管理。智能工厂通过对工厂设计全过程的工程管理以及数字化交付，建立与实物装置信息高度一致的虚拟工厂。在虚拟工厂信息集成共享的基础上，通过对各类设备资产信息的全面感知，并利用建立的设备特征及故障诊断分析知识库，实现对设备信息自动采集、状态监控、异常预警报警、故障诊断、检维修以及实绩分析的统一闭环管理，进一步提高设备资产的可靠性，由事后的故障处理程度为预防性和预知维修。

智能工厂可采用云边协同部署模式，实现企业数据、信息和知识的承载和复用。其中"云"是建设集团级的工业互联网云平台，适用于中、大型集团公司且下属多家生产企业，云端侧重于资源管理和集中共享，如分析类、协同类、离线优化类应用；"边"指的是在企业本地端部署的边缘云平台，侧重于现场数据的集中集成，如数据采集与监控类、实时优化类、现场操作类等业务应用。

能源化工行业智能工厂具有五化特征，如图6-17所示，分别是自动化（Automation）、模型化（Modeling）、集成化（Integration）、平台化（Platform based）、数字孪生化（Digital twinning），其中工业自动化是基础、模型化是驱动、集成化是核心、平台化是支撑、数字孪生化是路径。这里模型泛指实际系统或过程特性的一种表示形式或映射成的一种结构，如机理模型、数据模型、几何模型、业务模型、信息模型等。化工过程具有多时空尺度特征，需要综合利用化工过程的第一性原理、过程数据和专家知识，结合人工智能算法，将石化工厂的行为和特征的知识理解固化成各类工艺、业务模型和规则，进行混合建模和多尺度建模，解决化工过程中的模拟、监测、优化和预测等问题。数字孪生化就是为物理实体、数字实体等可以有数字模型的实体或实体组合建立数字模型的过程，这种过程的衡量标准为逼真度（Fidelity）和可信度（Credibility，也称置信度），它们表现为从形似、仿真、神似（包含静态和动态）到难分真假，通过以虚映实、虚实互动、以虚控制的方式，体现了数字孪生化水平的高低。

未来智能工厂将在现有三条主线的基础上持续演进发展，主要在六个方面进行扩展和深化，第一是向技术软件化拓展，通过技术研发、工程设计、装备制造、生产运营、软件开发等多方力量协同，将石化行业自主成套技术的催化剂、工艺、控制、设备、安全、环保等专业技术与新一代信息技术相融合，实现科技成果的工业技术软件化创新，为工厂的智能化运营打下坚实的技术基础。第二是向工程设计端延伸，发展正向设计，建立面向智能工厂的工程设计标准、规范，提升工程数字化交付内容的深度和广度，实现工程设计无形资产（数据和模型）交付的创新，并通过工业互联网平台，实现工程数字化交付与生产智能化运营的无缝衔接。第三是向工艺装置侧聚焦，聚焦炼油、乙烯、芳烃产业链自主成套技术的核心装置，通过机理模型和数据驱动模型混合建模，实现装置运行的预测预警、实时优化、智能控制、设备监控及本质安全，为基层员工赋能、减负，提高劳动生产率，实现部分环节的少人化和无人化。第四是向生产管理层深化，实现全厂的资源利用、产品结构、能源消耗的全流程整体优化，并强化工艺、设备、安全、环保、质量、能源、储运、物流等多业务协同，加强计划、调度、操作的集成化管控。第五是向经营决策层扩维，深化数据治理，建立集团统一数据架构和数据标准，挖掘数据资产价值，构建石化智脑；通过企业生产经营大数据的分析和运用，提升企业经营创新创效水平和风险管控能力，通过集团生产经营大数据的分析和运用，提升板块经营创效水平和区域协同优化能力。第六是向产业链协同发展，以工业互联网为支撑，通过上下游产业链的数据共享、业务协同，实现集成优化，支撑石化产业的一体化、基地化、园区化运营。智能工厂的建设将成为能源化工企业实现高质量发展的主战场。

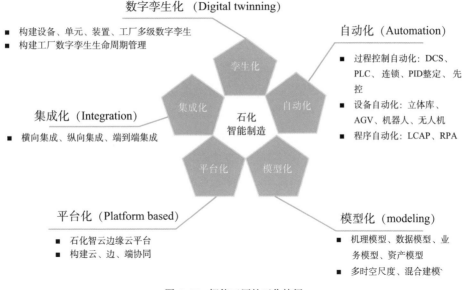

图 6-17　智能工厂的五化特征

（一）计划管理：构建优化模型，实现效益最大

生产计划管理是能源化工企业的龙头业务，计划排产的合理性决定着企业90%以上的经济效益。经济效益是企业生存的价值和基础，企业需要通过资源的优化利用、生产加工过程的合理安排、成本费用的管控和产品销售等实现效益最大化。所以合理制定未来周期内的各项计划决策十分重要，这些计划包括资源配置计划、生产加工计划、产品流向计划和调运计划。集团型企业生产计划业务通常采用分级管理模式，资源的供给和产品的销售由总部统一进行管理和配置，从而实现整体效益最大化。计划优化软件自20世纪80年代以来已逐步发展成熟，如今全球已经有超过

130家石化企业使用计划优化模型。经过近30年的不断应用和研究，计划优化已经成为能源化工企业生产计划排产、加工方案优化、战略规划不可或缺的工具，成为企业挖潜增效、提高竞争力的有效抓手。

各大石油公司已经将计划优化软件广泛应用到企业级和公司级的各种生产测算，如投资分析、原油选择、原油分配、生产计划等，为企业创造了可观的经济效益。经过几十年的不断深化应用及研究，计划优化模型应用已从单个炼厂发展到多厂以及整个公司总部，帮助集团型企业解决供应与分销渠道优化等问题、跨区资源调拨等问题，从而实现全局整体优化。

1. 生产计划优化业务的主要难点

在生产经营方面，资源配置、资源互供、业务协同、跨区调拨等问题是影响整体效益最大化的核心，由于缺乏先进的模型算法进行优化，缺少直观的效益对比分析，只能依赖人为经验进行决策，很难在保证市场供需平衡的前提下实现整体效益最大化。国内石化企业在生产计划优化方面引进了国外的许多软件，如战略与绩效分析（Profit Impact of Market Strategies，简称PIMS）、不动产管理系统（Real Property Management System，简称RPMS）、生产调度决策优化系统ORION、流程优化测算软件RSIM等，用于制定生产计划、调度排产和优化装置生产。由于引进的国外软件多是单个应用系统，虽然做了许多工作和接口，但很难说是真正的集成，其应用的范围和深度受到影响；而且国外软件不能完全适应国内企业的管理流程、方法和模式，也难以解决各企业的特殊问题和需求。具体难点和提升方向可以概况为以下几方面：

一是原油采购数量大、品种多，应按需配置优质资源。集团型企业的优势在于原油加工品种多、数量大、适应能力强、加工路线灵活，但如何做好资源分配是集团型企业的主要痛点。在保证企业效益最大化的同时，力求实现集团整体效益最大化。因此集团要建设一个涵盖所有企业的整体优化模型，从全局最优角度进行方案优化，支撑资源分配和加工安排，按需配置优质资源，从而实现整体效益最大化。

二是石脑油产量大、流向多，应发挥炼化一体化优势。近几年，受炼油产能过剩、"双碳"指标、成品油消费市场低迷等影响，企业纷纷加大化工产品研发及生产投入，提出了"油转化、油产化"的生产目标。石脑油作为汽油调和、乙烯及芳烃的重要原料来源，通过在厂内/厂际互供及资源外购实现物料平衡，如何根据原料品质差异实现"宜烯则烯、宜芳则芳、宜油则油"，发挥炼化一体化优势，科学地安排资源互供和采购策略，是集团型企业的主要提升方面。

三是板块间业务壁垒严重，应整体统筹实现效益最大化。能源化工行业上下游装置关联紧密，板块间物料互供数量大、品种多，由于管理职能及管理考核等原因，往往很难做到局部最优与整体效益最大化。在炼油与化工板块间，石脑油、轻烃、尾油等物料互供及效益核算是主要矛盾点，也是影响效益最大化的主要因素；在炼油与销售板块间，汽柴油的生产、销售与外采数量平衡是主要矛盾点，也是影响炼销业务协同及整体效益最大化的主要因素。建设一个涵盖上中下游全产业链的整体优化模型进行总量平衡与资源配置优化，科学决策，推进板块间业务协同。

四是区域间产销不平衡，应促进跨区资源调拨。能源化工企业遍布国家各个区域和城市，既承担着经营创效的责任，又肩负着一定的社会责任。近些年，国家先后出台规划了上海漕泾、浙江宁波、广东惠州、福建古雷、大连长兴岛、河北曹妃甸、江苏连云港等七大世界级石化基地，新建产能释放与老旧企业改扩建造成了区域资源产销不平衡的矛盾。区域产销平衡，跨区调拨物流成本与生产效益的平衡是影响整体效益的主要因素。建立涵盖所有企业及区域的整体优化模型，实现低物流成本下的跨区资源调拨优化的需求。

2.全业务链的计划协同优化

企业需根据产品市场需求，通过生产计划制定一定时期内（年、季、月）的原料采购方案、装置加工负荷方案以及产品结构方案。在此基础上，根据物料平衡和物性平衡制定生产资源调配时间序列和设备操作条件。

实现生产计划协同优化，可在企业计划、调度及装置三个层面间建设协同优化系统，实现"模型一体化、数据一体化、服务一体化"。通过协同优化系统将月生产计划按照一定的业务逻辑进行拆分并进行旬、周或者日、班的调度模拟；将装置机理模型与计划优化模型进行集成，实现二次装置数据库（DataBase，简称DB）数据的动态调整，提高计划、调度与装置相互间的协同效率。即围绕企业生产一体化优化主线，在优化深度上，实现计划、调度、装置、控制四个层面上的协同优化，最终实现生产经营全过程效益最大化。

生产计划优化涵盖上中下游全产业链，有机结合不同板块间生产计划优化模型，提高整体生产经营优化水平，实现资源合理配置，加强区域资源平衡优化，提升板块间的协同能力。企业通过资源采购、配置、生产加工、销售、配送及调拨等优化应用，推进精细经营，实现降本增效。开展生产计划优化主要帮助企业实现以下几个方面的价值：

▶优化原油采购及配置，实现资源有效利用

生产计划优化涵盖所有炼油企业常减压及二次装置加工方案，实现不同原油在不同企业的加工方案及效益测算模拟，通过整体供销模块实现了分企业采购及销售资源的控制。计划优化需综合考虑原油市场价格、原油加工总量、长期采购合同、现货可采资源、运输成本等因素，优化原油采购品种及数量。整体可采资源、分企业可加工资源、分企业装置工艺流程、总体产品需求等约束条件形成一个整体数学

规划模型，以价格和整体效益为驱动进行迭代优化，最终求解效益最佳的方案，包括整体和分企业原油采购品种、数量和加工情况，实现资源有效利用。

➤优化乙烯及芳烃原料来源，实现"宜烯则烯、宜芳则芳"

生产计划优化涵盖所有化工企业的乙烯及芳烃生产方案，实现不同化工轻油在不同企业加工方案及效益测算模拟，通过物料互供和整体供销实现了物料互供及产销平衡，实现不同化工原料的生产方案模拟。计划优化综合考虑炼化一体化效益进行乙烯及芳烃原料来源优化，以价格和整体效益为驱动进行迭代优化，最终求解效益最佳的方案，包括乙烯及芳烃装置整体负荷、分品种原料来源、产品结构。

➤优化成品油"采-产-销"平衡，实现炼销一体化算账

生产计划优化涵盖所有炼油企业的成品油生产、调和及销售方案，实现不同分销渠道和不同销量下的阶梯价格计算。生产计划优化考虑成品油采购及分销渠道，和内部市场资源形成竞争关系，通过整体供销模块和分企业供销约束实现局部资源满足整体要求的控制，以价格和整体效益为驱动进行迭代优化，最终求解效益最佳的可行方案，包括分企业成品油的产销平衡及外采数量。

➤优化物料跨区调拨与互供，实现区域资源平衡

生产计划优化涵盖所有炼化企业，既有分企业加工方案、可采资源及产品销售的体现，又能通过整体模块实现整体资源和产品的控制。生产计划优化考虑灵活的分组控制，可以实现区域内资源的整体控制，进而在满足整体控制条件下实现分区域控制，包括分区域可采资源、产能、产品需求，以价格和整体效益为驱动进行迭代优化，最终求解效益最佳的方案，包括分区域的产销量及跨区调拨量。

➤统一实现协同，助力高质量发展

生产计划协同优化通过统一数据来源，统一模型，打造一体化的优化业务管理和服务体系，从计划目标制定和下达出发，在各关键部门实现协同优化，依托透明的管理，力争实现全流程的协同，使得企业能够持续获得利润并提升竞争力。

3.纵向贯通多级闭环的生产计划优化应用场景

➤纵向深度优化，协同效益最优

生产计划优化基于工业互联网平台，实现生产计划管理、调度计划管理、指标管理模块的功能协同，即计划部门将月生产计划提供给调度部门，调度部门将月计划按照业务逻辑由细到粗的方式拆解成日计划，再进行调度排产优化，得到日作业计划，并使用模拟验证，验证通过后将日作业计划下达到操作，进行装置优化，最后将装置的操作参数下达执行，实现生产计划、调度计划和运行操作三层业务的联动响应；通过计划、调度、装置、控制四个层面上的一体化优化实现生产全过程效益最大化。纵向深度优化应用场景如图6-18所示。

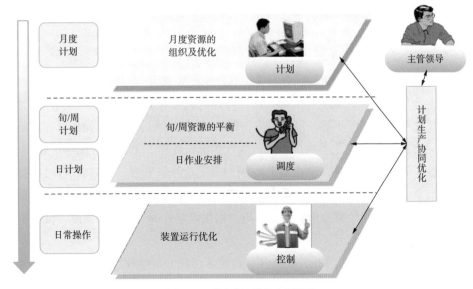

图 6-18　纵向深度优化应用场景

▶多级闭环优化，实现运行最优

采购部门提供采购计划、销售部门提供销售计划给计划部门，计划部门据此进行优化测算，并将月生产计划提供给调度部门，调度部门得到已验证的日作业计划，并开展流程优化，最后将装置的操作参数下达执行。计划优化工作使用计划跟踪来追溯每日的执行情况，不断地优化每日的计划，形成协同优化的主要闭环。每日测算效益，使企业始终运行在最佳状态。

▶效益分析测算，偏差效益直观

企业开展生产计划优化，集成月计划投入产出数据以及财务预算价格，基于装置投入产出及公用工程模型，测算装置层面计划周期效益，再根据装置归属关系，计算分厂、产品链、板块以及全厂的计划效益。同样的方式可以测算出装置、分厂、产业链等的实际效益，在每日效益测算的基础上，数据源更换为累计投入产出量和累计价格计算月累计效益，数据源更换为全月预计投入产出量和预计价格计算月预计效益。在装置层面，对比计划效益和实际效益，利用回归算法、敏感度分析，计算投入产出量差异对效益产生的影响、价格差异对效益产品的影响以及公用工程数量差异对效益产生的影响，对这三项影响因子进行排序，对投入产出量偏差影响效益较大的装置进行进度的调整。

▶计划调度协同，调度更贴计划

生产计划优化运用生产计划滚动测算模板将月度计划按一定业务逻辑拆分为日计划。构建调度排产模型，以日计划为目标，优化原油进厂、调和及加工，优化二次装置加工安排，优化产品调和计划等，将日优化目标变成可执行的作业计划，通过调度模拟验证结果。

4.案例：计划调度协同优化，助力企业降本增效

某大型炼油、化工、化纤联合企业，具有生产装置多、占地面积广等特点。近些年，企业生产经营决策主要依赖人工经验开展，存在滞后性，全局性的供应链、价值链优化与监控力度不够，"量""值"管理粗放，计划、调度、操作没有真正做到一体化协同，全局优化不到位，生产绩效评价粒度粗，无法实时跟踪企业成本、利润。为了解决以上问题，企业基于ProMACE工业互联平台，开展生产计划优化，建设覆盖企业供应链和生产全过程的10大应用，包括计划优化、调度优化、装置优化、效益测算、优化结果分析、效益分析、优化模型管理、优化方案库、价格模型和基础信息管理。

企业通过计划优化技术的广泛应用，产生了可观的直接效益，全年开展42个案例测算，其中实施了11个，累计效益达到4516万元。通过开展生产计划优化，该企业打通了业务条块间的数据壁垒和流程隔阂，提高了业务信息集成共享能力，优化了业务协作流程，实现计划的在线管理及数据共享，消除了信息孤岛。依托企业工业互联网平台，实现了生产计划、生产调度、生产装置的集成优化，协同生产、调度、操作各部门人员的工作，加强了生产调度的智能化、加强了生产过程中的流程规范和精细化管理，帮助企业增强核心竞争力，实现生产优化增效。

（二）调度管理：构建敏捷体系，精准指挥生产

能源化工企业生产环节多、协作关系复杂、生产连续性强，一旦发生故障，就会影响整个生产系统的正常运行，造成经济损失。生产调度是组织执行生产计划的工作，以生产进度计划为依据，在能源化工企业中扮演重要的角色。其涵盖了企业中生产流程的各个环节，包括原材料采购、生产计划、生产设备安排、生产任务分配、生产进度监控、生产数据分析等。企业通过生产调度管理可以全面了解生产进度、各部门效益、消除隐患，保障生产计划按照需求完成，提高生产效率，从而带来更好的经济效益。当前，新一代数字技术与科学的管理理念相结合，实现生产各环节的上下贯通、集中集成、信息共享、协同智能，可切实提高企业生产运营过程的全面监控、全程跟踪、深入分析和持续优化能力，企业通过构建生产调度为核心的生产管控体系，能够有效促进企业最大限度地创造效益和最低限度地减少损失，确保本质安全。

当前，能源化工企业正在积极探索运用先进的信息技术建立实时、全面、可视化的集中生产调度指挥中心，实现生产调度指挥系统与各生产营运环节系统的上下

贯通，各个生产环节信息的横向集成。调度管理以生产管理数据和生产动态数据为基础，全方位、多视角、可视化地综合展示企业生产营运情况，实现对生产过程、物流配送和资源共享等的实时跟踪和监控，为统一组织资源，整体指挥生产营运，实现实时生产调度提供技术支撑。

1. 调度管理亟须借助数字化转型提升管理水平

目前企业基于生产运行的需要，普遍建有实时数据库、DCS等相关应用系统，积累了大量、重要的生产经营信息，实现了一定程度的信息资源聚集、整合，为提高企业相关业务管理水平和生产调度指挥水平发挥了较大作用，但数据挖掘和深化应用水平还有待提高，对生产管理、经营决策支撑力度有待增强，主要表现在以下几个方面：在生产运行管控方面，调度人员对于工艺异常信息获取不及时，缺乏主动预警的手段，发现异常后要通过电话询问异常原因；在数据集成分析方面，只能通过人工主动去各个业务系统获取专业数据，再进行手工分析，效率不高，关联性不够；在生产异常分析方面，依靠人工判断，缺少经验指导与案例库支撑，对调度人员个人能力要求较高，存在误判风险；在生产异常处理方面，采用传统电话通知及口头安排，缺少标准处理流程，处理结果多以书面形式汇报，较难形成经验传承；在生产情况上报过程中，依靠下级单位值班人员定时、主动向上级调度电话汇报生产运行情况，隐匿不报或报告信息不细致的情况时有发生；在调度指令下达过程中，沿用传统的口头指令和书面指令方式，上级调度根据生产需求下达指令，下级单位调度人员按照指令落实后，再通过电话或书面向公司调度汇报指令执行情况，信息滞后严重。针对以上问题，企业亟须运用科学的管理方法和先进的管理工具，提升调度管理水平，建设智能化的调度管理。

2. 以智能调度构建企业生产指挥新模式

智能调度管理基于工业互联网平台，充分利用微服务、云计算、移动计算等技术，运用CPS设计思路，打造计划、调度、操作一体化闭环管理体系，建设具备生产感知自动化、数据分析科学化、指挥决策规范化的生产指挥新模式。以保障安稳生产为核心，实现生产过程实时监控、生产异常主动发现、异常处置科学规范。同时，通过建立调度指令监管、执行一体化闭环管理体系，全面提高指挥效率和决策水平。智能调度的主要建设内容如图6-19所示。

智能调度的先进性主要体现在以下方面：一是数据驱动，全面感知。变传统的人找数据模式为数据找人的数据驱动模式，由被动监控转变为主动感知工厂运行中的异常信息，全面掌控生产运行实时动态，降低工作强度。二是预测预警，主动应对。实现事后应急、事中发现的传统管控模式向事前预测、主动应对的智能模式转变，提高生产长周期平稳运行能力。三是科学决策，经验传承。提炼业务规则，固化业务逻辑和人工经验，构建经验库，实现知识的传承；自动推送智能处置建议方案，形成机器协助人工的智能管控新模式，提高科学决策水平。四是精准执行，闭环管理。通过对排产计划及智能处置方案进行解析，自动转换成可执行的生产指令。实现生产指令在线流转，提升指挥效率，达到精准执行、闭环管理的目标。

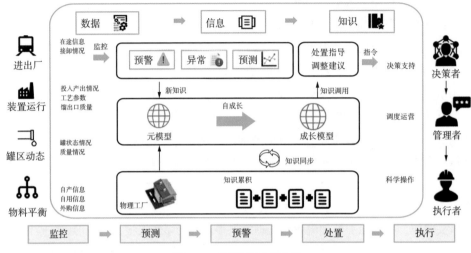

图 6-19　智能调度主要内容

生产调度指挥功能架构如图6-20所示。

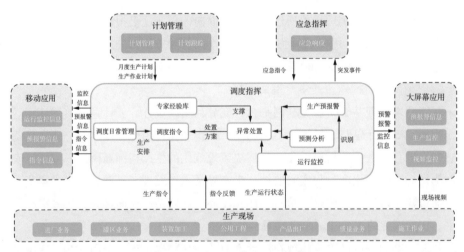

图 6-20　生产调度指挥功能架构

企业开展智能调度建设后，各级管理者能够更加及时、全面地获得生产运营信息，对生产情况进行深入分析，从而有助于提高精细化管理与协同作业管理水平。智能调度对生产指挥信息共享、协调决策，进而增加了决策的透明性和对生产变化的快速反应能力，提高事件监测与预警能力、应急决策效率和应急协同能力，增强对突发事件的防控能力，提高应急处置效率。

3. 全面感知、人机协同的智能调度应用场景

▶生产数据全面感知

企业通过对生产数据的全面感知、实时掌控当前生产动态。基于生产数据识别模型及规则，智能调度对感知的生产运行实时信息进行实时运算，实现对进出厂、罐区、装置运行、公用工程、物料平衡五大类业务的多维度综合监控，为预测分析、生产预警、异常处置提供数据支撑。

▶生产异常主动侦测

企业建立生产预报警判别模型，自动侦测监控范围内的异常信号。通过监控识别报警信息，进行报警推送，智能调度提示操作人员和管理人员发生警报的位置，并分级推送给相应管理人员；报警信息自动推送至智能处置模块生成解决方案。通过预警算法库，智能调度实现对生产运行异常状况的预警，对正在发生、可能发生或即将发生的异常事件进行预警，主动推送信息至相关管理人员。

▶人机协同智能决策

企业构建业务规则库，固化处置经验库，对于感知、预测到的生产异常事件，转变传统的人工核算和人工经验判断异常处置方法，实现处理方案智能研判和自动推送，形成机器协助人工的智能管控新模式。

▶调度指令在线闭环

企业构建结构化指令解析器，实现指令自动分解，构建基于人工经验和业务规则的指令解析器，实现智能处置建议和计划排产到调度指令、操作指令的自动分解，以及指令在线发布→在线执行→过程在线跟踪→执行结果在线反馈的闭环管理体系。

（三）操作管理：服务三基工作，强化合规操作

企业"三基"（基层建设、基础工作和基本功训练）工作主要涉及操作层面，开展"标准化班组、标准化现场、标准化岗位"是炼化企业三基工作的重点。如何持续有效地推进"三基"工作，促进"三基"工作规范化、精细化、常态化，成为了管理部门尤其是基层管理部门的难题。操作管理面向车间基层管理，以内操、外操执行的跟踪、监控为主线，帮助企业实现动态的工艺卡片执行监控、实时的偏差报警、在线的操作分析、电子化的操作记录台账、自动的平稳率计算、巡检任务的在线提醒、巡检过程的自动监控、巡检结果的统计分析，是企业生产层面最基础的工作。面向车间管理、操作管理帮助企业建立班组量化考核体系，实现当班经济绩效核算和综合绩效评比。

操作管理的建设是企业规范基层管理、强化班组基本功训练的抓手，当前，融合了人工智能、虚拟现实、数字孪生等技术的智能巡检机器人、摄像头、手持终端等已经越来越多用在企业生产中，技术的应用加速了操作管理业务的数字化转型，使得车间管理模式由过去的凭经验、靠自觉、通过活动完成向规范化、制度化、标准化、常态化、科学化转变，改变了传统车间管理"有想法，缺手段"的状态。

1.提升操作管理精细化水平

生产现场操作层面的管理一般注重事后管理，无法做到事中管理，很难将操作人员的现场操作时间监控到时点，责任落实到个人，操作跟踪到工位，绩效考核到班组，保证生产信息的准确及时，满足生产现场管控的信息需求。企业通过MES建设，能够对物料的管理进行"班平衡、日统计、旬确认、月结算"。生产计划已经实现了以旬为周期，或以原油船期为周期的月度滚动生产计划编制，调度作业安排已经实现了以日为周期的7日或旬滚动作业计划编制。但是对于生产加工过程，生产操作层面的管理仍然有一定的滞后性，为提高事中处理能力，对于生产操作层面的管理颗粒度也需进一步细化，如操作的动态报警监控、工艺卡片超标的实时管理、绩效的过程改进等。

以往的班组生产成本管控，很难实现"操作与绩效关联，绩效向成本转换"，未能把影响装置的经济指标的操作因素提取出来。开展班组操作竞赛，进行成本的优化控制，切实把成本控制落实到生产的每个环节，将有效促进全员成本目标管理。

2.以操作管理助力企业"三基"工作上台阶

企业开展生产操作管理，业务覆盖内操执行监控、外操巡检监管、操作绩效评价、班组考核评比等企业生产操作的核心业务，建立一个统一、高效的生产操作信息化工作台，有效地支持装置平稳操作，规范现场纪律执行，提高生产操作的精细化管理水平。企业开展操作管理核心目标主要包括以下几个方面：

▶持续开展操作层面"三基"工作

企业利用信息化手段实现生产操作过程全方位的监控、评价和考核管理，进一步提升班组操作的规范化、班组操作的平稳性、班组管理的精细化，以及操作指标的持续优化能力，以流程信息化促进流程的规范化，完善车间班组管理的长效机制，为相关工作提供闭环化管理手段，全面推进"三基"工作上新水平，实现装置运行的"安、稳、长、满、优"，助力生产操作的严、细、实管理。

▶助力企业提高成本管控意识

企业通过操作管理实现操作与绩效关联，绩效向成本转换，把影响装置生产的技经指标转换成操作指标和因子，通过持续不断推进班组核算建设，提高操作层面成本效益意识，有效增强班组成本管控意识，促进企业整体降本增效。企业借助生产装置投入产出的物料数据、能源消耗数据、各种价格数据、三剂辅料成本数据，按班组考核核算结果自动计算，让班组明确当班的产值与收益，提高成本管控意识。同时借助技经指标与操作指标的关联分析，找出影响技经指标的重要因子，通过提升操作指标平稳率，进一步提升操作绩效，持续改善装置技经指标数据。

▶促进现场精细化管理

操作管理通过业务融合现场操作，翔实记录指标运行实际情况，记录班组交接班日志时间、记录巡检到位和结果采集确认时间，有效支持班组层面精细化管理，为深化应用提供数据支撑。通过数据分析复原现场操作并基于历史数据的趋势，指导现场改进操作，进而优化操作流程，提升整体操作水平。

3.闭环协同科学考核的操作管理应用场景

▶操作过程跟踪分析优化闭环管理

企业基于操作指标在线设置运行合规区间，实时监控指标运行情况，自动捕捉异常信息，方便跟踪分析，基于上下游运行情况，关联分析异常原因，提高异常管控水平，进一步优化操作，提升整体平稳操作水平。

▶一体化指令执行闭环管理

内操操作岗位可以接收调度指挥下发的装置操作指令，实现调度、操作整体化应用，内操操作岗位接收到调度操作指令后，可直接回复，也可下发给外操巡检人员，并由外操人员进行回复。通过业务规范化执行，确保现场指令的严肃性，并在线跟踪指令执行过程。

▶内外操协同应用

安全生产是企业持续、快速、健康发展的基础，巡检是安全管理的要求，是日常安全管理重要活动之一。通过安全巡检实时信息，实现对漏检、脱岗等异常巡检信息的联机监控、报警、原因反馈，及时发现问题，使生产岗位操作员及时掌握现场情况，把事故消灭在萌芽状态，防止安全事故的发生，同时为职能处室及时准确地掌握外操人员巡检情况提供支撑。基于在线应用，企业开展外操智能巡检建设，满足巡检任务的自动获取、现场巡检、记录巡检结果，并针对内操重要仪表数据开展现场比对，提升现场巡检人员发现现场问题和隐患的能力，提高现场管控水平。

▶班组绩效考核自动化

依托班组层面绩效计算规则，操作管理自动抽取相关数据，完成班组绩效数据自动计算，并基于绩效指标配置班组考核模型，按月提取班组绩效数据，自动发布考核结果，提高班组层面考核便捷性，为班组竞赛提供数据支撑。

4.案例：深入基层管理，服务一线生产

某石化集团公司为解决下属石化企业生产操作中存在的问题，包括难以有效评估班组操作平稳性、操作安全存在风险、操作基础存在盲区、工艺技术检查费时费力等问题，实施操作管理提升项目。针对企业生产操作层面的核心业务内操操作和外操巡检的管理，该企业应用数字技术进行提升和优化，实现了内、外操班组操作过程的量化评价和班组操作的考核管理。其操作管理覆盖内操管理、外操管理、操作绩效等应用。

该企业操作管理建设对于加强装置的平稳操作、促进班组规范和安全生产、转变班组工作手段、提高作业效率起到了积极作用。通过试点和推广建设，该企业通过操作的改进提升，为企业带来了增加高附加值产品收率、节约成本、降低能耗的直接效益。管理效益主要体现在以下方面：一是践行系统服务于一线员工，减轻了劳动强度。实施操作管理后，系统自动提取实时数据库数据，基层人员补充确认，通过逐级审核的方式，提高了自动化水平，使一线劳动人员从重复性劳动中解放出来，利用系统工具进行创造性劳动，提高了劳动效率。二是提高了巡检到位率和生产隐患的发现概率。实施操作管理后，通过巡检绩效强化巡检质量，提高了生产事故苗头的发现概率，对预防生产故障的发生起到积极的作用。三是提高了生产现场的精细化管理水平。实施操作管理后，提高了生产现场的事中管理能力，时间监控到时点，责任落实到个人，操作跟踪到工位，绩效考核到当班。四是提高了操作人员技术水平。企业通过开展操作管理优化提升，在提高操作人员现有业务技术的水平上，可有效拓宽业务知识面，在潜移默化中提升操作人员运用信息化技术的水平。

（四）生产执行：助力生产营运，提高基层劳效

能源化工生产是连续性生产，生产管控难度大、工艺过程复杂、作业安全性高，生产执行业务覆盖了原料进厂、装置加工、产品储运到成品出厂的物流环节，需要全方位记录原料进厂、工厂间互供，生产装置的投入产出，罐区（仓储）库存与收付动态，产品出厂物料，全天候跟踪每一个移动。生产执行系统是一个常驻工厂层的信息系统，覆盖到生产的全部岗位，在整个企业信息集成系统中发挥着承上启下的作用，是生产活动与管理活动信息沟通的桥梁。MES系统具有覆盖全业务活动信息采集、跟踪和处理的能力，可提供更完整、精确、及时的过程状态跟踪和记录，实现生产全过程的跟踪、追溯。当前，MES系统也逐步应用人工智能等新一代数字技术，提高系统应用的自动化、智能化水平。例如运用智能化自学习技术，通过模型的自学习，实现运营的预测预警和自动优化，提升运营优化能力。

1.业务快速发展对生产执行管理提出更高要求

目前炼化企业的实时数采率、仪表精度普遍提高，生产精细化管理需求较迫切，通过专业软件实现了一定信息资源的聚集、整合，但仍然存在业务衔接不连贯、数据源不统一、依赖人工报数等问题，企业迫切需要在业务协同共享、数据挖掘分析、

支撑深化应用等方面提高生产管理水平、支撑企业经营决策。目前，生产执行管理还有很多问题需要解决。一是在基层岗位操作层面，劳动效率有待提高。岗位数据录入工作量大，无有效的预测预警及数据分析工具，需要人工干预各个操作环节。二是在业务衔接层面，跨业务协同管控待加强。需要加强计划、调度、操作一体化协同管控，实现计划排产–调度指令–收付移动信息融合闭环。三是在业务适配层面，缺乏柔性化的多场景适配方案。在企业生产特点上，要适应炼油、化工、炼化一体化企业；在企业组织形态上，要适应基地化、园区化智慧石化园区运营管理模式，满足下游产业链的数据共享、业务协同。四是在数据应用层面，未充分发挥最大价值。MES与其他业务系统通过集成方式获取数据，存在数据孤岛。

2. 生产执行系统的建设实现企业调度级物料平衡

生产执行系统覆盖企业原料进厂、装置加工、物料存储、产品出厂生产全过程。生产执行系统通过构建大量的服务，将应用与数据分析分离，从而改善前台操作界面友好性，提高后台计算效率，实现装置管理、罐区管理、进出厂管理、仓储管理、生产平衡、统计平衡等数据应用。生产执行系统能够实现对装置、进出厂、罐区、仓储业务进行班次级或事件级记录管理，促进生产业务规范化，可以利用统一的规则库、算法库及模型求解器，实现炼化企业的调度级物料平衡，支撑集团、分子公司两级生产调度指挥。企业运用生产执行系统实现物流及数据流的统一，统计数据的"日平衡、旬确认、月结算"，支撑企业生产经营决策。生产执行系统如图6-21所示。

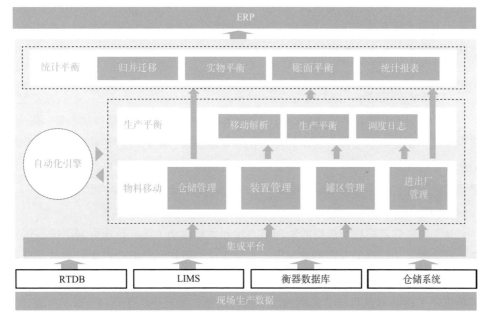

图 6-21　生产执行系统构成

企业建设和提升生产执行系统，需要关注以下几个方面：

▶业务流程自动化，提高基层岗位劳效

基于自动化引擎技术，通过自动数采、自动算量，能够实现装置管理、罐区检尺、生产平衡等全流程业务自动化，缩短业务间隔时间。在满足企业装置、罐区、仓储班次级及事件级在线记录的同时，最大限度地减少人工数据录入、操作干预。建立标准化的业务流程体系，生产执行应用自动化引擎技术，实现自动数采、自动计算罐量，通过大误差提醒、侦破等手段，减少人工介入，实现装置管理、罐区检尺、生产平衡等全流程业务自动化。

▶生产管控协同化，促进业务协同闭环

基于统一的工厂模型，实现计划、调度、操作等生产业务高效协同，实现以生产执行为核心的计划、调度、操作在线闭环管控，实现数据流与业务流的统一。例如，某石化企业基于覆盖全厂的调度指令体系，实现调度指令与物料移动在线管控闭环。储运部/港储部以前通过手动开作业票线下流转方式安排生产活动，现在通过MES系统进行指令在线结构化分发、执行、自动匹配移动路径，使罐区移动操作与内外操指令联动更加精准。该企业平均每月下发作业计划3200条、计划转化调度指令3087条、储运/港储结构化指令7822条，工作效率提高15%。

▶解决方案柔性化，适应各类生产模式

促进企业统计、计量、储运的扁平化管理，支撑企业的组织机构变革和专业化重组。例如，某石化企业通过统一的业务流程和工厂模型，建立了标准化生产管理体系。公司开展专业化重组，实现"公司–业务处室/单元"扁平化管理，提高公司整体管控水平，提高管理精细度。

3. 全过程跟踪全天候监控的生产执行应用场景

▶物料全过程跟踪，助力精细生产

基于多层递阶的业务流程自动化，生产执行系统实现班点数据自动采集、提交，减少人工干预提高基层岗位工作效率；在线管理装置、罐区等各类移动事件，及时记录并反应现场生产情况；通过装置收率异常提醒、重点罐实时监控等手段，实时感知生产异常、定位现场问题、辅助生产决策。物料移动应用场景如图6-22所示。

▶调度全天候监控，实现本质生产

基于物料移动模块解析后的物理节点量和物理移动关系，企业可利用统一规则库、算法库、工厂模型及模型求解器，自动完成节点拓扑模型动态生成和节点量平衡计算，达到炼化企业的调度级平衡，为生产调度提供数据支撑，并提供平衡工具，实现生产平衡前节点间移动关系和节点量的检查，实现生产平衡过程的人机交互，提高平衡效率，缩短平衡周期。

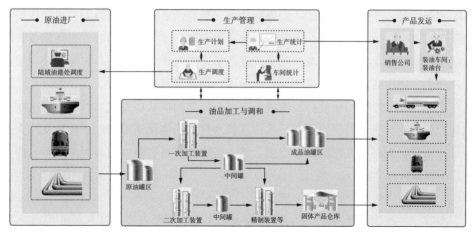

图 6-22 物料移动应用场景

▶ **统计全产品链核算，赋能提质增效**

以规则库、模型库和求解器实现物理移动拓扑模型到逻辑移动节点模型的动态映射生成，并完成模型平衡计算，达到炼化企业的车间、MES工厂、公司三级物料统计原始日平衡。基于实物罐存、实物库存和进出厂计量单生产执行系统能够实现MES工厂和公司物料统计实物"日平衡、旬确认、月结算"。生产执行系统基于统计物料的原油、原料、成品、半成品的收、发、存平衡及产、销、存平衡，为基础统计报表、技术经济指标统计和财务核算提供支撑。统计平衡应用场景如图6-23所示。

图 6-23 统计平衡应用场景

（五）质量管理：精准质量管控，助力提质增效

产品质量是企业赖以生存和发展的必要条件。优良的产品质量会给企业带来更

高的利润回报，严抓质量管理既能提高品牌美誉度，更能依靠高效的质量管理服务加强产品市场竞争力。当前，面对激烈的竞争环境，如何挖潜增效、提高质量、降低成本一直是企业管理者面对的难题。近年来，国内企业通过不断引进先进的质量管理理念、应用高新技术、采样信息化手段，使质量管理水平有了长足的进步，但是在全过程质量控制和质量持续改进等方面，仍需加快从信息化到数字化、从数字化到数智化的转变，需要应用新一代信息技术打造一体化质量管理平台，支撑企业全过程质量管理与全流程的质量追溯，进一步防控质量风险，提高产品质量，使企业产品更具市场竞争力。

1. 质量管理数字化转型工作难点

当前，在质量管理领域，数字化水平参差不齐，主要表现在以下方面：

数据分散，质量过程监控效率不高。企业产品质量控制的要求严格，需要及时发现质量波动，快速进行生产调整。围绕产品质量主题，需要充分整合和利用工艺数据、MES数据、油品在线调和数据、在线分析仪表数据等数据资源。企业需要快速对质量数据进行关联分析，实现对生产过程的分析评价对比，根据反馈信息及时发现系统性因素出现的"隐性异常"；企业需要判定分散在多个系统的质量指标数据关联性，根据反馈信息判定"隐性异常"是否受多个质量指标数据的影响；企业需要快速生成专业有效的质量报告并提供相应的数据及图表支撑；企业需要充分利用历史数据信息的数据资源，对质量指标进行预测，为质量过程控制提供有效数据支撑；企业需要实现对影响产品质量的指标进行实时监控，关注质量指标异常波动。

缺乏统一的一体化质量管理管控平台。大型企业大部分质量管理管控业务在线下流转，或借助办公软件等实现片段化管理，质量专业管理人员缺少有力、专业的信息化手段和管理工具。随着企业生产管理信息化的发展，质量管理的集中管控在多条途径已逐步具备平台化条件，如LIMS系统的广泛应用、MES和实时数据库的普遍实施、办公信息化等均为质量管理专业化平台的搭建创造了条件。

企业差异化的管理，难以进行业务规范化高效管控。企业管理层级多样，为了满足不同企业差异化的管理需要，质量管理职能归口部门不一。有的企业有专业的质量管理部门，有的与工艺并行管理，还有的企业质量管理职能附属在生产甚至安全部门。文件与标准管理职责差异较大。鉴于企业组织机构的不同，文件与标准的管理同样也面临归属部门不一的现象。

仍有较多事后管控，质量管理关口需进一步前移。质量管理整体上仍偏重产成品环节的质量管理，偏重事后管控。从质量管理的发展历史分析，质量管理的趋势必然要从事后管控向事中、事前转移。关注产成品关键指标的同时，要关注关联设置相关馏出口产品关键指标，也要关注原材料的对应质量指标数据，逐步实现从产成品到中间品再到原材料的指标及数据实时监控。关注出厂产品的罐区生产运行和质量信息综合实时监控，做到对出厂产品的质和量有预判。

2.打造全程改进优化的质量管理平台

质量管理是对生产全过程质量在线的规范管理，强化业务的在线闭环管理、提升企业预测预警、过程控制能力。管理以质量体系为核心，依据从质量策划到过程管控再到质量改进的持续改进思路，满足企业对质量管理制度化、流程化、信息化的实际需求，拓展质量管理体系业务框架，深化全过程质量管控业务内涵，提升质量追溯能力和风险管控能力，不断提升质量管理体系有效性。企业开展质量管理的核心目标主要集中在以下方面：

➤全程质量管控，打造优质品牌形象

企业通过提高全过程质量管控能力，提升产品质量，减少产品"合格不好用"的比例，提升客户满意度，减少客户投诉。企业通过提高质量管理水平和提升产品质量，为社会提供更清洁的燃料和更优异品质的产品，提升品牌形象。

➤优化质量控制，提高产品盈利能力

企业开展质量管理提高产品质量，降低不良品率，实现提质增效。企业通过过程监控及产品稳定性分析，提高产品质量稳定性，提升整体六西格玛水平，减少副牌料、过渡料产量。通过过程质量监控，指导工艺调整生产过程的控制和优化，确保产品质量稳定性，通过优化的质量控制，有效降低能耗物耗，提升装置盈利能力。

➤建立质量分析模型，预测产品质量指标

企业通过质量管理建立指标分析模型，实现对生产过程各控制指标的数据分析和趋势分析，建立多维度的过程能力分析模型，对化工生产装置的过程能力进行分析，找出影响过程质量稳定性的关键因素，分析原因并有效指导生产，同时建立相关性分析模型，对多个具备相关性的指标进行分析，形成相关性系数矩阵。质量管理建立大数据分析模型，通过机器学习实现质量指标预测，通过对历史数据进行分析、回归预测出质的指标参数，为质量过程控制提供有效支撑。

➤打造数字化质量管控能力，提高企业管理水平

企业通过规范质量数据和业务的标准化管理，建立质量风险管控体系，全面覆盖企业从原料进厂、装置加工、储存到产成品出厂等各个环节，推送提醒警示信息。企业通过质量管理开展质量不合格处置、异常报警闭环处置业务，提供事前、事中、事后各业务环节管控手段。企业能够实现全业务环节线上化，推进质量管理业务标准化管理流程。

3.实时诊断分析的质量管理应用场景

➤实时指标异常预警，提升过程质量管控能力

质量管理对装置馏出口、关键质量指标、相关性指标进行实时监控，并对超标

数据、异常数据进行报警、预警，同时实现不合格超标线上处理，并对原材料、中间品、产成品实现各环节过程监控。截至目前，累计配置各企业过程质量控制指标4万余项，沉淀了离在线数据偏差预警、罐密度均匀性预警等算法模型20余项，通过监控报警、精准推送和处置闭环，实现质量异常有效处置。

➤ **关键动态综合监控，提高产品出厂质量**

企业开展质量管理工作实现罐区生产运行和质量信息综合实时监控，动态展示物料、收付关系、罐量、检尺、质检状态，可穿透查询罐的分析报告和收付动态详情。同时，能够辅助安排产品出厂检验工作，提高出厂质量管控及时性，平均每天节约监控分析时间15~30分钟。

➤ **质量异常闭环管理，提升产品质量追溯能力**

企业通过质量管理对原辅料、中间品、产成品质量不合格设定不同处置流程，实现发现、发起、评审、处置、反馈的不合格闭环管理。与LIMS同步质量指标、检验计划在线制定及变更，简化维护工作，实现自上而下的质量指标计划在线统一管理，并可对计划执行情况进行跟踪。

➤ **智能分析诊断模型，提高产品质量稳定性**

质量管理集成工艺、质量、生产等数据，可进行多维度、多形式的图形展示分析，结合六西格玛质量管理体系，建立多维度的过程能力分析模型、相关性分析等模型，不断提高产品质量稳定性，并应用大数据分析模型，实现装置馏出口指标预测，及时发现生产数据异常波动并采取措施。

（六）实验室管理：规范标准管理，实现数字质检

实验室在石化生产中扮演着"工业眼睛"和"质量海关"的重要角色，其职能主要是成品、半成品及原材料的质量检测，为产品研发及售后提供服务。实验室管理是企业质量控制的前提与基础，较高的实验室信息管理水平能够在无形中提升企业过程控制能力、质量管控能力、业务能力、管理能力等，因此做好实验室管理，对保证生产装置"安、稳、长、满、优"运行起到重要的作用，是企业进行可持续发展的必要条件。人工智能等新一代数字技术已经在实验室中获得应用，IBM推出RoboRXN化学实验室，尝试将人工智能和实验室自动化结合起来，该系统既可提供化学配方来生产目标有机分子，还可以通过硬件将这些分子自动合成。英国利物浦大学应用实验室机器人提高了仪器的自动化程度。数字技术为提高实验室应用水平提供了新的机遇。

在石化企业实验室中，化验流程的互联网化、移动化、智能化使得化验流程的流转更加充分，质检信息的传递更加及时，质量数据分析和挖掘更加精准。实验室

管理以服务企业化验业务为基础，通过应用新一代数字技术，结合内外部实验室管理系统产品、服务和数据，打造实验室质检平台，提供及时有效的化验数据、质量查询、合格证制作等服务。

1.实验室集中管控难度大需加速数字化转型

大部分能源化工企业业务信息化系统还是传统的技术架构，新技术架构应用覆盖不足，在实验室质检业务层面表现为企业内部的信息系统之间并没有建立统一的数据标准体系，相互之间数据治理体系的标准规范不一致，直接造成各业务板块的业务数据和实验室数据如实验室质量数据、工艺数据、进出厂数据、供应链数据等难以整合，形成信息交换的壁垒，进而无法实现实验室质检数据的共享和业务协同，也就无法释放数据的价值，制约了企业在质量管控、超前预警、智慧实验室等领域发展。

企业在实验室管理系统使用过程中依然存在较多因人工操作原因而造成的失误，集中管控难度大，质检业务数据信息滞后矛盾突出，难以达到高流转率、智能化、高可靠的实验室管理要求。实验室内部资源包括人、机、料、法等方面，当前实验室内部缺乏对仪器设备、计量器具、材料试剂等资源集中统一高效的管理，实验室内部有大中小型仪器设备、计量器具百十台，而这些设备都需要到期检验，如何将检定数据通过信息化手段进行有效的管理与运用成了实验室管理的一大难点。实验室内的溶液以及试剂都为易耗品，对于易耗品采买、存储和领用的管理也是当前实验室管理日益激增的需求。

企业实验室管理系统中存储大量的产品质检化验数据，集团的发展离不开新产品线的开拓与研究，以往的产品质量数据出具平均时长不少于3小时，对于工艺生产上的数据指导仍然存在滞后性，导致原辅料、催化剂等的浪费，企业经营发展难以达到降本增效的目标，化验室内部的场景挖掘局限于场景定义，而场景定义又需要大量的时间去摸索与实践，在此期间的成本投入颇高，实验室业务的细分场景挖掘存在局限性。而如何有效挖掘细分场景成为行业痛点，导致行业无法提供多元化的实验室服务。

总结来看，实验室管理的问题包括实验室数据治理体系不完备，企业内部数据孤岛普遍存在，质量管控业务缺乏有效协同，难以形成立体化的智能质检体系，实验室内部资源监管不合理，无法推动实验室内部资源合理配置，质检业务场景缺乏深度挖掘，多元化的实验室服务开展困难。为了解决以上问题，企业亟须应用实验室管理系统，开展新一代技术的应用尝试，推动实验室数字化转型，提升业务发展水平。

2.构建数据规范高效协同的实验室管理系统

实验室管理旨在满足企业实验室管理和质量管理的要求，服务企业打造以ISO9000建设为基础，打通上下游，支撑质量管理决策，实现质量管理体系化，多层面管控风险、降本增效。企业贯彻ISO/IEC 17025体系，提升实验室检测能力，实现合规的LIMS业务功能，将LIMS系统和实验室运营管理需求进行梳理，保证数据的可信化、证据化，满足分析业务流程可溯源的要求，为实验室中国合格评定国家认可委员会（China National Accreditation Service for Conformity Assessment，简称CNAS）认证提供支撑。企业进行实验室管理数字化转型的核心诉求主要体现在以下几个方面：

▶支撑质检业务高质量发展

企业开展实验室管理有效提升实验室检测能力、数字化信息技术能力，为企业质量管理和实验室管理奠定坚实的基础，提高实验室内部规范化管理水平，助力企业科学化信息化的质量管理，全方位提高企业质量管控水平、提升风险识别能力、提高核心竞争力。

▶提高实验室整体运行效率

实验室管理引入二维码应用及移动应用，提高了员工工作效率，仪器连接自动上传分析数据，无须人工录入，优化原有的原始记录、过程报告单、统计报表等，实现线上流转和无纸化办公。

▶规范数据标准积累质量数据资产

企业开展实验室管理构建内部跨平台数据集中应用。系统集成内部企业和部门主要系统的质量数据和工艺类数据，进行数据主题分类，规范数据格式和业务属性，构建基于数据中台的数据资产管理体系，打好价值挖掘基础，让数据成为新的资产。

3.面向不同产品的实验室管理数字化转型场景

▶成品油质量检测

企业应该从源头治理着手，基于对多元数据的采集、处理与分析以及大数据管理理念，以企业基础数据库资源为单元，整合集团内、外部数据信息，为成品油质量检测工作建立大数据档案，集成业务信息和专家经验形成智能规则，并利用智能规则和人工智能算法开展分析，确定成品油质量检测业务风险等级，对成品油进行智能审核并实施差别化处置，提升成品油质量监管效能。实验室管理实现企业建档、智能分析、差别处置和动态反馈等多项功能。企业数据档案是系统智能审核样品的基本素材，基于系统上集聚的大量数据，搭建成品油质量检测智能监管数据池。基于企业成品油质量检测业务运行规律，可以制定标准化智能规则，实现对企业智能成品油审核精确瞄准。

▶炼化企业化工产品检测

实验室管理中的标准化数据和C2C架构可以帮助企业构建完善的实验室质检业务线上分析体系，搭建电子合格证制作、电子报告单、可视化统计数据查询、质量指标统一管理等多种数据应用模式，制定科学、合规的质检业务流程，实现样品状态快速更新、实时检查、检验计划流转滞后系统消息及时提示等功能。

（七）能源管理：优化用能管理，助力节能降耗

能源是人类社会发展的基础，但能源资源有限，且大部分能源资源不可再生，合理利用和节约能源是保障能源供应的重要手段。能源化工行业是工业领域的用能大户，能源管理对于能源化工企业具有重要的意义和作用。它不仅可以提高能源利用效率，降低能源成本，保护环境，提高能源安全，还可以推动可持续发展。当前，在能源管理领域，国内外能源化工企业积极探索应用数字技术提高能源利用效率，例如壳牌通过重点耗能设备的在线监测，实时准确把握重点行业、重点企业及关键工序的能耗，实现精细化节能管理、促进节能降耗。人工智能等新一代数字技术也被应用在能源管理的过程中，机器学习、自然语言处理、人机交互等人工智能技术，帮助企业实现能源管理数据采集、管网平衡、统计核算、分析评价、报表生成等环节的自动化操作，减少人为操作误差，提高能源管理水平。

未来，能源管理将持续向着可视化、精细化、智能化方向迈进，通过建设覆盖企业能源供应、生产、输送、转换、消耗全过程的完整能源管理系统，实现各环节能流"说得清"，并在此基础上以节能降耗为目标，利用大数据分析等技术，分析装置能耗影响因素，寻优目标值，保证在最优工况下运行，提高企业效能监测、离线优化及蒸汽管网、蒸汽动力在线优化等管理能力，实现能源管理精细化，助力企业实现效能最大化。接下来，本书将从热电管理和能源管理、工业水管理三个维度介绍能源管理数字化转型的工作。

1.热电管理：重塑热电管理，打造智慧电厂

能源化工企业自备电厂既是企业的动力源泉，也是耗能大户和排放大户，在企业发展中扮演十分重要的角色。通过对多家能源化工企业调研发现信息化发展20多年来，企业热电专业建设了诸多信息化系统，支撑热电专业日常应用，但因为缺乏整合的统一平台，难以达到集团、企业协同共享的效果，需要进一步整合现有资源，让已有数据释放出应有的潜能。集团层面，企业需要掌握各分公司电厂综合运行状态、电厂优化效益评估和竞赛、启停数量、故障信息、关键报警等情况，从运行参数、运行状态、上报指标、生产指标等一系列融合数据对下属公司开展效能分析，在同类企业和电站之间开展对标分析，促进企业提升管理水平。

集团和企业级数据随着信息化建设的不断推进，实现数据的协同和资源的整合，绿电交易等数据需要借助外部资源，结合企业运行需求，根据历年用电、本年度生产计划安排等信息生成本年度用电计划，而目前集团和企业层面都没有有效手段准确预估用电需求。如何匹配廉价供电市场，企业亟须通过信息化手段建立基础数据，通过大数据分析优化预测模型，准确预测供电市场和用电需求，做好匹配分析，达到降本减费的要求。

当前，智慧电厂已成为新一轮企业转型的重要方向，热电管理的互联网化、移动化使得数据传递更加便捷，业务办理更加及时，热电行业正逐步从点对面向面对点转变，新的热电管理模式将更便捷地服务于实体经济发展。热电管理以服务业务上下游客户为基础，应用新一代信息技术，整合业务、服务和数据，打造热电管理平台，提供统一的热电数据服务、统一的热电标准化服务、统一的热电管理体系服务、统一的业务场景服务。以数字化、智能化为体验，重塑热电管理模式，整合热电专业资源，打造智慧电厂，为客户创造新的节能、环保、绿色、低碳的应用体验。

企业开展热电管理工作，在数字化和信息化的基础上，将先进的云计算、大数据、物联网、移动应用、人工智能、泛在感知等信息技术与热电厂生产过程的工业化技术相结合，利用新技术帮助企业建成满足热电厂生产运行和管理的"智慧电厂"。热电管理服务能力如图6-24所示。

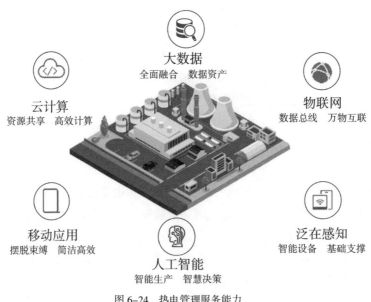

图6-24　热电管理服务能力

企业通过开展热电管理工作提升热电厂设备可靠性，实现更优运行，降低能耗与排放，更好地适应电力市场化交易环境，满足现代化热电厂的管理需要。业务开展热电管理的主要收益表现在以下方面：一是进行统一管理实现资源共享。热电管理能够加强对电厂的运行管理，通过远程诊断和专家库的运用，及时发现和处理设备故障，对电厂进行统一管理，增强各分公司之间的联系，做到资源共享，从而进一步提升电厂的整体管理水平，降低事故的发生概率。二是提升热电专业精细化管理水平。热电管理通过固化热电竞赛模型和对标分析模型，对各电站进行综合指标和单项指标排名，促进企业开展对标分析，实现节能降耗，帮助企业实现可观直接效益。三是打造多元立体化数字热电服务能力。热电管理可以极大地降低管理人员劳动强度，提高管理人员劳动效率，同时满足决策分析的数据需求，为集团级优化提升创造了可能。企业开展热电管理工作实现热电管理绩效考核体系、热电设备运行指标体系、热电设备缺陷分类管理体系、电力技术监督评价体系4项体系的标准化，同时实现关键设备启停事件的自动判断。

2. 能源管理：优化用能结构，提升用能效益

能源管理是对能源供应、转换、输配和消耗全流程进行计划、运行、统计、优化、节能审计等业务的总称，是现代企业能源管理中必不可缺的关键内容。在日常能源管理中，能源化工企业往往面临着"说不清""管不住""省不下"三方面的巨大挑战，无法有效实现能源的精细化管理，提高能源有效利用水平。为进一步提高能源管理水平，首先，企业需要以建设企业能源管理系统为基础，对能源供、产、输、转、耗的计划管理、计划运行跟踪、运行监控与管理、统计核算等全业务流程统一管理，实现对企业能流运行的全过程监管，数据透明，摸清家底。其次，企业需要运用先进的优化技术，从水、电、汽、氮、风等各介质的角度，从公司级、厂级、车间级、装置级、单元级、设备级、控制级等不同的粒度，引进吸纳，并逐步开展实施。从优化技术上，实现企业节能管理。最后，企业需要根据自身业务需求，综合考虑能源管理层面的整体化信息应用，形成自主研发的能源优化一体化平台，实现企业产能、输送和用能的协同优化，充分发挥科技创新和技术进步作用。

当前新一代数字技术正在加速推动能源管理领域数字化转型，企业正开展智慧能源建设，推动油气田、炼油、化工、电厂等智能化升级，开展用能信息广泛采集、能效在线分析，实现源网荷储互动、多能协同互补、用能需求智能调控。能源管理以炼油、化工、钢铁、电力等企业需求为基础，建立起能源供应、转换、输配和消耗集中的能源体系，实现能流、能耗的动态监控及能源集中统一管理和优化利用，形成能源管理业务从用能计划、用能监控、用能统计到用能改进的业务完整闭环，做到能源用前有计划、使用过程有跟踪、成效结果有评价，通过蒸汽动力优化、蒸汽管网优化技术，以能源成本最低化为目标，实时在线优化，实现能源生产的在线开环优化，达到安全生产、节能减排的目标。

能源管理基于工业互联网架构，应用层能流管理APP和蒸汽动力优化APP部署在云上。服务层建设了能源仪表服务、运行参数服务、能源区域服务、能源监测指标服务、能源节点服务、能源管网服务、能源指标服务、介质服务、核算单元服务共9个业务组件，并沉淀了能源类主题数据，为应用层能源管理工业应用提供有效的支撑。

企业开展能源管理工作利用能源计划、能源运行、能源统计等应用的建设，实现能源采存转输耗全过程管理，在数字化模型的基础上，支持可视化业务，联合物料、能源市场需求情况，进行量本利决策分析，完善能源一体化优化平台，实现优化模型、优化求解和效益评定一体化管理，重点突破用能优化的建设和应用，为企业节能增效提供支撑。企业能源管理建设的主要目标体现在以下方面：一是要细化生产消耗数据，让能源管理"说得清、说得细"。能源管理将能源运行数据最小支撑粒度细化到班，数据收集边界细化到装置甚至主要耗能设备，建立管网平衡规则，支持能源统计、财务结算应用，满足能源生产和消耗"说得清、说得细"的要求，同时提高能源统计和计算效率。二是提高能源监管能力，促进能源管理"管得住、管得好"。能源管理以企业实际能源运行流程图为基础，结合实时数据和优化数据，构造能源运行的企业端全局监控和预警流程图，实现能源运行一个环节有异常，相关环节有响应的联动机制。在"数出一门，量出一家"前提下，实现了两极平衡模式，满足生产需求；丰富炼化生产、热电生产和水务运行相关的23类指标，从而提高企业能源运行监管能力，满足了政府重点耗能企业能耗在线监测的要求。三是提升优化增效空间，使能源管理"省得下、省得多"。能源管理在能源优化方面主要实现了蒸汽动力优化和管网优化，取得了明显经济效益。其中动力优化以企业实际热电生产流程为依据构建了热电生产在线优化模型，在保证安全生产的基础上，以热电生产效益最大化为目标，及时提供热电运行的最佳方案。管网优化通过评估优化企业蒸汽管网运行，提高输送效率，减少蒸汽用量，逐步改善保温减少损耗，并对蒸汽管网的扩能改造进行合理规划，从而实现蒸汽运行节能降耗。

3. 工业水管理：保障供水安全，产水节能高效

水是生命之源、生产之要、生态之基。人多水少、水资源时空分布不均匀是我国的基本国情和水情。水资源短缺、水污染严重、水生态恶化等问题是工业绿色可持续发展的重要制约因素。长期以来，我国高度重视工业节水和用水效率提升，实施最严格水资源管理制度，大力推动节水型企业建设。工业水管理需坚持"节水优先、空间均衡、系统治理、两手发力"的治水思路，以实现工业水资源节约集约循环利用为目标，以主要用水行业和缺水地区为重点，以节水标杆创建和先进技术推

广应用为抓手，以节水服务产业培育和改造升级为动力，优化工业用水结构和管理方式，加快形成高效化、绿色化、数字化节水型生产方式，全面提升工业用水效率和效益，推动经济社会高质量发展。

能源化工企业工业水系统有新鲜水、循环水、化学水、污水等系统，主要进行水量、水质、指标及生产过程的专业管理。能源化工企业工业水管理普遍存在建设分散、系统差别较大、计量手段有限、生产信息传递效率不高等问题，数据利用主要为工业水系统产生的一次性基础业务数据，仅能满足基本的生产管理需要，无法进一步满足更高层次的业务统计分析需求，缺乏有效的工具挖掘大量生产数据背后隐藏着的重要生产信息，数据整合和应用的程度仍不能满足日益精细的管理要求以及适应生产技术不断革新的环境。随着企业生产装置3~5年长周期运行目标的不断提高，以及节水减排专项工作的持续深入开展，对工业水系统的水质控制、节水管理都提出了更高的要求，如何利用物联网、互联网、云计算、大数据等先进的信息技术，建立节水环保型的工业生产体系，使工业水厂运营更加高效化、生产更加智能化、管理更加精细化、决策更加科学化是目前企业关注的主要问题。

水务装置作为生产装置的辅助装置，早期的炼化企业受限于有限的资金，水务装置配套的信息化基础设施都比较薄弱，从而导致了大量在线计量仪表的缺失。日常生产运行记录主要依靠传统的手工抄表、电话沟通，生成的纸质记录文档也不利于存档，分析水务生产指标的变化趋势以及统计水务生产运行参数，不利于水务生产管理。

从当前国内水务行业的普遍问题看，虽然一些水务公司建立了各类模块，但是数据往往是孤立的，没有实现共享。打造水务信息化平台主要的瓶颈在于信息"孤岛"的整合，信息互联互通欠佳，限制、阻碍了更高层次的应用。国内大部分水务公司数据取自数据采集与监视控制（Supervisory Control And Data Acquisition，简称SCADA）系统、地理信息系统（Geographic Information System，简称GIS）等，无法实现实时调度、事故预警等效果，其原因是数据并未实现有效的整合，即使有"数据中心"也只是将各类源的数据从一个模块"机械"地拷贝或导入到另一个模块数据库中，当历史数据过于庞大时，就会导致系统运行缓慢、数据丢失等各类问题。

企业亟须通过对水务运行的集中管控、水质水量的预测预警、生产运营的分析优化，支撑标准化水厂建设，提升水务专业管理水平，实现水务管理信息化全覆盖。工业水资源管理通过应用新一代信息技术，打造管理标准化、运行自动化、数据信息化、决策智能化和环境友好化的标准化水厂，全面提升客户水务综合管理能力。工业水资源管理建设蓝图如图6-25所示。

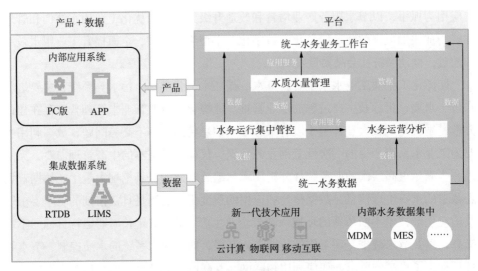

图6-25　工业水资源管理建设蓝图

工业水资源管理围绕企业水务生产运行全过程进行，实时监测水务装置工艺运行、水量生产、水质化验、设施工况、管网运行、能源消耗等运行数据，支撑企业对新鲜水、循环水、化学水、污水处理与回用"四水合一"大系统的集中管理，实现企业水务生产运行监控、预测预警和生产优化，保障供水安全稳定、产水节能高效。企业开展工业水资源管理的收益主要体现在以下方面：一是助力企业节水减排。工业水资源管理能够有效地帮助供水企业生产出符合标准的水产品，同时还能增强自身供水的安全保障，加大服务意识的提高力度，在保证供水质量与供水安全的前提下，使供水服务变得更加智能化、人性化与现代化。二是提升企业业务经济效益，工业水资源管理帮助企业增强预警能力，降低设备故障发生率，避免用水装置非计划停工。通过规范水处理剂管理，减少药剂消耗，企业可以有效降低成本。通过水平衡管理，企业加大漏损治理力度，推进节水减排升级，降低劳动强度，节约人力成本。三是开展水质预测，延长设备寿命。企业开展工业水资源管理采集循环水系统回水水质的关键数据，利用腐蚀结垢预测模型，计算其循环水的饱和指数、结垢指数和稳定指数，分析其腐蚀结垢趋势状况，同时结合监测换热器的腐蚀速率和黏附速率数据对循环水的水质稳定性进行综合分析，保障循环水供水水质的合格率，从而有助于延长装置换热器的使用寿命。四是实现集约管控，支撑管理创新。根据已建企业数据统计，原来单套装置至少10分钟才能完成的运行监控记录，通过工业水管理优化至8套装置1分钟内完成，且运行趋势、超标异常等情况一目了然，支撑了水务运行部"大横班"制改革，解决了现场岗位人手不足的问题，实行岗位运行记录无纸化，既保障了生产运行，又改善了装置现场人员紧缺的困境。

（八）安全管理：聚焦本质安全，保障稳定生产

能源化工行业装置内原料和产品都属于易燃易爆、有毒有害介质，一旦发生泄漏，容易造成火灾、爆炸等重大生产安全事故。安全生产是企业生产不可触碰的高压红线，因此企业在追求价值效益的同时，必须确保本质安全。安全生产涉及生产的方方面面，既有生产过程的安全监控预警、风险管理，也包括危化品的安全运输、现场作业的施工安全以及应急指挥。当前，新一代数字技术在安全管理的各个业务环节获得应用，如应用嵌入图像识别功能的防爆智能摄像头识别和预警厂区不规范的操作行为，并及时地提醒改进，避免发生安全事故，通过生产作业过程的监控、厂区环境的全天候监测分析，及时地发现与防范风险。

传统安全风险识别评价、隐患排查治理、事故事件管理、安全培训等安全管理业务普遍存在或是重结果轻过程，或是手段过于静态而无法及时研判风险变化并在事故发生前提供预警的弊端。在传统安全管理手段边际效益日益收窄的行业背景下，工业互联网等新技术在安全生产中获得融合应用，增强了工业安全生产的感知、监测、预警、处置和评估能力，加速安全生产从静态分析向动态感知、事后应急向事前预防、单点防控向全局联防的转变，提升工业生产本质安全水平已逐渐成为企业安全生产数字化转型的突破口。产业链的安全管理内容如图6-26所示。

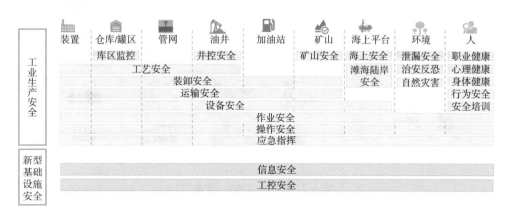

图 6-26 产业链的安全管理内容

企业当前处于"工业互联网+安全生产"的快速发展阶段，在此背景下，一方面，结合能源化工行业业务特色的安全生产顶层设计会逐渐完善。围绕安全综合管理、生产过程安全、储运安全、作业安全、应急管理等业务在信息化、数字化、智能化领域暴露的需求会越来越多，工业互联网与传统安全管理将不断孵化孕育出新的应用场景和智能应用。另一方面，这也将对人工智能模型的成熟度、数据资源的运算处理能力、云平台和网络硬件资源性能、构建"工业互联网+安全生产"支撑

体系等方面提出更高要求。本书以危化品运输、施工作业、应急指挥三个业务场景为例，详细介绍不同业务领域的数字化转型工作。

1.危化品运输管理：完善风险监控，确保安全运输

近年来，石化行业的蓬勃发展，带动了危化品物流行业的发展，中国物流与采购联合会危化品物流分会数据显示，2020年，危化品全行业货物运输量超过17.3亿吨，公路运输占所有运输方式货运量的69%，且仍然在逐年上升。因危化品自身毒性、易燃、易爆等危险性质，危化品运输过程中一旦发生意外轻则泄漏、起火或污染，重则发生爆炸，殃及周边，造成的损失巨大，后果严重。当前，由于从事危化品道路运输准入门槛低、从业人员整体素质不高，导致每年所发生的危化品道路运输安全事故上百起，给人民生命财产带来了巨大的损失。企业亟须建设统一的危化品监控管理平台，支撑多维度的分析和展示，实现对企业运输状况的实时监控和管理。危化品运输业务全景如图6-27所示。

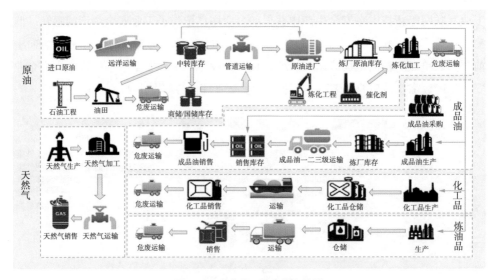

图6-27　危化品运输业务全景图

目前国内能源化工企业从原油采购到产成品销售环节，主要通过铁、水、公、管4种运输方式实现危化品运输。各企业对于危废业务的管控内容主要集中在厂内储存、装车、转移计划申报、转移联单管理等，对危废转移缺乏有效监管，整体表现为体量大、面广、点多、监管困难。

危化品运输管理以安全运输管理为核心，落实过程管理，通过查找管理过程中的风险点，一一对应处理加以控制，通过进行大量数据采集，在系统中进行分析比对，划分风险等级，实现不同层级管理者有效监管对应风险，企业管理承运商逐级

管理的体系，帮助企业实现运输过程风险"看得见、看得清"，确保运输安全。企业开展危化品运输安全管理后取得了显著的成效，主要体现在以下方面：一是运输过程风险"看得见、看得清"，提供精准管理抓手。危化品运输管理充分将资质、载具、人员、货物、地理信息、天气状况、应急资源等十多个核心要素进行整合，依托大数据、GIS、可视化等技术，实现危化品运输过程实时监控，为运输安全管理提供了可靠的抓手。企业能够实现承运商、载具、驾驶人员的信息集成和统一管理，形成承运商统一管理标准，建立承运商风险评估体系，支撑承运商考核，提供黑名单管理。企业通过加强承运商管理，实现风险前置、事先预防。二是提高危化品突发事件应急处置能力。危化品运输管理可以提高企业应对突发事件的应急和指挥决策能力，可以提前发现异常信息，为深度应用提供数据支撑，定期分析可防性事件发生时间及特点，牢牢把握防控工作的主动权。危化品运输管理通过视频数据信息存储、事后取证，企业可迅速锁定违规人员，为事后处理提供直观可视的视频证据。三是建立统一报警模型，实现报警分级管理。企业在业务管理工作中，基于轨迹定位及视频监控，实现超速报警、前向碰撞报警、超时驾驶报警、抽烟报警、设备失效报警、接打手持电话报警、疲劳驾驶报警等多种安全隐患的报警，为承运商的安全管理提供了信息和数据的支持。企业按照报警的风险等级，结合海量报警数据建立报警优化统计模型，高风险报警自动汇总，智能推送至相关管理岗，结合设定报警级别处理方案，将实现报警与处理方案结合，实现报警跟踪闭环管理，从而降低危化品运输车辆发生事故的概率，支撑危化品运输监管由事后分析到事中防控的转变。某石化企业应用危化品运输管理方案有效减少90%以上的开车接打电话、抽烟等高危事件。四是统一数据标准，集合各企业危化品相关信息。危化品运输管理通过优化现有各业务系统中运单与车辆报警信息匹配逻辑，提高企业报警信息与运单匹配程度，实现报警数据按运单时间维度的统计，为企业管控承运商提供数据支撑，解决企业数据源内容重叠、数据不全等问题。

2. 施工作业管理：规范作业流程，夯实本质安全

能源化工行业生产作业环境具有高温高压、易燃易爆、有毒有害等特点，现场各类检维修和施工作业体量巨大，地点零散、不确定性高，一旦管控不力，极易发生中毒、窒息、着火、爆炸等安全事故，不仅对企业利益造成影响，还会威胁人民的生命安全。企业亟须应用新一代数字技术，实现施工异常实时监管、作业风险公开公示、业务数据统计分析，实现安全工作要求的刚性执行，全面提升施工管控水平。

当前能源化工行业现场施工作业过程中存在许多安全风险，一方面，目前很多企业施工作业使用纸质作业票据，导致签发流程难监管的问题。另一方面，管理部

门下达的作业许可制度，生产单位在作业申请、作业签发环节实际执行中，存在打折扣或擦边球情况，不利于监管。后期对生产单位实际开展作业量、作业原因、作业规范性等进行统计、分析和考核时，统计工作费时费力且难以保障数据的正确性，缺乏信息化手段致使难以全面、准确、快捷地获取作业情况，对相关管理部门信息分析和决策造成严重影响。此外，大部分企业的安全管理尚未建立数据治理体系，安全信息共享和展示缺乏移动端信息门户，不利于管理部门进行资讯发布、共享安全资源。

施工作业过程安全管控将直接作业环节作为管控对象，结合企业作业现场的管理制度以及管理要求，利用面部识别技术、定位技术、地图等新一代数字技术，建立一套满足作业管理需求的作业安全管控系统。企业能够获得全面、准确、快捷的作业票信息（包括开票、安全分析、审批、过程管理、作业票关闭等），企业支持科学合理的作业票管理和分析，便捷的作业票服务、信息分析服务来辅助科学决策，从而提升作业现场安全管理水平，实现快速开票，全面提高工作质量和工作效率，促进管理现代化、决策科学化，确保施工安全、减少事故发生。企业开展施工作业过程安全管控的主要收益体现在以下方面：

➤优化生产管理流程，提升企业运营效率

施工作业过程安全管控全面推行作业报备，实现从项目管理、施工作业申请、作业安全分析、入场/厂管理、气体分析、安全措施落实、过程监督到验收等全流程的管控，提高对施工作业现场作业许可管理的监管水平。

➤提高自动化控制水平，实现过程控制优化

企业开展施工作业过程安全管控建设高风险特种作业移动监测监控系统，实现作业过程中实时视频、气体检测与报警的智能化监控，实现现场作业信息、视频信息、气体环境等多维数据信息实时调阅，提高施工本质安全水平。作业许可电子化管理如图6-28所示。

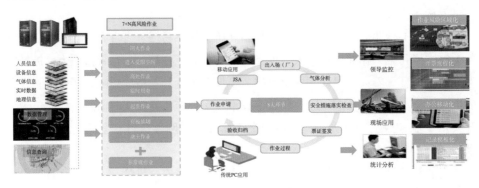

图 6-28　作业许可电子化管理

➤构建风险库，帮助企业制定科学改进措施

施工作业过程安全管控梳理行业标准、历史作业、事故案例资料，将风险管理知识沉淀为作业步骤风险库、机具风险库、作业环境风险库，在JSA分析环节，基于作业信息中的风险因素，通过风险大数据模型智能判断，推送作业风险清单供基层管理人员参考补充，提高作业风险辨识科学性、准确性、全面性。对风险分析提供规范性风险清单并提供JSA在线分析功能，生成推荐风险清单，为措施控制提供数据依据。

➤运用新一代数字技术，全面提升施工管控水平

施工作业过程安全管控运用北斗、蓝牙、GPS等定位技术实现现场签发，对各级管理、施工人员实现电子签字确认信息，提供刷卡、二维码、人脸识别等多种识别技术，有效避免代签、补签等情况。企业可以提高管理风险的分析有效性，实现施工异常实时监管、作业风险公开公示、业务数据统计分析，实现安全工作要求的刚性执行，全面提升施工管控水平。企业通过数据共享，实现集中集成，打破管理瓶颈，消除信息孤岛，达到制度流程化、流程信息化、数据集成化、指标定量化，避免人为侥幸心理，提升风险分析能力，降低事故发生概率，夯实本质安全。

➤构建作业过程风险监控一张网，确保作业安全

企业施工作业过程安全管控通过作业项目监控、承包商施工人员资质监控、气体分析监控、许可证执行监控，共同构成作业过程风险监控一张网。作业票数据采用多种展示手段提供全面的信息，支持常规业务主题的多维查询、钻取等分析，同时也提供各级管理者重点分析使用的特殊图形，丰富数据展示手段，满足不同管理需求，并基于已有的天地图，显示当前施工作业信息，包含作业申请时填报的基本信息，施工作业在地图上的位置信息，施工点对应位置的视频监控点位信息。

3.应急指挥：隐患险于明火，防范胜于救灾

应急指挥是在紧急情况下，运用正确指挥充分发挥有限应急力量控制事态发展，应急指挥能够在突发情况下发挥减少损失、保护生命财产安全的作用。构建快速反应、高效处置的应急指挥体系，提高能源化工企业应急指挥水平对于保障生产安全，减少突发事件带来的损失具有重要的意义。

当前，很多能源化工企业的应急处置流程还是基于线下模式进行，通过线下完成人员、设备、车辆、预案下达和物资调拨，信息传达和资源调动效率不高，缺乏有效的信息化手段。部分企业的视频平台、现场地图、融合通信等平台是分散的，没有集中显示在同一个平台上，在事故应急处置时不能及时了解现场情况，指挥效率有待提高。即使构建了应急指挥系统，也存在日常生产中误报警，需要人工去记录、处理的情况，效率不高。同时，在应急演练方面也存在流程信息化程度不高，

处置流程无法做到信息共享和实时记录等问题。

为满足企业对应急指挥的专业化管理需要，建设应急指挥管理体系，提高应急指挥管理水平，能源化工企业亟须构建科学高效的应急指挥系统，借助新一代数字技术，传递、集成、处理大量的基础信息和事故现场实时信息，逐步实现应急指挥管理工作的流程化、规范化和标准化。企业应急指挥数字化转型基于融合通信、场所设施及现场监控三个基础支撑，建立统一协同的应急指挥平台，实现"监测报警、资源共享、联动处置、演练模拟"四个核心业务应用，提高处置突发事件的风险预知、实时感知、快速响应三项关键能力，完成从被动接受到主动响应转变，满足企业和现场应急指挥的业务需要，达到响应及时、协同指挥的目标，从而逐步提升企业应急指挥管理水平。应急指挥体系架构如图6-29所示。

图6-29　应急指挥体系架构

应急指挥工作以企业突发事件应急预案体系为依据，合理利用现有的应急指挥场所、通信网络设施及信息化成果，建立统一协同的应急指挥平台，完成监测预警、统一接警、联动处置、辅助决策、移动应用、应急地图、基础信息7大功能模块的建设。企业开展应急指挥数字化转型的主要收益体现在以下方面：一是提高监测预警能力，推进管理从被动反应走向前瞻防范。通过监测预警，企业各级人员全面掌握企业生产安全波动，及时做出处置措施，最大限度地把事故事件消灭在萌芽状态。同时，企业在突发事件处置过程中能够直观地掌握全局情况，把握事态发展趋势，做出正确判断并采取相应有效的处理措施，防止突发事件的升级、蔓延或衍生，形成二次事故，实现在事前或处置过程中进行防控。二是实现信息高度集成，支持现场科学决策。企业通过应急指挥建设可以实现事故现场信息高度集成、全程共享，通过联动处置，集成事故现场气体监测信息、工艺监测信息、现场视频、人员车辆定位信息、应急资源等实时信息，为事故处置决策提供数据支持，为指挥者、处置专家、处置人员和救援人员提供必不可少、高效的信息支撑手段，为辅助决策、处置和救援提供高效的技术支撑，最大限度减少事故损失。三是实现数据共享，提升应急指挥基础数据价值。通过应急指挥形成了企业统一的应急资源库，将企业的应急仓库、应急物资、应急队伍、应急人员、应急预案和应急专家信息集中收录在系统内，从以前数据分散存储在各个单位、系统转变为统一集中系统展示和管理，实现了企业内应急资源类数据的统一标准和规范，并支撑其他应用系统的数据共享需求，为后续的系统改善和升级提供支持，产生新的价值。

（九）环保管理：践行低碳环保，引领绿色升级

环境保护是关系人类生存的大事，绿色低碳发展已上升到国家战略，党的二十大报告指出，推动经济社会发展绿色化、低碳化是实现高质量发展的关键环节。能源化工行业作为国民经济的支柱产业之一，也是环保管理的重中之重。能源化工业务产业链长，工艺复杂，环保风险源分布点多面广，随着城市化与能源化工企业发展的共同推进，工厂所处区域多涉及城区、水体以及生态红线等区域，环保管理压力大。

面对生态文明建设新形势新任务新要求，遵循减污降碳内在规律，基于环境污染物和碳排放高度同根同源的特征，减污降碳协同增效数字化转型已成为提升绿色低碳发展能力的重要途径。以数字化、智能化赋能生态环境治理，既顺应新形势下数字经济发展趋势和规律，又能为精准治污、科学治污、依法治污提供支撑，为生态环境治理体系和治理能力现代化提供新的方法路径。

能源化工企业积极尝试运用数字技术提升环保管理水平，通过生产运行、能耗监控、环境监测相结合的手段，积极尝试非现场监管模式创新，利用数据分析技术，建立企业生产、治污关联模型和数据报警模型，分析预警各污染源排污治污运行情况、限产减产执行情况。企业积极构建基于物联网、大数据、人工智能等技术的生态环境风险分级预警、应急监测响应的智能化技术平台，应用物联网、大数据等新技术提升低碳环保新形态，提升计量监控能力、监测感知能力、预警预报能力、超标溯源分析能力、风险识别和应急处置能力，充分挖掘企业的数据资产价值，提升数据资产服务效能。企业可从碳资产管理、固废管理、泄漏检测与修复（Leak Detection and Repair，简称LDAR）三个方面入手，走出以绿色为底色的高质量发展之路。

1.碳资产管理：精准管理排放，助力节能降碳

全球气候变化正对全人类生存发展带来日益严峻的挑战，走向碳中和已成全球共识。实现碳达峰碳中和是我国统筹国内国际两个大局作出的重大战略决策，是构

建人类命运共同体的庄严承诺，是践行生态文明理念的重要抓手，是推动我国绿色低碳发展的内在要求。能源化工行业作为工业领域的碳排放大户，亟须对生产过程中的各个环境进行碳排查、精细化管理、碳足迹追踪，从而制定有针对性的减碳降碳措施，促进行业绿色低碳发展。当前，能源化工企业内部碳排放线下计算方式粗犷，碳数据监测手段单一、计算难度大、运算复杂，无法将企业碳盘查粒度细化到装置、统计周期细化到月度。在碳排放统计业务层面，多数企业内部尚未建立统一的碳排放数据标准体系，直接造成各业务板块的数据，如设施的碳排放数据、盘查数据、统计口径数据、碳核查数据等难以整合，形成信息交换的壁垒，进而无法实现碳排放数据的共享和业务协同。并且，由于企业大量基础数据的来源不清、难以解释，且盘查数据大多存储在个人电脑中，无法保证数据准确性、及时性、保密性，容易造成数据信息丢失泄露。同时，在生产层面，很多企业排产计划下达后，缺乏对碳盘查、核查、减排计划执行过程的跟踪，且缺乏碳排放日常统计，容易造成任务延迟，并影响年度盘查数据的及时性和完整性。针对这些难题，能源化工企业亟须积极探索运用数字技术开展碳资产管理，推进绿色发展。石油化工产品全周期碳足迹如图6-30所示。

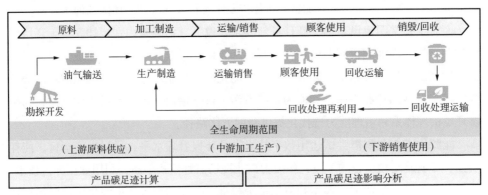

图6-30　石油化工产品全周期碳足迹

数字技术在助力全球应对气候变化进程中扮演着重要角色，能够为经济社会绿色发展提供网络化、数字化、智能化的手段，赋能构建清洁低碳安全高效的能源体系，助力产业升级和结构优化，促进生产生活方式绿色变革，推动社会总体能耗的降低。我国明确提出要推动大数据、人工智能、5G等新兴技术与绿色低碳产业深度融合，推进工业领域数字化智能化绿色化融合发展。数字技术助力我国碳达峰碳中和的总体思路包括四个步骤，一是数据摸底，摸清"碳家底"；二是情景预测，对碳达峰碳中和进程模拟预测；三是明确路径，制定可操作、可落地的碳减排路径和行动计划；四是实施调整，完善碳排放管理体系。数字化正成为实现碳中和的重要技术路径，为应对气候变化贡献重要力量。数字技术助力碳达峰碳中和的思路框架如图6-31所示。

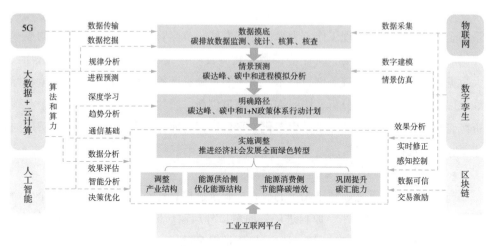

图 6-31 数字技术助力碳达峰碳中和的思路框架

碳资产管理是企业绿色低碳发展的前提与基础，是推进国家"双碳"目标落实，能源洁净化、洁净能源规模化、生产过程低碳化路径实现的条件。碳资产管理就是要用系统工程思想统筹企业能源全局，综合考虑生产装置与辅助生产装置加工能力以及检修计划、库存、原料品种与供应量、产品品种与需求量、外购蒸汽、电力等多种生产环节的碳排放情况，帮助企业"说得清、管得住"装置级碳流的排放。同时，帮助企业在产销全流程中，通过优化碳排放流向与碳配额分配，实现合理按质用能，提高能源利用率，并最终达到碳中和。基于工业互联网平台的碳资产管理如图6-32所示。

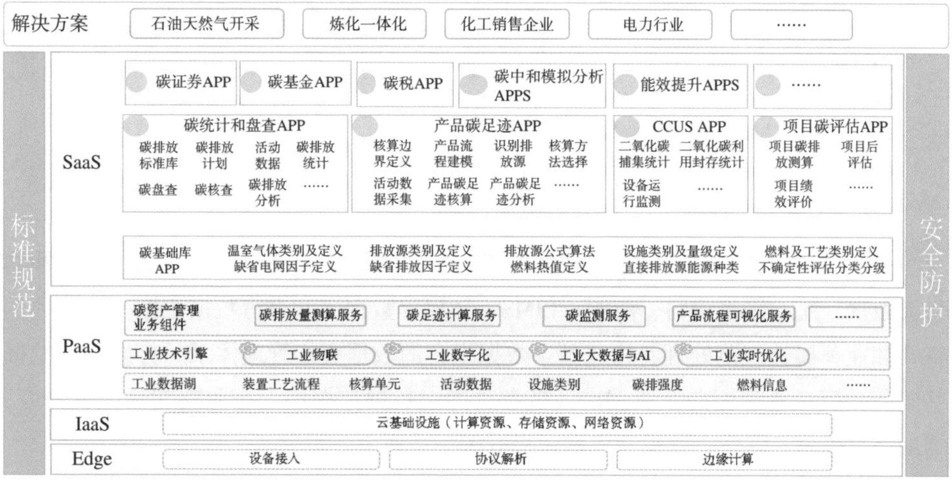

图 6-32 基于工业互联网平台的碳资产管理

碳资产管理数字化转型应基于工业互联网平台开展，覆盖油田、炼油、化工、销售等全链条业务环节，采用智能算法模型对碳排放进行计算，实现一站式管理，构建集碳数据治理、碳统计和盘查、碳绩效管控、履约风险控制为一体的数字化体系。企业开展碳资产管理工作，为绿色低碳发展、节能管控、降低碳交易履约成本提供总体支撑，打造以客户为中心的数字化碳资产管理战略。企业运用人工智能、大数据、云计算、区块链等创新技术，统一制定碳资产数字化建设相关的制度和标准，以灵活架构、精准分析、协同沟通、渠道创新、履约管控为核心，推动企业碳资产管理方式立体化、产品服务生态化、平台运营智能化。企业开展碳资产管理的主要收益体现在以下方面：

▶精细化碳足迹核算，奠定碳排放基础

产品碳足迹核算是碳减排APP的核心。碳足迹核算针对能源化工产品的全生命周期评价，包括原料开采、原料进厂、原料厂外运输、原料厂内运输、原料储存、产品生产、产品储存和产品厂内运输、使用销毁全过程，通过定义核算边界、产品流程、排放源识别、碳足迹标准化核算体系、活动数据采集，形成全链产品碳足迹核算结果，并对产品碳足迹影响进行分析，为企业进一步制定碳减排举措奠定基础。某石化生产企业碳足迹管理如图6-33所示。

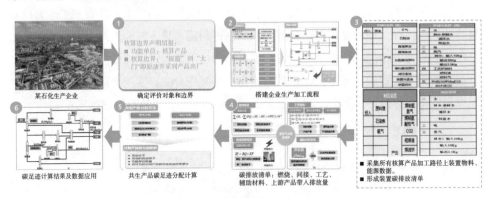

图6-33　石化企业碳足迹管理

▶规范碳数据标准，提升碳资产业务效益

企业构建内部跨平台基础数据集中平台，集成企业和部门主要系统的能源和物料类数据，统一采集物料、能源、LIMS、环保等数据，并进行数据主题分类与数据格式和业务属性规范处理，构建基于数据中台的数据资产管理体系，打好价值挖掘基础。碳资产管理面向企业碳产业链条，通过数据挖掘加大企业碳交易监管力度，辅助交易决策，降低企业履约成本，提升碳资产业务效益。

▶形成石油炼化行业碳资产盘查核查体系

碳资产管理业务涵盖油、炼、化、销全流程碳盘查核查体系，建立基于ISO14064国际标准的固定、制程、移动、逸散、间接五大类标准核算体系。企业能够清晰梳理出22个碳资产管理业务流程，细化排放源、排放因子、制程算法、热值燃料等影响因素，建设碳资产行业标准化管理系统。企业结合自身情况对标准模型、排放源、排放设施、算法等进行细化，落实到装置、车间和厂边界。通过建立字典信息，包括缺省排放因子、热值燃料、全球变暖潜能（Global Warming Potential，简称GWP）值、量化方法、低碳产品、企业标准、减排技术和设备标准等企业级碳基础库，构建碳知识库，为碳排放统计、碳排放分析提供数据基础。碳排放与碳盘查如图6-34所示。

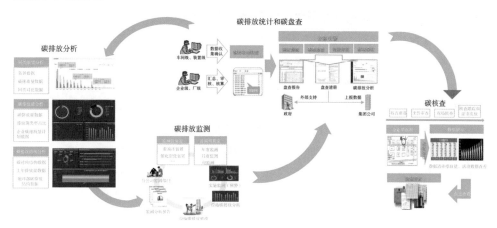

图6-34 碳排放与碳盘查

▶以数字化科技创新助力企业提质增效、节能降本和绿色发展

企业通过碳资产管理以数字技术助力碳达峰碳中和，以数字化引领和支撑绿色低碳发展，构建关键要素支撑体系，健全数字减碳标准体系，完善石油化工等行业数字化碳管理和碳减排标准，强化数字减碳相关标准推广，加强碳排放大数据分析和数字赋能技术供给。企业大力发展智能制造领域碳管理，推广数字管碳、数字减碳应用，积极开展数字管碳降碳示范，加强示范引领，定期对碳质量情况进行总结提炼与评估，为后续针对性优化政策提供参考和依据。

2.固废管理：危废一码溯源，智能互联互通

固废管理是能源化工企业环保管理的重要环节，对于提高企业资源利用率，减少废弃物，推进资源的节约集约利用具有重要作用。能源化工企业生产中产废环节多、种类多、形态多、处理形式多，需要开展危废资源化的多维管理，对固废管理提出了更高的要求。当前固废管理缺少有效的溯源技术和管理方法，很难准确追踪

危险废弃物的来源、去向和处理情况，导致监管部门的监管难度增加。同时，从产废环节到无害化处理，涉及生产、贮存、运输、利用等数据，由于企业内部数据、政府固废管理平台及外部处置单位数据的不连贯，数据分散在不同的系统中，且存在各自独立的数据标准和数据格式，导致数据无法共享、整合和分析，影响工作的顺畅开展。

固废管控运用物联网、大数据等新一代数字技术，对固体废弃物全生命周期进行数据化管理，包括废物的产生、转移、存储、处理和处置等各个环节，对推进固体废弃物资源化利用和环境保护有重要作用。企业通过固废管控实现数据化管理、自动化监测和分析决策，大幅提升固体废弃物管理的效率和精度，减少人工管理成本和管理风险，减少废弃物的无序排放和污染，促进固废行业的数字化智能化发展。

固废管控遵循工业互联网平台架构进行设计，按照分层设计、动态扩展的思想，自下而上分为基础设施、存储层、支撑层、控制层、展现层、接入层，遵循平台统一的标准运维体系，保证系统的规范、稳定运行。企业开展固废管控打造固废管理、生产管理、区域协同、减量增效的创新运营模式，助力无废企业创新发展。借助人工智能、大数据、云计算等技术的创新应用，企业实现入库、称重、打印标签、扫码出库、转移、台账生成、数据上报、视频智能监控等全流程业务自动化。在创建装置和贮存设施环节，借助智能磅秤、二维码、视频智能识别等技术，提升企业内部精细化管控能力，实现一废一码、快速申报、动态监控，建立固废产生、贮存、运输、利用处置全环节预警。企业开展固废管控的收益主要体现在以下几个方面：一是打通数据通道，促进节约集约发展。固废管控通过收集、整合和分析废弃物处理过程中的各类数据，建立废弃物处理的全流程数据平台，打通政府、企业、环保组织等多个平台的数据共享通道，实现废弃物的信息化管理和协同处理，提高废弃物的处理效率和利用价值，同时也能够提升各利益方在废弃物治理中的决策水平和效率。通过全生命周期管理，可以最大限度地减少废弃物排放和对环境的危害，同时也能够实现废弃物的资源化利用，支持循环经济的发展。二是精准数字化管控，降低环境风险。固废管控运用二维码、视觉识别等技术实现固废处理的数字化管理和监控，避免人工操作误差，降低固废处理成本，优化固废处理流程，实现固废信息可追溯，提高处理效率和处理能力，从而提高工作效率。通过及时发现和处理固废处理中的安全隐患和环境风险，企业可以降低安全和环境风险，避免因为固废处理不当而引起的财务和声誉风险。企业可以运用更精准的固废处理方案和咨询服务，更有效地利用固废资源，提高固废处理的可持续性，从而增加收益。三是运用先进数字技术，驱动业务可持续发展。固废管控综合运用云计算、大数据、物联网、人工智能等多种先进技术，通过物联网技术监测废弃物产生、储存、处理和运输等环节的数据，企业可以了解废弃物的来源、产生量、种类和危害程度，有利于制定相应的废弃物管理计划。通过深度学习和图像识别技术，企业可以实现废弃物的自动分类和分拣，提高固废回收利用率，预测废弃物产生趋势，制定有效的管理计划。通过分析大量的数据，企业可以了解废弃物产生和处理的趋势和规律，并借助云计算技术实现废弃物数据的共享和协同处理。

3.LDAR：打造智能监管，赋能绿色低碳

挥发性有机物是导致城市灰霾和光化学烟雾的重要前体物，主要来源于煤化工、石油化工、燃料涂料制造、溶剂制造与使用等过程。大多数VOCs具有令人不适的特殊气味，并具有毒性、刺激性、致畸性和致癌作用，特别是苯、甲苯及甲醛等对人体健康会造成很大的伤害。能源化工行业生产、储存、运输过程是VOCs的重要来源之一，应用数字技术对相关过程进行检测，及时发现问题并处置，对于提升大气质量，保障人民生命财产安全具有重要作用。泄漏检测与修复（LDAR）技术是针对能源化工设备管阀件进行定期检测，用以寻找发现挥发性有机物泄漏超标点，并对泄漏设备管阀件按照时限要求进行修复或者替换的技术。LDAR检测范围涉及全厂含VOCs物料的装置和设施，几乎覆盖了企业所有管阀件的密封部位，检测工作具有点位多、覆盖广、监管难的特点，迫切需要通过信息化、智能化手段进行业务标准化管理、智能化监管。基于物联网技术、融合智能终端，LDAR智能化监管平台帮助企业规范检测流程，提高检测效率，确保实时在线检测，促进能源化工企业安全环保的提升。

LDAR智能化监管属于环境保护信息系统重要组成部分，建设LDAR智能检测的业务组件，实现信息基础技术支撑的集成化、组件化，为业务应用提供安全、可靠、高效的基础支撑。LDAR智能化监管旨在为企业LDAR业务体系建设、整体管控提供总体支撑，服务企业打造环保污染协同治理的综合性监管平台，借助5G、北斗定位、物联网等技术手段打造LDAR管理平台+移动应用，实现LDAR组件可视化、现场检测路径导航、检测过程流程化控制、检测结果自动化记录，确保检测路径可视、检测流程可控、人员轨迹可查。企业通过构建端应用、云监管一体化的LDAR智能化监管平台，将有效提升企业LDAR工作的精细化、智能化管控水平，推动集团LDAR业务的智能化发展。LDAR智能化监管服务能力如图6-35所示。

LDAR智能化监管平台应用的核心价值主要体现在以下方面。

▶企业客户画像与风险预警，实现精细化管理

企业开展LDAR智能化监管工作，总结环保特征并建立评估模型进行分级评价，针对不同级别的业务采用差异化的监管实施措施，最终实现LDAR差异化、精准化和精细化管理。LDAR智能检测企业画像分析如图6-35所示。

图 6-35　LDAR 智能检测企业画像分析

> ➤ 移动便捷检测，实现智能监管

　　企业通过手持仪 APP 的应用，开展对现场检测质量的管控，实现仪器校准、环境本底值检测、检测停留时间的合规化监管。其中，检测仪器校准满足每种标准气校准和漂移校准三次记录，按照密封点尺寸和检测速度，实现对单点检测开始时间、检测停留时间的记录，满足国家及地区对 LDAR 技术规范的要求。

> ➤ 减少环境污染与安全事故

　　LDAR 智能化检测的推广实施，可大幅减少企业 VOCs 的排放，降低大气光化学反应和雾霾生成，有助于控制大气质量。随着城市的发展，部分能源化工企业成为"城市炼厂"，与周边居民生活居住环境融为一体，以往 VOCs 泄漏难以及时发现，给周边人民生产生活造成了风险，通过开展 VOCs 防控，及时了解泄漏并处置，能够减少泄漏造成的损失和环境污染。同时，还能及时发现隐患，减少安全事故和环境事故，保障作业人员的人身安全和身体健康。

> ➤ 降低企业加工损失，提升总体业务效益

　　根据美国国家环境保护局（Environmental Protection Agency，简称 EPA）基于排放因子的估算，炼厂 VOCs 排放量约占原油加工量的 0.02%。以某石化企业原油加工量 1520 万吨为例，VOCs 排放量按原油加工量的 0.02% 计算，炼油装置泄漏排放（LDAR）占炼油厂 VOCs 排放总量的 30% 左右（根据美国 6 家炼油厂基于泄漏检测排放因子估算），按 LDAR 的控制效率 20% 计算，该石化企业全面实施 LDAR 后，预计每年至少可降低加工损失 180 余吨，以每吨油气 5000 元计算，每年可减少损失金额 90 余万元。

▶打造设备全生命周期服务能力

企业开展LDAR智能化监管工作运用大数据分析能力，结合多年LDAR检测数据，对设备泄漏情况进行数据挖掘，对各厂家设备泄漏率进行分析比对，为后续设备采购提供参考性建议。实现LDAR泄漏点与企业设备系统的互联互通，将LDAR泄漏点纳入设备完整性系统，并作为设备管理缺陷或隐患进行管理，实现LDAR泄漏设备的原因分析、整改、验收、验证的闭环管理。

（十）设备管理：筑牢设备基石，保驾护航制造

能源化工行业是技术与装备密集型行业，设备作为其构成主体，是保证装置安稳长满优运行的重要保障。设备长周期运行是最基础的业务属性，但在使用过程中，其技术性能逐渐老化，直接影响生产任务的完成甚至威胁企业安全生产。随着企业管理的不断深化和细化，体系化管理已经成为企业管理发展的必然要求，如何通过智能化的数据分析手段改变传统应激性维护管理模式，通过延长设备运行寿命、减少非计划性停工提升设备预测性维护水平是各企业面临的主要问题。传统信息化建设造成系统不贯通、数据离散、业务协同性不够，复杂的设备故障分析诊断及维修方案制定缺乏专业工具等问题日益显著，亟待企业利用智能感知、信息挖掘、网络协同、认知决策等智能化手段提升设备管理水平，助力企业实现数字化转型。能源化工设备数字化转型是企业数字化转型的基础。

能源化工行业设备类型多，包括动、静、电、仪、管线、特种设备等，设备管理难度大、专业性强、专业系统多，从业务角度看覆盖设备的全生命周期，包括设备的交付、状态监测、健康维护、使用调度、体系管理、大型机组使用培训等。当前，国内外能源化工企业在设备管理过程中都在积极尝试应用新一代数字技术提高设备管理水平，加速数字化转型。例如中科炼化智能工厂交付之初实现了设备的正向数字孪生建模，通过设备的数字化交付为智能工厂建设奠定了基础；雪佛龙公司通过监测全球旋转设备的操作参数，利用远程诊断的方式，进行潜在故障和维护需要的预测和分析，提升设备故障诊断预测能力。此外，人工智能技术也被应用于开展沉浸式培训及一站式操作仿真培训，能够对机组相关的各岗位人员进行专业性、系统性培训，满足不同岗位、不同专业人员对培训场景及培训深度的需求，减少培训成本和员工学习时间。随着数字孪生、云计算、人工智能等新一代数字技术的深入应用，设备管理的数字化转型进程将进一步加速，设备管理目前形成了很多成熟的数字化转型场景，接下来以设备管理和设备健康管理为例详细介绍。

1.设备管理：管控企业资产，为绿色安全生产保驾护航

设备是能源化工企业的核心资产，设备管理覆盖企业的各种不同类型的设备，

标准化、规范管理难度大。首先，设备管理通常涉及的部门很多，各个部门之间的沟通和协作不畅，存在信息不对称和流程不规范的问题。其次，企业设备和配件数量庞大，数据来源和管理方式不同，存在设备信息缺失、重复、错误等问题。最后，设备的分类、命名、编码规则缺少统一的数据标准，数据的实时性和准确性无法保证；另外，由于流程制造型设备具有复杂性和特殊性，维修和保养计划的制定和调整缺少科学的依据和工具，容易出现计划不合理或无法执行的问题。企业亟须建立设备管理（Enterprise Asset Management，简称EAM）系统，提供主数据、物资编码标准化工具，实现数据、业务流程标准化是夯实数字化转型的基础保障。

从技术角度看，设备管理依托工业互联网平台，采用"数据+平台+应用"的模式，打造企业统一的设备管理应用平台，技术架构从底层至顶层分别是数据源层、数据集成层、数据管理层、综合应用层、信息展示层。企业设备管理工作的核心诉求包括以下方面：

▶实现设备的全生命周期管理，提高设备的可靠性和稳定性

企业需以设备台账为基础，以运行管理和维修管理为核心，实现对设备的全生命周期管理，包括设备采购、安装、维修、检修、退役等环节的跟踪，提高设备的可靠性和稳定性，降低故障发生率和停机时间，确保设备始终处于最佳状态，从而提高企业生产效率和经济效益。

▶推进预防性维护，减少非计划停工，降低维护成本

企业开展设备运行状态的监控和分析，以便管理人员及时发现潜在的设备故障和问题，采取预防性措施，避免设备损坏或装置停工；通过检修计划、工单管理、检修费用管理等工作，实现检维修计划的自动生成、工单执行情况和检维修费用的全流程跟踪；通过对设备运行数据的挖掘、分析和决策支持，了解设备运行情况和维护需求，更好地制定预防性维护策略，降低非计划停工和维护成本。

▶事先计划，事中监控，事后总结和改善，提高运营效率

企业开展计划性维护、保养等管理工作，自动计算设备利用率、停机时间等关键数据指标，辅助进行设备运营决策。企业可以更好地管理现有的及在建的设备资产，理清设备管理部门相关业务流程，有效地提高设备维护工作效率，做到"事先计划，事中监控，事后总结和改善"的规范化、系统化、流程化和科学化管理。据Gartner估算，企业开展设备管理能够提高设备利用率和产能利用率5%~20%。

▶实现维修保养的精细化管理，满足合规性管理要求

能源化工企业面临着各种环境、安全、质量等合规要求，如何进行合规管理是一个重要问题。企业运用数字技术可以自动生成维修保养计划，确保设备的维修保养工作按时进行；可以对设备的维修保养情况进行记录，方便企业管理人员进行后

续的查询和跟踪；可以对维修保养记录进行分析和评估，为企业维修保养管理提供决策支持；可以为企业提供设备合规证明、维护保养记录等必要信息，以满足监管机构的合规性要求。

▶建立完备的设备管理体系，提高设备管理水平，实现经济效益最大化

企业应以设备全生命周期管理理论为指导进行体系设计，构建设备资产基础管理体系、以点检和故障分析为核心的设备运行预警体系、以预防性维护为主的现代维修管理体系，实现资产最优配置和利用，进而保障生产、降低生产成本，获得更好的经济效益。

▶物资的快速调配和有效利用，降低库存成本和资金占用率

设备管理通过备品备件管理对备件、易耗品等物资进行管理，记录各级备件的出库入库情况，掌握公司各级仓库存储物资的现有库存情况，全面梳理厂区各类物资的使用情况，实现对备件库存的透明管理、多层次管理，建立以设备预防维修为主的备件管理体系，实现按需、适量采购，在保障正常消耗的前提下，实现物资的快速调配和有效利用，降低库存成本和资金占用率。

2.设备健康管理：开展设备健康监测，实现异常的预测预警

能源化工企业设备类型多、工艺复杂、生产过程往往是高温高压，对设备运行维护是一个极大的考验。在以往的生产过程中，企业对关键设备分析诊断的手段有限，难以做到系统、精准诊断。传统状态监测系统只针对自身状态监测数据进行分析诊断，而大型机组的运行与密封系统、润滑油系统、工艺系统等的运行情况是密切相关的，仅基于状态监测数据进行诊断缺乏系统性，不能提前判断、及时预警。同时，各企业往往建设了多个设备管理信息系统，包括状态监测系统、实时数据库、化验分析、可编程逻辑控制器（Programmable Logic Controller，简称PLC）等，系统之间难以做到数据的互联互通，当设备发生异常现象时，为了定位异常原因，设备管理人员需登录不同系统，方能查询得到大型机组的全部数据，且只能靠人工经验进行比对、统计、分析，效率低下。为解决生产过程中设备管理存在的问题，企业亟须开展设备健康管理，打通各个应用，监控设备状态，提高管理效率。企业设备健康管理"五流合一"如图6-36所示。

设备健康管理以支撑设备长周期健康运行为目标，对设备的运行参数、状态进行实时监控，为设备的运行分析、故障诊断提供数据支撑，以统一的平台汇聚企业各类数据，如图6-36所示，汇聚来自各相关方、各业务领域的数据，对设备的报警信息进行分级、推送，加强设备运行和状态分析诊断能力，能够支持设备实现预知性维修，避免非计划停机，确保生产的连续高效安全运行。企业运用设备健康管理的核心价值主要体现在以下方面：

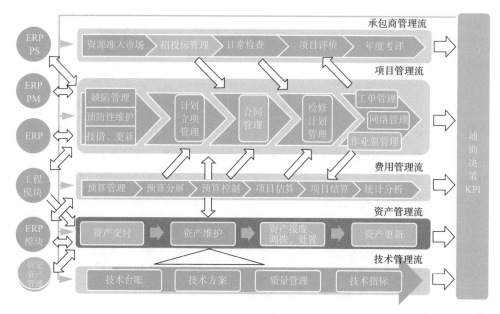

图 6-36　企业设备健康管理"五流合一"

▶事前预测可能故障，降低事故发生概率

能源化工企业在生产过程中对设备的依赖程度越来越高，而设备是企业资产的重要组成部分，也是企业发生事故的重要元素，因此保证设备完整率是降低企业事故发生概率的重要手段。设备健康管理通过对设备运行状态参数进行监控分析，基于大数据分析及专家库，对设备运行情况进行诊断，找出设备病灶所在，在带病部位发展扩散前进行计划性修复，杜绝设备故障演变成生产事故，从而有效降低企业事故的发生率。

▶创新设备管理理念，提高设备管理水平

在工业智能化的大趋势下，在企业内实现设备健康管理，保证设备全生命周期的全覆盖管控，有助于加快人机智能交互，使设备与设备之间、设备与人员紧密关联。设备健康管理通过数据整理分析、专家库远程诊断评估，时刻把握设备运转脉搏，及时调整优化操作，将设备管理模式从个人经验管理转变为智囊团科学高效管理的模式，为生产企业的高效平稳运行保驾护航。

▶实现智能故障诊断，降低被动维修成本

设备健康管理通过设备运行管理与监控功能，对企业内动、静、电、仪各专业设备的状态、介质、工艺等相关信息进行集中查询和展示；通过在线运行分析、设备操作优化、设备故障诊断功能，实现实时数据分析预测和故障诊断，为现场操作及技术人员提供准确的判断依据及操作建议。企业运用设备健康管理提升管理透明度，异常时自动推送报警信息，加速对突发情况的反映，辅助快速决策，提升系统运行效率，大幅降低设备被动型维修成本。据EASTMAN数据统计，实现设备健康管理，企业每年被动型维修成本可减少40%。

▶消除内部数据壁垒，支撑数据实时分析

设备健康管理打通了企业设备管理内部的数据流程，使管理人员在一个平台上就能实时查询得到设备相关各类数据，提高工作效率。同时，设备健康管理通过对监控数据的实时分析，及时发现数据的异常趋势，及时启动诊断程序，对异常状况给出调整建议。

（十一）智能装置：控制模拟优化，实现装置智能

生产装置加工层是制造业产品加工、增值创效的重要环节，也是生产企业数字化转型与智能制造的主战场和发力点。因此，如何加快老企业的技术改造、组织装置达标和新技术开发，如何在装置达标后保标、超标，进一步挖潜增效以使企业的生产能力和效率赶上世界先进水平，已成为非常迫切的企业战略决策问题。智能装置建设是在智能工厂大框架下，以提高产品生产整体水平为核心，从装置本身出发，分析装置应用过程中存在的痛点和难点，运用数字技术对生产装置进行控制与优化，最大化地发挥装置效能的工作。

目前全球能源化工企业面临越来越高的环保压力和日益激烈的竞争，如何提高企业的竞争力是备受关注的问题。中国能源化工行业在高速发展的同时，还面临着产品质量升级、结构调整加速、环保、炼化一体化发展等诸多问题。生产复杂度持续提高，不仅增加了操作的复杂性，更为实现装置的精细科学操作增加了难度。同时，很多企业面临减员增效、经验丰富的老操作人员退休引起的企业人才接续的压力，加上市场波动大，特别是炼化一体化的企业，需要企业能够具备跟随市场快速调整生产的能力，这样才能获取较好的效益。因此，生产企业亟须通过生产装置智能控制和实时优化，快速提高装置高附加值产品收率，降低装置运行能耗，提升企业市场竞争力。

能源化工行业尤其是石油化工行业是典型的流程制造，具有生产过程连续、生产工艺复杂、生产环境苛刻、产品结构复杂、对设备的自动化要求比较高等特点，因此对生产过程的控制和优化具有更高的要求。生产过程智能控制和实时优化是在分析石油化工行业生产过程特点和控制、优化需求的基础上，通过构建装置的先进控制系统，并与流程模拟软件构建的装置机理模型结合，以及构建装置的实时优化系统，自动寻找装置的最佳操作点，从而使装置时刻运行在最优效益点的过程。石化企业通过智能控制、实时优化能够做到装置实时的状态感知与生产透明，优化装

置操作，实现智能控制与智慧决策，真正实现生产装置运行的"安、稳、长、满、优"，在提升企业的盈利水平和竞争能力的同时，奠定智能工厂、无人工厂的基础。

1.先进控制：提高自控水平，实现卓越操作

先进控制（Advanced Process Control，简称APC），主要处理那些常规控制效果不好，甚至无法控制的复杂工业过程的控制问题。先进控制技术以整个装置为对象，充分考虑各变量之间的相互关系，而且能在先进控制的基础上与稳态优化相集成实现闭环在线优化。石化企业实施先进控制，可以改善过程动态控制的性能、减少过程变量的波动幅度，使之能更接近其优化目标值，从而使生产装置在接近其约束边界的条件下运行，最终达到增强装置运行的稳定性和安全性、保证产品质量的均匀性、提高目标产品收率、增加装置处理量、降低运行成本、减少环境污染等目的。

APC系统以"生产装置平稳、高效运行"为总体目标，结合装置工艺特点和装置范围，开展装置基础控制回路优化、专家智能控制、多变量模型预估控制、软测量仪表（关键工艺指标在线推断）等多种先进控制技术应用，实现"装置运行更平稳、质量控制更精准、约束边界更趋近"的精准控制，为生产装置赋能。APC系统位于工控网络内，与DCS系统、在线优化系统形成双向数据通信，是装置生产中过程控制子域中重要的技术支撑手段之一。装置的先进控制包括PID参数优化、工艺计算、软仪表、先进控制器和牌号切换管理等功能。APC系统建设的优势主要体现在以下方面：

▶提高装置控制水平，增强装置操作平稳性

APC系统的应用前后对比表明，关键被控参数的波动方差平均明显降低。某公司常减压加热炉氧含量波动方差降低30%，焦化装置分馏塔关键温度波动方差降低41%以上。APC系统通过多输入、多输出的动态矩阵控制技术，降低单参数调节存在的操作波动，能有效提高生产运行平稳性。

▶提高高价值产品收率，减少质量过剩

APC系统通过多变量协调，能够实现高价值产品质量指标的卡边控制。企业应用APC系统前后对比，常减压、催化、焦化等装置主要产品的收率提高0.25%以上，乙烯装置双烯收率提高0.4%左右。

▶降低装置能耗

APC系统能够结合控制对象的特征，综合考虑装置用能因素，以节能降耗为目标，优化控制策略，降低装置能耗。对于加热炉，应用APC系统能实现流量支路平衡控制，降低燃气消耗和排烟温度，有效提高能源利用效率，如某公司乙烯裂解炉的单位热负荷降低了0.64%。对于精馏塔，APC系统通过对气液比、回流比等参数优化，提高分馏效果，降低能耗。

▶提升装置经济效益

通过对121套装置（97套炼油装置、24套化工装置）先进控制项目效益数据的统计分析，炼油装置先进控制年平均创造经济效益503.2万元，化工装置先进控制年平均创造济效益276.2万元。"十三五"期间投用的73套先进控制装置（其中炼油装置50套，化工装置23套）累计创造经济效益10亿元。

案例：应用先进控制，挖掘装置潜能

某石化常减压装置设计规模为500万吨/年，主要包括原油电脱盐、原油初馏、常压蒸馏、减压蒸馏、轻烃回收等工艺过程。主要产品（中间产品）为干气、液化气、石脑油、航煤组分、柴油组分、轻蜡油、重蜡油和减压渣油。装置已配备了DCS系统，运行稳定性较好，仪表和设备维护情况较好，在此基础上开发实施先进控制，进一步挖掘装置潜能。

常减压装置主要包含电脱盐、初馏塔、常压炉、常压塔、减压炉、减压塔以及轻烃回收等单元。根据原油中各组分的沸点不同，将原油"切割"成不同馏出物的工艺过程即常减压工艺过程只有物理过程，能量换产品收率。

常减压装置原料性质多变，装置处理量也需要经常调整。处理量变化时，操作人员需要调节的变量多，加热炉（支路，氧含量，负压）、侧线产品抽出量、循环取热量、换热支路流量等变量都需要调节。操作调整影响全塔汽液相负荷分布。操作人员必须紧盯产品质量及时调整产品抽出量，因此常减压装置的操作劳动强度大，控制难度高。企业希望通过APC系统的建设达到三个方面的目标。一是提高装置运行平稳性，降低操作员劳动强度。加热炉、常压塔、减压塔等过程之间的相互耦合性强和外部干扰的影响大，导致操作员劳动强度大；装置持续平稳性、装置运行效益因人而异。二是实现石脑油、航煤、柴油的质量指标直接闭环控制，提高产品质量控制平稳性。装置的产品石脑油、航煤、柴油等质量控制，通常是由操作人员根据LIMS系统的化验值调节生产参数，这种调节方式存在时间滞后等影响，在进料工况变化较大时，产品质量不容易控制。三是实现实时卡边控制，提高高价值产品收率，降低装置综合能耗。提高常压塔、减压塔相邻侧线产品（例如石脑油和航煤）的分离精度，在安全生产的前提下，实现高价值产品收率的最大化；提高常压塔、减压塔的拔出率从而提高装置运行的经济效益。常减压装置APC应用常规目标如图6-37所示。

该企业根据常减压装置的工艺特点和范围，共设计了5个APC控制器，包括常压塔控制器、减压塔控制器、加热炉热效率控制器、常压炉支路平衡控制器、减压炉支路平衡控制器。APC部署在工控网内，并通过控制网络上的通信接口与DCS进行双向通信，完成数据读写，实现闭环控制；同时可与RTO等实时优化系统集成，实现装置的精准控制和闭环优化。

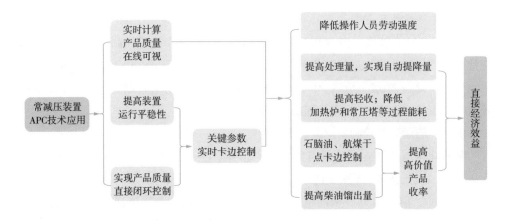

图 6-37   常减压装置 APC 应用常规目标

APC 系统提高了装置的控制水平，降低了装置关键过程参数的波动方差，在装置安全约束范围内动态优化，卡边操作，实现装置的节能降耗、提升高附加值产品质量或收率，精准控制产品质量，挖潜增效，提升装置的经济效益。该企业应用先进控制等技术，全年产生经济效益超过 700 万元，达到了建设目标。

具体的成效体现在以下三个方面，一是提高了装置控制水平，增强了装置操作平稳性。企业应用 APC 系统后，关键被控参数的波动方差平均降低 20%，减一线抽出温度波动方差降低 44.58%，常压炉气路温度偏差波动方差降低 45.4%。二是有效降低了装置能耗。常减压炉的各支路的温度偏差及氧含量波动明显减小，其中减压炉烟气氧含量波动方差降低 22%，常压炉烟气氧含量波动方差降低 43%、常压炉一路出口与混合后温差波动方差降低 63%，减压炉四个支路出口与混合后温差波动方差降低平均达到 65%。综上，APC 的投用明显有利于提高常减压加热炉的热效率、节约装置能耗。三是实现了卡边操作，提高了轻油收率。企业应用 APC 系统降低了常压塔、减压塔的温度波动，有利于装置的产品质量的卡边控制，实现了产品质量优化控制，提高了轻质油收率。经过企业的数据分析，投用 APC 系统后轻油收率提高了 0.29%。

2.流程模拟：模拟装置运行，优化生产操作

流程模拟即利用流程模拟软件对企业生产装置、公用工程系统、氢气瓦斯系统、胺液系统等进行严格的机理模拟，实现生产过程的物料平衡、能量平衡、汽液平衡、传质传热及反应速率等计算，从而对装置或系统进行模拟优化，实现节能降耗、消除瓶颈、提升装置效益与市场竞争力。目前，企业流程模拟应用逐步向集成化、大型化方向发展，用于实现企业的整体优化，并与信息技术、数据库技术、大数据技术等融合，保证了企业装置和系统优化的及时性和持续性。

流程模拟以流程模拟技术为核心，融合信息化技术、大数据技术、数据库技术、

数据处理技术、人工智能技术、优化技术、先进控制技术等，满足各生产装置产品收率与性质预测、操作优化分析、设备性能监控及预警、数据及报表管理、化工计算APP、集成优化与专家诊断等需求。

炼油化工、煤化工、天然气等能源化工生产装置，以及冶金、涂料、水泥、多晶硅等其他流程行业的生产装置均可以通过流程模拟建模，进行稳态模拟优化、开环操作指导，应用工业装置APP以及在线实时优化，为企业精细化操作管理提供核心动力。企业开展流程模拟主要取得了以下几个方面的成效：

▶模拟优化助力装置挖潜增效

企业流程模拟面向生产装置、公用工程系统、计划调度、运营管理等，提供生产装置的建模预测优化、公用工程系统的建模预测优化、计划调度的建模与计划优化、运营管理平台的搭建及运营优化，百余家能源化工企业开展了应用部署，累计建立生产装置和系统机理模型600余套，累计创造经济效益达14亿元/年。企业应用流程模拟运营管理系统打通了各装置间的数据壁垒和流程隔阂，提高了业务信息集成共享能力，推动生产管理和业务运行模式向"数字、智能、敏捷、精准、清晰、主动"转变。

▶严格机理模型赋能装置离线、在线、实时优化

流程模拟优化搭建的装置严格机理模型，可以实现装置离线、在线、实时优化。依据专家经验及模型分析结果，解决装置实际生产问题，优化装置操作，实现装置平稳优化运行，并能根据市场需要，结合生产调度要求，开发在线优化系统，最大潜力地生产高附加值产品，提升装置效益及智能化水平。流程模拟可以根据不同的产品质量及负荷要求，及时给出适宜的操作指导方案，消除瓶颈，提高装置处理能力及产品质量，并能开发相应的运行管理平台，实时监测关键设备的运行装置，基于机理模型的预测能力，满足环保指标要求，降低设备及安全环保风险。

▶生产装置在线优化开环指导

生产装置流程模拟优化采用在线优化关键技术结合行业专家经验开发工艺装置系统管理与运行优化系统，一方面提高生产装置的整体管理水平，另一方面进行生产数据集成、数据分析、在线计算，并提出在线优化报告，实时指导装置的操作调整方向，最终指导企业人员对装置进行调整，尤其在原料变动情况下，可持续追踪、持续优化，最终降低装置运行能耗，增加企业效益。

案例：构建机理模型，优化装置操作

某特大型石化集团在坚持以绿色发展为主，全面节约和高效利用资源的指导方针下，不断推进集团公司各下属企业节能减排、挖潜增效。从2001年开始，逐步在

各企业开展流程模拟推广与应用项目，以降低企业装置能耗、提高高附加值产品收率、提升企业装置运行管理水平、增加企业效益为目标，通过操作调优、改造优化、运行管理系统、在线开环优化、装置 RTO 等手段，对企业生产装置进行建模优化，实现企业生产过程的高效化和绿色化，加速当前时代背景下企业生产装置的数字化转型。

20 多年来，基于企业流程模拟项目，该企业已累计建立 600 多套炼化生产装置的严格机理模型，覆盖 30 余家炼化企业，范围包括以常减压、延迟焦化、连续重整、催化裂化、加氢裂化、加氢精制、加氢处理、加氢改制、渣油加氢、催化裂化汽油吸附脱硫（S Zorb technology，简称 S Zorb）、芳烃、气体分离、甲基叔丁基醚、硫黄回收、制氢、溶剂脱沥青为主的 16 类主要炼油装置 500 余套，以及包括以裂解汽油、丁二烯抽提、EO/EG、乙烯、聚丙烯、聚乙烯、聚酯、精对苯二甲酸（Pure Terephthalic Acid，简称 PTA）、酮苯脱蜡、苯乙烯、甲醇、醋酸、醋酸乙烯为主的 13 类常见化工装置 100 余套；通过流程模拟优化，分析装置生产问题，解决装置运行瓶颈，增强装置抗干扰能力，提高装置操作平稳性，提升装置经济效益。

流程模拟技术的广泛应用，产生了可观的直接效益，2001—2020 年共分六个阶段开展 600 余套炼油化工装置的建模及优化工作，取得经济效益累计达 14 亿元/年。流程模拟运营管理系统打通了各装置间的数据壁垒和流程隔阂，提高了业务信息集成共享能力，经统计分析整体工作效率提高 90%，信息共享时效提前 24 小时，管理效率成倍提高。同时，该项目在建设过程中培养了一大批流程模拟专业人才，截至 2020 年，已累计培训技术人员 5000 余人，使得装置优化技术深入人心，为企业装置的持续优化提供了人才保障。

3. 实时优化：实时精准寻优，闭环精确执行

实时优化是智能装置建设的重要环节之一，在生产控制类工业软件中，实时优化 RTO 处在衔接计划调度和先进控制的关键环节。该技术基于原料、产品及过程产生的实时数据，结合流程模拟中的全流程机理模型实时优化计算，在生产负荷、原料属性、设备性能和市场价格等发生变化时，自动优化关键控制回路设定值，并自动下达操作目标，结合装置先进控制，闭环操作执行，从而保证工业装置经济效益、能耗、环境影响、碳排放等运行指标最优，支撑装置"安、稳、长、满、优"的运行。

RTO 技术可以说是集流程模拟与先进控制于一体的成套装置智能化技术。企业应用 RTO 技术可针对装置特性构建装置实时感知系统，全面监控装置原料、产品性质。企业通过流程模拟软件构建装置全流程机理模型，根据工艺机理特性实时计算不可测量的过程参数如反应转化率、产品性质等，并制定适应于装置特性的优化目

标，通过优化平台在线优化求解，再结合适应于在线优化的先进控制系统，闭环操作执行，建成成套智能装置。在线实时优化整体思路如图6-38所示。

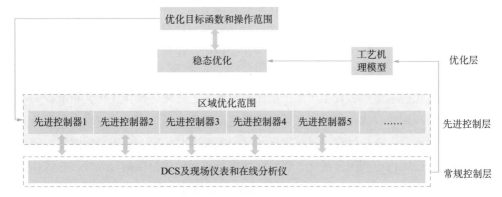

图6-38 在线实时优化整体思路

能源化工企业以提高高附加值组分收率为目标构建装置先进控制基础应用，根据生产对区域实时优化的实际要求，对装置各单元建立先进控制器，并充分考虑了区域实时优化系统对下层先进控制的要求，使先进控制系统满足实时优化系统的要求。在此基础上构建实时优化系统、反应及再生工艺计算模型、精馏严格工艺模型，进而实现整个装置区域的实时优化和节能降耗，助力装置实现精细化操作。企业应用实时优化技术主要聚焦以下三个方面的优化和提升：

▶助力装置实现精细化控制

在线优化技术的应用使装置控制水平又上一个台阶，显著提高了装置自动化程度，做到动态模型与稳态模型结合、测试模型与机理模型结合、先进控制与优化系统结合、本地多变量控制和区域多装置协调优化相结合，来自过程的实时反馈及时克服不可建模因素造成的模型"黑洞"，不仅降低了实时优化系统的实施难度和日常维护的难度、节约了投资，而且挖潜增效，潜在社会效益显著。

▶过程参数实时计算，实现装置实时感知

在线实时优化通过实时收集和处理数据，不断调整和优化业务或系统的过程，同时结合工艺计算模块以及机理模型可以在线实时预测产品收率、催化剂寿命等的关键参数。装置在线优化可以有效提高业务效率，促进高效识别生产过程中的瓶颈和问题，并及时进行优化和调整，从而提高业务效率和生产力。通过实时分析用户行为和反馈，企业可以不断调整产品结构适应市场需求，以更好地满足用户需求和提高用户体验。

▶多种先进模型技术实现装置区域协调优化

设置全局优化目标控制器，通过在线优化器将产率模型和先进控制器关联起来。

这样在进行在线优化时，只需要在在线优化器中设置相关产率的价格因子就可以实现对装置的优化，并将最优的值传递给下层的先进控制器，从而使系统在长周期运行中始终保持最优。同时，在线优化技术建立模型来表征各先进控制器之间的交互影响，实现各个控制器之间的相互联动，相互影响。针对装置的工艺特点设计多种优化方案和相应的目标函数，由操作指令在线切换，在允许最大移动范围内将决策变量移动到新的最优点。

实时优化技术聚焦装置生产加工层面，涵盖工艺优化、操作优化、精准控制等业务，企业应用实时优化技术不仅可以实现生产装置原料、产品、过程参数等各类信息的实时采集、分析处理，对装置运行状态实现实时洞察，实现全面感知，还可以实现装置区域内协调闭环优化，保障区域内各单元优化目标的时效性、一致性的同时，实现多目标、多尺度的生产优化和装置运行最优生产。

实时优化技术的主要优势体现在以下几个方面。

▶内建模型"动""静"结合

线性动态模型对过程反应更及时，能及时反应出过程的动态变化。线性动态模型更容易利用实时反馈信息进行校正，降低了模型精度要求。工艺过程采用非线性的工艺机理模型描述，利用非线性机理模型指导线性动态模型控制优化，做到"动""静"结合。

▶自动化生产决策

区别于传统工业领域工艺方面的决策优化，智能化生产运营决策是基于现场实测数据及内建机理模型计算得出的工艺数据，利用优化算法，根据装置工艺特点灵活定制优化方案及目标函数，由操作指令灵活切换，在设定的操作区间内尽可能地将决策变量移动到最优点的自动化的生产决策系统，解决非线性、多工序、全局优化、预先预测等一系列复杂性生产过程问题。在工业生产过程中，对每道工序的工艺机理、工艺算法、模型开发等模块进行闭环实时优化，以辅助生产决策。

▶区域−协调实时优化

企业采用区域−协调优化，把先进控制器的局部优化与优化器的全局优化相结合，利用动态关联模型把多个先进控制器所对应的单元间的相互耦合进行描述，各控制器互相协调，联合求解，统一控制优化。

案例：精细实时优化，实现价值最大化

某能源化工企业为了在保证产品质量的同时进一步降低产品辛烷值损失，针对炼化企业 S Zorb 装置开展在线优化技术研究，其核心的建设目标一方面是解决工艺过程的非线性特征与线性模型控制的客观矛盾，S Zorb 工艺过程非线性较强，但控制模型大多为线性模型，先进控制采用的线性动态模型无法很好克服反应过程非线性，在工况变动后，控制器内建模型难以与变动后的工况相匹配，投运效果难以长期保持。另一方面是解决精细化控制与难以测量的工艺参数的客观矛盾，精细化控制对现场仪表有较高的要求，然而现场与工艺过程相关的部分参数无法测量，因此需要构建软测量、软仪表，但软测量模型需要时常校准维护，工况发生变化后模型可能需要重建，后期维护频次很高。

该企业采用稳态实时优化技术路线，将 S Zorb 反-再机理模型最新研究成果集成于 OPEN 流程模拟软件全流程机理模型，同时基于 PROCET-APC 先进控制软件构建先进控制系统，开发 RTO-PLUS 实时优化平台实时寻优，实现 S Zorb 装置的整体优化。项目的建设帮助装置进一步挖潜增效，节能降耗，助力装置实现精细化操作，有效支撑国家"双碳"目标的推进。S Zorb 装置实时优化总体框架如图 6-39 所示。

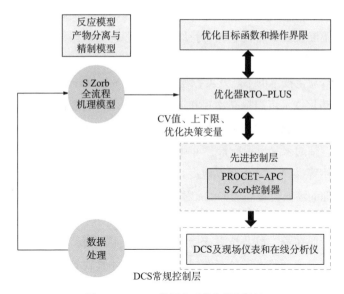

图 6-39　S Zorb 装置实时优化总体框架

该项目针对 S Zorb 装置专业特点，创新开发了适用于 S Zorb 过程实时优化的反-再机理模型及数据重构的组分表征模型，实现了对产品烃类组成、硫含量和辛烷值损失等关键指标的准确预测；基于自主的 OPEN 软件，通过热力学参数、传递性质参数的完善及反-再系统模块，构建了 S Zorb 装置全流程模型，为实时优化提供了基础；建立了基于自主的 PROCET-APC 软件的多变量预测模型，实现协调控制和闭环执行；开发了自主的 RTO-PLUS 在线优化平台，实时寻优；首创了具有自主知识产权的 S Zorb 生产装置在线实时优化成套技术，降低了装置的运行成本，为企业带来良好的经济效益，整体技术达到国际先进水平。

该企业 S Zorb 装置在线实时优化后在保证精制汽油脱硫效果的前提下，辛烷值损失降低 0.4 个单位以上，实现装置年节能增效 3500 万元以上。利用计算机信息技术和先进控制及优化技术，提升了装置的精细化控制水平和为装置进一步挖潜增效，提高了企业的自动化程度和智能化运行水平，达到了生产装置提高综合经济效益的目的。

（十二）智能仓储：5G+AGV，实现无人仓储

随着科技的不断进步，智能仓储正逐渐成为一种趋势，为仓储行业带来了前所未有的机遇和挑战。传统的人力密集型仓储管理已经无法满足当今快速发展的市场需求，采用先进技术实现全程无人力干预的高效仓储管理系统受到企业的青睐。数据技术在仓储自动化中发挥着越来越重要的作用，联网仓储系统可以有效地收集、整理和分析相关数据，从而使企业能够更好地掌握动态、提高运营效率。此外，伴随着物联网的不断发展，智能仓储可持续跟踪管理仓储数据，从而提升仓储服务的质量和效率。

随着仓储自动化技术的不断发展，物流仓储将逐渐向自动化、智能化方向发展。例如，采用自动化技术可以提高库存和运输管理效率，实现自动配送货物，降低仓储和运输成本，改善仓储管理水平和系统可靠性。无人仓储是仓储自动化领域的最新技术，拥有广阔的未来发展前景，可基于新一代无人机技术，自动执行仓储运输、码垛、货位占用等操作，从而有效地提升仓储服务的质量和效率。无人仓储将有助于改善仓储管理的绩效，提高服务的品质，提升企业的竞争力和业绩。

1. 智能仓储进化过程中的困境

智能仓储行业在资本以及技术支持方面存在着不平衡，引入仓储自动化技术可以提高资本效率，但面临严重的资源缺乏和技术人才紧缺等困难。因此，智能仓储技术的推广将面临两大难题。一方面，智能仓储的实施需要资金和技术支持；另一方面，仓储操作人员的数量持续减少，企业面临着非常严峻的人才短缺问题。同时，智能仓储技术的不断发展也带来了技术更新的挑战。虽然新技术可以提高仓储管理效率，但是实施过程仍存在较多难题，比如技术人才的短缺、数据安全问题等，导致企业技术更新陷入瓶颈。因此，企业应针对公司的特点采取不同的技术更新战略，如短期内的积极技术更新等方式，加快企业仓储转型升级。

2. 搭建物联网平台，建设智能仓储

应用 5G、物联网等技术，企业可实现厂内物流仓储全过程无人值守作业，即通过承运商自助预约、车辆自助排队进厂、自助过磅、自助装卸车、车辆轨迹监控、

自助打印出门证出厂等，实现对原料进厂、产品出厂收发货的全过程智能化闭环管理。通过厂区内自动导航车辆（Automated Guided Vehicle，简称AGV）、自动移动机器人（Automatic Mobile Robot，简称AMR）、叉车、机械臂和无人仓视觉系统的5G网络接入，企业可部署智能物流调度系统，结合高精定位术，实现物流终端控制、商品入库存储、搬运、分拣等作业全流程自动化、智能化。物流仓储自动化全过程如图6-40所示。

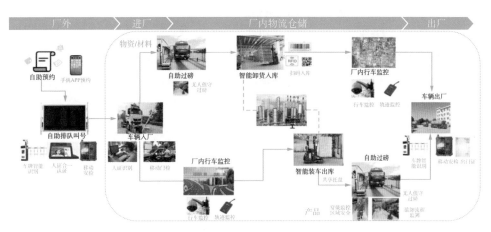

图6-40 物流仓储自动化全过程

智能仓储的本质是通过多种自动化和互联技术实现仓储的自动化、智能化、柔性化和绿色化，从而提高企业的生产率和效率，最大限度地减少人工数量与犯错概率。为建设高效的智慧仓储体系，企业可从流程设计、预约机制、模块构建等维度改造原有的仓储模式，实现转型升级。

首先，企业应进行全流程管控，实现进出厂收发货全流程闭环管理。主要包括对原料进厂、产品发货进行全过程管理。提供自助进出厂检查、车辆调度、收发货计量过账、轨迹监控等功能，规范提货秩序，提高收发货效率。企业客户可根据预约时段合理安排车辆到厂，实现有序提货，系统降低危险品车辆集聚风险，缓解停车场压力。其次，企业可考虑建设预约机制，根据已发布的资源，合理安排收货计划。结合ERP销售订单、可发货库存、装车能力等发运资源，企业客户或承运商通过移动端预约，经审核后形成运输计划。企业通过比较计划与执行情况，分析计划与执行的差异以及原因，自动优化计划。同时，在模块构建方面，企业可建设智能仓库模块，实现仓储数字化、移动化作业、自动化作业。应用条码标签物联网设备设施实现作业单元标准化、数字化标识，现场信息智能感知、实时采集，提高仓储作业效率、作业质量。结合视觉感知、激光定位、伺服控制技术，应用AGV、智能托盘、无人叉车硬件、仓库调度监控算法，实现装卸出入库无人值守、物料组盘、

263

上架、自动盘点、下架等仓库业务操作。最后，建设无人值守过磅、无人值守定量装，提升计量业务管理水平也是构建智能仓储的重要一环。企业可通过地磅称重设备，配合车牌识别、地感线圈、视频监控、红外监控、语音指挥等实现磅房的无人值守统一管理；通过定量装车设备，配合防爆pad、高清摄像头等实现液体无人值守、装卸作业，保障24小时不间断收发货；通过防作弊算法，保证计量数据的准确性；通过应用智能托盘，实现仓库自动计量盘点。

3. 自动化智能化仓储系统的应用场景

▶无人值守汽车衡定量装车场景

收发货人员使用手持终端刷取司运人员身份信息并查询预约单信息，根据系统发送的发货信息进行收发货，并自动进行系统信息的集成计量。发货完成后系统自动向MES发送计量单信息，向ERP发货过账。无人装车流程如图6-41所示。

图 6-41 无人装车流程

▶智能调度场景

现场工作人员可在监控电脑上操作监控中心软件，进行无人叉车查看、系统调度、数据查找、远程停车、日记查看等。所有无人叉车运行状态、库位状态、任务完成进度状态、故障状态等都可于人机交互界面上以数据和图像的方式直观地显示出来。智能调度场景监控示意如图6-42所示。

▶智能物资库场景

智能物资库可对物资入库流转的全过程进行管理，包括从供应商发货开始，到仓库现场的收货作业、质检作业、入库作业、上架作业，再到需用单位领料作业、配送作业、出库作业、下架作业、签收作业全过程，并与ERP系统及现场自动化设备无缝集成。

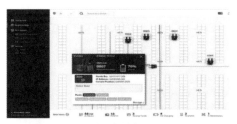

无人叉车调度

货物识别

堆叠精度校验

地图实时采集

图 6-42 智能调度场景监控示意

物资入库流转全过程如图6-43所示。

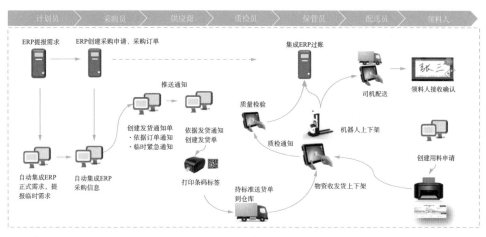

图 6-43 物资入库流转全过程

> 智能产品库场景

智能产品库可对产品出库流转全过程进行管理,包括从产品包装组盘到仓库现场转运作业、入库作业、上架作业,再到存储盘点、客户提货作业、下架作业、出库作业、扫码出库作业全过程,并与ERP系统及现场自动化设备无缝集成。产品流转全过程如图6-44所示。

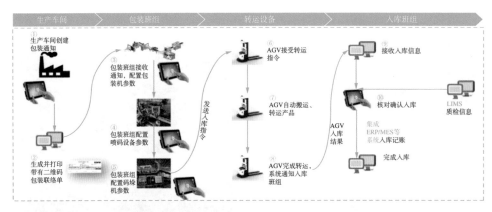

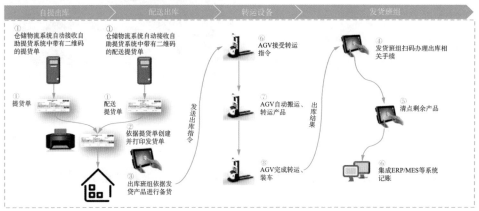

图6-44　产品流转全过程

4.案例：智能仓储，提升仓储配送工作效率

随着人力成本的逐年增长，某大型炼化一体化公司的化工产品平库库容和出库能力无法满足日益增产的需求。为此，该公司计划建成投用国内石化行业首座大型立体式聚烯烃产品智能仓库，面积达 1.03 万平方米，总库容量为 2.5 万吨，彻底解决公司目前聚烯烃仓库存在的库容不足等问题，提高仓库现代化管理、智能化操作水平。

聚烯烃自动化立体仓库仓储及运输系统分为执行硬件（输送线、货架、堆垛机、穿梭车等）、仓库控制、仓库管理三层。执行硬件由存储、输送和搬运三类设备组成。仓库控制由可编程逻辑控制器（Programmable Logic Controller，简称 PLC）、电机驱动装置、检测元件等组成，可根据仓储管理系统（Warehouse Management System，简称 WMS）的指令，实现仓库设备控制逻辑计算和动作执行。仓库管理由入库管理、出库管理、盘库管理、倒库管理、货位管理、库存管理、查询统计、运行监控等组成，可以对仓储物流进行动态的管理与调度；对物流线上的设备进行实时管理与监测；对物流仓储系统的运行状况进行评估。

该公司以智能立体库为中心，以物料、产品为纽带，规划建设智能仓储，率先将无人操作、全自动控制的大型立体化仓库应用于化工产品存储，并获得以下建设成效。

一是实现石化企业大宗化工产品的现代化、智能化管理。结合物联网、红外线及机器人技术，该公司建成国内石化行业首个超大型全封闭、全自动、无人操作的聚丙烯立体仓库，实现固体产品包装、仓库作业的自动化管理。无人装车发货的作业效率、盘库效率大幅提升，包装破损率大幅下降，库存管理人员较传统盘库所需人数下降达66%，实现智能化管理化工产品。过去，按平面仓库运作模式需要配备32辆铲车和70名搬运、装卸工。当前，按立体库运作，日常8小时工作制，出、入库不需要铲车搬运，每班只需2名或3名操作人员即可，装车区域仅需16辆左右铲车及3名劳务用工人员，可大大降低劳动强度。

二是打造产供销协同的智慧物流。该公司建立智能仓储物流管理信息系统，实现资源、信息共享以及对数据、信息的详细分析，提供多方位、多纬度的图表，为成本控制与物流优化决策奠定基础。同时，公司进一步优化资源流向与物流方案，降低物流成本，提高运输效率。进出厂物流管理取消聚烯烃实物IC卡，采用"预约＋安全教育＋二维码"的新模式，全年减少开卡工作量833小时。提货车辆在进厂前的候车时间缩短至1小时内，订单平均处理时间（即订单下达后到客户收到货的时间）由原来3天缩短至2天以内，提升效率50%以上。

三是实现供应链一体化协同。立体库、危化品监控、聚烯烃在线预约提货、原油数据与船期管理、水运和铁路出厂管理的建设，提高客户装载率并缩短用户的现场等候时间。危化品监控采用GPS获取危化品车辆实时运行轨迹，实现发货、在途、到货全程在线跟踪，并与危化品运输系统数据集成共享。该企业借助数据集成平台，利用功能强大的统计报表和图形工具，为供应链管理提供辅助决策支持，降低装车用工量，提高车辆周转率，物流综合成本费用降低15%，不安全行为的数量较传统提货模式下降20%。

（十三）智能装卸：控制装卸风险，聚焦本质安全

近年来，危险化学品安全生产工作稳中向好，但面临的形势依然严峻。危险化学品安全生产的基本面（事故总量大、从业单位多、产业结构不合理、安全基础薄弱）还没有发生根本性的改变，也远未达到由量变到质变的转折点，目前仍处于爬坡过坎、攻坚克难的关键时期。2020年，中共中央办公厅、国务院办公厅印发了《关于全面加强危险化学品安全生产工作的意见》，要求加强涉及危险化学品的停车场安全管理，纳入信息化监管平台，强化托运、承运、装卸、车辆运行等危险货物运输全链条安全监管。

当前国内危化品装卸事故频发、社会舆情敏感、政府追责力度加大，企业面临的压力与挑战越来越大，亟须全面加强危化品装卸安全管理，建设危化品汽车智能装卸系统，按照分类分级管理原则，统一标准，逐步规范危化品装卸作业管理。

1.危化品汽车装卸业务发展的主要难点

大部分石化企业危化品汽车装卸作业还延续着传统的管理手段，企业安全投入严重不足，装卸过程存在着诸多安全隐患，主要有以下几个方面：

一是智能识别手段不足。企业只能依赖人工监控装卸过程中的人员行为、车辆安全状态，会出现人体静电未消除、车辆静电未消除、装车有溢流现象、车辆钥匙未放置指定位置、鹤管连接处有泄漏、鹤管未归位等问题，不仅工作量大且效率低下，而且工作人员的监督一定程度上不可避免地存在视觉盲区，不能及时发现，具有一定的安全隐患。

二是未监控危化品车辆行驶情况。针对在道路上行驶的危化品运输车辆，企业暂时没有技术手段去进行管控，易出现车辆超速、车辆长时间停留在社会道路或人员密集区等现象，危化品车辆运输过程存在着较大的安全风险。

三是车辆预约无计划性。企业的装卸管理只能通过线下电话、微信群等方式进行预约，且常有车辆在未经预约的情况下来厂装卸作业，容易拥堵在厂区门口，存在较大的安全隐患。

四是线下车辆安检标准不统一。企业的安检人员针对车辆安检工作没有统一的信息记录标准，安检记录信息不易保存，容易发生丢失、损坏现象，不能按照企业的制度要求做到有效的闭环管理。

2.提供危化品装卸作业风险管控抓手

为解决上述提到的困难，企业应建立一套智能的危化品汽车装卸系统，以确保安全、高效、自动化的危化品运输和装卸过程，从而提升企业的运营效率和安全指数。系统以物料、鹤位、供应商、承运商、司机、车辆等数据为基础信息，建设装卸计划及预约管理、入场管理、车辆定位、装卸过程安全管控等功能，实现危化品装卸作业的安全管控。危化品装卸系统功能架构如图6-45所示。

其中，装卸计划及预约管理主要对企业的装卸流程进行线上规范管理，解决因装卸车辆无序进出造成的拥堵问题，降低了企业风险隐患；入场管理可规范车辆预约、案件、装卸流程，保障装卸区域的有序管理与装卸工作的连续运行；装卸过程安全管控主要包括视频监控识别和八联锁监控两方面。视频监控识别主要针对现场装卸站台、鹤位设施、人员违章行为、车辆异常状态及周边异常环境进行动态感知和视频识别。八联锁监控主要是对装卸站台八联锁系统连接情况进行集成监控，自动提醒装卸过程的异常状态。危化品汽车智能装卸系统可利用视频识别技术、边缘计算算法，智能识别装卸过程中的人员违章、车辆异常状态，提高装卸现场的安全管控。

图 6-45　危化品装卸系统功能架构

3.全方位管控危化品装卸作业应用场景

企业构建的危化品装卸系统可规范装卸及进出厂流程、实时监测参数、预警安全隐患，拥有广泛的应用场景。

在车辆管控场景中，检查人员先通过手持终端对车辆进行安检，根据系统中预设好的安检表内容执行逐项检查，安检通过后车辆进入等待队列，并根据物料和装卸台内的情况进行叫号。在运输过程中，通过停车场的定位设备，企业可实时掌握即将进厂的危化品车辆行驶状态、车速、承运的物料、司机等信息，提升了对厂区外路段危化品车辆的安全管控能力。车辆进出场管控场景如图6-46所示。

停车场安检

车辆监控

无人值守车衡

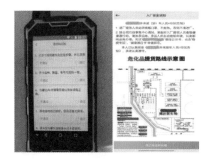

装车安检

图 6-46　车辆进出场管控场景

在视频识别与八联锁监控场景中，企业可通过智能视频识别算法，建立枕木、灭火器、驻车指示牌、人员值守、安全帽、劳保服、拨打手机、吸烟识别等8种模型，为管理装卸过程中的人员违章、车辆异常状态提供抓手。同时，企业实时监控包括人体静电、钥匙管理、车辆静电、鹤管连接、溢油、可燃气体监测、油气监测、鹤管归位的八联锁设备情况，对异常状况进行自动报警提醒，实现装卸过程的安全管控。视频模型分析效果如图6-47所示。

无人员值守

人员拨打手机

未佩戴安全帽

未检测到防滑枕木

图6-47 视频模型分析效果

4.案例：智能装卸应用，提供风险管控抓手

某石油化工公司扎实推进建设危化品汽车智能装卸系统，为公司及二级单位和技术人员提供信息化管理手段，在装卸作业现场注入智能化元素，为危化品装卸作业提供风险管控抓手，提高现场工作效率，夯实业务管理水平。该公司利用视频识别技术，智能识别装卸过程中300余次人员违章、车辆异常状态，识别准确率达到70%左右，有效提高了装卸现场的安全管控。通过集成八联锁系统，对钥匙管理、鹤管归位、人体静电等"八联锁"系统异常状况，进行自动报警提醒1232次，为企业提供管理抓手，实现装卸过程的本质安全。

该公司投用危化品汽车智能装卸系统以来，通过装卸计划和预约管理，有效地控制车辆有序进厂，至今未发生厂门口车辆拥堵情况，降低了风险隐患，提高了企业生产和工作效率。

（十四）智造工厂标杆：能源化工智能制造新路径

1.开工即卓越，行业新标杆

某大型合资炼化企业地处中国东南沿海，主要经营炼化一体化项目的建设和运营工作。为实现开工即卓越的建设目标，全厂智能管理综合系统作为独立主项，与工程建设同步设计、同步施工、同步交付。相比传统的炼化企业建设，该企业具有以下特点和需求。

▶高起点顶层规划

对于很多石化企业而言，受数字基础设施条件和碎片化信息技术应用的制约，数字化智能化转型更多是一项补短板的过程。该企业作为一家合资新建的大型石化企业，工程设计建设起点高、工艺路线技术优，管理模式精细化、环保排放标准高。企业在工厂建设前，对信息化顶层设计做出了明确要求，即要根据"整体规划、分步实施"的原则，制定出时间跨度不低于5年的信息化规划和实施路线，满足企业中远期业务发展对信息化的使用需求。同时，要运用先进的信息技术，以数字技术为核心要素、以开放平台为基础支撑、以数据驱动为典型特征，打造新一代智能工厂，为可持续高质量发展保驾护航。

▶信息化和企业工程同步建设

新建企业从建设到生产历经各个阶段，企业要求信息化不仅要满足未来生产经营活动需要，同时要满足企业在工厂建设期间各项业务对信息化的使用需求，使信息化在企业筹备期就能够支撑管理需要。信息化建设作为独立主项与工程其他专业同步设计、同步施工，和企业工程建设同步开展。在工程设计阶段，信息与其他各专业实现工厂设计协同，避免遗漏；在工程施工阶段，信息化建设增强业务间的磨合和适应，满足生产办公需要；在生产准备阶段，信息化投用支撑装置开车、投产等生产操作，实现生产调度联动；在生产平稳运行阶段，全面建成智能工厂，实现生产节能优化、智能操作、智慧运营。

▶开工时就要把业务管理要求固化到系统中

新建企业的业务特点是投产期间生产管理流程、制度亟须建立，各部门业务运行处在磨合期，协调工作量大，装置运行不确定因素多，新员工需要适应新的环境和工艺技术。企业要求在开工时就要把业务管理要求固化到系统中，打通各类工作流程。一是通过流程的固化，规范制度执行，严肃规章制度；二是通过线上协作，清晰各部门和岗位职责，提高部门协同效率；三是通过线上办公，在第一时间建立起工作模式，提高员工信息化使用技能，锻炼一支高水平队伍。

基于以上高起点高要求，该企业从一开始就将数字化基因植入公司运行的各个方面，倾力打造数字化新业态模式，推动公司走好新型工业化道路。公司以工业互联网平台作为数字化转型的加速引擎，运用5G、物联网、数字孪生等新一代数字技术，打造集管理与服务于一体的企业级平台，作为产业链、价值链连接的枢纽。企业以数据流贯通经营管理、生产执行、过程控制、边缘感知各方面，提升生产、管理、销售、服务各环节智能化水平，打造出具备全面感知、预测预警、优化协同、科学决策四项能力的智能工厂，助力该企业建成技术一流、产品一流、人才一流、管理一流、效益一流企业。

该企业全厂智能管理综合系统以ProMACE平台为基础，充分借鉴国内相关企业信息化建设经验，与企业实际应用场景深度结合，以建设智能工厂为目标，落实建设内容不重漏，建用有机结合，高度匹配业务需要，发挥信息最大价值，建设互联高效的客户服务、集成共享的经营管理、协同智能的生产营运、安全敏捷的基础技术，通过信息安全和信息标准化支撑各项业务应用，共计涵盖50余项建设内容。该企业全厂智能管理综合系统总体架构如图6-48所示。

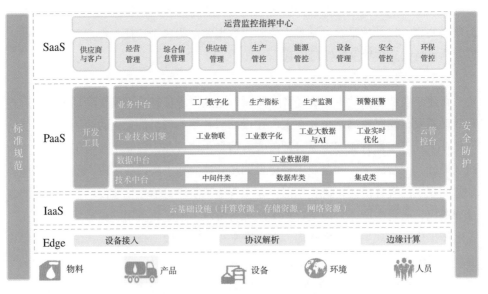

图6-48　全厂智能管理综合系统总体架构

该企业智能工厂建设历时近三年，实现了信息化与工厂建设的同步设计、同步实施、同步交付、同步运营，对其他企业智能工厂建设有很强的借鉴意义。

▶以工业互联网平台为核心的信息共享

通过工业互联网平台，项目以"集中集成、主数据、工厂模型"为导向，实现模型和服务的共用共享，避免了信息孤岛，提高了用户体验和工作效率，实现了对外开放的信息化服务能力。依托平台提供的标准化主数据、工厂模型、企业服务总线（Enterprise Server Bus，简称 ESB）、ODS、数据湖控制、内容存储、安全审计、物联网（Internet of Things，简称 IoT）等组件，项目实现了业务应用之间数据集中集成，服务总线驱动，互联互通无孤岛。

▶全业务协同线上办公

全面支持各业务部门的协同办公，企业提高了工作效率，支撑了经营生产活动，实现了业务流程标准化、经营管理规范化，同时实现了信息共享，发挥了企业对外文化宣传的作用。

对外宣传，对内协作：通过信息门户，对外发挥形象宣传、品牌推广、客户服务、市场营销等方面的作用，对内面向内部员工进行知识宣贯。通过单点登录、待办集成、数据集成等方式实现内网门户与各应用系统有效整合，将常用的办公系统全部统一到信息门户，做到一个门户入口。借助移动终端实时掌握经营管理、生产营运等动态信息，随时随地处理工作事务。

专业事务专业化管理：实现了制度从立项、起草、预审、会签、审核、签发、宣贯、评估的闭环管理，实现了档案文件收、存、管、用的全流程线上标准化管理。将规章制度固化到系统之中，强化合同管理制度的执行。集成移动平台、OA系统、档案系统、ERP系统、主数据管理（Master Data Management，简称MDM）等，实现数据共享联动。在党建管理方面，实现党委和基层党总支、党支部的穿透式管理。

▶以物料管理为核心的生产全要素监控

通过网络、大屏幕、实时数据库、视频监控等联动，项目实现了智能工厂应用与电信、控制系统的互联互动，提升智能工厂对感知层的实时控制能力。在生产运营层面，以物料、调度、操作、计量、LIMS等核心系统，联动生产经营、生产营运、基础设施等，实现生产质量和生产效率的全方位监管，"数出一源，令出一家"，围绕装置投产发挥关键作用，支撑工厂开工监控指挥，支撑产品的顺利出厂。

物料信息实时获取：实时数据库集成了工艺、设备、环保、质量、公用工程等数据信息；集成了苯乙烯、国三套、给排水、氧化乙烯、乙二醇、聚丙烯、汽电联产、苯乙烯–丁二烯嵌段共聚物、乙烯等装置流程图信息，根据工艺卡片内容，配置了点位的上下限，并通过报警表现形式进行呈现；为操作管理、计量管理、物料管理、工艺管理等业务系统提供数据支持。

物料移动与平衡：基于对物料流动的实时监控、分析预测，工厂实现罐区收付操作、状态监测、装置投入产出台账、仓库收付存、进出厂班量确认等，实现数据采集、物料移动、生产平衡自动化。

生产执行实时掌握：基于物料移动信息，智能工厂通过调度到执行的一体化管理，对生产执行全过程进行管控，对进出厂、罐区、装置运行、公用工程、物料平衡五大类业务的多维度综合监控，实现调度指令在线闭环管理，基于生产数据识别模型及规则，对感知的生产运行实时信息进行运算。

生产数据可视化：围绕全生产要素监控、安全环保、设备健康等主线，基于预测预警、优化协同的设计理念，借助ProMACE平台连接和抽取各类业务数据，经加工处理和分析挖掘，快速灵活配置业务指标体系，并通过可视化场景进行展示，实时计算企业边际效益，支持企业领导层、管理层提供的"一站式"决策。

▶多系统协同联动的一体化管理

借助ProMACE平台，工厂建设实现供应链物流环节中订单、计量、装运、凭证等多元业务联动，达到进出厂业务和客户服务的规范、优质、高效的管理目标，实现物资流转中人、物、空间、业务操作的数字化、标准化，达到账物一致。

进出厂物流电子化智能管理：项目打造了衔接产品生产下线到装货出厂的厂内物流平台，平台将所有客户纳入数据库当中，客户可以通过网页平台或微信在线预约、提货人自助打印二维码提货单、手持机线上安检、自动进入排队序列、扫描验证装车信息、发货后自动过账等一系列便捷举措办理业务，实现了全流程电子化智能管理。在产品销售出厂及大宗原料汽运进厂方面，项目通过和上下游的系统集成，实现了厂内物流链条综合应用。

智能物资仓库管理：工厂实现了从实物移动开始，到满足需求单位领用出库为止，发货、收货、清点、入库、上架、领料、下架、出库、签收全过程线上痕迹实时管理。利用物联网技术，项目在企业仓储的收货、存储、发货、盘库等环节实现物资识别及自动化管理，提高企业物资管理的效率，降低库存资金的占用，实现物流与信息流同步。

▶全厂全方位的安全环保管控

项目搭建了安全、环保管理工作平台实现企业资产（设备、危化品、车辆、人员等）全数字化管理，实现危化品信息的登记，国控废水废气排放点达标率、完好率在线监测，电子作业票在线开具和查询，实现作业前在线JSA，关键措施落实拍照取证，采用移动应用并行签发，解决直接作业环节监管难点，提高工作效率。项目通过加强厂内运输车辆行为管理，解决危化品全链条安全管控的最后一公里。

安全风险实时监测与识别：项目实现了年度培训计划在线管理，员工培训档案在线确认，日常各类安全问题的全流程管理，已识别风险的在线登记、审批确认，重大危险源台账的在线管理，厂区固有风险分级管控，已识别的隐患进行登记和五定信息的维护，并对事故进行跟踪记录。项目帮助企业全面提升安全诊断、风险防控能力，为该企业"坚持安全发展，践行绿色低碳，努力打造世界一流安全业绩"提供有力的信息技术支撑。

直接作业线上快速办理：对全厂10余种作业类型、不同等级的作业进行作业风险赋值，实现作业区域安全风险等级的动态可视化；基于近距离无线通信（Near Field Communication，简称NFC）识别技术，通过票证签发读卡和拍照等签到方式，实现人员定位；与门禁办卡系统、承包商监护人培训证书关联，实现数据共享。

危化品智能管控：智能工厂能够实时展示危化品物资信息及其一书一签资料，实现目标仓库出入库信息查询。工作人员可以通过摄像头查看实时视频监控资源；通过与物资仓库管理系统集成，实现全厂危化品仓库基础信息查阅；通过与调度指挥集成，实现管理与监控；采用平面图的形式直观展示危化品实际存放情况。

厂内运输车辆实时监控：工厂对非运输车辆、普货运输车辆、危化品运输车辆三类车辆进行重点监管。基于全厂地理信息、结合车载定位设备，进行实时位置监控和行驶速度监测；构建车辆行驶轨迹信息，对厂内运输车辆溯源跟踪。

▶全生命周期设备管理

智能工厂实现了设备运行参数的综合监控、报警推送及效能计算分析。项目建立了设备综合监控平台，实现了各专业设备的运行参数、介质、温度等相关信息的集中查询和展示；结合工艺卡片、设备管理要求，对监控设备的各运行参数按设备等级及超标程度设置分级报警；按照报警级别，推送给相关责任人。

在线运行监测与分析：工厂对动、静、电、仪设备运行监控与预警，对离心机组、加热炉效率进行计算，对腐蚀进行管理，对离心机组故障进行预测。紧密结合状态监测、维修、使用和环境等信息，项目对涉及设备健康的因素进行全过程控制，对维修活动进行计划和优化。

设备KPI指标量化管控：智能工厂对厂内各装置和设备进行KPI指标的实时监测和计算，便于管理人员进行查看和分析，了解装置和设备的整体运行效率和状况，明确部门人员的业绩衡量指标，使业绩考评建立在量化的基础之上，提升设备可运转率。

巡检自动化：企业应用手持终端以及与之配套的移动端APP、PC端软件系统，实现全厂范围内动设备、静设备的自动巡检。巡检人员现场巡检时，机泵测量信息提交完成后实时回传PC端。当设备某项测量指标超标时，系统会生成异常信息报表，相关人员可及时查看。同时设备管理人员也可以根据上报信息复核异常设备是否运行正常并给出审批意见。

该项目的全面建成提升了各部门业务协同能力、信息处置能力和决策分析能力，在规范运营、提升效率、管理创效方面取得了很好的应用效果，提升企业生产管理效率，提高企业本质安全环保水平，保证设备长周期稳定运行，对标精益化管理、科学化决策，强化业务赋能。该项目的建成，优化了传统的组织架构，精简了人员，人力成本比传统炼厂节约30%；系统的广泛应用，助力该企业双烯收率成为所在集团首位，并获得IDC中国数字化转型运营模式领军者优秀奖、2021中国数字化转型与创新数字化运营典范案例奖、2022年福建省智能制造示范工厂称号等奖项。该企业智能工厂的先进性主要体现在以下方面。

➤ **打造了工业互联网应用新生态**

智能工厂摒弃过去信息化系统的"烟囱式"建设方式，坚持"数据+平台+应用"的信息化发展新模式，以工业互联网平台作为数字化转型的加速引擎，通过中台的组件和服务快速构建应用，以数据流贯通企业经营管理、生产管控、过程控制、边缘感知各方面，统筹解决碎片化供给和协同化需求的矛盾，提升系统纵向贯通性和业务覆盖度。

➤ **实现了全生命周期的一体化工程设计与交付**

项目实现了工厂与数字工厂同步建设，解决了传统采用逆向建模难度大、周期长的问题，打通了企业工程建设期与生产运维期的数据通道，为未来的智能化生产和智慧化管理打下坚实基础。

➤ **带动了工业园区整体智能制造发展**

项目带动了企业基地工业园区整体智能制造发展，推动了产业链中高端发展，围绕产业链做大商业生态，推动了工业园区一体化智能化服务体系的建立。

2.数智煤化工厂，赋能"双碳"目标

煤化工是以煤为原料，经过化学加工使煤转化为气体、液体、固体燃料以及化学品等过程，近年来兴起的现代煤化工产品主要有油品、天然气、烯烃、乙二醇、芳烃、精细化学品等。我国是世界第一产煤大国，发展煤化工产业，不仅可以缓解我国石油能源依存度过高的严峻局面，而且可以实现我国能源化学品生产的多元化，对于保障国家的能源安全与经济安全都有着十分重要的战略意义。煤化工原料是煤炭，在制取化学品过程中，碳排放量远高于以天然气和石油为原料的项目，减碳挑战更为艰巨。煤化工企业亟须通过转型升级，不断延伸下游产业链，与新能源等融合发展，深入推进生产全过程的节能提效、减污降碳及高效节水，才能最大限度地减少对生态环境的污染和降低碳排放，实现绿色高质量发展。

内蒙古某煤化工企业主营煤炭转化业务，是一家典型的现代煤化工工厂，以煤为原料，经过气化、变换、净化、合成及精馏等工艺生产甲醇、乙二醇，副产硫黄、液氩、液氮、液氧等产品。"十四五"期间，该企业积极践行创新、协调、绿色、开放、共享的新发展理念，以基地产业基础和资源优势为立足点，以创新驱动、提质增效为主线，以"高端化、多元化、低碳化"为抓手，聚焦绿色化工、新能源、新材料融合发展，积极适应"双碳"目标、"能耗双控"和"双循环"新常态。为加快推进传统煤化工产业转型发展，该企业结合自身发展战略需要，启动智能工厂项目建设，打造国内煤化工行业的智能制造标杆企业，该企业的智能工厂主要聚焦以下建设目标。

▶夯实信息基础，打破数据孤岛

在信息化建设方面，该企业在用系统以集团统建ERP系统、OA系统、煤业公司统建计量发运系统、智慧装车系统、市场化管理系统、视频监控系统为主，系统之间相互孤立、数据割裂、孤岛丛生，且其他业务的信息化基础比较薄弱，生产业务严重缺乏信息化、智能化的应用支持。IT应用缺乏统筹规划，没有专业的中心机房，服务器、网络等关键设备仅能维持当前几个应用系统运行，物理环境无法支撑企业级应用。数字化浪潮下，该企业亟须夯实信息化建设基础，破解企业转型升级的瓶颈制约。

▶优化管理流程，提升运营效率

在企业生产运营管理工作中，50%～80%的工作量集中在生产操作层，如成本控制、安全生产、设备管理和绩效改善等。项目实施前，该企业生产操作层面的管理仍以人员手工处理为主，生产、能耗、设备、安全、环保、质量等信息来源广泛、信息凌乱。业务信息获取、传递、处理、共享的工作量大，生产状态掌握滞后，业务效率和效益难以进一步提高。各业务单元间的业务协作，采用人工制作表单形式进行信息传递，业务申请需花费大量时间"跑票"，费时、费力，业务流转被动低效，管理效率和效益有待进一步提升。该企业迫切需要优化生产管理，推动业务流程线上化，以提高运营及业务协作效率，实现提质增效。

▶提高控制水平，实现过程优化

该企业一期主装置含空分、气化、变换、净化、甲醇合成精馏、硫回收等单元装置，已投产运行。二期新上40万吨/年乙二醇，含空分、气化、变换、净化、甲醇合成精馏、乙二醇合成、锅炉等公辅装置。由于缺少全流程的先进控制系统，生产主装置仍然存在手动控制现象，对操作员要求高，控制效果差，装置能耗较高，控制优化问题比较突出。该企业亟须将工厂员工从低价值的重复劳动中解放出来，加快企业智慧生产平台、安全生产信息化平台建设，推动传统产业向数字化转型升级，加快实现生产过程、关键工序智能化控制和关键岗位机器人巡检，有效降低生产过程的风险隐患。

▶落实文件精神，加快转型步伐

《内蒙古自治区人民政府关于加快推进数字经济发展若干政策的通知》中明确指出支持智能工厂、数字化车间项目建设，要求通过试点示范引领工业领域行业数字化转型升级，加快推进制造业向数字化、网络化、智能化转型，通过信息技术和各类资源的整合打造智慧工业园区，实现园区的信息感知、传递和处理，提升园区智慧化能力。该企业深入贯彻落实文件精神，进一步夯实工厂数字化转型方案，基于工业互联网平台全力建设"智能工厂"示范基地，力求通过项目建设转变管理模式，提升管理效率；实现了"打造煤化工智能制造标杆企业"的战略目标，使企业进入国内煤化工行业智能制造先进行列，开启向"智能制造"行业领先水平发展的新里程。

▶适应监管要求，推动模式创新

数字时代面临新形势和新要求，相应的监管手段、监管理念也发生了转变和更新。监管手段方面，从传统的手工管理转向全面适用互联网、大数据等新技术管理，监管理念方面，从审批前准入为主向准入后进行全链条监管转变。该企业为适应当地政府和上级部门对安全、环保、质量和能源等方面的监管新需求，推动生产管理模式创新，需要实现生产数据真实有效，业务流程透明运行，报警信息准确及时；同时需要统筹环保管理，实现污染源实时监控，减少超标与违规排放，降低排污税缴纳；建立企业风险库，有效提高环境应急管理水平；提升排放透明度，树立企业形象，提升竞争力。

该企业智能工厂建设蓝图以打造卓越运营的智能工厂为导向，结合企业实际，将新一代信息技术、智能硬件与企业管理、生产过程控制和工艺技术进行深度融合，实现工厂横向、纵向和端到端的高度集成，提升全面感知、预测预警、优化协同、科学决策四项关键能力，完善数据治理与网络安全体系，提升工厂运营管理水平，推动形成全局优化的生产新模式。智能工厂开启数字化转型新征程如图6-49所示。

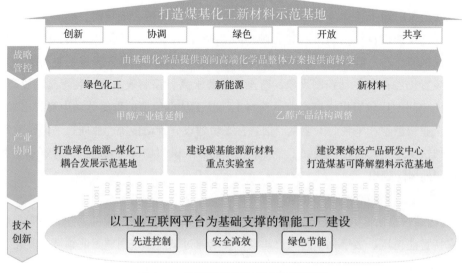

图 6-49　智能工厂开启数字化转型新征程

结合已建信息系统的情况及其对总体架构的要求，按照"分步实施、急用先行"的实施策略，该企业智能工厂本期建设内容分为智能决策层、智能操作层、智能控制层、智能平台层、基础设施层5个层级，涵盖36个子项。建设内容如图6-50所示。

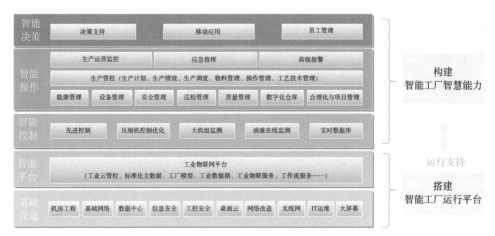

图 6-50　智能工厂项目建设内容

该企业智能工厂于2020年9月启动，2022年5月验收，整体借鉴了先进智能工厂建设经验和成功蓝本，进行一体化业务分析、体系化架构构建设计、整体化集中实施，保证了智能工厂建设的方向性、完整性、先进性。该企业智能工厂建设历程如图6-51所示。

图 6-51　智能工厂建设历程

该企业智能工厂建设聚焦运营管控、生产管理、设备管理、安全管理四大业务域，涵盖应用、运营、生产、能源、控制、质量、设备、仓储、安全、应急十大典型应用智能化场景，实现生产业务管控模式由"人工、经验、低效、粗放、被动"

向"数字、智能、敏捷、精准、清晰、主动"转变，以数智赋能驱动业务变革，业务智能化水平明显提升，管理效益有效提高，降本增效成果明显，智能工厂的建设主要实现了以下的核心价值。

▶操作界面集中统一，岗位模板千人千面

智能工厂基于工业互联网平台技术实现了认证、权限、审计、门户、流程的集中统一管理，用户只需要面对一个界面就可对智能工厂23个应用进行操作。信息更全面、集中、快捷，提高决策效率和质量，及时响应业务请求。系统管理员可以利用岗位工作台功能，根据不同岗位的业务分工及系统访问权限，预设基本岗位模板，智能工厂预设了总经理、生产副总、设备副总、技术员、设备员等15个岗位模板。每个用户基于系统预设的岗位模板，还可以自主删除、增加、调整和组合磁贴，个性化配置自己的专属工作台。

▶运营数据集中显示，各项指标快速掌握

调度中心大屏上投放的生产运营实时监控系统，通过生产概况总图，全面地呈现原煤进厂、生产进度、产品库存、产品出厂以及能耗、安全、环保、质量等生产全过程数据。通过总图还可以穿透到各个专题中，了解专题图中8大类50个关键运营数据指标的数字及趋势变化，实现对全厂生产运营状况的全面快速掌控。

▶生产数据真实有效、生产管理业务协同

生产过程数据都来源于现场实时数据的采集，目前实时数据库已实现全厂10万余点生产数据的自动采集，为智能操作和管控提供了统一的数据来源，也保证了数字工厂是实体工厂的真实体现。生产数据可以通过流程图展示，也可以实现多维度的数据分析和对比，全厂物料总图和蒸汽管网总图原为该企业化工主管生产的领导手工绘制，目前已经通过实时数据库自动生成展现，通过这两张图可以将全厂蒸汽管网、物料走向一览无余。智能工厂还实现了从生产计划到生产调度再到生产操作，从工艺技术管理到物料管理、能源管理的全流程业务一体化协同。跨业务、跨部门间的信息共享与实时反馈，业务协同操作，生产绩效精准计算，提高了生产执行效率，保证了生产管理规范化运行。

▶能源运行说得清楚、能源消耗省得下来

能源管理系统实现了水电汽产耗全过程数据的实时在线采集、精确计算和分析处理，能源管网多节点数据实时计量，吨甲醇、吨乙二醇、吨煤、吨蒸汽等30多项单位综合能效指标即时计算，动态展示能源产耗指标变化趋势。能源评价模块都可以按日以图表形式展示，实现能源关键指标预警、展示、综合分析。系统为各级能源管理用户提供综合分析视图提高能源运行的透明化程度，能源产耗、能效清晰可视。

➤质量检验高效共享、全程追溯

企业的分析检验业务实现了固定频次检验计划的自动登样和下发，分析检测结果自动判断，分析报告单自动生成，满足条件的仪器还可以实现分析结果数据自动读取。成品的合格证可以在系统中生成打印，有企业的检验红章及电子签名。统计报表可以按条件进行数据查询，清晰地展示了分析检验数据，同时保证了从原料到中间产品再到成品的全过程质量追溯。消除以往"人工记录汇总结果、信息传递慢、易误差现象"，实验检测信息实时共享，质量结果全程掌握，促进质量与生产、环保、采购、销售等多部门的质量信息互通和业务联动。

➤装置运行自动控制、装置消耗节能降耗

智能工厂对合成车间一、二期的2台合成气压缩机实施应用控制优化，实现了压缩机转速控制、防喘振自动控制、入口压力性能自动控制、调速自动控制的功能，达到全自动无人值守操作、降低能耗的目的。工厂对气化车间、净化车间、合成车间和乙二醇事业部的一期锅炉、气化、变换、净化、甲醇合成及精馏装置，二期锅炉、气化、变换、净化、甲醇合成及精馏装置、乙二醇装置实施了APC控制，装置关键成本偏差（Cost Variance，简称CV）的波动大幅降低，降低了生产劳动强度，提高了装置运行自控率和平稳率，促进了节能降耗与资源利用最大化，降低了运行成本，增加收益。装置综合自动化率达到93.5%，关键被控变量标准偏差下降76.5%。

➤设备管理实时监测、全程可控

设备全生命周期管理以设备业务管理流程为基础，建立设备运行管理的信息化平台，实现覆盖设备管理安装建档、检维修维护、运行管理的全生命周期数字化闭环管理。通过系统实现设备管理48条线下审批业务的线上办理、申请、审批与执行跟踪，检修作业票最快3分钟完成申请、审批，大大提高了工作效率。

智能工厂建立了智能故障诊断的设备，对15台大机组实施油液在线监测和大机组运行状态监测及远程诊断；对2台关键动设备加装震动和温度传感器，进行状态监测及远程诊断。实时采集以上设备参数运行状态，以在线和离线相结合的方式，进行智能预测性故障诊断和可视化展示，形成变被动为主动的检维修模式，预防"失修、过修"现象，降低维修损失，提高检维修效益，确保设备始终处于受控状态。

➤物资仓库实时盘点、库存物资优化配置

该企业充分利用物联网和移动互联技术，通过标签/条码及RFID设备的应用，对物资、货位、单据进行数字化标记和智能感知，通过扫码对仓库到货检验、入库、出库、调拨、移库移位、库存盘点等各个作业环节的数据进行自动化采集，实物入出存周转信息及时准确记录，保证企业及时准确地掌握库存的真实数据，实现物资

仓储与相关部门/车间的库存信息实时共享、协同联动，提高了仓储作业效率和精准度，经测算，库存周转率提升5%。

> ▶安全生产主动监管、安全管控关口前置

智能工厂通过流程优化，实现八大票证的数字化流转。通过手持终端操作即可实现作业票的申请审批，避免了传统办票时跑票费时、费力，较传统办票节约四分之一以上的办票时间，提高作业单的流转效率。巡检作业实现定点、定时、定频率、定内容、定标准，规范了巡检人员的工作流程，实现巡检作业流程规范化、巡检记录数字化、协同作业移动化，提高巡检效率，提升巡检质量。利用移动技术对于隐患及时发现、上报、处理，并可以记录现场的真实情况，留有痕迹、方便追溯，为科学的现场生产调度工作提供依据。作业管控模式由"人工被动协同"转变为"数字化主动协同"，增强风险分级管控和隐患排查治理闭环管理能力，推动安全控制关口主动前移，由控隐患转变为控风险。

> ▶应急指挥联动处置、突发事故快速响应

综合运用GIS、三维倾斜摄影建模、AI视频分析、实时监测等技术，构建高效协同应急指挥平台。实现日常应急资源、应急预案、应急监测、应急接处警与演练、应急事后评估的全面数字化管理，提高对问题和事故的主动应对能力，更好地支持事件发生时的有效应对和正确处置水平。实现对有毒有害气体监测点、不安全行为的实时监测，及时发现事故风险和隐患，及时预警；实现应急物资、消防设施、周边环境、应急专家、应急通信、危化品特征库（Material Safety Data Sheet，简称MSDS）、典型案例等应急资源的线上统一管理；实现消防设施、重大风险源、逃生路线、气体监测点、现场视频等在该企业厂区三维模型上的专题动态形象化展示；实现应急处置与演练的一体化，应急资源和现场视频的自动联动，提高了事故的快速响应、联动处置、事后科学评估能力。

该企业智能工厂建设得到了业内的认可，获得内蒙古智能制造试点示范称号，在国务院国有资产监督管理委员会举办的第一届国企数字化场景大赛上获得了二等奖。通过智能工厂的建设，形成煤化工行业可推广、可复制的智能工厂解决方案，引导业内协同发展，为行业赋能。智能工厂建设的创新主要体现在以下三个方面，一是建设模式创新。坚持规划引领、集约建设的原则，围绕企业核心需求、管理特色和信息化现状进行全厂信息化设计，依托平台和生态合作伙伴，基于统一的工业互联网架构，按照"新建即智能"的理念，采用信息化EPC建设模式，通过统一筹划和分步实施，实现智能工厂的整体规划、整体设计、整体开发、整体实施和统一交付。二是组织模式创新。在需求调研与系统建设阶段，推进了企业业务流程的梳理和再造，推进了企业制度流程化、信息化；在系统投用阶段，业务部门针对各自

分管的应用，配合项目组制定系统投用方案、管理制度，落实智能工厂运行管理的职责、流程和奖惩措施，提供数据和故障管理指南，保障智能工厂规范平稳运行。企业建立了完善的组织机构和工作机制，智能工厂项目领导小组和项目管理办公室由业主单位和实施方共同组成，确保智能工厂建设方案成功落地。业务部门充分发挥业务应用的主体责任，开展各层应用的设计和建设，实现业务与信息化的高效协同。借助项目培养复合型人才，安排业务骨干参与到项目建设中，强化智能工厂相关知识培训和分享交流，提高员工智能工厂应用技术水平。打造了业务和IT相融合的联合创新团队，规划数字化、智能化领域的人才发展机制，加大对数字化高端人才培养，提升技术、管理、领导力等综合技能培养。三是技术模式创新。基于工业互联网平台沉淀的技术和业务服务能力，采用"数据+平台+应用"信息化建设新模式，结合自身化工业务特点，构建新一代智能工厂应用，从根本上打通传统业务壁垒和信息孤岛，统筹解决碎片化供给和协同化需求的矛盾，提升系统纵向贯通性和业务覆盖度，打通价值链条，重构用户体验，实现从流程驱动向数据驱动转变。

该企业化工智能工厂以数据为核心，以平台为抓手，全面提升了企业全面感知、优化协同、预测预警的能力，支撑企业发展战略，形成了一体化的运营管控模式。智能工厂实现了安全环保业务与作业闭环管控，构建实时监测预警、应急处置联动机制，强化对于风险和隐患的管控力。推动了企业生产管理业务的数据共享、相互协作，确保了信息流的规范、高效和畅通，统计分析效率提高96%，整体生产效率提升5.9%。智能工厂对物资仓库等进行数据化管理，全年降低库存成本400万元；通过装置优化、提升能源管控水平，全年节约蒸汽约1800万元；以生产全过程原料、中间产品、产品质量监控与管理为目标，实现生产质量全过程监管、全程追溯，产品合格率达100%。智能工厂投用后，该企业的运营成本降低了5.37%，为煤化工行业智能化发展、企业转型树立了标杆。

五 智能研发：聚焦数字创新，引领行业发展

在能源化工行业中，传统的研发管理方法往往以知识为中心，存在资料存储分散、信息共享难、知识复用率低等问题，影响企业的科研效率。随着数字技术发展，越来越多的企业意识到智能研发正在成为不可或缺的一部分，其可有效提高研发效率和准确性，降低研发成本，促进企业创新。国内外石油公司正在积极探索应用新一代数字技术提高研发效率，例如沙索（Sasol）公司利用大数据技术优化催化剂装填与反应进料应用的操作平衡，通过模型优化运行，实现反应选择性提高3%，产品收率提高4%；壳牌建立了油田远程技术服务中心，基于物联网实时采集现场

数据，全面记录井下工作状态，利用互联网远程传输实时数据，集成全球优秀专家资源，为作业现场提供远程指导，通过远程服务模式，提升了技术服务效率，降低了技术服务成本。企业借助卷积神经网络、自然语音处理等技术可以实现知识的智能化精准推送，通过对科研人员行为日志进行聚类分析，形成科研人员用户画像。

当前能源化工企业科研数字化转型尽管在某些业务领域有一些新技术应用的尝试，但也面临诸多转型难题，主要表现在以下方面。一是管理应用、技术工具缺乏整合，无法充分释放科研数据潜能。多数企业的研究机构未建立统一的技术平台，管理应用和技术工具难以集成，不利于有效聚集科研数据，难以完整发挥科研数据的价值，也不利于企业降低运营成本、强化数据安全、提高数据价值。二是科研业务流程复杂多变，难以实现管理流程灵活组态。科研机构在科研管理方面，流程繁杂多变、审批节点多、业务调整频繁、数据汇聚难，项目合同、进度、费用、节点、风险等数据分散，开展统计分析工作费时费力，无法直观展示项目的进度、风险要素，更无法根据实际情况自动提供决策支持。三是资源融合深度不够，无法实现科研资源灵活调度。科研机构资源组成主要分为人力、物资等方面。人力绩效缺少工作贡献自动化记录、科研绩效精细化评估的信息化支撑，执行过程数据难追踪，阶段审查需要各级人员层层填报，费时费力且时效性不高。物资方面，科研机构实验仪器设备种类多、资源分散，无法进行统一管控，对物资进出及消耗情况无法实时掌握，难以实现物资共享和灵活调度。四是科研创新场景缺乏深度挖掘，专业软件国产化水平低。国内大部分大型科研机构完成了初步的信息化建设，但基本都是基于特定业务需求，结合新技术的智能化应用建设还在起步阶段。分子模拟软件、电子实验记录、实验室信息管理、构效关系工具等软件工具均依靠美国、欧洲软件厂商，而硬件方面，高通量实验仪器主要依靠进口，如机械臂、AGV 等，缺少科研行业国产自主成熟可用的产品。

为解决以上难题，能源化工企业亟须加快研发的数字化转型，运用云计算、大数据等新一代数字技术打造智能研究院与专家远程诊断系统，加大对智能研发的投入和创新能力培养，不断提升研发效率，提高企业的竞争力和可持续发展能力。

（一）智能研究院：联动产学研用，服务科技创新

研究院是能源化工企业技术研究和创新的主力军、产业智能化的专业支持机构、高素质人才的培养和留存中心、产学研合作的桥梁和推动者、业务扩展和协同发展的实现主体。当前，研究院正朝着智能化方向迈进，围绕科研管理、科研创新和技术服务三条主线，打造数据驱动、平台承载、AI 赋能的数字化科研模式，推动构建

开放共享、群智协同、产研联动的科研生态圈。未来研究院是以数据挖掘、计算推理、平台服务为主要科技引领、研发、转化手段的虚拟数字科研世界，可实现对传统现实物理科研世界各类科研要素本体结构（人员、装备、料剂等）、科研要素运动规律（设计、分析、推导等）、科研业务活动过程（审批、学习、巡检等）的映射、并行、指导和替代，从而有效提高精细管理能力、科技研发能力和技术服务能力。

1. 智能研究院促进科研升级激发创新活力

智能研究院建设是采用云计算、物联网、大数据和人工智能等新一代信息技术，全面提高科研工作的数字化、网络化、智能化水平，实现对科研方向的正确引领、对科研资源的灵活调度、对科研手段的持续升级、对技术市场的快速响应。智能研究院采用"数据+平台+应用"技术架构，根据科技研发的特性，采用混合模式大数据储存技术，实现科研数据的分析储存和分析管理、低成本归档、高效联机访问和跨系统数据调度。

智能化研究院围绕科研管理、科研创新、技术服务三条主线进行布局，覆盖项目管理、方案设计、实验执行、分析化验、科研保障等核心业务，提供项目全过程管理、实验设备与料剂管理、分子筛合成实验大数据分析、X射线衍射图谱分析、技术服务管理等18个主要应用。智能研究院将有效加强科研精细化管理，实现选题交流互动、研究过程审核、重要节点评估、资料归档规范、绩效价值量化；释放科研创新活力，实现科研知识的自动化采集、规范化存储、智能化检索、个性化推送和网络化传承，实现实验数据真实可追溯、数据分析人机结合、实验物资优化调配、实验安全预警报警；变革技术服务模式，实现服务过程跟踪、服务案例沉淀、潜在需求挖掘、技术产品推介、加氢装置在线诊断和管道腐蚀在线评估。智能研究院的建设影响主要体现在以下四个方面：

➤助力科技研发，激活创新动力

依托工业互联网平台，通过专业领域科研创新课题的合作和计算能力、科研软件、科研装备等资源的共享，对外赋能，逐步形成科研生态圈，为科研、教育、生产等不同领域的社会机构和企业提供交流合作、技术共享的环境，促进产业繁荣、绿色、创新发展。

➤促进科研范式升级，带动行业快速发展

打造智能研发体系，实现研发由"经验指导实验"的传统模式向"理论预测、实验验证"的新模式转变，提升研发水平和效率，形成智能研发的方法论和推广模板，促进科研方式升级。

➤治理科研数据，盘活数据资产

科研机构通过智能研究院的建设实现科研数据统一管控和灵活调用，充分挖掘

数据资产价值。某科研机构建设智能研究院前机构科研装置、仪器数采率不到10%，数据无统一标准，数据质量差、难追溯，数据分散，共享性差。项目实施后，科研机构实验装置、仪器数采率提升至30%以上，建立了科研机构级数据资源中心，实现数据标准、统一安全管控，数据利用率提升50%以上。

> 整合科研力量，提升科研效率

智能研究院运用安全可靠的电子实验记录和LIMS等软件工具实现实验数据的完整和高效记录，提升复用便捷度。某科研机构建设智能研究院后，实验制备、分析数据记录完整度达到95%以上，历史实验资料的查询和复用便捷度提升30%。

智能研究院运用智能研发工具实现了材料按需设计和图像图谱自动分析，促进科技研发模式的转变。某科研机构通过智能研究院的建设，缩小了实验范围、优选了实验方案，研发周期缩短20%以上，研发成本降低25%以上，单张图谱、图像的解析时间从20分钟降低到2分钟，减少基础性科研的工作负荷，图谱、图像分析效率提升30%~50%。

科研机构通过建设智能研究院实现料剂设备的统筹管理，提升科研机构的实验保障水平。某科研机构在建设智能研究院之前，料剂设备平均采购周期约3个月，课题组之间无专用料剂设备共享渠道，项目实施后，实现了对设备、料剂的实时跟踪，料剂共享率提升50%以上，设备使用率提升50%以上，料剂设备平均到货周期减少2个月。

2.智能研究院应用场景

> 科研项目全过程管理

智能研究院对科研项目的需求收集、立项、执行、变更、结题、成果、后评估等各个阶段进行全生命周期管理，对项目进度、风险、团队、经费、知识产权等各个方面进行精细管控，固化项目评估体系，设置重要节点，提交规范化材料，在评议过程中提供操作指导、模板示例等指南材料，实现选题交流有互动、研究过程有审核、重要节点有评估、资料归档有标准、课题材料有复用。科研项目全过程管理如图6-52所示。

> 催化剂电镜图像识别

智能研究院将传统图像识别算法（空间域、频域滤波、分水岭算法等）与基于深度卷积神经网络的物体检测和实例分割相结合，自动完成电镜图像中不同实例的位置标定和催化剂粒径、层数等信息的统计分析，代替原先人工计数和统计的工作，显著减少基础科研工作负荷，提升研发效率的同时，避免科研人员视力损伤。

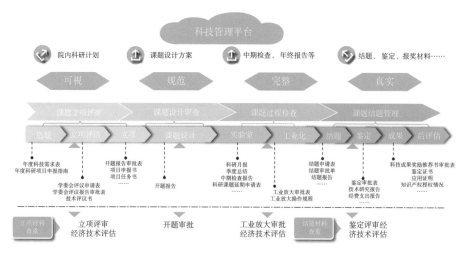

图 6-52 科研项目全过程管理

电镜图像自动识别如图6-53所示。

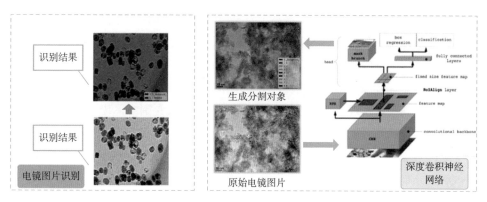

图 6-53 电镜图像自动识别

▶产品性能指标数据模拟分析

智能研究院基于海量历史实验数据，开展产品性能指标数据模拟分析应用，建设实验数据库、数据预处理工具、数据分析工具集、实验条件—理化性质关联模型等功能，利用大数据手段，根据不同实验产物的理化性质分析，为实验方案提供寻优和预测等功能，减少实验次数，提高实验效率。

（二）专家远程诊断：盘活知识资产，协同制造研发

远程诊断是打破信息孤岛和地域限制，实现跨时空协助装置提质增效，助力技术研发与创新的高效手段。典型远程诊断是现场采样设备将各种传感器获取的设备状态信息转变为数字信号后，通过网络传送给远程诊断平台，相关专家对收到的数

字信号进行分析处理，给出诊断结论并将结果返回给现场人员，由于数字信号远程传输的保真度高、不受时间和空间影响，因此诊断结论可靠性高，并可以实现实时在线远程监控与诊断。远程诊断流程示意如图6-54所示。

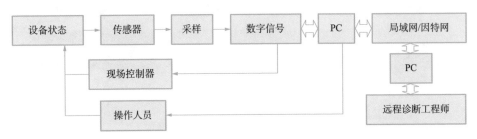

图 6-54　远程诊断流程示意

随着市场、科技、资本、信息全球化步伐的进一步加快，世界各国政府、高等院校、跨国公司纷纷开始探索有利于创新发展的新模式，大大促进了科技成果转移转化。专家远程诊断基于工业互联网平台，通过配套建设专家队伍、考核及激励体系、远程诊断中心等手段，大幅提高了专家协同、技术转移转化和技术支持服务一体化的效率，为专家知识及经验的沉淀、传承奠定了良好的基础。

1. 以数字化平台为基座的炼化企业专家远程诊断

炼化企业具有涉及工艺路线多、生产操作专业性强、设备结构复杂等特点，亟待新模式、新技术实现突破。炼化企业的传统管理模式是围绕单装置或炼厂内部装置间的精细化操作开展技术和管理层面的优化提升，针对多专业、跨领域性的疑难杂症处理效率低下，亟须通过新技术实现集中统筹优化管理，充分整合专家资源，高效解决分布于各地域企业的技术和管理问题。

经过多年信息化建设，各企业操作数据、化验分析数据、生产统计数据的查验往往需要通过DCS、LIMS、实时数据库、MES等生产监控系统进行专业化管理，为实现装置整体分析优化的功能，需后期人为对大量数据进行提取、甄别和挑选。因此，针对重要装置的运行评估及优化、关键设备故障诊断与检维修指导、新技术及新产品的跟踪及技术指导等工作通常采用专家组现场服务的形式开展，工作效率低下，不利于持续改进提升生产运行水平，很多隐患不能提前排查，事故也不能及时分析处理。具体难点和提升方向可以概况为以下几方面。一是企业专业线条细、数据来源多，需通过平台整合数据、打通信息壁垒；二是生产企业装置工艺复杂，故障分析需要多专业专家协同；三是专家资源稀缺，经验共享及传承需依赖新技术、新手段。

为解决以上难点，企业应以数字化平台为基座，整合行业专家资源，建设一个可提供数据监控、数据分析、视频、音频交互和技术支持的互动平台，培育跨地域专家诊断服务新生态。平台可通过提出问题、解疑答惑、实时互动讨论等模式，为用户提供内、外部专家"一对一""多对一"的支持服务，及时便捷地完成生产运行故障分析，并在系统内形成知识沉淀。在数据处理方面，企业可通过远程诊断平台制定统一的数据接入规范和标准，建立数据采集模型，实现不同监测系统数据、工艺系统数据、知识管理数据成功接入平台，完成数据资产沉淀与共享。在知识管理体系构建方面，企业可建立专业知识库，有效储存专家实践经验并有效利用。专家诊断服务互动平台运行逻辑如图6-55所示。

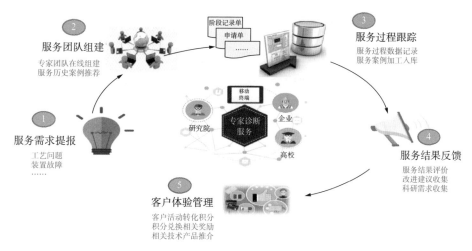

图6-55 专家诊断服务互动平台

专家远程诊断将通过5G、感知、机器人、视频等技术实现企业相关数据全面描述，同时通过融合专家资源，全面提升专家诊断优势，"快、准、优"解决企业难题，持续完善平台案例库，为智能诊断累积数据，深度挖掘设备运行过程当中的不确定因素和不良因素，提前发现设备异常征兆，减少设备故障的发生。专家远程诊断可帮助企业实现以下几个方面的价值：

▶通过技术服务平台开展远程服务，打造服务新业态

采用新一代信息技术，面向科研院开展技术转移转化和技术支持服务一体化平台，企业可实现研究开发创新、技术转移转化和技术支持服务的数字化、网络化、智能化，进一步完善产品在线推介、客户需求管理、服务案例管理等功能，支撑服务需求收集、服务资源准备、技术服务支持、服务结果反馈等业务，为企业提供高效、专业的技术服务。

▶搭建设备专家诊断应用，实现远程专家诊断及案例沉淀

通过整合设备相关专业监测系统数据，搭建企业监测模型、诊断模型实现企业设备综合监控与预警；建立系统内设备专家库、诊断会议申请、故障案例库等功能，整合企业专家资源，打造知识交流平台，充分发挥专家业务能力，及时、有效处理

设备疑难故障，保障设备可靠运行的同时，实现设备资产的沉淀。

▶建设工艺技术远程诊断服务平台，开展装置生产优化

建设生产运行概览、装置理论计算、装置技术分析、网上巡检等功能模块，企业实现在线运行分析，协同优化，及时发现并解决生产运行存在的隐患，提高生产管理效率。系统集成企业各类装置生产、化验分析数据，实现同类装置数据共享，帮助企业进行装置运行的深入分析，构建"比学赶帮超"的良好氛围，实现装置关键技术指标的在线计算，指导企业开展装置生产优化，及时有效分析运行隐患，促进炼油装置整体运行水平的提升。

案例：远程协同，助力企业降本增效

案例一：某大型企业下属研究机构的加氢、重整装置催化剂研发在国内外享有较高的知名度，拥有多项专利技术。转移转化和技术支持服务一体化平台投用以来，全面建成全天候在线服务的新业态，实现83个专利技术、16个专利设备和40种自主产品的线上推介，为加强研究院科技转化能力提供有利的信息化抓手。结合在线服务中心应用工具的支持，技术服务模式由"反复跑现场"变为"线上实时问答"，技术服务时间由平均3天缩短到1小时。

案例二：抚顺某企业通过加氢中心，借助系统诊断、专家诊断双模式定期对各类加氢装置进行技术分析，指导企业生产。同时自动生成企业技术报表，实现生产运行状况实时评估，实时捕捉企业生产存在的隐患和问题，变传统的被动式技术服务为主动式服务，深受广大企业用户好评。通过远程诊断服务，装置诊断时间由之前的5天减少到1天以内，差旅频次与过去相比下降50%以上。

案例三：某大型企业为整合系统内设备管理专家资源，建设设备远程诊断系统，集成下属28家炼化企业420台关键机组运行数据及现场监控视频，整合专家资源，通过互动交流平台，实现故障的远程诊断与技术交流。企业技术人员借助互动平台提出问题、发布运行数据向专家求助，大幅提高故障分析判断的准确率，逐步形成企业-集团公司-外部供应商等用户之间的设备圈技术服务，实现大型机组故障处理的互动沟通和案例分享，有效提升设备故障处理效率，保障设备可靠、平稳运行。

2.建设监测优化一体化的煤气化远程诊断系统

我国作为世界上最大的新型煤化工工程实验基地，煤制油、煤制天然气、煤制甲醇、煤制氢、煤制乙二醇、煤制烯烃等装置的产能已稳居世界首位，煤气化是煤化工的龙头，其高能耗、高水耗、高碳排放、设备故障多等问题很大程度上限制煤化工的发展。借助数字化及信息化的远程诊断手段可对企业煤化工装置进行远程集中监控诊断并结合人工智能及大数据等技术进行数据挖掘，对装置的运行状态进行精准把脉，确保其"安、稳、长、满、优"运行，推动煤化工行业技术服务、效率

变革，实现产业碳达峰碳中和。

煤气化是煤炭清洁高效利用的重要手段，是现代煤化工的核心装置，但由于其原料性质波动大、反应条件苛刻且工艺复杂等特点，造成高能耗、高排放及高故障率等问题。与天然气和石油化工的能耗相比，煤化工的高能耗已成为制约其发展的主要因素。当前对煤气化装置的诊断一种是由相关人员依据经验对装置的运行状态进行评判与诊断，另一种是使用流程模拟软件建立装置典型工况的离线模型，对装置进行模拟诊断获得优化方案。两种方式都无法对装置进行持续性常态化的诊断且难以推广，煤化工行业急需一种高效可靠的装置诊断手段，指导节能降耗及故障处理，确保装置长周期安全稳定运行。同时，目前大多数煤气装置分布零散，独自运营，信息化及数字化交付程度不足，信息化基础设施薄弱，技术知识数字代码化、组件模型化程度低，存在信息系统缺乏顶层设计等问题。装置虽然在日常运行过程中积累了大量的数据资料及故障案例与处理方法，但分布零散，难以实现跨系统、跨部门数据共享与复用，大量的数据休眠甚至消失在工控网络，导致现有的数据资料不足以构建诊断模拟，支撑远程诊断。

煤气化发展的业务难点推动企业不断探索、优化远程诊断系统的实施路径。系统主要围绕煤气化装置工艺评价、诊断、优化及设备故障预测处理等需求，基于"数据＋平台＋应用"模式，开发工艺模型、设备模型、绩效评价、工艺诊断、工艺优化、故障预测及专家协同等远程诊断应用，实现业务应用组件化、模型化、数字化、可视化、数据标准化，提高对煤气化装置的诊断服务效率，支撑煤气化装置长周期安全、稳定、高效运行。煤气化监测优化一体化的远程诊断系统总体业务架构如图6-56所示。

远程诊断以模型为核心，构建以数据为新驱动要素的价值创造体系，可服务于生产、管理及科研等不同用户。生产部门基于远程诊断系统底层集成的工艺机理模型，可对原料煤质、市场需求、装置负荷等变化，进行工况分析，提高产品收率、降低高价值产品损失，提高企业利润，并可对装置的关键操作参数进行模拟分析，获取最佳操作参数，指导装置进行操作优化，降低装置能耗，实现装置工艺诊断从传统依靠经验定性优化向依靠模型精准优化的提升。管理部门基于远程诊断系统底层绩效评价模型，可解决不同目标产品的煤气化装置绩效评价及对标困难等问题，并可消除装置绩效评价的时空限制，实现对煤气化装置能耗、物耗、成本、效益的实时远程精确把脉，为管理部门的决策提供数据支撑。煤气化远程诊断系统的应用场景可包含以下方面。

▶云端工艺诊断，精准把脉运行状态

远程诊断系统集成了基于流程模拟、数字孪生等技术构建的煤气化装置机理模型，系统通过数据采集接口，远程采集装置实时运行数据并赋值给模型，对装置当前运行工况进行工艺诊断，并可通过工况分析，对新工况进行预测，从而指导装置进行工艺优化，实现对生产要素、生产工艺、生产过程的精准把脉，确保煤气化装置的稳定高效运行。

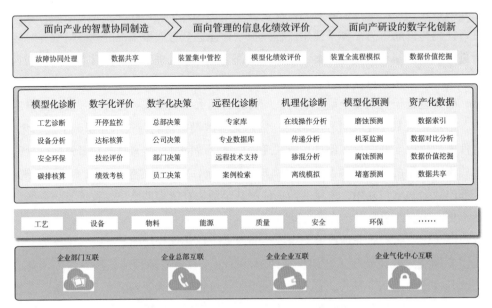

图 6-56　煤气化远程诊断系统总体业务架构

煤气化装置机理模型如图6-57所示。

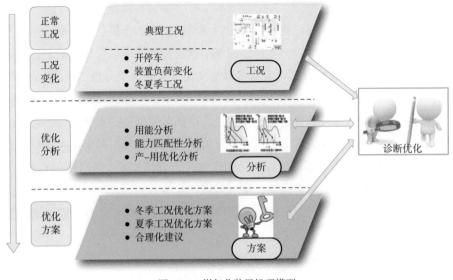

图 6-57　煤气化装置机理模型

▶远程多维监测，实时感知装置脉搏

依托物联网、5G技术及装置数据交付相关资料，构建轻量化的Web3D模型，并开发集团、企业、部门级装置监测驾驶舱，构建立体监控体系，实现对装置工艺参数、设备运行状态、可燃气泄漏的监控，实现生产、研究及管理部门等远程多维实时感知煤气化装置脉搏，增强对装置运行的把控能力。多维装置监测体系如图6-58所示。

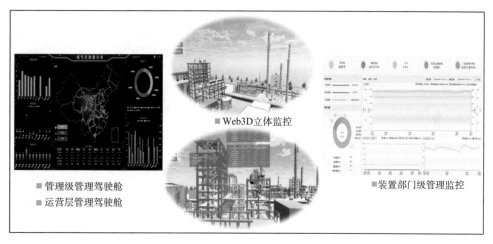

图6-58　多维装置监测体系

▶实时绩效与能耗评价，实现装置对标的标准化

运用信息化手段实时采集企业电、水、燃气等各类能源消耗数据和酸性气、可燃气等污染物排放数据，并基于装置负荷、运转率、原料成本、原料性质及目标产品等因素搭建绩效及能耗评价模型，对装置对标情况进行实时评价，并分析装置运行中存在的共性问题及短板，推动装置运行水平不断提高。

▶数据资产化，远程故障协作处理

运用人工智能、大数据、物联网等技术，对煤气化装置海量数据进行统筹管理及价值挖掘，实现企业生产数据、管理数据、运行数据深度融合及数据的资产化，并基于信息化技术收集集成工程案例、装置运行数据、事故案例等构建企业数据资源中心、数据服务平台及远程诊断系统，消除消息孤岛，对装置进行远程诊断。

案例：远程诊断一体化，助力企业高质量发展

某大型石油化工集团下属的煤气化装置涵盖煤制氢、煤制氨、煤制甲醇等行业，具备装置下游复杂、装置分布零散等特点，由于时空的限制，专家分布于各个企业，数据资料及事故案例难以共享。为了实现"以数字化转型促进能源化工产业高质量发展"的战略发展目标，该集团相关管理部门成立了煤气化中心，并依托该中心，

进行煤气化装置工艺管理与远程专家诊断平台的开发，形成煤气化数据中心，实现科研、设计与生产数据深度耦合以及对煤气化装置的集中管理、绩效考核、工艺诊断、远程监测、设备分析、智能报表、故障预测、远程诊断与计划优化。煤气化中心架构如图6-59所示。

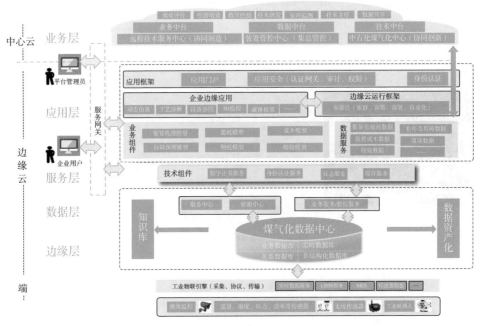

图 6-59 煤气化中心架构

通过使用远程诊断平台的各项功能，该集团产生了较好的经济及社会效益。下属企业依托远程诊断系统的专业管理制度和事故案例库，实现年节省费用592万元；利用平台数据及诊断功能进行挖潜增效研究，提出179项操作优化方案，实现年增效1.1亿元。同时，该集团通过平台诊断功能，进行气化炉单炉模拟分析，并对气化、酸脱进行工艺诊断，实现酸脱装置能耗降低26.74%，气化比煤耗降低1%，年增效约1200万元。

远程诊断平台将煤气化装置数字化转型提高到一个新高度，实现了"互联网+"在煤气化装置管理与远程技术服务的应用，形成了模型化、数字化、可视化管理煤气化装置的新方法，实现了煤气化装置远程监测、数据共享及智能报表，提升了企业煤气化装置工作及管理效率，为科研开发及工程设计技术创新提供了便捷途径，也提升了煤气化装置操作运行水平，进一步助力煤气化装置的"安、稳、长、满、优"生产。

六 / 智慧工程：数字赋能工程，打造智能工厂

能源化工行业工程项目具有投资规模大、建设周期长、多专业协作等特点，是一个复杂的系统工程。工程管理水平的高低和管理模式的先进与否，直接决定项目的投资效益和建设水平。数字化工程设计、模块化制造已经成为国际工程建设领域的主流模式和关键工程技术。发展集约化、协同化、集成化、过程化和数字化的管理方法，构建以模型和数据为核心的能源化工工程管理新模式成为未来发展方向。能源化工工程各阶段内容如图6-60所示。

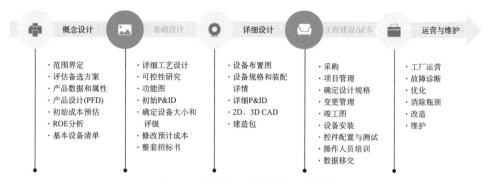

图6-60 能源化工工程各阶段内容示例

（一）数字化交付：提升交付质量，构建孪生工厂

智能工厂建设的主要内容之一是建成数字孪生工厂，而数字化交付是实现数字孪生的重要保障。数字化交付不仅可以确保工程建设项目缩短交付周期，实现高效精准交付，而且能够为智能工厂实现深度业务应用提供基于三维模型的数字孪生工厂基础环境。在实际工作中，数字化交付与企业工程建设同步开展。随着社会经济和信息化技术的发展，企业对数字化、智能化的要求越来越高，大型平台化的数字化交付已成为能源化工企业在建厂阶段工程交付内容之一。

1.工程建设交付过程有待优化

在智能工厂建设过程中，工厂对象、工厂对象属性、关联文档资料及零部件等相关业务的交付，往往是在线下通过邮件、U盘等方式进行交付，这种交付方式效率低、持续时间长，也有一部分业务场景中，实现了数字化交付，但是与其他系统对接数据，仍采用表格作为数据承载媒介进行数据转移，工作效率低。在能源化工行业大部分项目建设中，未建立三维模型与交付数据之间的连接。此外，还有其他部分可进行优化，比如补充建筑物、部分电气仪表等工厂对象标识码编码体系，为满足在生产运营期工厂对象相关数据全生命周期的管理，需对工厂建筑物、通信、

电气、仪表等专业产生的工厂对象进行数据结构化管理，但仍有许多工厂对象在工程设计阶段未有工厂对象标识码，只有建立完善工厂对象标识编码规则体系，才能实现工程建设对生产运营期的全面数据支撑。此外还需解决数字化交付中非物理实体工厂对象的交付问题，通过对非物理实体工厂对象相关数据信息的有效交付，将工程建设数字化交付对于生产运营期应用的支撑从目前的资产管理扩展到工艺管理、生产控制等业务领域，使数字化交付与生产运营管理结合得更加紧密。另外还需实现工程建设数字化交付的全面性和完整性，将现阶段围绕设备、管道、电气、仪表实体的数字化交付扩展为针对全部工程建设内容的多维度、分层次、系统化的数字化交付，真正实现交付数据信息的全面完整，更好地支撑数字化工厂的建设和应用。

2. 全过程数字化的工程建设交付

数字化交付即以工厂对象为核心，对工程项目建设阶段产生的静态信息，通过专门的平台进行数字化创建并将设计成品以标准数据格式移交给业主。按照全生命周期数字工厂的需求，数字化交付还应结合企业生产实际情况，覆盖工程设计、采购、施工、项目开车以及项目管理等各方面，需要通过构建统一的数字化交付平台，有效识别整个工厂周期中的数据，再通过此平台，将这些信息有效联系到一起。工程建设包括工程项目的设计、采购、施工全过程，以及各个阶段之间的协同配合。

与传统以纸质为主体的工程交付相比，数字化交付的优势在于：首先，对数据的整合、规范、集成和对工程建设的优化管理十分便利，可以提高设计质量，减少设计过程中反复修改的试错成本，提升市场竞争力，更好地适应快速发展要求。其次，数字化交付载体在数据检索、整合、提取等方面有显著优势，可以更高效准确地满足采购需求，随着设计的逐步深入对不同采购周期的材料进行精准分批采购，降低材料损耗。再次，利用可视化的三维模型可显著提升施工可行性评估的准确性，提升施工现场管理效率，减少错误和返工，缩短工期并节约成本。据统计，应用数字化交付平台后，工程建设阶段，可辅助消除订单出现10%~20%的材料剩余耗费，降低工程变更引发的工期延误导致的经济损失风险20%；工厂大修及改扩建期间，协同多方进行方案深度优化，缩短停车时间，节约10%~15%的运营消耗。实施高效的数字化交付，可以帮助业主全面掌握工程建设期内的数据信息内容，消除工程信息孤岛；通过三维展示平台一目了然地看到工程设计全过程，通过数据的检索、提取全面掌握工程建设过程中的设计、采购、施工图等信息，增强工程建设项目的管控力度，提升管理效率。在三维层面制定计划，企业可以实现在工厂管理、员工培养、人员部署、成本计算、消防模拟、实时监控、工厂改建等方面提前预演，最大限度地优化产品方案，增强安全管控，形成高效安全的生产经营。在企业运营过程中可以帮助业主更高效、更低成本地进行生产管理、工厂运维和改扩建。

3.数字化交付智能应用场景

工程设计数据或模型直接汇集并用在智能工厂中，是数字化交付的一般应用，通过对所获数据进行更进一步的处理，可以得到更深层次的应用，从而满足管理工作的更多需要。深化应用以数字化交付的数据为基础，既能对既有工厂进行模拟，实现工厂设计与建造、生产制造和设备维护的闭环优化，也能对智能工厂进行模拟推演，将可能发生的情形予以展现，做好方案，防患于未然。

▶智能工厂的全厂三维漫游浏览及关联文档

传统老厂采用逆向建模及数据补录的方式来实现工厂数字化，建设过程存在难度大、周期长等方面的问题。新建智能工厂通过数字化形式交付，改变了传统项目的执行模式。数字化交付平台可以为智能工厂应用平台提供统一、规范的源数据，经格式转换引用，能够支撑智能工厂的全厂三维漫游浏览和关联文档查看，使得业务流程和管理模式更加精简高效。智能工厂的全厂三维漫游浏览及关联文档如图6-61所示。

图 6-61　智能工厂的全厂三维漫游浏览及关联文档

▶直观、立体展示全厂地下设备设施埋设情况

数字化交付可以改变传统维修改造时工程图纸难查找的困境。利用数字化交付的管线、桩基等设备设施的设计文档、施工文档和空间数据，可以获得智能工厂中的地下设备设施三维展示图，摸清全厂地下设备设施埋设及走势情况，形成"全厂地下设备设施一张图"，为运营期的工程维护改造提供准确、直观的第一手资料，降低了维修改造时的施工难度。地下设备设施埋设情况如图6-62所示。

图 6-62 地下设备设施埋设情况展示

▶设备拆装模拟仿真

通过对关键设备精细化建模，将机组内部结构和零部件清晰地展现出来，进行解体和回装过程的可视化模拟和培训，所学即所用，避免了传统培训中学到用不到的现象。同时，将模型和零件参数信息用于编制检修计划和备件管理，提高设备管理水平；通过精细展示和实际操作模拟，提升学员专业技术能力，缩短员工培训周期。设备拆装模拟仿真如图6-63所示。

授课、实操和考试模式提升学员专业技术能力

透明、剖切、显隐等多种小功能支持自主操作与学习

图 6-63 设备拆装模拟仿真

▶工艺流程及介质流向模拟仿真

基于三维数字化技术制作工艺流程三维视图，可以一站式、低成本、高效、安全地完成培训任务。结合实际生产模拟各管线介质流向，实现在三维模型中显示管线内介质流向，实现管线空间分布看得清、介质走向说得清。工艺流程及介质流向模拟仿真如图6-64所示。

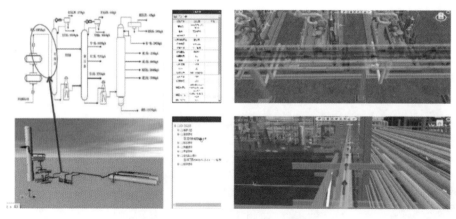

图 6-64 工艺流程及介质流向模拟仿真

▶三维事故模拟与应急演练

基于三维可视化场景，模拟消防指挥场景，以提升协同作战能力为目标，指挥员在工厂三维模型场景下，动态模拟事故发生全过程，依据救援的流程，实现多方协同作战指挥、指令下达上传、互标互绘、战术制定、力量部署等多端信息同步功能，从而提升指挥员临场指挥能力和各级救援队伍间的协同作战能力。在日常的训练中形成更详细的应急预案，使救援队伍熟悉现场环境，最大限度减少灾害发生时产生的损失。三维事故模拟与应急演练如图6-65所示。

图 6-65 三维事故模拟与应急演练

▶三维虚拟工厂可视化运营监控与管理

数字化交付集成智能工厂的ERP、MES、实时数据库、LIMS、设备管理系统、大机组监测系统、腐蚀监测系统、视频监控系统等信息化系统数据，并基于实体物理模型的工厂对象进行整合，在与现实工厂完全一致的三维虚拟数字化工厂环境里呈现出直观、明确的信息。用户可通过三维可视化交互界面，直观地获取工厂实时运营状况各类信息，提高工作效率，增强协同能力，保障生产平稳运行，实现全方位、全要素的一体化资产管控。三维虚拟工厂可视化运营监控与管理如图6-66所示。

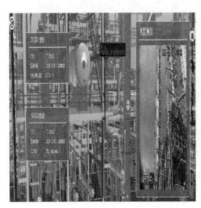

图 6-66　三维虚拟工厂可视化运营监控与管理

（二）工程管理：精益过程管理，打造一流工程

工程建设是能源化工企业生产活动的基础性工作，为企业生产构筑生产环境提供先进设备，对于保障企业生产具有重要的作用，工程管理水平的高低和管理模式的先进与否，直接决定项目的投资效益和建设水平，因此能源化工企业非常重视工程的管理。随着工程技术的飞跃发展、工程建设经验的日趋积累，工程建设在注重绿色、环保、经济、安全等常规指标的同时，更加追求打造精品、塑造品牌、实现智能。

石化工程项目投资规模大、建设周期长，涉及多专业协作，是一个复杂的系统工程。

当前，工作流程化、过程自动化、业务集成化和信息数字化已经成为工程建设项目管理的重要发展趋势。数字化和模块化设计、模块化制造已经成为国内外工程建设领域的主流模式和关键工程技术。国际石油公司运用人工智能、大数据等新一代数字技术，提高项目管理水平。例如，壳牌与西门子公司合作，提高项目团队之间的协作水平，简化相关工作流程；沙特阿美建立一体化工程项目执行与管理信息化环境，使项目各方实现异地沟通、协作，实现管控一体化。未来，能源化工企业在工程项目管理领域将更加注重数字技术的应用，推进设计标准化、施工模块化、建设智能化。

1.工程管理数字化转型的难点

能源化工行业工程建设项目具有人员密集、资金密集、设备密集、安全质量要求高、采购周期长、排程复杂等特点，工程项目现场生产作业环境复杂、人员复杂、多工种交叉作业、协作方多，传统的管理手段如大检查、监督、监控、写报告、巡检、规章制度约束等弊端突显，事故频发难以预防，隐患难以根除，进度、质量无法保证。当前，工程建设项目存在建设模式不同，如一体化项目管理团队（Integrated Project Management Team，简称IPMT）、建设-运营-移交（Build-Operate-Transfer，简称BOT）等，建设类型不同（新建、改扩建、大修等），交工要求不同（境内、境外、土建标准等），所以在项目管理上监管方、建设方、参建方等项目各方角色、职能、标准等都不相同；在工程建设相关各项标准体系没能固化，工程建设管理业务存在不规范、不标准现象的情况下，各项项目管理制度的执行主要依赖人工线下操作，缺少制度自动制约机制。

工程项目类型多、跨越领域广、项目规模大小不一、管理水平参差不齐，很多企业缺乏有效的管控手段和信息化管理工具，业主缺乏统一的平台支撑项目建设管理，难以与现有信息系统全面连通，导致跨专业、跨层级、跨系统的数据无法共享，业务流程存在断点，信息集成与共享程度低、时效性较差，无法对工程建设过程中的风险实时预警，给管理和决策支持带来了诸多困难。目前，很多企业工程项目管理系统仅是将线下填报的表单转移到线上且功能单一，没有深入应用物联网、语音识别、图像分析等先进技术，未能有效解决实际业务痛点。

为了解决工程项目管理中的诸多问题，提高业务协作、智能应用水平，企业亟须运用人工智能、数字孪生等新一代数字技术，改进管理方式方法。

2.一体化工程建设管理平台促进项目管理高效协同

在工程管理领域，企业可以借鉴行业最佳业务实践，打造一体化工程建设管理平台，满足项目前期、设计、实施、生产准备、试车及验收移交整个建设生命周期管理需要。工程项目管理涵盖综合管理、前期筹备、投资管理、进度管理、合同管理、质量管理、变更管理、施工管理、安全管理、采购管理、生产准备、文档管理、竣工验收及项目群管理等业务领域，可根据不同企业的实际需求，提供灵活可配置的业务管理方案，为工程项目各参建方实现高效便捷的业务支撑、信息共享、沟通协作的一体化工程建设平台。工程项目管理系统的功能设计应兼顾集团管理层和项目管理层管控要求，支持项目组合及项目群管理能力，满足企业工程建设管理需求。企业开展工程管理核心诉求主要体现在以下方面：

▶高效促进源头治理，助力企业实现工程建设项目高效管理

通过数据的集中管理、业务流程的固化以及系统操作的可追溯性，杜绝暗箱操作，大幅度减少违规的可能，从源头上促进治理。此外，应加强参建人员人身安全保障的管理，强化环境影响检查，减少工程对环境污染的影响，通过改善施工现场的工作环境，保障参建人员的健康状况。同时，通过多种信息化手段对工程质量进

行检测及数据采集，保障工程达到或超过设计要求，从而保障工程运营期的人员财产安全。

▶重视工程建设数据积累，助力企业实现数字化转型

通过采集进度、质量、设计、施工、采购等信息，并与ERP、合同管理、招投标管理、安全管理等系统中的相关数据进行融合，形成工程管理数据资产，从而提升数据共享和挖掘分析能力。通过构建数据驱动的工程管理业务的数字化转型战略，工程项目管理系统作为工程建设期横向到边、纵向到底的一体化综合管控平台，能够实现对大型工程项目建设全过程、全方位的管控，从而有力地支撑工程建设的数字化实践。

▶打造一体化应用平台，促进参建单位有效协同

以项目角色为基础，实现工程参建各方的业务应用，从而实现系统在各个企业间的快速部署，在统一平台上集中集成管理工程建设管理业务，建立管控方、建设方、承包方、参建方的一体化应用。企业搭建项目参建方统一协同工作平台，实现业主、设计、施工、监理、第三方检测等参建单位的有效协同，实现专业间的有效联动。

▶固化标准和流程，建立统一的工程建设管理体系

针对目前工程管理现状中标准规范零散、业务环节缺失等问题，通过完善各板块的工程建设项目管理标准体系，实现工程建设项目过程中编码体系、工作程序、模板等核心内容的模板化和标准化。通过信息系统固化标准模板，建立工程管理全局标准化体系，持续优化业务标准和增强技术标准。工程项目管理梳理和完善工程建设管理端到端及系统间业务流程，建立统一的工程建设管理体系，支持工程建设各阶段的过程管控和协同工作，从而加强工程项目全生命周期管理和一体化管控。

▶推动先进技术应用，促进建设智慧工程

将新一代信息技术植入建筑、机械、可穿戴设备等工具中，探索智慧工程应用，支撑实时监控、精准施工、异常预警、智能决策。企业可利用大数据、移动互联网和物联网等信息技术，基于现场施工过程的施工参数和现场视频，实现跨企业跨专业的专家资源共享和施工过程的协同会诊，充分发挥专家的专业特长，通过会诊把脉、技术服务等方式帮助解决现场的技术和管理难题。

3.工程管理数字化转型的典型场景

▶工程建设质量闭环管理

工程项目管理充分利用5G、二维码等技术，对工程现场质量检查、整改、验证、分析实现闭环管理，做到及时发现、及时整改、及时回复、及时验证、及时关

闭，确保质量反馈不延后、质量问题不遗漏，通过整个建设环节质量检查的记录，为生产运营阶段提供最全面细致的历史资料。

> 工程进度全过程管控

在进度管理方面，工程项目管理实现工程项目进度计划、检测、控制、分析全过程管理，将各层级项目计划与进展信息进行联动及分析，使项目管理人员能及时关注到项目各作业进度健康状况，找出制约项目进度的瓶颈并加以协调，实现工程进度综合控制和纠偏。

> 施工环节协同高效

工程项目管理通过对建设施工管理环节进行协同管理和提供信息化支撑，满足工程建设施工过程管控。通过对施工组织设计、开复工、施工调度、工程联络、三查四定、实物交接等功能的在线管理，企业强化工程现场管理，确保施工过程管理可追溯和过程文档资料完整，有效提高现场工作流转效率。

> 工程变更业务联动

工程项目管理全面覆盖建设过程变更业务流程，实现了对项目建设过程中变更的闭环管理，能够有效控制和降低项目风险。变更管理用于对工程项目中由建设单位、设计单位、施工单位等发出的各类变更进行线上申请、会签、审批、通知、统计，同时与合同关联，为合同成本变化提供数据支持和过程依据。

> 竣工验收量化跟踪管理

工程项目管理建立支撑竣工验收工作完成情况跟踪体系，实现对竣工验收工作任务全过程监管，基于项目竣工工作内容清单，实现编制验收计划、下发各相关部门、反馈完成情况、实时跟踪完成情况的全过程管理，决策层和管理层能随时掌控项目各专项验收工作完成情况。

4.案例：高质量工程管理，奠定企业发展基础

某大型炼化一体化项目为新建项目，工程建设管理难度较大，作为业主方，该企业项目部需要对工程实施过程所有参与方所产生的项目数据进行收集、汇总、整合和分析，同时还要实时地监控项目进展情况，及时获取一手信息来支撑决策，因此急需一个满足工程项目建设期间项目部与各参建方之间沟通和管理相关项目数据的信息化平台。该工程项目管理总工期为27个月，主要包括项目立项、需求调研、系统设计、系统建设、优化提升、上线试运行、系统上线、持续优化等8个阶段，企业为了在项目规模大、涉及业务领域多、实施周期长、技术复杂、多方协调困难的情况下高效地做好项目管理，确保项目交付，在项目建设之初提出了项目管理的以下建设目标：

▶贯穿工程建设各阶段，涵盖工程项目管理全业务

以项目为主线，涵盖前期信息、设计管理、采购管理、施工管理、变更管理、费用管理、合同管理、进度管理、质量管理、HSE管理、生产准备、竣工验收、文档管理等工程项目全部业务管理功能，贯穿工程建设全部阶段，实现项目全过程作业的精细化管理、高效协同及信息无缝流转。

▶实现项目控制业务执行过程状态监控

系统建设内容应包括投资控制、进度控制、质量控制、HSE管理、合同控制等"五大控制"以及风险管理、变更管理、沟通与文档管理和综合管理等，实现项目管理体系管理领域的状态监控，通过领导驾驶舱这一直观的形式支持领导做决策。

▶集成各个系统，统一数据源头，避免重复工作，消除信息孤岛

工程项目管理系统需与各专业系统进行业务和数据集成，实现工程建设管理业务全流程贯通，使业务数据在投资和工程管理各专业、各部门之间形成回路，减少业务数据的重复输入，提高现场工作效率，避免信息孤岛的产生。

该企业的工程项目管理系统共上线了16个功能模块，包括个人桌面模块、综合管理模块、前期管理模块、进度控制模块、HSE管理模块、质量管理模块、合同控制模块、预算控制模块、变更管理模块、采购管理模块、施工管理模块、财务管理模块、工程验收模块、文档管理模块，共计291个功能点，很好地支撑了项目的全过程、全生命周期管理。工程项目管理系统实现了预算、合同、进度、质量、安全五大控制，为新建且信息化薄弱的企业提供了工程建设期的信息化支撑，核心价值体现在以下几个方面：

▶固化标准程序，规范业务流程

按照"制度流程化、流程表单化、表单信息化"思路，结合工程建设相关管理要求，对企业工程建设业务进行了全面梳理，固化规范流程和标准表单，进一步规范了工程建设管理业务。

▶实现协同办公，提高工作效率

工程项目管理系统搭建了项目参建方统一协同工作平台，不仅实现参建单位的有效协同和专业间的联动，审批时间由原来5~7天减少到1~2天，现场无纸化率提高了5%左右，部门间的协作沟通效率整体提升了15%左右，并且通过信息技术手段的运用，也实现数据传递和信息共享，减少重复劳动，提高工作效率。

▶发挥系统优势，提升管理效益

工程项目管理系统通过全过程工程项目管理、及时更新和量化数据，并以直观的形式呈现给领导层，使领导层能够及时准确地了解项目各维度数据，为领导层管理提供可量化的决策支持，并且通过及时、准确、快速查询各种工程基础数据和统

计资料等功能，为项目的建设决策提供了科学依据。

　　某工程公司依托数字化、智能化、模块化三大技术"法宝"攻克了多项施工难题，为工程高质量推进提供了新动能。该公司建设数字化车间，大幅加快了项目数字化交付，为提升施工质量、管理效率提供了强有力的技术保障。数字化车间融合从工艺管道下料到成品出厂的全流程数字化交付程序，实现了工艺管道施工进度、焊接质量数据自动上传等数字化管控，有效降低了质检员的工作强度，提高了施工质量管理的精准度。数字化车间还搭载了管道材料智能化排产程序，通过与物资材料管理软件程序相结合，可迅速计算出每条管线材料的匹配状态，精准制订预制生产计划，有效避免了以往因管线材料到货不匹配而造成的预制不彻底、重复施工等问题。数字化车间投用后，已累计实现工艺管道预制23万寸径，施工效率比传统施工模式提升近3倍，焊接质量平均合格率达到99.26%，实现了每条工艺管道焊缝质量全方位跟踪追溯。在项目安装施工中，采用智能焊接机器人与数字化车间联网并网，形成了数字化车间排产组对、智能机器人实施焊接，再由数字化车间进行施工质量检查验收的全流程数字化、智能化、信息化管理。在管道加工厂里，只需1名焊工就可操作4台智能机器人同时进行焊接，与以往数十名焊工现场施工，焊机轰鸣、万朵焊花绽放的场面形成了鲜明对比。投用智能焊接机器人能节约75%的用工数量，工作效率是手工焊接工艺的3~4倍，焊接质量也非常稳定，而且焊接过程中不需要人工操作或监视，大幅降低了焊工劳动强度。

（三）智慧工地：聚焦施工安全，构建统一平台

　　项目施工阶段是把设计图纸和原材料、半成品、设备等变成工程实体的过程，是实现建设项目价值和使用价值的主要阶段。施工现场即工地的管理是工程项目管理的关键部分，只有加强工地的管理，才能保证工程质量、降低成本、缩短工期。然而，在施工现场，劳动人员多样、流动频繁，现场人机交叉施工，场地环境复杂，容易引发安全事故，同时在施工工地常常发现施工人员安全防护意识淡薄，企业也缺乏安全管理方面的教育培训。在施工过程中盲目追求工作人员的效率，丝毫不顾及员工的安全，全部的重点都在于如何快速完工，安全管理疏于防范。更有甚者，为了降低工资成本，不惜使用没有施工工作经验的员工，还不加强安全管理与教育培训，因此导致施工事故频繁发生。除此之外，对于一些高危作业，有的企业设立的安全防护措施只是为了应对监管部门的检查，所有的管理措施及防护设施形同虚设。为实现施工现场对人员、工机具、环境及风险的统一管控，企业亟须开展智慧工地管理工作，依托信息化平台加强管理。

1.智慧工地建设确保施工现场安全

企业推进智慧工地建设，基于工业互联网平台，搭建智慧安全工地的各类应用，覆盖承包商管理、人员动态管理、工机具管理、施工作业管理、智能视频监控、安全考核评价、可视化决策等，实现风险可预防、管理统一化，赋能企业安全管理，确保施工现场的安全高效运转。智慧工地建设内容如图6-67所示。

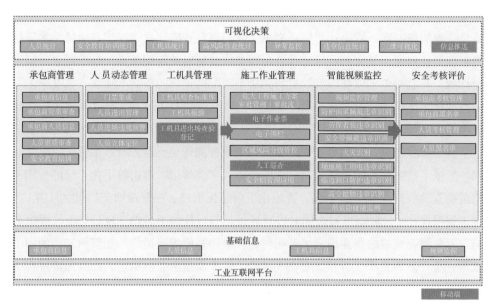

图 6-67　智慧工地建设内容

企业通过智慧工地的建设，能够从源头把住承包商的"准入关"，解决承包商人员安全绩效差、安全自主管理水平差的痛点和难点，实现承包商全流程信息化、规范化动态管理，有效提升承包商服务能力。同时，也能实现人员进出场和人员场内全过程管控，结合工地门禁系统、AI算法和高精度三维定位技术，提高传统监管效率，为管理分析、人员考核评价提供数据支撑。实现人员进出场记录、违规进场自动识别和报送警，严格准入，从源头杜绝安全风险。企业依托智能安全帽等智能化硬件，基于5G、物联网、人工智能等技术，实现工地施工作业管理。以"数字化、智能化、精益化"为导向，实现工地施工作业现场安全管理。基于企业工业视频平台，集成工地固定摄像头和移动摄像头的视频信息，企业实现工地视频集成和视频调阅功能。基于视频监控基础，通过AI机器学习算法对施工过程中人员的异常行为或非标准规范进行识别与预警，提高安全管理水平。同时，企业建立安全工地领导驾驶舱，实现人员统计、安全教育培训、工机具、高风险作业、异常监控、违章信息等统计分析，为决策提供信息支撑。

2.智慧安全工地应用场景

▶基于精准定位的人员动态管理

智慧工地可以展示人员进出场动态，实时掌握高危险区域、高风险作业现场作业人数；通过人员进场违规预警，结合门禁系统，根据项目设置的准入条件（持证、培训、作业票等），对作业人员进入施工现场的安全准入管控，使违规行为能及时被发现及处理；通过人员立体定位实时跟踪人员进场后的行动轨迹，为现场事件追踪溯源，以及快速锁定人员所在作业区域提供支撑，利用高精度三维定位技术，实现工地现场人员实时定位监控和活动轨迹回放，为作业人员违章自动稽查提供支撑，辅助管理人员快速锁定违规人员位置进行干预监管。人员动态管理场景如图6-68所示。

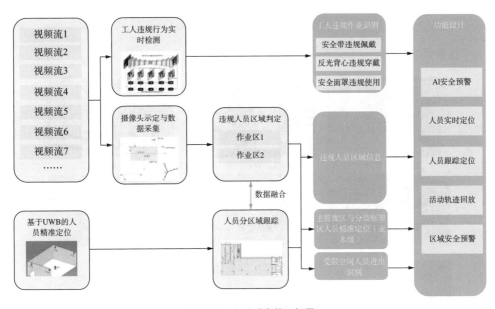

图 6-68　人员动态管理场景

▶基于智能应用的作业过程监控

基于安全管理理论、智能化硬件（如智能安全帽）以及5G、物联网、人工智能等技术，对建设工地施工作业进行管理。以"数字化、智能化、精益化"为导向，实现工地施工作业现场安全管理，最大限度减少工地现场施工作业环节安全风险，确保项目施工现场安全形势可控。作业过程监护业务场景如图6-69所示。

▶基于智能监测的人员违章行为识别

智慧工地搭建防护面罩佩戴、劳保着装穿戴、安全带按规范佩戴、火灾识别、场地施工用电、临边洞口防护、高空抛物违章及吊装防碰撞等智能识别算法，实现现场作业的智能分析、报警提醒及闭环处置。

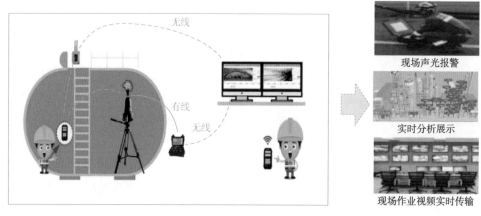

图 6-69　作业过程监护业务场景

智能识别分析场景如图6-70所示。

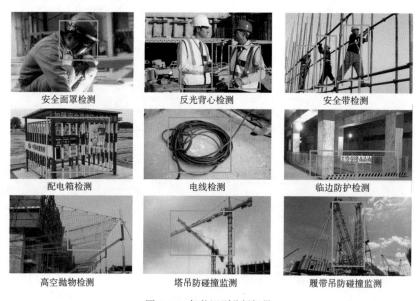

图 6-70　智能识别分析场景

> 基于数据分析的安全工地领导驾驶舱

企业通过建筑信息模型（Building Information Modeling，简称BIM）信息与进度信息的关联实现了智慧工地模型的自动生长，对风险识别、人员进场及场内定位、高风险作业电子围栏及施工进度关键线路等信息进行汇聚，实时监管人员、工机具、环境、作业安全管理关键指标，跟踪工程进展状况，及时发现问题，辅助领导层决策、支持业务管理。安全工地领导驾驶舱场景如图6-71所示。

图 6-71　安全工地领导驾驶舱场景

〈第七章

敏捷高效的融合生态

当前，我国数字经济和实体经济的深度融合为传统产业升级提供重要契机，能源化工行业作为传统产业，在数字技术快速发展的新时期，面临如何优化产业布局、加快新旧动能转换、转变服务模式的挑战。一方面，能源化工行业产业链较长，涵盖采购、生产、销售全链条的各个环节，企业需围绕产业生态，更加敏捷地感知客户需求，指导研发和生产，实现产销研用一体化，提升供应链的韧性。另一方面，能源行业发展形势持续变化，企业需借助数字技术，不断催生新的能源生产和运营模式，对内实现业务增长、效率提升，对外实现价值挖掘、体验重塑，拉动下游多元化的用能需求。

从服务生态视角看，企业数字化转型更加注重让客户诉求可感知、可追溯，让服务更加敏捷，最终实现服务变现。商业模式创新帮助企业实现内外要素的整合和重组，形成高效并具有独特竞争力的商业模式，实现数字技术与产业创新的融合、技术与服务的融合，并提供集采购、生产、经营、销售、服务于一体的融合生态。企业的信息化建设经历了集中建设、平台沉淀和平台赋能等发展阶段，逐步形成以电子商务、金融服务、智能客服等为代表的新型产业格局，持续助力企业数字化转型。企业生态建设蓝图如图7-1所示。

未来，企业将持续聚焦于商业生态打造，利用数字技术助力服务模式创新，整合服务资源，提升客户服务满意度，最大化企业价值。企业通过深化数字化转型，在采购服务、销售服务、金融科技等维度进行持续创新。一是打造智能采购服务，采购服务将围绕上游B端企业，通过整合供应商关系管理（Supplier Relationship Management，简称SRM）和采购电商服务，挖掘采购供应链核心价值，构建智能采购服务体系，为上游供应商提供优质服务，并衔接下游客户，实现生产要素的互通，提升企业生产价值。二是打造智能销售服务，销售服务将围绕下游B端企业和C端客户，通过整合客户关系管理和销售电商服务，构建智能销售服务体系，聚焦会员、商品、交易、支付、物流等核心销售环节，建立覆盖全渠道、多场景的零售业务新型商业模式，建成"一键到车、一键加油"等创新业务应用，重塑端到端旅程，提高客户关系管理水平，增强客户黏性，提升企业服务能力。三是构建智能化的金融科技服务平台，金融服务将围绕供应链上下游，基于金融服务全流程，将数字思维贯穿业务全链条，推进产业＋数据＋金融三者融合，打造产业金融服务，覆盖供应链金融、支付、保险等业务环节，丰富企业服务生态。

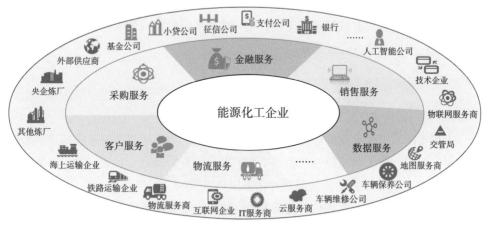

图 7-1 企业生态建设蓝图

一 / 采购服务：聚合生态能力，创新运营模式

制造业已逐步进入稳定增长、存量竞争阶段，工业领域全链路线上化和智能化发展不断更迭。在数字经济与传统产业融合持续加强的背景下，国家相继出台了一系列阳光采购政策，为采购供应链路升级提供了历史性机遇，同时，"互联网＋"和供给侧结构性改革也为采购供应链带来较大的发展空间。传统工业企业亟须把握发展机遇，利用新技术对商业模式进行创新，通过构建采购供应链平台解决传统行业在商品交易、仓储物流、加工运输等环节的痛点，从而夯实供应链核心价值，实现高效规范的采购管理，提升企业经营效益，增强企业核心竞争力。

随着新一代信息技术的发展，采购供应链升级在国内外企业中陆续开展。例如，京东通过搭建软硬件一体智能物流体系，在数字化采购、仓储、运输、配送等全环节实现AI驱动、智能规划、高度协同和高效履约，提供全渠道＋全链条的数字供应链服务，提高了采购供应链的运行效率。2015年上线试运营的易派客工业品电商平台，创新打造以供应链需求为基础的企业供应链（Supply Chain to Business，简称SC2B）电商新模式，践行"让采购更专业"理念，坚守"专家采购、行家招标、管家服务、大家共享"，汇集百万工业品优质资源，深度挖掘供应链内在核心价值。

采购供应链对于企业运营和经济发展具有重要的作用。企业需要重视采购供应链的管理，不断优化和提高供应链的效率和质量，满足客户需求，降低成本和风险，实现共赢。在信息化、网络化的时代背景下，企业应重点推进采购供应链协同，从战略层协同、战术层协同、执行层协同实现全流程协同及信息共享。同时，企业可构建供应链生态圈，提高采购过程的安全性和高效性，保障信息集中、资源共享，对整个采购环节做到有效管理、全程管控，实现采购效益的最大化，满足企业各类采购需求，快速汇聚供应链资源。

（一）采购管理中存在的重要问题

▶采购场景多样化应对能力不足

大型集团及下属企业的物资采购需求各不相同，如何通过不同采购场景、采购模式提升不同物资采购便捷性是企业不得不考虑的现实问题。首先，对于高敏感性物资以及具有明显市场化波动周期的化工原料、煤炭、有色金属、贵金属等物资，如果不紧跟市场变化及时调价、把握采购时机，企业无法低价锁定资源。其次，对于低敏感性物资，包括具有一定技术含量的物资以及大宗通用的物资，如果企业不做好精益成本并签订框架协议，就无法实现性价比最优采购。最后，针对非敏感性物资，包括具有较高技术含量的专用仪器仪表等装备，以及日常消耗性的办公、劳保、日化等物资，企业需要集合批量优势，实施集中招标采购，激活竞争氛围，控制采购成本。

▶产业链上下游业务协同不足

许多企业常常面临工业品品类众多、编码规则复杂且数量众多、采购量相对原材料较低、供应链上游与下游企业连接不紧密等问题。具体表现在三方面：一是上游需求方在获客、提升产品曝光度、精准匹配下游采购客户需求及提升线上运营效率方面存在瓶颈；二是供应链下游企业在采购过程中交易环节的信息化与数字化水平有待提升；三是上下游匹配关系不明确，无法为下游采购企业提供智能化采购需求匹配优质原料商渠道。

▶现有平台创新运营支撑动能不足

众多大型采购电商平台往往依据实际业务流程建立标准，导致运营系统固化、创新动能不足、难于推广，不同的企业标准也有差别。另外，对于中小企业来说，由于实力上的差距，使得其在与不同的大企业标准对接时只能建立不同的标准系统，导致实施费用高、难度大。

▶采购供应链交易生态完整性需进一步健全

当前，国民经济发展已转向高质量发展阶段。传统供应链由于上下游链条过长、规格参数不一、信息不透明、企业质量参差不齐等问题易造成运营效率低下。因此，企业需发挥新一代信息技术优势，深化供应链数字化转型，打造工业全要素、全产业链、全价值链互联互通的新型基础设施、新型应用模式和全新产业生态，激发数据要素作用。

▶ **数据价值有待深度挖掘**

数据治理是有效管理企业数据的重要举措，是实现数字化转型的必经之路，对提升企业业务运营效率和创新企业商业模式具有重要意义。随着物资采购行业数字化转型的快速发展，各类信息化系统建设如雨后春笋，各个大型企业都面临越来越庞大且复杂的数据，这些数据如果不能得到有效管理，不但不能成为企业的资产，反而会成为拖累企业的"包袱"。企业如果通过有效数据挖掘，可以为其供应链上下游提供一定的预测，方便供应链各方快速响应提前储备，为构建供应链生态提供有力支撑。同时，采购管理也是供应链管理的重要组成部分，如图7-2所示。因此，需要进一步加强采购供应链平台的数据治理及数据价值挖掘能力。

图7-2 物资供应链能力模型

（二）打造阳光透明、开放共享的采购供应链平台

打造采购供应链平台是企业加强采购管理的重要手段，企业在搭建该平台时，应按照"数据+平台+应用"的建设模式，以服务管控、能力开放、持续交付为基础，从业务和技术两个层面抽取出共性、通用、可复用、标准化的功能形成业务和技术组件，以分布式应用服务框架支撑业务灵活发展，践行平台高性能、高扩展、高可用、高稳定的设计原则，消除访问瓶颈、扩展瓶颈和性能瓶颈，支撑业务的高效运行和灵活发展。

在"互联网+"的背景下，企业搭建的采购供应链平台，需根植于企业的采购管理实践，主要表现在以下四方面：一是大型集团采购企业、产业链上下游企业可以在平台上通过搭建统一门户，实现采购业务集中管理；二是通过搭建会员管理、需求管理、采购寻源、合同管理、订单协同、物流管理、结算管理、供应商管理等采购全生命周期供应链平台，实现供应链基础服务共享，提升平台服务支撑能力；三是支持大型企业内部系统集成，实现内部业务协同一致；四是通过外部企业采购系统、销售系统集成，串联企业自身上下游，并通过增值服务开放共享，实现物资采购全流程贯通。

探索铸就阳光透明、开放共享的供应链平台，助力企业物资采购业务数字化转型，主要可以从以下四大方面入手。

一是多样化采购模型并行，提升全流程采购效率。企业在平台中构建的业务系统应与企业 ERP 系统紧密连接，将 ERP 系统资源计划直接转化为供应链平台的采购需求，依据框架协议及供应商评价体系，智能匹配最优供应商。企业凭借平台，针对自身个性化采购需求，制定标准化采购流程、询价流程及管家式服务，快速解决实际需求。同时，企业可以通过平台，针对大宗物资品类建设采购专属区，依据专业物资特性，提供专属采购服务场景，实现平台多样化服务增值；也可以通过平台，针对低值易耗物资，简化物资采购流程，建设超市化采购场景。企业利用平台在整合需求、降低成本的同时，可优化采购流程，充分发挥大型企业集中采购的规模优势，满足跨项目、跨企业的采购需求。

二是贯通上下游产业链，提高业务协同。企业通过搭建供应链协同平台，可以推动从原材料到最终产品的产业链贯通，供应链上下游参与方可以通过平台在线采购实现供应链在线化、网络化和协同化。在建设上下游贯通机制过程中，企业可应用物联网、大数据、云计算等新一代信息化技术建立来源可查、去向可追、责任可究的产品质量安全追溯机制，构建数据化、透明化、可追溯的供应链协同平台。

同时，企业可以通过平台打造一体化业务协同，依托产业链覆盖，主动打开企业资源"围墙"，架起利用核心供应链资源服务社会大众的桥梁，跨越企业、行业、产业边界，践行开放、共享、共赢理念，提高经济活力、竞争力和抗风险能力。企业应以采购标准化、制造数字化、物流透明化、信息互联化为重点，将供应链与互联网融合，建成阳光透明、刚性执行、开放共享的供应链生态体系。

三是健全运营体系，使能业务创新。企业在搭建平台时，应充分发挥专家优势，以供应链核心企业的需求为基础，整合优势资源，从而提升市场竞争力，打造新时代高质量发展的行业标杆。平台可以为企业提供以采购标准为核心的采购整体解决方案，携手平台上下游企业，建立采购供应链创新运营生态，共享平台资源与实践成果。

此外，企业应通过平台持续创新，坚持绿色发展理念，聚焦"双碳"目标，构筑绿色供应链，优化整合资源配置。平台可助力企业实现供应链全流程在线招投标和实时交易，与传统的供应链相比，减少物资消耗。同时，企业应以标准为引领，以用促建，建立面向制造业全生命周期、全价值链、全产业链的绿色供应链标准评价体系，方便评估核心产品、技术、服务的先进性、可靠性和可持续性。

四是建立采购供应链数据标准，积累数据资产。企业搭建的采购供应链平台应具备全面而详细的数据，进而能够让管理层明确企业经营状况，发现业务不足，从而以此为依据，做出科学的决策。通过数据统计分析，企业可以科学地分配资源、有效地使用资源，并通过对数据的应用降低其从生产到物流的成本，从而获取更多价值。通过建立数据治理体系，企业可以将管理中的各个要素整理成规范的流程，工作人员按照规范进行数据的填写、统计和分析，从而大幅提升员工的工作效率和企业的管理效能。

二 / 销售服务：重塑服务模式，打造第二曲线

企业销售服务以市场需求为导向，在科学消耗、按需生产、多元销售的基础上实现商品的快速流动和企业利益积累。当今社会，企业作为数字经济的重要元素，其经营管理模式和市场销售理念都必然受到大环境的影响，需要做出适应变化的改革。一些头部企业以"销售电子商务+自主研发客户关系管理"为支撑，构建了模式创新的企业级销售生态。

从发展经验看，我国电子商务已深度融入生产生活各领域，在经济社会数字化转型方面发挥了举足轻重的作用，无论是助力企业创新业务模式提高经营绩效，还是满足客户需求提升客户体验，电子商务的发展极大满足社会和经济发展的需求，促进效率提升和商业模式创新。商务部相关报告显示，2022年全国电子商务交易额达43.83万亿元，同比增长3.5%。

近年来，国内外企业纷纷建设电子商务体系，国有资产监督管理委员会监管的101家央企中已经有70多家企业的电子商务体系取得规模化发展，占监管总数的70%。巴斯夫与1688合作，入驻平台，利用电商优势，共同推动线上营销业务模式发展，实现客户订单自动化传输，提升企业销售能力及核心竞争力。中国石化于2016年上线化工产品电商销售平台石化e贸，构建现货、合约、竞价3种主要销售模式。目前，石化e贸已成为业内石化产品成交量最大的电商平台。

企业面对产业数字化转型趋势，应加速技术更新，以数据为核心，围绕客户管理、商机挖掘、市场洞察、线上销售、客户服务及数字化营销等关键环节，促进交易和服务生态的打造，不断重塑以价值创造为目标的客户共赢生态。同时，持续完善规范、技术、模式，对企业销售体系全流程进行效率、质量、能力的持续升级，从而实现经营创效目标。

（一）客户关系：构建全景管理，创新营销模式

客户关系管理是现代企业经营管理的核心内容，越来越多的企业已意识到，对已有和潜在客户关系进行管理是企业有效经营的关键。如何根据客户细分情况，有效地组织资源，培养以客户为中心的经营行为，实施以客户为中心的业务流程，达到提高企业经营能力、提升客户满意度的目标，是企业管理客户关系时必须考虑的课题。因此，企业要对客户感知、客户需求仔细分析，制定相应的营销措施，才能有效促进自身的业务发展。

1.企业客户关系管理面临的问题

一是缺少高效协同、灵活的客户关系管理体系，无法快速响应市场变化。许多大型集团经常出现不同部门的客户关系管理建设独立、水平参差不齐，无法从集团层面形成统一的客户画像、对市场变化响应不及时，客户满意度不高等情况。因此，企业亟须建立高效协同、统一的客户关系管理平台，发挥整体优势，灵活应对市场变化，建立起集团与企业、企业与企业、部门与部门间有效协同共赢机制。

二是缺少客户数据标准，无法沉淀统一客户数据资产，挖掘客户价值难度大。许多集团内部的子企业之间尚未建立统一的客户关系管理标准体系，相互之间数据标准规范不一致，造成各业务板块的客户数据无法统一和共享。客户信息共享存在壁垒将导致集团业务无法协同，无法发挥客户数据的应用价值。同时，企业信息化的建设需要继续完善数据侧能力，健全数据底座，通过数据沉淀、数据分析，挖掘客户价值，提升企业智能运营能力。

三是缺少基于客户的数字化营销体系，无法开展有效的客户管理，提升客户体验。大部分集团内部的销售部门、企业都具有自身业务领域的客户，针对客户的管理机制及模式存在一定的差异，在营销、行销、交易等方面存在交叉业务，由于各企业营销政策分立等问题，易造成客户体验及信任度降低，进而影响用户的忠诚度。各企业分别管理客户，集中管控难度大，无法发挥客户协同管理的优势，进而将降低整个集团的客户管理水平，影响集团整体效益规模。

四是客户管理业务场景复杂，企业单线条管理致使服务水平有待提升。客户关系管理业务除聚焦于客户全生命周期管理外，还会向下游延展至营销、行销、产品、交易、评价等业务范围，如何贯通全部业务环节，基于客户进行统一的贯通成为行业难点，如何建立起企业对多元化客户的业务场景支持及配套的综合服务成为企业面临的严峻挑战。客户全生命周期管理如图7-3所示。

2.构建集协作、运营、分析于一体的客户关系管理平台

互联网时代，企业对客户关系管理的建设理念也有了相应的转变，开始融合互

联网思维及相关技术手段，从关注客户管理转变为强化与客户的沟通，加强用户体验，提升用户黏度。

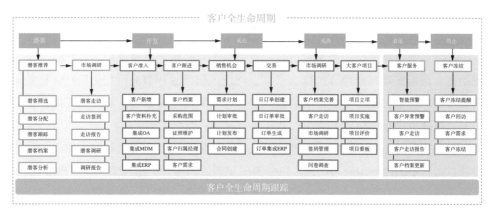

图 7-3　客户全生命周期管理

为建立客户关系管理综合机制，企业可构建客户服务、销售服务、营销服务、数据服务、集成服务等五大应用，实现客户数据高效存储分析、资产沉淀发布、数据安全共享，并针对客户数据建立统一的数据标准，对重要数据综合运用多种加密技术和算法，在确保业务数据完整性的基础上实现高质量的客户数据管理，不断沉淀数据资产，提高企业数据共享能力，提升客户关系管理平台的融合性、智慧性、可拓展性和先进性，互联网时代的客户关系管理如图7-4所示。

图 7-4　互联网时代的客户关系管理

企业在搭建客户关系管理平台时应重点考虑以下六大方向。

一是建立360度客户档案。企业可以凭借平台从潜在客户、客户开发、客户成长、客户成熟、客户衰退、客户终止等环节进行全方位客户档案管理，真正做到以客户为导向，以渠道网络为纽带，进而提供针对性和差异化服务，形成客户高阶档案，为营销运营、组织决策、风险防控提供信息支撑。

二是加强市场调研。企业通过客户管理类平台将市场环境调研和客户走访流程规范化，进而实现对创建、执行、审核、评价、归档等环节的流程化管理，把控调研和走访的质量，提升企业市场洞察能力，深入掌握企业市场、客户上下游用户的动态，提高市场研究和公司经营软实力。

三是提升战略客户的服务水平。首先，企业依靠平台实现战略客户跨部门协作与项目过程中的内外沟通与协调，以便及时更新进展报告，透明掌握项目进度信息，跟踪项目需求、项目风险，进而提供精准的客户服务。其次，企业还可以依托平台进行营销服务管理，进而实现规模客户返利与招投标基金返利、单据在线自动计算及生成，减轻业务人员人工计算量，提升工作效率。再次，企业凭借平台进行订单管理，实现不同类型订单的全流程线上操作，客户下单、订单处理、传输ERP、物流信息查询等流程均通过线上处理。最后，通过建设国际业务保税库订单功能，企业可实现国际业务库存管理及经销商订单线上管理，解决线下沟通效率低、容易出错等问题，保证业务交易时效性，提升国际业务中心的管理水平。

四是优化会员服务。企业不仅要依托平台管理客户需求、企业销售计划、合同、订单、结算单、发票，也可以实现业务人员的客户拜访、客户交谈至客户成交等多个关键业务环节的自动流转。同时，企业应支持区域销量及利润的分析及预警。

五是打造全业务流程营销服务。要达到全品类营销的目标，企业需数据赋能全场景链路，进行全业务流程的营销服务，依靠平台评估营销活动收益，进而提升获客效率、老客户忠诚度。同时，企业应依靠平台进行潜客管理，建立标准的客户主数据管理体系，实现客户分类、客户行业、集团客户关系的多维度管理，加速发现客户商机，形成订单全生命周期的管理。

六是培育和巩固数字服务。企业要借助平台，有效利用业务积累大量丰富的结构化、非结构化数据，使用多种算法，应用在不同的业务场景中，支持针对客户的精细化、数字化运营，从而全面整合客户资源，打造标签体系，分析并预测客户行为，提供定制化服务，实现精准营销触达，完成精细化数字化营销闭环，不断优化提升经营效率。客户关系算法融合如图7-5所示。

围绕上述六大建设方向，企业需要从规范管理机制、业务流程、数据资产三方面蓄力。首先是建立规范化客户关系管理机制，赋能企业智能运营。企业应对客户关系管理平台中的业务管理能力进行强化，拓宽资源，提升服务水平；同时引入信息化技术，构建标准化、规范化的客户关系管理机制，持续提升企业的客户服务能力。其次是建立标准化业务流程，提升企业销售服务水平。企业可以通过客户关系管理平台，加强与客户的深入合作，加快业务推进，促进客户转化。同时，基于客户关系管理平台，将业务流程标准化、体系化，开源节流，增强企业在新经济环境中的竞争优势，从而获得更多的经济效益。最后是建立客户数据资产，打造多元立体化客户服务能力。企业需要充分依托自身具备的或社会成熟的第三方电商交易平台、支付平台、物流平台、数据分析平台等相关系统，建设集协作、运营、分析于一体的综合型客户关系管理平台，添加客户服务、销售服务、营销服务、数据服务、集成服务等应用，最终实现客户关系管理流程标准化、服务自助化、数据规范化、决策科学化。

图 7-5 客户关系算法融合

同时，企业还需绘制客户360度画像，形成客户多维信息，深度了解客户的行业情况、经营情况、生产情况等内容，客户关系管理平台总体结构图如图7-6所示。

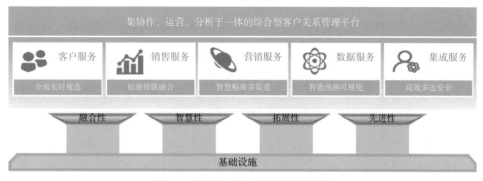

图 7-6 客户关系管理平台总体结构图

3.案例：客户销售技服铁三角，推动数字化精准营销

某产销研服为一体的润滑油销售公司以润滑脂、船用油及润滑油添加剂等为主要销售产品，这些产品被广泛应用于航空航天、汽车、机械、冶金、矿采、石油化工等领域。为打造多业态的商业服务新模式，实现由生产制造商向综合服务商转变，该公司希望通过建设客户关系管理系统，加快推动商业模式、服务模式创新，提升营销服务和市场开拓能力。同时，以客户管理及服务为中心，通过客户关系管理系统构建客户信息模型，覆盖价格管理、订单管理及营销管理，助力企业全方位分析客户大数据，挖掘潜力客户，提升客户价值。该企业客户信息模型如图7-7所示。

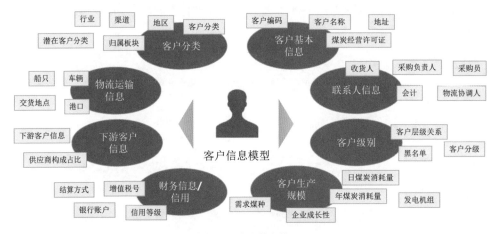

图7-7　客户信息模型

该销售公司的建设思路是以客户关系管理系统为核心，面向前台客户，搭建经销商进销存平台、营销平台、销售平台，并用互联网化思维持续探索不断完善高度一体化的润滑油综合信息系统。此外，该公司期望通过客户关系管理系统，实现对客户、营销、价格、库存等业务模块的线上管理，实现系统集成一体化、客户主数据标准化、客户开发可视化、订单全流程和产品与技术服务线上化管理，构建完整的营销体系、价格体系、经销商服务系统，全面提升润滑油客户服务数字化运营、管控水平。

经过一系列改进，该企业取得了显著的建设成效。该润滑油企业通过客户关系管理系统实现了客户、销售、物流的线上全流程管理，节约业务人员触达客户的时间及成本，进而降低企业运营成本、提升企业业绩。竞价交易实施后，产品市场价格透明化，产品量价齐升。客户收款、订单下达方面效率大幅提升，提高近40倍，财务收款平均入账效率提高75%。此外，该公司建立了经营人员可持续跟踪的关键指标，有利于形成良性的营销反馈循环；上线了客户关系管理系统，收集丰富的客户信息，有利于加强客户资源公有化、客户生命周期管理、价值客户的开发和维系。

该企业后续将加大数字化转型力度，建设完善电子商务平台，多方引入第三方卖家，积累平台用户，建立以科学决策与服务客户为中心，数据驱动为基础，业务高效运行为保障，信息精准传递为路径的多元素、多维度、多层级的立体化营销服务体系，打造全场景数字营销、数字服务生态圈，为客户提供全方位、一体化服务体验。

（二）销售电商：发展平台经济，提升产销效益

电子商务是全球范围内重要的商业交易模式，高效的销售电商能够提升企业的宣传能力、品牌能力、业务能力和管理能力，是企业进行业务发展和综合提升的必要条件。销售电商消除了生产者和消费者之间的距离，使得企业销售范围和消费者群体都不再受地理位置、交通便利条件的影响。企业销售的互联网化、移动化使得销售电子商务的推广更加充分，业务信息的传递更加及时，新的销售业态将更有效地分配资源以服务于实体经济的发展。当前，销售电商数字化经营已成为新一轮企业转型的重要方向，数字化转型不断为企业乃至经济的高质量发展赋能。在全球能源格局正在发生深刻变化的背景下，为充分利用数字技术改造提升传统产业，众多企业立足主业，积极建设销售电商平台，推进数字化转型。

1.企业销售电商所面临的发展困境

▶企业缺乏交易平台，无法充分释放交易潜能

企业销售电商的发展已催生多样化需求，但由于前期多为手工台账，并未建立统一的在线操作平台，线下交易层级多、链条长，存在激励和管理难度大、信息传递效率低下、渠道管理依赖人工等问题，难以为销售电子商务和大数据等增值服务提供数据积累，难以完整发挥销售电商数据的价值，也不利于企业降低经营成本、降低企业风险、强化数据安全、提高企业综合实力。

▶管控体系不立体，难以有效协同业务

大部分企业不具备一体化的销售电商平台，多为员工线下互相传递纸质数据，无法形成销售供应链全业务流程电子化、可视化，并且各个业务信息分布在不同的业务系统中，集中管控难度大，数据安全风险突出，难以实现全流程、全方位、高可靠的专业风险控制管理要求。

▶销售布局不合理，无法推动产业资源合理配置

传统信息系统仅将原有的业务从线下搬到线上，无法借助物联网、云服务、大数据等手段对销售业务进行全面的分析。企业亟须盘活供应链资源，打通系统数据链路，实现对销售电商全过程、全方位数据采集、传输、存储、处理、分析与应用，进而完成数据的集中管理、跨部门数据共享、跨系统界面集成、跨终端工作应用。

▶企业数据治理体系不完备，内部数据孤岛普遍存在

大部分企业业务信息化系统仍采用传统技术架构，新技术架构应用覆盖不足。在销售电商业务层面，表现为集团内部的子企业之间并没有建立统一的数据标准体系，直接造成各业务板块的业务数据和交易数据如电商交易数据难以整合，形成信息交换的壁垒，进而无法实现数据的共享和业务协同，无法释放数据价值，制约了企业在用户画像、营销获客、智能风险控制等领域的发展。

2.构建电子化、网络化、信息化的销售电商平台

"商务"作为人类最基本的实践活动，传统商业活动各环节的电子化、网络化、信息化构筑起当代电子商务发展的核心。"十四五"规划对电子商务谋划的重点已经从促进电子商务业态发展转向更深层次的电子商务生态体系建设，提出了传统商业数字化的总体方向，意味着电子商务的发展将向数字商务全面转型。面向未来数字商务生态建设的趋势，企业需以市场为导向，打造企业级销售电商平台，融入电子商务生态体系，提供会员、商品、交易、支付、物流等核心电商服务能力，打造合约交易、现货交易、竞价交易、在线支付、预约提货等多种行业典型应用场景，深化信息技术与营销管理、客户管理、销售业务、商品物流等销售各环节的融合，推动业务高效运行，提升企业的经营创效能力和市场影响力。产业电商平台的基础架构如图7-8所示。

图7-8　产业电商平台的基础框架

▶5G技术应用场景

5G技术的诞生和发展为电商开辟了全新的商务模式。在社交电商方面，5G技术将推动社交互动频次更加密集，社交电商规模进一步扩大，社交电商也将进入新的爆发期。在仓储物流方面，5G技术高速率、大连接、低延时等特点将推动物流大数据和云计算在仓储物流行业中的应用。5G技术会带来设备和设施的智能化变革，无

人机、无人车、仓储机器人等将被更广泛地应用在仓储物流行业，实现真正的无人化作业，自动分拣、自动巡检。在线上线下融合方面，5G技术与云计算、大数据、人工智能等核心技术的不断融合将推动销售电商迎来新的技术生态和商业模式，实现"人、货、场"三者互相连接，提供智能购物与沉浸式体验。

▶物联网技术应用场景

物联网（IOT）允许连网设备共享数据，并为电子商务运营商提供了类似的连网平台。因此，使用基于物联网的系统，企业将更容易收集数据，触发实时的操作或响应。在客户与市场分析方面，物联网有助于企业分析客户和整个市场需求，洞察人们的习惯和生活方式，基于新见解开展更有针对性的营销活动，从而使自己从竞争中脱颖而出。在供应链与物流管理方面，物联网通过使用GPS和RFID技术跟踪运输途中的物品，确保货物移动时不会有丢失的风险。同时，客户会收到关于其包裹状态的提醒通知，增强了客户交付的体验。客户分析如图7-9所示。

图7-9 客户分析

▶大数据技术应用场景

电子商务大数据伴随着消费者和企业的行为实时产生，广泛分布在电子商务平台、社交媒体、智能终端、企业内部系统和其他第三方服务平台上。对电子商务数据进行挖掘、创造价值，将成为电子商务企业的主要竞争力。在客户体验方面，通过大数据技术的应用，企业可对客户消费行为的历史记录建模，针对客户不同的消费习惯，动态地调整页面布局，全方位地把握客户的实际需求，实现对商品的合理聚类和分类，呈现商品信息的初步浏览效果。在市场营销方面，电商企业引进了大数据技术，在市场营销各环节最大限度地降低人力、财力以及时间成本。技术部门通过构建分布式存储系统，运用数据挖掘技术将客户在不同网络平台上的个人信息以及动态的浏览习惯贴上"标签"，根据不同格式的数据选取不同的存储策略，再有针对性、大范围地对潜在的客户进行商品与服务推销。

信息技术的引入将进一步满足消费者的个性化需求，改善客户的购物体验，完善销售电商平台的建设，除融合信息技术外，为完善电子化、网络化、信息的销售平台构建，企业需结合自身业务重点从以下五大方向进行价值提升。

一是推动产业转型升级。通过企业级销售电商平台的建设，推动企业逐步从生产型转向"生产＋技术创新＋服务"的综合服务型转变。通过整合上下游企业资源，实现客户资源、销售渠道资源、物流资源等各方面的共享，通过互联网整合和优化物流体系，降本增效。

二是实现平台增值创收。企业采取竞价交易、加价采购等交易模式，发现产品实现量价齐升。面对低迷的市场行情时，对产品适时开展竞价销售，通过降低上游供应商经营运作成本，共享竞价销售加价收益。竞价销售流程如图7-10所示。

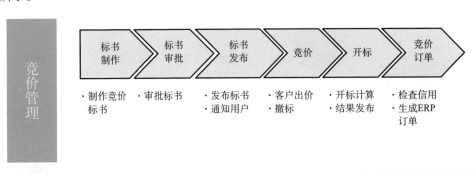

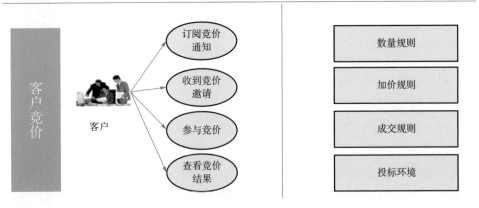

图7-10　竞价销售流程

三是积累企业数据资产。在销售电商平台上，通过整合企业内外部数据资源，统一数据模型，实现数据共享，互联互通，以数据驱动业务创新发展，为业务应用提供统一的数据服务，高效挖掘数据资源，推动各业务数据应用创新，挖掘数据价值，打造产业竞争新优势，支撑高效的数据资产运营，提升合作伙伴价值。

四是打造全场景服务平台。企业借助销售电商平台，可以使核心企业实现客户的统一注册和管理，通过签订年度、月度等多种合约的方式，管理合约客户采购范围和采购需求计划，结合销售公司管理模式，按照"一户一案"的管理思路，面向不同客户群体制定不同的合约销售策略。面向全体合约客户，实行公开投放销售策略，避免客户刷屏抢单；面向部分合约客户，实行定向群体销售策略，通过分销渠道、客户分组，引导客户采购行为，确保销售渠道和节奏受控；面向单个客户，实行定向个别销售策略，以此保证重点客户得到有效的资源保障。结合支付平台、物流平台和数据服务平台，为客户提供多样化的支付方式、丰富的电商物流服务和精准数据分析服务。

五是提升智能化决策水平。企业需基于数据分析发现运营过程中的低效、问题环节，不断优化提升平台效率，驱动运营智能化决策；通过洞察客户，实现营销精准触达，动态掌握市场变化，驱动业绩增长，由交易指导生产，有效帮助上游企业合理排产，实现供应链高效协同。

3.案例：创新商务模式，打造线上销售公司

某化工产品销售子公司，开展内外贸一体化的石化产品专业经营，负责集团所属企业石化产品的资源统筹、市场营销、产品销售、物流运作、客户服务以及相关化工原料的采购和供应工作。在能源格局深刻变化的背景下，公司审时度势，积极应对，明确提出在提质增效和转型中寻找方向、把握大势、驾驭未来，努力实现从贸易型企业向服务型企业转变，从传统销售模式向平台经济转型发展。该公司销售电商平台的建设方向主要为以下三点。

▶建设产品垂直电商，打造行业产业链生态圈

该公司计划全面建设石化产品垂直销售电商平台，打造石油化工行业产业链生态圈，为入驻商家提供一站式产品销售服务，强化平台运营管理，探索与产业链上下游企业的深度集成。

▶打造电商平台数据标准，支撑化工行业特色应用

该公司尝试凭借石化产品垂直销售电商平台数据标准，整合企业内外部数据资源，建立统一的数据模型，实现数据共享、互联互通，推动企业在客户价值分析、精准营销等领域的发展，使电商平台标准在业务、支付、物流、大数据、危化品管理等数据分析中深度应用，全面营造诚实自律、守约互信的商业新环境。

▶优化销售管理流程，提升企业运营效率

该公司针对企业计划销售业务，优化资源投放过程、简化客户及客户经理日常开单工作，提高业务运行效率、实现差异化销售管理、发挥市场驱动作用、进行资

源动态平衡、方便客户自主采购。公司推动线上互动，既支持客户自助采购也帮助客户经理线上销售，提高企业整体运营效率。

该公司依靠销售电商平台建立丰富的商务交易模式，对于长期需要稳定供货的大中型生产企业，采用计划销售模式满足客户需求，保证资源的稳定供货；对于中小企业临时性或不稳定的采购需求，采用现货销售模式，客户可随需采购；对于一些价格不确定或价格波动频繁的商品，采用竞价销售的模式，由市场上客户来决定商品价格。电商现货销售如图7-11所示。

图 7-11　电商现货销售

根据危险化工品的级别及管理要求不同，以及客户采购与客户经理销售的差异性，该销售公司利用销售电商平台实现危化品线上管控，通过客户危化品资质证书的产品、有效期管理，实现资质证书到期短信提醒；通过客户危化品销售管理，控制客户危化品可采购范围、采购数量等。

该公司通过销售电商平台，在生产企业开展预约提货应用，建立统一技术标准，对交易品种进行入库、盘库、出库的管理。针对多品种混装的情况，公司将实体仓库拆分成虚拟库，依托虚拟库的层次及结构对库存数量、时间、成本进行全方位监管，并实时计算现有库存、库存成本、库存运作盈亏等情况。同时，该公司进一步促进电商平台与物流平台等系统的互联互通，大幅提高发货效率，减少运输工具等待时间，提升了用户体验。

经过该公司上下齐心协力的努力，取得了令人欣慰的建设成效。公司通过竞价销售、现货加价采购的业务模式实现市场价格透明化，平台产品销售增值创收。以竞价销售为例，2022年竞价销售累计成交量超86万吨，累计交易额超8000万元。客户能够快捷进行自主采购，一键生成订单，大大提高了业务的运行效率，改善了客户的购货体验，财务收款效率提升近80%，订单下达效率提升94倍。该公司通过危化品销售管理，降低了经营风险，为危化品的销售提供了有力保障；通过统一对外集成网关，实现与上游供应商的深度集成，沉淀10个标准对外集成接口，完成计划、订单、交货、预约提货、物流跟踪等业务的全面整合，初步实现化工品产业链上下游企业协同，提升企业整体经营效率。公司发挥资源优势，依托销售电子商务平台市场需求抓取能力，有效联动从需求到生产的整个供应链，既能服务集团公司生产建设需求，又能满足社会企业有效需求，通过与供应链各方的深度合作，共推产业升级，全面助力国家供给侧结构性改革，为社会创造价值。

三 / 客户服务：技术驱动创新，提升交互体验

客户服务是现代企业经营管理中不可或缺的关键部分，高效的客户服务能够提升企业业务处理能力和经营管理能力，是企业不断向前发展的驱动力之一。随着智能化水平的不断提升，客户对服务质量、服务效率以及服务体验的要求在不断提高，使得传统客服服务效率低、人工成本高等方面的问题愈加凸显。智能客服平台正是基于打通企业内部数据这一理念，抓住客户资源这一核心资产，利用先进的人工智能及机器学习算法，开展多维度的客户分析，形成差异化的产品和服务，从而提升客户体验，实现销售业务盈利性增长。

许多著名公司已陆续上线智能客服平台。例如，壳牌润滑油推出了个人工智能助手壳牌小贝，提供全方位、综合性的油品服务。京东JIMI通过移动端、微信等多平台端口，为用户提供推荐商品、告知优惠、砍价、下单、直接支付、配送全流程闭环体验，让用户可以边咨询边购物，成为用户贴心的购物助手。同时，京东JIMI通过电子商务与智能人机交互的结合，实现人工客服和智能机器人协同办公，人工客服将处理复杂的业务问题，提供更有温度也更加专业的服务。

当前，人机协同智能、大数据智能等为代表的新一代人工智能技术正蓬勃发展，通过精细化绘制客户画像，感知客户意图，拓展服务边界，延伸业务环节。企业可基于人工智能技术打造智能客服，助力市场营销，提升销售转化率，推进客户服务的结构调整、能力增强和效率提升。

（一）企业客户服务管理的发展需要强有力抓手

当前，企业客户服务管理的发展仍存在较多挑战，需要强有力的抓手进行推动。

咨询渠道少，服务响应慢。目前大部分客服中心依然为传统的电话客服渠道，面对服务高峰时，人工客服排队等待时间过长，应答速度过慢是常见问题，有些需要用户等候数十分钟才能接通人工客服，导致用户体验及满意度急剧下降。

服务效率低，工作强度高。一对一的电话服务场景下，一个人工坐席同时段只能服务一个人，且需求越发多元化和个性化，服务需求时段呈24小时分布，人工客服服务过程中还需要进行电话接听、来访事件记录、工单下发等多项操作，人工服

务效率低、工作强度高的问题尤为凸显。

管理抓手少，客服培养慢。客服中心进行服务管理过程中，大部分依赖简单的数据报表、抽查式的录音质检等手段，缺少多维、全面、直观的数据来支持。人工客服的岗前培训及日常培养提升也缺少全面的系统支持，只能依赖老带新、师傅带徒弟的形式培养，培养周期长、培训成本高的问题也比较突出。

客户声音远，用户洞察难。客服中心拥有来自售前、售中以及售后的大量用户之声，一线坐席人员的工作职责仅为受理咨询、处理用户投诉。日常的服务问答数据缺少有效的挖掘，舆情热点事件的发现、分析及推送等，业务部门洞察消费者心声、服务诉求存在难度。

（二）打造"多场景、多渠道"的智能客服平台

客户关系管理是企业为提高核心竞争力，利用相应的信息技术以及互联网技术协调企业与顾客间在销售、营销和服务上的交互，向客户提供个性化交互和服务的过程。其最终目标是吸引新客户、保留老客户以及将已有客户转为忠实客户，增加市场。

企业应围绕服务生命周期来构建智能化服务应用体系，全方位客户信息管理，识别和分析客户大数据，挖掘潜力客户，提升客户价值。通过智能化手段，企业可建立全渠道、全方位的互动模式，提升服务效率、改善服务质量，探索主动服务的方法和路径，不断创造新的价值。智能客服建设蓝图如图7-12所示。

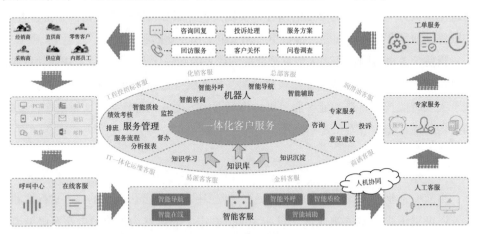

图 7-12　智能客服建设蓝图

企业在建立智能客服系统时，应注重智能服务客服的采购、销售、售后服务、法务、行政、人事等多场景服务能力，涵盖人工客服应用、专家服务应用以及智能导航、智能在线、智能外呼、智能质检等场景，提供全方面优质的 AI 服务及稳定的系统运行保障，提高客服坐席工作效率，提升使用体验。

　　在智能客服场景中，企业可建设涵盖 Web、APP、小程序等渠道的智能在线模型，对传统语音渠道的进线咨询量进行有效分流，降低服务压力，并且可以通过智能辅助，根据对话信息实时为坐席推荐对应的知识点，解决搜索延迟、搜索困难等难题，帮助坐席代表提高知识库利用率，提升坐席代表一次性办结率，进而提高坐席服务效率、接通率和服务满意度。同时，智能客服可依托知识、业务流程建设，利用语音语义识别、上下文关联、历史会话分析等智能技术，自动识别用户咨询需求，使用在线机器人实时、双向地追踪客服和用户沟通过程，帮助人工客服高效解决用户的问题。智能在线模型如图7-13所示。

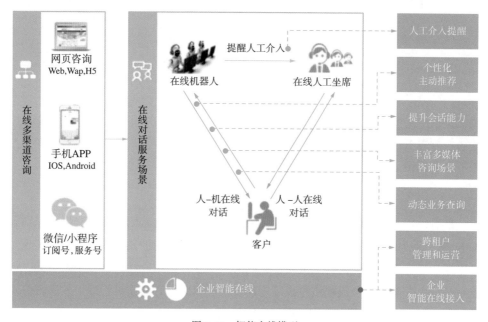

图 7-13　智能在线模型

　　除在线客服机器人外，企业还可搭建智能导航系统，通过导航机器人与用户的自然语言交互方式，实现快速呼叫中心导航，享受智能机器人的语音咨询服务，从而减少转人工咨询量，提高用户问题解决率，提升用户满意度。企业使用的智能导航需提供智能导航数据报表、看板等功能，清晰地表示出语音导航服务情况，给日常运营人员提供优化的方向与数据支撑，智能导航模型如图7-14所示。

　　此外，智能外呼也是企业在建设智能客服时不得不考虑的一个方面。企业可通过智能外呼自动创建外呼任务，自动同步外呼结果，与呼叫平台、底层智能化对话能力平台、自动语音识别技术、文本转语音能力引擎对接，进而提升外呼信息的收集能力，增强外呼结果的分析能力；当智能外呼机器人识别到外呼目标来电有明确意向时，可自动接入人工客服，进而提高机器人与人工客服的协同能力，替代人工完成满意度调查、问卷调查等大量的重复外呼工作，节省人工外呼工作量，智能外呼模型如图7-15所示。

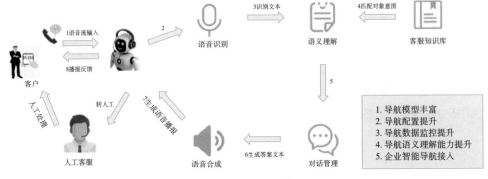

图7-14 智能导航模型图

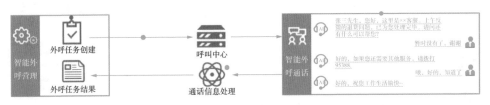

图7-15 智能外呼模型

最后，企业应建设智能质检应用，利用语音识别、自然语义处理、情感识别等AI技术，通过定制评分模板、运行周期、采集周期等不同的质检业务逻辑，实现对坐席通话录音和聊天记录的全量质检；同时需要支持坐席成绩查询、坐席申诉、组长审核、主管确认等全流程质检成绩管理，实现客服中心的质量管理、效果跟踪及持续优化。为建设高效的智能客服应用系统，企业可从以下四方面开展工作。

一是建设客服体系，提高服务满意度。企业需要注重将客服系统SaaS化，快速搭建、部署客服系统，在降低了客服系统门槛的同时，减轻人工客服的工作压力，使得人工客服更加专注于复杂问题的解决，进而提升客服工作效率，减少人工客服的工作强度，降低客服人员的离职率，有助于建立一个稳定、高效的客服团队，提高整体服务质量。

二是应用智能能力，助力业务减员增效。企业搭建的智能客服系统可通过智能语音、智能图像识别等技术，实现自动化客服，需增加智能导航、智能在线、智能外呼、智能质检四个智能化功能，进而提高客服的工作效率和服务质量，提升客户的满意度和忠诚度，进而为企业创造更多的商业价值。

三是规范数据标准，积累数据资产。企业可积极运用大数据分析技术，借助平台收集和分析行为数据、交互数据、意图数据等多种数据，从而更好地理解需求，提升服务质量和体验。另外，企业可以实现对用户的细分和分类，进而针对不同的用户群体制定不同的营销策略和客户管理策略，有效提升企业的市场竞争力，实现更高的商业价值。

四是融合先进技术，提升客服应用能力。在客服平台SaaS化和智能化的进程中，技术创新是可持续发展的驱动力。自然语言处理技术可以帮助客服系统识别和理解用户的意图，并提供更准确和个性化的响应。机器学习技术可以帮助客服系统实现自我学习和自我优化，通过对大量历史数据的分析，机器学习算法可以发现隐藏的模式和趋势，提高客服系统的预测能力和效率。大数据技术可以帮助客服系统处理和管理客服中心的数据、来访事件数据、工单数据、会话数据等，以便提供更好的服务和个性化的体验，并发现潜在的业务机会。

（三）案例：应用智能客服，助力客服中心降本增效

某化工销售企业业务发展快、业务量高，但目前仍然使用传统的人工客服受理用户咨询，高峰期电话呼入等待时间长，造成客户体验不理想。同时为了保障电话高峰期接通率，客服团队需要招聘更多的人工客服，高昂的人工费也是企业发展的难题。

鉴于以上情况，该企业计划从以下三大方向进行重点提升。一是构建全渠道接待能力。随着互联网的普及以及服务的碎片化，该企业计划构建"线上＋线下""电话＋互联网"全域接待能力，为其提供全渠道、7×24小时的客户服务。二是践行人机协作的服务模式。该企业的人机协作思路是"复杂问题找人工，简单问题找智能客服"，进而需建立双方顺畅的协作关系，同时要通过智能的知识提示、工单信息协作等辅助能力，为客服人员提供智能化助手，提升服务效率和满意率。三是简化客服电话操作流程。该企业往常是通过传统的400热线电话接通人工服务，不仅需要多次按手机上的数字键进行业务类型的选择与电话的转接，还会有较长的等待时间，使得体验不甚理想，因此，企业规划通过智能交互模式，进而快速定位问题，并能够在一定程度通过机器人解决问题。

结合这三大建设方向，该企业建设了智能在线、智能辅助、智能导航等智能客服应用。首先是设立智能在线客服，使得企业的客户能够在PC、APP、公众号、微信小程序等多渠道进行咨询，大幅度提升了客服的接待效率。其次，该企业也上线了智能辅助，可以根据在线文本会话信息以及录音信息，推荐知识库中匹配的答案，根据实际场景稍作修改后发送。最后，该企业也运用智能导航收集用户意图，调用知识库，自动回答用户问题。当知识库无法直接回答时，可以将电话转接至对应人工客服技能组。

该企业通过引入成熟领先的智能客服应用取得了显著成效。智能导航的引入，使人工坐席效率显著提高，实现 10 万余次导航服务、咨询服务；智能导航上线后，误拨电话占比降至 6.8%。智能在线咨询的引入，实现 7×24 小时智能在线服务，共计完成智能在线咨询超 40 万次，平均提升 3 倍人效，极大地节省了人工，提高了客服工作效率。智能外呼的引入，实现了智能外呼服务化，完成经销商回访、服务回访、销售调查问卷等自动外呼流程，呼叫完成率 100%。智能质检的引入，为服务质量提升提供有力支撑，完成智能质检功能建设，自上线以来，共完成超 70 万通录音质检，按照平均每通录音 2 分钟计算，共节省 3096 人/天的人工质检工作量，规范了销售流程，省去了客服岗前培训、产品操作培训等工作，提升企业整体业务运营效率，降低内部运营成本，提升业务转化收益。

四 / 油品销售：推进智能互联，建设智能油站

伴随着全球能源消费总量增速放缓，化石能源消费比重不断降低，中国一次能源消费结构将由"一煤独大"转向"多元并存、多能互补"，国内成品油消费市场进入低速发展期，我国人均能源消费将呈现"峰值更低、平台期更早"的特点，能源消费结构演变路径图如图 7-16 所示。成品油销售企业为提升零售核心竞争力，将进一步加快推进数字化转型，满足油品及零售用户对效率、个性化、一体化服务要求。加油站作为成品油销售企业与广大社会用户最主要的接触面，其内部管理与对外服务能力，很大程度上关系到石化企业的社会责任与品牌形象。一直以来，成品油销售企业都在对智能加油站的建设进行摸索与尝试，不断地对油站运营管理、对外服务、营销生态、物流渠道等维度进行建设与提升，进而全方位支持传统业务与新能源业务发展，打造新时代市场环境下的智能服务站。

当下，一些互联网企业（冠德车到、车主邦）已经搭建平台为线下加油站完成导流调度，并整合车主信息，延伸至产业链上游以及 C 端用户。电子支付、物联网等技术也在零售终端和物流仓储领域逐步得到应用，如阿里无人加油站，通过支付宝、AI 影像、机械臂优化加油流程。与此同时，壳牌也建立了线上平台等互动渠道，构建会员体系支持客户换取壳牌或合作伙伴的产品与服务；充分利用大数据分析相关技术，整合运输、炼化、油气的分销和零售等环节，实现产销衔接。其与阿里巴巴合作，对网上交易及社交数据分析，精确定位潜在客户，实现了高达 70% 的客户转化率。BP 也对客户数据进行深入挖掘，开展多维度客户分析，基于客户分析、差异化产品和服务，提升客户体验，实现销售业务盈利性增长。通过统一的站级设备控制及通信标准，做到标准设备即插即用与设备之间互联互通互操作。

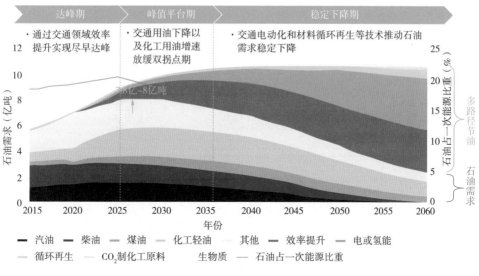

图 7-16　能源消费结构演变路径图

随着成品油市场放开，民营及国外石油巨头纷纷涌入市场，打破了传统的竞争格局，叠加成品油需求增长放缓因素的影响，成品油销售逐渐"微利化"，企业之间的竞争逐渐从销售领域扩展为全产业链范围，从产品竞争扩展为技术、品牌、商业模式的全要素竞争。因此，许多企业开始广泛采用数字化、智能化技术，推行新零售模式，探索线上线下融合、社交营销、全品类经营，开放平台服务的新零售模式，推动从千人一面向千人千面的服务转型，满足消费者个性化、场景化的长尾需求。一些企业将新一代信息技术应用于生产管理环节，通过人工智能进行资产设备管理，实现设备故障预警、故障原因分析、检维修提醒；使用大数据进行供应链管理，对进销存等数据进行监控，逐步向现代化综合能源服务商转型，有效降低成品油库存。

面对成品油零售行业价格竞争以及新能源对传统能源终端的冲击，我国加油站的市场竞争已经从单纯的价格竞争走向客户、服务等方面的综合竞争，传统的加油站正在加速向综合加油站转变，打造精准智能的全域数字化模式，如图7-17所示。

（一）加油站标准化水平、数据规范性有待提升

消费者加油支付体验感较差。零售加油业务主要通过加油卡、银行卡、现金等完成交易，油站可提供的支付手段不多，支付能力扩展缓慢。同时，由于油机品牌型号众多，大部分技术老旧，导致集成困难，数据采集和监控能力较差。此外，在进行加油交易时，功能不易操作，与零售业务要求的快速通过、清晰明了等存在差距。

数据规划
新零售数据中台
与智能应用规划

标签体系
客户画像、商品画像
油站画像、油库画像

客户运营
拉新、留存、转化

精准营销
客户分群、营销活动
分析、个性化推荐

营销计算
营销策略、促销规则

风险防控
加油卡/一键加油套现
异常监控、风控模型

业务运营分析
电子账户、加油卡系
统、电商运营分析

智能服务站
智慧加油、智能补货
风险识别、智慧运营

数字化运营
构建销售业务
（总部→省市→地市）
三级数字化运营体系
与工具支撑

图 7-17　油品销售的全域数字化模式

营销管理及服务能力较低。大多加油站营销管理及服务目前水平相对较低，尽管提供了包括优惠券、积分、折扣等一系列营销方案，但各方案缺乏统一管理，各行其是，无法做到精准营销，营销效果也有待评估。

生产安全管理流程断点多、数据采集难。加油站目前多已安装视频监视器，但分析预警能力不足。另外，数据是数据业务时代的"情报"，对数据的处理速度及深度，直接决定了企业竞争的成败，"降本增效"已成为零售企业经营及运营管理的标准配置，更精准、更敏捷地推动运营已成为衡量业务效率的进阶配置，而许多油气销售企业相关生产设备数据标准不一致，造成集成困难，无法形成生产安全合力。

加油站是销售企业管理的关键环节，其管理能力仍有待提升。一方面，加油站经营业务标准化水平低；另一方面，油站经营正面临区域竞争，亟须明确差异化发展优势，挖掘个性化价值，打通链路化协同，零售企业则也需从数据入手，建立丰富的元数据管理体系，规范数据标准，发挥数据价值力量。

（二）构建设备、营销、服务、运用于一体的智能加油站平台

针对上述痛点，油品销售企业应该依托互联网、大数据、物联网、人工智能等技术，引入智能设备，优化、重构业务流程，打造智能化的新一代加油站，实现设备的智能管理和控制、客户的智能识别和服务、营销的精准投放和执行，全面提高加油站的运营能力和综合服务能力，打造以加油站为中心、"人·车·生活"一体化的新商业生态圈。智能加油站总体架构示意如图7-18所示。

▶数字化赋能全面改进加油站业务管理

一是结合站级物联网，形成油品销售业务数据资产。企业需充分利用物联网技术接入站级管控、双层罐测漏、油气回收、人工智能一体机等设备，使所有设备通

过统一标准协议进行数据的采集和传输，做到数出一门、标准统一；同时，将泵岛营销、枪车匹配等环节产生的大量交易数据按照标准协议回传云中心，为大数据分析提供高质量、高可用的分析数据，丰富销售板块数据资产。

图 7-18　智能加油站总体架构

二是依托数据中台，打造智能站管控一体化平台。油品销售企业应依靠数据中心及技术中台，建设零售业务中心，支撑销售企业形成集业务管控、流程优化、远程监控、风险预警于一体的零售应用；同时，还应充分利用人工智能技术所形成的轨迹数据，对现场客户及车辆行为进行监控，实现车牌无感支付、枪车校验、卸油规范管理、客户与员工轨迹跟踪、安全行为分析等智能化场景，为生产安全添砖加瓦。

三是依托大数据加强营销能力和管理能力建设，形成分层级营销中心。企业可通过站级采集的订单数据、流水数据、客户数据对下辖油站整体经营情况、客户画像以及营销管理等方面进行统筹管理，将大数据、知识图谱等先进技术应用到管理与营销业务中，实现一站一策、千人千面等精准营销支持，千人千面客户画像服务如图 7-19 所示。

▶智能化赋能全面提升加油站服务水平

一是应用人工智能技术助力智能加油站现场运营。在安全管理方面，通过视频AI技术应用，将智能加油站由原先的依赖人工变为人机协作模式，实现基于智能视频技术的各类人工智能算法，如异常行为、卸油作业合规、卸油区入侵检测、烟火检测等智能应用，通过人机协作提升安全管理水平。在员工管理方面，企业要借助智能加油站的智能视频技术实现员工在岗检测、是否玩手机检测、人员着装检测等功能，辅助站长进行精细化员工管理。在运营业务方面，企业可凭借智能加油站的智能视频技术实现分区域（棚区、洗车区等）车流量统计、便利店内人流热力统计等，辅助油站及上级单位进行精细化运营管理。另外，可将油枪与车辆、油枪加油时间进行匹配，实现加油流水与车牌信息的精确对应，为后台大数据分析提供高价值的分析数据。

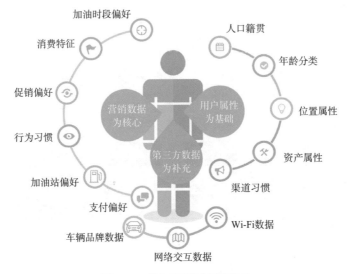

图 7-19 千人千面客户画像服务

二是利用智能硬件推动零售新模式。企业需依靠智能加油机屏、多媒体互动屏、收银屏、智能机器人等设备进行营销信息推送，利用站内设备和管控系统对消费信息、车牌信息、枪车匹配信息等销售数据进行采集，为经营分析提供依据，借用第三方（汽车、餐饮、保险、金融等服务）的资源与油品/非油品业务的互促营销，实现跨界营销。

（三）案例：高效便捷、智能互联的新一代加油站

某销售股份有限公司是大型能源化工集团下属成品油销售公司，主营成品油零售、批发业务，是国内规模最大的油品销售企业。作为国内成品油零售的龙头企业，一直以来对智慧加油站的建设进行摸索与尝试。从油站运营管理、对外服务、营销生态等维度，不断进行建设与提升。虽然取得了一定的效果，但近两年来，智能加油站的建设缺乏顶层设计与整体规划，内容多样复杂，地域差异化较大，并未形成统一的智能加油站建设标准，不利于智能加油站建设由试点向推广转化。

总结历史经验，该公司计划对智能加油站的建设进行统一筹划与管理，主要从智慧服务、智慧管理与智慧营销三个维度，推动加油站的智能化转型。在智慧

服务方面，该公司计划在原有传统支付的基础上，拓展钱包、扫码支付、线上支付、车牌付、人脸付等方式，推进多元化的支付模式的建立，并加强自助结算、自助发票、扫码购、加油卡等多种自助服务体系的建设。在智慧管理方面，公司希望以内部管控为中心，利用物联网关、智能算法、AI视频等技术，提升智能安全管理、设备管理和经营管理效率。在智慧营销方面，公司规划以经营创效为中心，围绕提升营销活动效果，进行蓝图设计。以线上营销、线下营销、数据采集、跨界营销为主要营销方式，推动活动宣传、营销信息推送、销售数据采集，为经营分析提供依据。该公司智能加油站建设项目分为实地考察、算法训练、产品安装部署、测试与验收、运维与服务五大阶段，已建成线上服务平台，实现客户自助服务和支付方式的多样化，加油效率提升2~3倍。通过加快资源整合，贯通全业务链数据，公司规划油品销售大数据应用全场景、建设落地湖仓一体数据中台、打造油品销售客户标签体系、自研金融级实时计算架构、建立基于客户全生命周期的数字化运营闭环框架，推进各环节协同优化，实现精准服务，提升客户体验，打造高效便捷、智能互联的油站管理新模式。油品销售大数据应用全场景如图7-20所示。

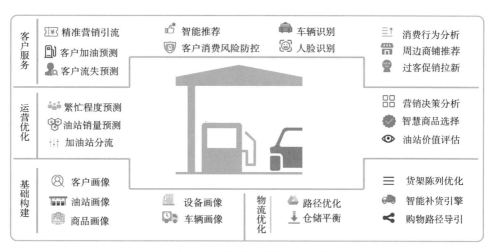

图7-20　油品销售大数据应用全场景

新一代加油站是该公司"人·车·生活"综合服务圈建设的第一步，后续公司将在智能加油站的基础上，进一步汇集充换电、洗车、汽服、保险、餐饮、休闲游乐等多元化场景，构建一站式综合服务站，解决消费者的能源补给和生活需求，如图7-21所示。

图 7-21　新一代加油站场景

五／金融科技：打造数字金融，创新商业模式

数字经济的高速发展为金融科技的发展和应用提供了广阔空间。2022年1月，国务院印发《"十四五"数字经济发展规划》（以下简称《规划》），明确了"十四五"时期我国推动数字经济健康发展的指导思想、基本原则、发展目标、重点任务和保障措施。其中，金融数字化是最具代表性领域之一，也是《规划》中产业数字化转型的重点行业。一方面，数字经济推动了金融科技需求的升级。数字经济时代下，客户对方便、快捷、多模、互动、智能、安全的数字化体验有了更高的需求，推动了金融科技的持续深入创新。另一方面，数字经济推动了金融业务数字化转型。数字经济驱动的企业数字化转型为金融业务提供了更丰富的大数据资源，为金融精准服务能力的提升提供了支撑。

许多企业正以服务主业高质量发展为根本出发点，聚焦内部、产业链上下游客户的高频需求，持续打造金融科技平台，重点发展金融数据服务与产品服务，部分企业已在商业模式重塑、资源配置优化、风险定价能力提升等方面取得良好的效果。例如，蚂蚁集团通过科技开放，致力于以科技推动包括金融服务业在内的全球现代服务业的数字化升级，携手合作伙伴为消费者和小微企业提供普惠、绿色、可持续的服务，打造共赢的生态系统，实现全球收、全球付、全球汇的金融科技模式。京东创建的金融科技平台专注于金融数字化的重要业务板块，融入数字技术、人工智能、物联网、区块链等数字科技能力，致力于为个人和企业提供专业可信赖、高效安全的数字金融服务。石化盈科以服务中国石化集团产业链客户为基础，通过应用新一代信息技术，整合集团内外部金融产品、服务和数据，建立统一的线上风控和征信体系，为企业各类业务、电商平台和外部合作伙伴提供便捷的线上金融产品和专业服务，打造金融科技平台。

目前，金融科技已成为全球数字经济发展的重要驱动力，影响范围已覆盖包含金融与非金融主体的全方位领域，形成了"产业为本、金融为用、科技创新"的发展状态。通过金融科技创新，企业将实现普惠金融深度发展，更好地服务产业经济发展。目前金融科技的创新不仅局限于企业内部的业务应用，也积极运用联盟链及可信技术争取实现企业间（企业外部）的可信业务协作及监管系统构建，从而实现金融基础设施建设及业务创新应用的双轮数字化升级。

（一）企业发展金融科技存在诸多挑战

企业在发展金融科技方面存在诸多挑战，主要表现为：

缺乏统一金融数据，数据难以变现。大多数企业现有金融系统采用传统IT架构建设，数据独立存在各个系统之中，数据难整合、标准无法统一。同时，一些企业根据自身业务需要分散接入外部金融机构系统数据，例如财务部门费用报销系统接入税务发票系统，采购部门系统接入外部第三方征信、反洗钱等系统，但数据和应用共享尚未开展，数据难以"变现"。

缺乏统一支付，难以发挥支付整体优势。大多数集团型企业未建立起统一的在线支付平台，下属成员企业在发展各自电子商务业务和线下创新业务时，均单独与第三方支付机构合作，导致不同单位在不同支付渠道、支付方式上的重复建设和投入，无法形成一致对外的统一技术、安全标准，在支付安全、资金风险、成本议价等方面难以发挥整体优势。

缺乏统一金融产品服务，难以合理配置金融资源。大多数集团型企业仅在部分子公司发展电子商务线上业务过程中局部尝试开展供应链金融、互联网保险等业务，但这些子企业仅是将自身权限范围内的线下流程搬到线上并未将整个集团公司内外部供需资源和流程拉通，无法盘活跨组织跨层级的核心企业资源、上下游资源、金融机构资源、客户资源等，进而无法整合集团型企业内外部金融机构提供的供应链融资、互联网保险产品和服务，难以合理配置企业金融资源。

（二）"入口+场景+平台+价值链协同"的金融科技服务平台

金融科技服务平台以服务集团型企业及其产业链上下游客户为目标，整合内外部金融产品、服务和数据，建立统一的金融数据服务、统一在线支付服务和统一金融产品服务，以数字化和智能化为体验，帮助集团型企业整合内外部金融资源，逐步建立起健康、安全、稳定、繁荣的金融服务生态圈,推动数实融合迈向高质量发展新阶段。金融科技平台总体蓝图如图7-22所示。企业在建设平台时,需采用"数据+平台+应用"模式,应用互联网分布式架构、前后端分离技术设计和研发,其中访问层要支持Web端、移动终端和线下收单设备多种方式,应用层需提供互联网保险、供应链金融和统一支付服务,服务层沉淀形成业务中台、数据中台、技术中台等组件化服务能力,满足不同集团型企业多样化的需求。业务中台组件可包括用户中心、账户中心、风控中心、支付中心、安全中心、征信中心、合同中心、商户中心、产品中心等,技术中台组件可包括对象存储、身份认证服务、分布式数据库、缓存服务等。

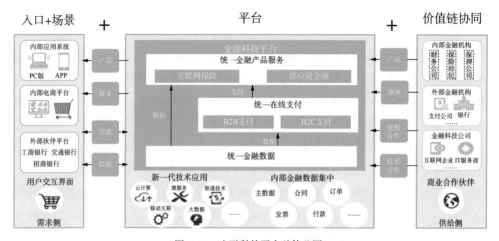

图7-22　金融科技平台总体蓝图

金融科技平台建设要求企业围绕数据资产、支付能力、金融资源三方面进行深耕。

一是形成统一金融数据资产,提升数据"变现"能力。通过建设金融科技平台,集团型企业可以构建起1套科学、合规、可控的金融数据服务体系,并且固化支付、保险、供应链金融应用所需的数据产品,支持与各类集团型企业实际业务系统适配融合,助力拉通内外部金融类数据资源、规范和统一金融数据标准、充分挖掘金融数据价值,有效形成统一的金融数据资产和多样化的数据产品,助推数据"变现"能力的提升。

二是形成统一支付能力,充分发挥支付整体优势。企业凭借金融科技平台提供完整的B2B和B2C支付能力。B2B支付可支持企业加速形成一套灵活的企业账户体系和订单账户体系,支持与多家银行对接,支持外对内、外对外直接支付、担保支付等多种支付模式,提供账户支付、网关支付、订单账户支付、余额支付、电票支付多种支付方式。企业可通过建设B2C支付模式，依托对数字人民币支付、第三方支付、银行卡支付等诸多外部支付方式引入、整合的能力，进而建立统一在线收银台，满足线上微信、支付宝、银联商务、数字人民币等多终端、多类业务的支付和管理需要。总体而言，如果集团型企业形成统一支付能力，则可有效降低支付业务建设和运营成本，延伸集团管理半径，积累集团数据资产，规范支付数据采集和客户隐私保护，从而充分发挥支付整体优势。

三是合理配置金融资源，为企业创造新的利润增长点。集团型企业需借助平台打造统一的金融产品服务，实现对企业内外部供应链金融、互联网保险等金融机构资源的整合及合理化配置，通过逐步形成金融产品服务设计、研发和全渠道接入、全流程运营能力，培育企业内部金融机构，提供在线的金融服务，从而解决企业融资、资产保值升值、交易安全保险等难题，打造一批便捷、高效、安全的金融产品，转变传统商业模式，创造新的利润增长点。金融科技产业参与角色逻辑关系图如图7-23所示。

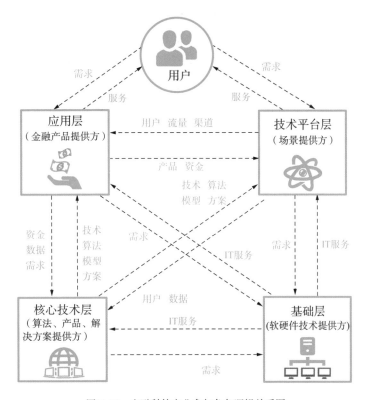

图 7-23 金融科技产业参与角色逻辑关系图

第八章

安全可控的数字底座

随着新一代信息技术的快速发展，能源化工行业数字化转型迎来重要契机，新型基础设施成为重要的数字底座。新基础设施是新一代信息技术对传统技术架构的重构，是实现数据打通、资源共享、业务创新、风险防控的关键技术支撑。随着行业数字化转型的深入推进，新基础设施的数字基石作用进一步明确，推动能源化工行业在多类型算力、新型技术和网络基础设施等方面加速发展。

现阶段，能源化工行业面临复杂的多云环境，从业务角度看，行业产业链复杂，涵盖上游生产制造到下游销售。从管理角度看，从集团总部到下属企业分级的管理方式，导致企业云、数据中心、网络安全等解决方案面临复杂的业务场景，要求强化基础设施融合和一体化管控的能力。复杂的业务环境和管理层级为新基础设施建设沉淀了一定的基础支撑和一体化集中管控能力，支持企业打造横向到边、纵向到底的协同管理模式。

未来，能源化工行业将坚持技术创新，围绕全产业、各领域，以新基础设施为业务赋能，实现统一的数据治理、网络安全、智能服务和数字化管控，打造自主可控的技术架构体系，确保安全可靠，夯实数字化转型的战略基石。新基础设施建设蓝图如图8-1所示。

一／工业互联网平台：数字化全链接，共享智能未来

当前，全球经济发展环境日趋严峻，企业面临的不确定性大幅增加，如何实现管理优化、结构调整和转型升级已成为企业高质量可持续发展的关键课题。能源化工企业面临生产工艺流程复杂、生产能耗高、安全环保压力大等挑战。应对挑战，不仅需要新装备、新工艺和新流程，也迫切需要先进的管理技术、制造技术和信息技术的深度融合，帮助企业数字化转型发展。工业互联网是新一代信息通信技术与工业经济深度融合的新型基础设施，通过对人、机、物、系统等全面连接，构建起覆盖全产业链、全价值链的全新制造和服务体系，为推进制造业数字化、网络化、

智能化发展提供了现实途径，在支撑制造强国网络强国建设，提升产业链现代化水平，推动经济高质量发展方面发挥了重要作用。

图 8-1　新基础设施建设蓝图

自2017年国务院印发《关于深化"互联网+先进制造业"发展工业互联网的指导意见》以来，我国工业互联网行业快速发展。随着产业数字化水平的不断提升和工业互联网带动产业融合应用范围的不断扩大，目前我国工业互联网已应用于45个国民经济大类，涵盖研发设计、生产制造、营销服务等各个环节，产业规模已超万亿元。工业互联网融合应用推动了一批新模式、新业态孕育兴起，提质、增效、降本、绿色、安全发展成效显著，初步形成了平台化设计、智能化制造、网络化协同、个性化定制、服务化延伸、数字化管理六大类典型应用模式。工业互联网逐渐成为数字经济创新发展的关键支撑，推动数字经济进一步向实体经济更多行业、更多场景延伸。工业互联网在助推产业数字化、网络化、智能化发展的同时，也带动着大数据、云计算、人工智能等新一代数字技术加速向制造业渗透，催生出协同研发设计、无人生产、远程运维、在线监测、共享制造等一大批新功能产品，既有效带动产业技术变革和优化升级，也在快速培育新业态，使产业规模和参与主体快速壮大。

（一）能源化工企业工业互联网在深度、广度上存在差异

能源化工企业通过多年信息化建设，具备了建设工业互联网平台的基础，平台在很多企业也获得了初步应用，但在应用的深度和广度方面，呈现出较大的差异，具体表现在以下几个方面，一是工业知识沉淀和能力复用程度低。能源化工行业的工艺流程复杂、能耗和物耗高、安全环保压力大、产业链长且布局分散，在工业知

识沉淀复用和重构、业务的高效化和绿色化转变以及产业链上下游协同等方面依然面临巨大挑战。二是工业数据要素价值发挥不足。企业经营过程中沉淀的大量生产控制和过程数据，受数据采集手段、数据量大、数据时效性要求高等限制，很难利用大数据、人工智能等工具进行分析和试验，进而无法促进优化和控制模型的产生和验证。三是企业间信息共享不畅。当前企业之间的信息链接和共享途径十分有限，生产形态难以向网络化协同转变，无法满足未来产业集群化发展的要求。同时，企业在传统方式下难以实现按需生产、柔性生产的新型运营模式要求。总之，工业互联网建设依然任重道远，需要生产企业与信息技术企业共同努力，才能为企业数字化转型带来新的发展机会。

（二）工业互联网平台：协同制造的基础与核心

工业互联网平台是支撑企业实现工业协同制造的重要基础设施与核心落地工具。石化盈科是国内最早致力于工业互联网建设的企业之一，也是工信部最早评定的"工业互联网平台解决方案试点示范"企业。2003年开始，石化盈科着手打造能源化工行业全流程自主可控的工业应用，沉淀丰富的行业经验和知识，形成具有自主知识产权的工业互联网平台雏形，服务于流程行业各个细分领域。2012年，石化盈科发布第一代工业互联网产品ProMACE 1.0，核心目标是实现生产运营一体化和集中集成。2017年，发布ProMACE 2.0，重构架构体系，打造了"平台+服务"的模式。2020年，发布ProMACE 3.0，工业互联网平台体系更加健全，形成"3+4+6+N"的模式。2021年，发布ProMACE一体机，以软硬一体的方式帮助中小企业提升构建平台能力，降低企业平台使用成本。

ProMACE平台的架构可以概括为"3、4、6、N"。其中"3"即三大中台：技术中台、数据中台、业务中台；"4"即四大工业引擎：工业物联、工业数字化、工业大数据与人工智能、工业实时优化关键引擎；"6"即六大平台解决方案：提供工业云管控、集中集成、工厂数字化、工业物联接入、数据治理、工业大数据与人工智能6类解决方案；"N"即多行业解决方案：提供面向行业的应用套件和工业APP，为企业的数字化转型提供多维解决方案。ProMACE工业互联网平台架构如图8-2所示。

ProMACE实现了能源化工行业多维度、全方位的模型化描述，实现了工业能力与IT能力的集成、融合和创新，并围绕物料、设备、工艺、操作等生产运营主要领域，形成了一批自主可控的工业套件和工业APP，涵盖经营管理、智能营销、智能研究院、智能工厂、智能油气田、智能物流及智能油站等类别。ProMACE实现了工业知识、模型和经验的承载和推广，形成了一批覆盖能源化工行业全产业链的解决方案，支撑智能工厂、智能油气田、智能管线、智能物流、智能研究院等应用场景，满足不同类型企业的需求。同时可实现应用的全生命周期管控，由应用的开发、上架、审核、订阅与运维形成一站式的应用管控能力，可以帮助企业简化部署、监控、运维和治理等应用，实现全生命周期的管控。ProMACE研发的具有自主知识产权的物料管理、先进控制、流程模拟、能源优化、操作报警等一系列核心工业软件和工业APP，打破了国外同行垄断，已在国内能源化工行业广泛应用。

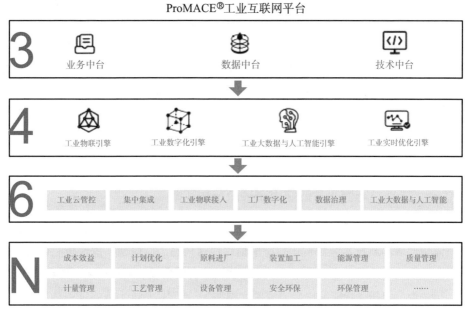

ProMACE®工业互联网平台

图 8-2　ProMACE 工业互联网平台架构

ProMACE 利用各领域专业知识，结合石油和化工行业生产实践经验和专家经验，对石油化工工业物理资产、业务对象、反应与分离过程、工业经验进行模型化描述，沉淀工业知识。实现对机理原理模拟仿真与研究，对生产运行的分析评估，实现对专家装置诊断工作的支撑，实现流程模拟与优化，指导企业实际生产，并不断扩展模型覆盖行业领域范围。

通过资产模型对石油化工企业的物理资产进行描述，包括功能位置、机械特性、工艺特性、物理组成等本体属性，对企业主要装置进行工程级和仿真级三维建模，对重点设备建立可拆解的工程级模型。目前提供反应器、塔、炉、压缩机、换热器等27大类300余小类设备设施模型。

通过工厂模型对能源化工的业务管理实体进行描述。对生产活动涉及的要素进行模型抽象，解决生产、能源、工艺、安全、环保等各专业在指标粒度、空间属性、时间属性、数据层次方面不一致的问题，包含3个层次，6类区域，9大类工厂对象模型。

通过机理模型对生产反应及运行过程进行描述。基于能源工业生产过程"三传一反"（质量传递、热量传递、动量传递和化学反应）的特性，建立了52类装置机理模型，对生产过程的物料平衡、能量平衡、相平衡与化学平衡进行模拟计算，支撑科研与工程设计、生产过程工艺诊断与优化。

工业互联网平台ProMACE将工业应用、工业知识与工业数据彼此解耦，从而使工业知识和工业数据在企业内实现共享与流通，再利用平台在全局层面进行贯通，最终实现"数据＋平台＋应用"的融合与统一。通过数据治理，梳理数据资产，将业务数据化、资产化，通过工业互联网平台打通数据链路，沉淀数据资产，形成企业数据资源中心。以数据为基础，纵向贯通经营管理、生产管控、过程控制、边缘感知不同层级，支撑企业实现智能运营。截至目前，ProMACE工业互联网平台已服务66家企业，连接183.8万台/套工业设备，兼容100余种工业协议，获得247项专利及软著技术，获评11个工业和信息化部推荐的应用案例，参与制定23项国家或行业标准。

（三）工业互联网平台的建设路径及应用实践

企业构建工业互联网平台需厘清业务流程和IT资产，明确问题和发展方向，通过一体化部署和新技术应用构建智能中枢，快速构建工厂模型，搭建企业中台，基于业务需求实现数据贯通和应用。工业互联网平台的建设需要经过以下四步：

第一步，依托《智能制造能力成熟度模型》《智能制造能力成熟度评估方法》等多项国家标准，能源化工企业开展全方位、立体化评估，厘清自身的IT资产，梳理业务流程，找到"痛点""堵点"和"痒点"，为建设工业互联网平台指明方向。

第二步，企业结合自身的建设需求，平台覆盖单个企业、集团或者园区等，选择不同部署模式，利用私有云、公有云、混合云进行平台部署。ProMACE在传统平台建设基础上，可为企业提供软硬一体的建设模式，即插即用，有效解决工业互联网平台建设工期长、成本高等问题。

第三步，企业基于自身业务特性，快速构建企业中台。构建工厂数字孪生对象，实现物理工厂与虚拟工厂的相互映射，使设备资产、环境空间和业务过程数字化，形成支撑全业务过程的工厂模型。构建工厂物联引擎，接入海量工业设备，实现工厂状态信息的全面感知和边缘智能。构建企业数据资源中心，基于ISO 38505及DAMA数据治理体系，实现企业数据资产化、服务化、业务化，在生产计划优化、工艺实时优化、设备故障预测、安全风险预防等场景下，融合工业大数据和人工智能技术，让数据持续产生价值。构建企业知识库，聚合业务能力，实现知识共享，将生产、设备、能源、安环等领域的知识服务化，实现业务能力复用，支撑工业APP的低代码化和快速创建。

第四步，围绕经营、计划、调度、物料、能源、工艺、质量、设备、安环、信息等业务场景，结合不同岗位的职责需求，企业可运用ProMACE平台千余个"开箱即用"的工业APP，构建"千人千面"的岗位工作台，快速实现企业信息化、数字化、智能化。

基于上述建设方法，中国石化、国投生物、荣信化工等多家大型企业已应用工业互联网平台ProMACE取得显著建设成果。

▶某炼化企业工业互联网平台

某炼化企业智能工厂建设全面基于ProMACE，采用"数据＋平台＋应用"模式，贯彻一体化交付，实现了智能工厂支撑工程建设阶段的智能化管理、生产开工阶段的知识准备和指挥保障、生产运营阶段的管理效能提升。用信息化技术手段，帮助企业1600余人管理年产千万吨炼油、80万吨乙烯等31套工业装置（同类型企业约需要5000人），将信息化技术在流程工业应用中提高到一个全新的水平，联合生产效益在集团同规模炼化企业中排名第一。该企业智能工厂从无到有，从有到优，形成自身特有的亮点，实现了在系统内"五个第一"。一是第一家全面基于工业互联网平台的智能工厂。二是第一家无信息孤岛的智能工厂。三是第一家建成并应用"千人千面"个人工作台的联合企业，全面实现业务协同。四是第一家采用EPC模式进行智能工厂建设和管理。五是第一家开展全厂数字化交付，为智能工厂建设与应用打下了坚实的基础。

▶某生物科技投资企业工业互联网平台

某生物科技投资企业成立于2016年，是国内在建产能最大的生物乙醇生产企业之一，拥有燃料乙醇自主知识产权的成套技术。为实现生产流程的信息化、自动化和智能化，该企业开展了工业互联网平台建设，采用"公有云＋一体机"的整体架构，建设"总部＋企业"两级燃料乙醇工业互联网平台，支撑总部智能运营和企业智能化生产。

基于ProMACE公有云构建总部级工业互联网平台，通过聚合业务能力、沉淀数据资产、共享技术服务，形成企业中台。基于中台和平台的低代码能力，快速构建200余个面向生物化工行业的工业APP。

依托ProMACE一体机，建设企业级工业互联网节点，实现企业与总部的联通。将计划、物料、调度、操作、能源、工艺、质量、设备、安全、环保等工业APP延伸至企业，实现对企业业务与管理的赋能。依托ProMACE构建的燃料乙醇工业互联网平台，进一步推动了企业智能生产和绿色低碳的创新发展。

二／IT基础设施：夯实数字基础，助力数字转型

面对能源行业数字化转型的压力，大模型、数据湖、数据中台、云边协同等新技术和新模式在传统制造企业的信息化应用的需求更为迫切，IT基础设施建设要坚持业务优先、问题导向、科技引导，引领业务从垂直、封闭式的IT架构向云化、服务化的开放架构转变，辅以保障业务连续性、安全性的两大支柱，打造集中式IT统一技术平台，全面提升企业基础设施的数字化、自动化、智能化水平，支撑企业数字化稳健发展。IT基础设施主要包括数据中心、云计算服务、智能网络、网络安全、信创服务、一体化运维等内容。

回顾历史，能源化工行业IT基础设施建设经历了三个阶段，分别是分散部署的1.0阶段，集中运营的2.0阶段，云边协同的3.0阶段。展望未来，IT基础设施各个领域的发展趋势呈现以下特征：

➤数据中心

数据中心从规模增长转向高效、绿色低碳发展，我国边缘计算将下沉到社区、工厂等边缘侧，多地多中心＋多边缘逐渐成为典型配置，正呈现出异地远程化，东西协同，高能效、高技术、高安全和高算力的四高特性，在通用算力的基础上，企业加大了智能和超算等多类型算力基础设施建设，数据中心正在从成本中心向价值中心转变。

➤云计算服务

为实现数据驱动下的业务创新，企业可结合云原生、云网融合、云边协同等云计算关键技术开展业务。利用云原生技术构建容错性好、易于管理和便于观察的松耦合系统，构建和运行可弹性拓展的应用。云网融合可实现刚性隔离向一体化目标演进，过程中贯穿呈现各种云网形态，并延伸到多网络主体。云边协同依赖设备管理、协议、资源、多节点协同等关键技术支撑，最终实现对海量终端设备的高效敏捷管理，资源服务全局同步。

➤智能网络

现代网络技术正从被动式向敏捷、弹性转移，不再单纯保障网络连接，而是考虑建立更高层次的弹性战略，可以迅速对多种状况做出响应，支持新型业务模式和服务。

➤网络安全

伴随着消费互联网的巨大成功，工业互联网也呈现蓬勃发展之势，网络安全的影响面更加广泛。同时，国际形势变化莫测，网域空间成为国家间在和平年代竞争的新战场，网络安全更是影响到国家安全。伴随着网络安全法、数据安全法等一系列法律法规的紧密出台，安全监管更加严格，网络安全防护的挑战日趋严峻。近几年，网络安全市场快速发展，呈现云化、智能化、服务化、场景化等态势。追踪溯

源技术、大数据、人工智能、大模型、云环境安全存储、主动防御、虚拟身份管理、车联网、可信计算技术、工控系统安全等领域的基础研究不断加强，产业界也更加重视各前沿性技术在网络安全领域的创新应用。

▶一体化运维

作为IT基础设施的可靠保障，企业IT运维的发展经历了手工运维、流程化、标准化运维、自动化、平台运维、运维开发一体化（Development and Operations，简称DevOps）、智能运维平台（Artificial Intelligence for IT Operations，简称AIOps）的阶段，逐步向集约化解决方案方向探寻发展。企业可通过建设科学高效的IT运维机制，实现标准化运维服务、可视化运行监控、自动化资源调度、智能化运营管控，持续提升问题预警、决策分析能力，实现卓越运维。

（一）园区网络：筑牢互联基石，智能安全高速

云计算、人工智能、边缘计算、高性能计算、大数据等新一代信息技术在企业的应用不断深入，传统企业园区网络架构和技术面临严峻挑战。如何在保证网络高性能、高可靠、高可用和高可扩展的基础上，建设智能、安全、高速的网络基础设施和网络调度管理平台成为企业优化园区网络的迫切需求。

1.园区网络从被动响应向敏捷、弹性转变

企业园区的高度集约化产业链是带动经济发展的重要动力，对园区环境、设备、人员高度集成，数据实时感知提出更高要求，需要企业化被动响应为主动管理，建立人与人、人与物、物与物之间敏捷、弹性的联动机制。

信息系统发展迅速，企业网络性能和可靠性面临深度挑战。园区网络所承载的数据流量、业务数量持续快速增长，信息系统对网络性能、可靠性的要求越来越高。

网络设备数量增长快，承载的业务更加复杂，运维难度加大。企业园区网络上设备数量快速增长，并呈现分布广、承载的业务复杂等特点，传统的手工配置及运维方式难以满足业务快速发展的需要。运维工作长期依靠工程师的经验，缺乏智能化的运维工具，导致网络突发问题难以定位，网络运维效率低，进而影响企业的正常生产。

新一代信息技术在企业应用中不断深入，网络正在从被动响应向敏捷、弹性转变。网络将以智能化设备为基础、先进的架构为依托，借助SDN、IPv6+等技术，具备可编程、云网融合、业务KPI差异化的能力，从而实现业务全流程自动化、应用级智能选路等功能，保障关键应用的使用体验。

2.网络可靠可用保障企业业务连续性

网络作为承载云与数字业务的基石，支撑着企业未来业务的发展。企业应充分考量数字业务的现状及发展需求，建设强健、稳定、可靠、安全、经济的园区网络，

充分发挥信息基础设施在数字化转型中的重要作用。

无线网络全覆盖将提升生产办公移动体验。企业可打造一张信号零死角、漫游零中断、体验连续的全无线网络，通过技术手段使得运维从被动式向主动预测式转变，将运维人员从传统的救火式运维中彻底解脱出来，从运维管理的角度保证企业数字业务的稳定可靠，保障业务连续性。

为提升园区网络质量，企业园区网络系统可采用树形分层模块架构，按照核心层、汇聚层、接入层实现基于流量特征的标准化层次设计，按照功能建设无线管理区、网络管理区、出口互联区、隔离区（Demilitarized zone，简称DMZ）、资源池区、远端分支互联区、视频监控区、生产区等模块。在特定的扁平化组网需求中，核心层和汇聚层可以合并。企业园区网络功能架构如图8-3所示。

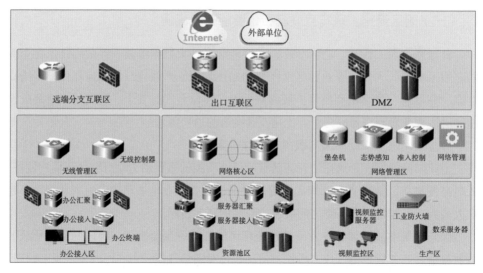

图 8-3　企业园区网络功能架构

核心层是园区网络数据交互的核心，连接园区各个区域，通常要部署性能高、稳定性好的以太网交换机，多采用框式中高端交换机，核心层通常为各区域共用，体现为网络核心区。汇聚层是园区用户的分布式网关，通常在部署的时候要兼顾成本和性能，根据用户和流量规模选择中端框式交换机或中低端盒式交换机。接入层负责园区有线用户接入和无线接入点（Access Point，简称AP）接入，通常选用中低端盒式交换机。

无线管理区负责无线AP的管理，部署WLAN无线控制器，大中型园区网络推荐使用无线控制器独立部署旁挂核心交换机；有线和无线融合场景，可采用核心交换机集成无线控制器的方案。网络管理区负责网络运维管理，通常部署网管系统、态势感知、准入控制器、SDN控制器等。出口互联区是园区内外部网络的边界，负责园区内部网络与园区外部WAN网、专网或Internet互通，通常需要部署路由器、边界防火墙。资源池区是管理业务服务器（例如文件服务器、邮件服务器等）的区域，为企业内部和外部用户提供业务服务，通常部署服务器、存储、云资源等。DMZ负责为外部访客提供访问业务，通常将公用服务器部署在该区域，其安全性受到严格控制。远端分支互联区可以提供本企业园区与远端办公站点、三方机构、分支机构的互联服务，通常使用专线、互联网安全协议（Internet Protocol Security，简称IPSec）VPN、SD-WAN等技术。视频监控区负责园区内的视频监控，所属设备独立组网。生产区是企业工业生产区域，与办公网通过网闸、数采网关等设备进行物理隔离，保障生产安全。

3.案例：打造数字高速公路，筑牢数字发展地基

某大型集团原有的网络系统从网络结构、骨干性能、覆盖范围、安全防护等方面不能满足日益增长的业务需求，迫切需要进行完善和提升。该集团制定了以下建设目标，一是夯实信息化基础，提高网络骨干性能。云计算等新技术在企业的广泛应用对网络系统的性能和可靠性提出越来越高的要求，特别是云计算和数据中心带来的横向和纵向高带宽需求，需要提升核心层、汇聚层、服务器区等关键节点的网络骨干性能。二是实现网络虚拟化，提升网络维护效率。企业希望通过网络虚拟化技术，提高网络收敛时间，简化维护工作，实现大二层网络的快速部署，提升对云计算的支持。三是加强无线网络建设，提升企业生产办公效率。企业计划通过完善无线网络建设，扩大移动办公应用范围，满足日益增长的移动设备接入需求，提升生产、经营管理业务的工作效率。四是增强网络安全，保障业务系统安全。随着业务系统安全要求的提高，对业务服务器的防护措施也提升到一个新的高度，企业需要对服务器区域以及互联网网络安全进行优化和完善。五是提升网络可靠可用性，保障业务连续性。企业的服务器区核心交换机以及生产网核心交换机多为单设备，部分汇聚节点承载了重要管理和生产业务的数据传输，需要提升网络系统可靠性。

基于以上目标，该企业将园区网络划分为无线接入区、DMZ、互联网接入区、数据中心区、灾备中心区、广域出口区等。园区网络通过三层架构保障了网络架构的可扩展性，并通过有线无线一体化的方案，确保用户体验的一致性，提高数据安全性。数据中心网络采用二层扁平化结构，进行分区设计，在具有良好扩展性的同时，易于进行不同安全等级业务的访问控制。为了提高内外网安全防护能力，企业可以在用户策略控制、防攻击、防泄密、防IT特权等方面进行安全防护方案的部署。同时，通过部署IP语音系统，丰富员工的沟通手段，节约外线话费，部署基础设施管理系统对服务器、网络、存储、IP语音等多类产品进行统一管理。某石化企业网络完善拓扑图如图8-4所示。

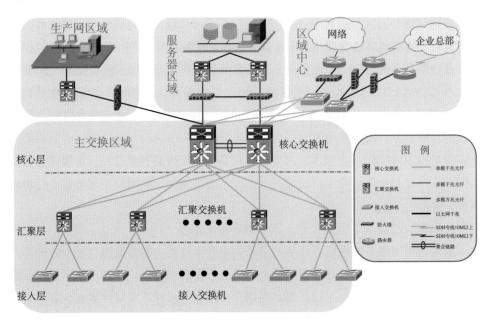

图 8-4　某石化企业网络完善拓扑图

▶骨干完善设计

骨干网对性能、扩展性、可靠性有非常高的要求。园区骨干网络使用新一代交换机替换现有核心层和汇聚层交换机，在保障网络性能的前提下，预留向40G骨干演进的能力，并通过横向双机虚拟化技术简化网络部署，提高网络核心和汇聚层的可靠性，通过交换网集群技术构建高可用的核心层。

▶接入层网络完善设计

接入层设备数量众多，对易运维、经济型、安全性有较高的要求，企业通过将办公区超期服役和低性能的百兆交换机替换为千兆交换机进行性能提升，并选择具有端口休眠和整机休眠功能的接入交换机，可以极大地节约能源，同时启用自动配置功能，实现交换机即插即用，无须现场配置。接入层交换机要具备802.1X功能，以提高网络边界接入的管控能力。接入层交换机采用堆叠技术简化设备的部署，提高接入层的可靠可用性。

▶数据中心设计

数据中心对性能、扩展性、虚拟化有很高的要求，通过采用二层扁平化的架构提高数据中心交换性能，结合分区设计对不同安全等级的业务进行隔离，根据不同分区性能需求的具体情况，核心层交换机与接入层交换机采用40G互联或10G互联，核心层和接入层都通过横向虚拟化技术简化网络部署，避免生成树协议（Spanning Tree Protocol，简称STP）带来的不稳定性，提高网络核心层和接入层的可靠性。同时，数据中心网络具备对虚拟机漂移的感知能力，能够将网络策略同步随虚拟机进行移动。数据中心内核心层和接入层交换机具备二层VPN和MAC in UDP等数据中心互联能力，为同城双活数据中心的建设做好准备。存储区域网络（Storage Area Network，简称SAN）采用16G光纤接口组建，提升存储网络性能。

▶无线网络设计

普通办公区域，选择双频双流的802.11n AP进行覆盖，对会议室、食堂等人员聚集的区域，使用双频三流的802.11n或802.11ac AP进行覆盖，对于环境恶劣的区域和室外区域使用防护等级IP67的室外AP进行覆盖。为了提高对无线流量的管控能力，将所有无线流量通过无线控制器进行转发，将有线无线的控制点统一，并采用核心交换机的无线控制板卡功能以规避独立无线控制器性能瓶颈问题。企业通过部署有线无线一体化的准入控制系统，能够根据用户的身份、使用终端的类型、当前所处的接入位置、接入时间，以及终端合规性检查的结果，提供灵活的网络接入授权策略，提供以"用户认证、安全检查、修复升级"为基础的一体化终端安全防护功能。

▶安全设计

企业在进行安全设计时，需要关注用户策略控制、防攻击、防泄密、防IT特权等方面，进而增强安全防护能力。在服务器区部署万兆防火墙设备和入侵防火设备，隔离服务器区和网络核心设备，通过单一集中的安全检查点，对入侵行为进行检测并实施阻断。

通过无线网、数据中心、安全等方面的设计，企业逐步实现网络全覆盖，使架构更高效，保障业务平稳运行，园区网络设计取得两个方面的重大成效。首先，实现了网络全覆盖，信息互联互通无死角。通过有线和无线网络全覆盖，实现网络全联通，提升移动办公效率，使得企业能够适应不断变化的数字业务要求，快速部署新兴应用，满足企业智慧园区的业务需求，加快信息流的速度，从而提高企业的整体运行效率。此外还构建了更高效的架构，网络性能和韧性得到保障。网络完善项目建设为企业信息化提供了更加安全高效的基础网络平台，为企业数字业务提供了高性能、高可用性、安全可靠、可扩展的基础服务，是企业提高信息化程度和实现数字化转型目标的关键。

（二）网络安全：全域安全管理，践行三化六防

信息安全在新时期面临严峻的挑战，网络攻击、数据泄露、安全漏洞等问题呈现新的变化，网络钓鱼、勒索软件、网络诈骗、身份仿冒、敏感信息盗用等网络犯罪和安全事件频发，高级长期威胁（Advanced Persistent Threat，简称APT）攻击逐

步向各重要行业渗透，事件型和高危、"零日"漏洞数量屡创新高。国家层面网络安全法律法规的密集出台，考虑到保障企业数字化转型新业务的发展要求，以及信息化中新技术引入带来的风险，企业需要采用体系化思路，以构建能力体系为核心进行补足与提升，保障数字化业务安全、稳健发展。

1.网络安全防护能力亟须提升，企业安全意识存在不足

新一代网络信息安全技术的应用，在破解传统方式下数据获取、数据辨识、数据共享、数据安全等一系列难题的同时，也对企业云网络安全防护能力提出更高要求。现阶段，多数企业仍存在安全意识不足，网络防护能力不足、深度不够等问题，主要体现在以下方面。一是网络安全纵深防御深度不够。企业现有网络安全防御能力与"实战化、体系化、常态化"防护存在差距，网络边界防护能力、纵深防御深度不足，网络安全域划分较为粗放，管理网与生产网连接，区域内部防护能力偏弱，恶意入侵者突破网络边界后，可以在安全域内大范围横向移动，安全措施空缺较大。企业缺乏全网统一的网络安全设备管理措施，传统的网络安全防护设备以专用硬件为主，网络单点故障隐患多。二是数字化终端安全防护能力不足。数字化终端涉及移动终端、桌面终端、专用终端、云桌面等，品类众多，缺少统一管控，缺乏从设备、网络等角度进行全面合规检查的能力，终端安全监测能力不足，不能全面感知内部、外部的安全威胁。主机、数据库、中间件补丁更新缓慢，老旧系统资产清理不及时，缺少资产持续管理机制。三是数据安全保护意识薄弱、数据外泄时有发生。企业人员数据安全保护意识薄弱，数据使用权限宽泛，对文档、图纸、音视频等数据保护意识仍然缺乏，数据缺乏分类分级标准，技术保护措施覆盖不全面，缺乏细粒度的数据访问控制手段。四是应用系统安全水平短板突出。企业应用系统未形成包括程序自身保护、运行环境安全、身份认证安全、数据存储安全、内部组件安全、持续检测、持续加固等全维度防护措施。集权系统自身的访问控制不到位，缺乏基于风险的细粒度权限控制能力。五是事件监测存在滞后性、应急响应能力薄弱。企业安全数据采集不全面（种类不全且没有集中管理），对入侵威胁监测、识别不及时，系统安全监测能力不足，不能全面感知内部、外部的安全威胁，网络安全应急演练场景单一，缺乏场景化应急响应预案，演练过程未与当前的监测平台形成有效的联动。

2.构建纵深一体化的安全防护体系和平台势在必行

随着国家、企业对信息安全越发重视，网络安全能力的提升势在必行。网络安全有利于消除企业合规性风险，夯实企业数字化业务安全基础，落地合规要求中系统安全控制的执行需求，建设以数据驱动的系统安全运行体系，聚合IT资产、配置、漏洞、补丁等数据，提高漏洞修复的确定性，实现及时、准确、可持续的系统

安全保护，夯实业务系统安全基础，保障IT及业务的有序运行。

为提升网络安全水平，企业应依据《信息安全技术 网络安全等级保护测评要求》（GB/T 28448—2019）等文件，结合实战化演练经验，搭建网络安全规划建设总体架构，形成"一个中心，三重防护"，包括安全通信网络、安全区域边界、安全计算环境、安全管理中心四个方面的体系架构。网络安全体系架构如图8-5所示。

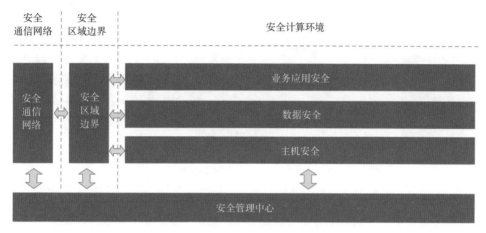

图8-5　网络安全体系架构

▶网络安全纵深防御

企业在安全域边界部署防火墙、入侵防御系统（Intrusion Prevention Systems，简称IPS）等安全设备，实现访问控制、入侵防范、恶意代码防范等防护能力；通过细化访问控制策略，限制远程访问用户的行为；通过部署上网行为管理，对用户访问互联网进行行为审计和数据分析；在内部网络边界、重要网络节点进行数据流量采集，实现全网流量可视化，支撑网络安全纵深防御，如图8-6所示。

▶主机终端安全防护

企业可建设PC终端和服务器终端安全一体化管理系统，实现终端系统的安全防护能力。企业部署终端防病毒系统，能够从全网角度设立多重筛查机制，达到细粒度的文件检测和病毒清除；部署终端安全管理系统，实现内网桌面计算机安全的统一管理，包括计算机实名制注册、软硬件资产信息收集、补丁分发、策略下发、用户行为审计和违规日志查询等功能；部署终端准入系统，利用可控准入策略对终端进行合规性检验，防止非授权接入；通过数据防泄漏系统以实时阻断或旁路审计方式对敏感数据的外泄进行防护；终端监测与响应可提供对应的安全响应的处置策略和任务，对于威胁事件提供终止、隔离、取证等安全手段，快速终止威胁的持续发生，提升安全运维团队的响应效率和处置威胁事件的能力。

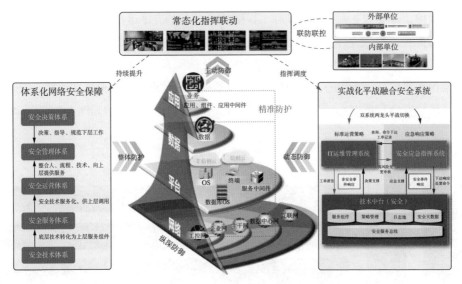

图 8-6　网络安全纵深防御

▶数据安全防护

基于系统中承载的数据分类分级成果，针对每一类数据的完整性、保密性、可用性进行安全方案设计。企业采用加密协议、加密技术、校验技术、备份技术、访问权限控制、签名和审计等，对重要数据进行安全防护。

应用密码等技术手段可保证数据传输与数据存储的完整性与机密性；应用电子签名技术，实现数据操作的抗抵赖；敏感数据可采用静态脱敏或动态脱敏技术，降低敏感数据泄露风险；重要数据安全可以应用数据本地备份、异地定时批量备份或异地实施灾备等实现可用性目标。

▶业务应用安全防护

企业采用数字证书、短信认证、生物识别、二维码认证等多种手段，可实现用户登录的强身份认证。按照"权限最小化"原则进行严格的角色和权限划分，通过管理为不同角色赋予不同级别权限且互不交叉。对账户的管理、权限分配、登录登出、配置管理、业务操作及接口调用等活动进行日志记录。开发全生命周期中，遵循严格的方法论及软件开发基本原则，参考安全开发规范，编码过程中加强对输入类型验证、特殊字符过滤、注入漏洞检查、RCE漏洞检查、反序列化漏洞检查、白名单验证、会话安全等常见的Web攻击防范措施的运用。

▶安全运营中心

通过安全运营中心实施对网络链路、安全设备、网络设备和服务器等运行状况的集中监测，企业可实现安全态势感知、安全事件分析和响应处置能力。安全运营中心功能架构如图8-7所示。

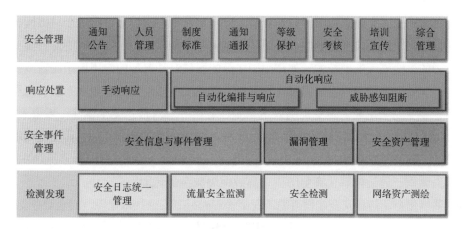

图 8-7　安全运营中心功能架构

检测发现：承载企业网络的威胁发现和漏洞信息的采集工作。在威胁感知方面，通过探针与流量分析设备，采集各类系统的日志和网络数据流量，对数据流量进行协议分析并形成日志。在漏洞信息采集方面，主要通过各类审计、扫描、渗透测试等模块进行漏洞发现、漏洞管理。资产探测作为资产管理的重要自动化工具，作为资产管理的技术补充，同时能够进行常规漏洞的检测。

安全事件分析管理：以风险管控为核心，进行威胁和脆弱性管控，同时管理安全类资产信息。威胁管控方面，依靠各类系统日志的关联分析、流量安全监测及分析进行威胁发现，同时触发安全事件响应；脆弱性管控方面，以漏洞为主要管理对象进行漏洞的全生命周期闭环管理，提高企业信息系统的健壮性。安全类资产管理通过管理和技术手段进行保护对象管理，明确保护边界。

响应处置：将常见和可规范化的处置流程和操作借助自动化编排固化并持续改进，以自动的方式处置事件，提高事件响应速度，及时终止破坏行为。第三方威胁情报可以提高攻击阻断的精度和及时性。

安全运行管理：实现管理和考核的线上化、流程化、自动化，同时结合技术手段进行管理数据的支撑，提高管理效率。

企业需搭建网络安全体系，建立内生安全能力，与企业数字化业务全面覆盖、深度融合。通过识别企业业务域，确保安全能力对数字化业务的场景覆盖，对数据、应用、网络、主机和终端各个层面形成体系化防护。将安全能力组件化，分布融入数字化业务各方面，实现信息化系统及基础设施本质安全，避免"两张皮"，确保安全与数字化业务全面覆盖融合，为企业数字化转型保驾护航。同时，网络安全体系助力企业形成面向实战化的对抗能力，保证关键业务平稳运行，覆盖所有信息资产的全面实时安全监测，持续检验安全防御机制的有效性、动态分析安全威胁并及时处置，实现全面安全态势分析。基于信息安全运营中心，企业可实现全局协同、统一管控和安全运营流程化、实战化，保障企业业务平稳运行，随着大语言模型为底层架构的自然语言处理技术，如ChatGPT等的涌现，其典型的应用场景涵盖威胁情报分析、安全事件响应、日志审计与分析，以及安全意识培训等领域，这些应用将有助于企业安全从业人员更加高效地识别、分析和应对信息安全事件。展望未来，ChatGPT有望成为网络安全领域的得力助手，推动企业在威胁应对和管理方面取得积极的进展。

3.案例：建设体系化安全防护，高效保障数字化转型

某炼化企业信息安全建设遵循"安全管理先行、安全技术保障、安全服务支撑"的理念，涵盖信息安全基础建设、应用安全建设、安全管理建设、安全服务等，从管理和技术两个方面设计该企业信息安全体系，保障信息系统安全可靠运行。

作为新建企业，该企业首先从业务、管理、技术三个方面进行安全分析，之后建立起一套合规、标准、健全的安全体系，解决如下需求：

➤业务安全需求

企业信息中心负责组织各业务部门提出信息化建设要求，为满足信息部门业务日常工作需求，企业亟须配置一套合规、标准、健全的安全体系，从信息安全技术、安全管理、安全服务等方面加强企业安全体系建设，协助企业信息部门顺利开展业务工作。

➤安全技术防护需求

目前企业信息安全技术防护体系仍处于建设初期，在安全技术防护层面尚未建成完整的防护措施，信息安全问题完全暴露在外界，面临着极大的安全风险，SQL注入、跨站攻击、网络木马攻击、拒绝服务攻击等问题层出不穷。企业需从网络安全、主机安全、应用安全、数据安全、安全审计方面加强安全技术防护，降低因安全技术防护能力不足带来的重大安全风险。

在建设过程中，该企业参照信息安全保障体系模型和等级保护相关标准，构建了总体信息安全框架，通过对安全框架的各个组成部分进行纵向梳理，充分考虑整体信息安全规划、现有及未来建设的信息安全基础设施，根据该企业现行安全管理制度、规范和要求，从信息安全技术、管理、服务等多方面对该企业进行安全设计，包括数据安全、网络安全、终端安全及安全服务等。

➤网络安全域划分及边界访问控制

根据企业现状的资产和业务功能进行分类，并参照国家等级保护的要求对网络区域进行划分，以实现区域之间的安全隔离和不同区域的管理、安全控制。

通过在互联网边界、不同安全域之间部署下一代防火墙，可采用透明模式或路由模式部署，使用防火墙策略以实现基于IP、安全域、VLAN或访问端口的访问控

制，以及通过黑白名单列表对网络边界进行访问控制，形成有效的边界隔离，同时还可采用双层异构的部署方式，进一步增强边界隔离的防护性。

➤ **主机和终端安全防护**

防病毒：在企业内网部署终端防病毒系统，终端安全管理系统定期下载病毒库、木马库、漏洞补丁文件等，自动升级和修复漏洞。在企业内部部署天擎控制中心和终端，根据控制中心制定的安全策略，进行体检、杀毒和修复漏洞等安全操作。

准入控制：在企业办公区域和工业无线区域部署网络准入控制系统，通过定制化的细粒度终端安全检查与安全基线设置来保障终端本身的安全，对于不合规的终端，可以设置将其引导到修复区进行修复，修复后通过合规检测方可接入网络。

➤ **应用安全防护**

数字证书与身份认证系统：集成数字证书系统、统一身份认证系统，提高应用系统安全水平。通过集成数字证书系统增强应用系统敏感数据安全，通过统一身份认证系统为应用系统提供满足等级保护要求的账户管理功能、口令安全功能和机制，保障该企业应用安全，防范应用风险。

数据库审计：部署数据库审计系统，开展对数据库的访问行为等实时监测和威胁告警，保障该企业核心数据安全。

➤ **安全运营中心、安全运维审计与网络威胁感知平台建设**

安全运营中心：统一对该企业的网络设备、安全设备、主机进行日志采集、展示和集中审计分析，告警安全事件，感知企业内网安全威胁，应对安全风险。

网络威胁感知平台：加强对网络安全攻击与威胁的实时检测能力，提高对未知的、隐蔽性强的网络安全攻击的识别，提高公司整体的网络安全防御效果与效率。

统一安全运维审计：通过堡垒机统一远程运维管理设备和主机，关闭非堡垒机远程通道，审计运维操作，实现安全管理与合规审计要求。

为满足集团总部安全要求，解决企业自身安全需求，为业务提供"安全、可信、合规"的网络空间，按照"识别大风险、消除大隐患、杜绝大事故"的要求，该企业建立以合规为建设底线、以实战为评价标准的安全防线，实现可视、可管、可控、可持续、高效能的企业安全防护体系，支撑了以下信息化建设目标实现。

➤ **满足等级保护要求**

等级保护是企业信息安全建设首先需要满足的内容，企业需要在管理和技术方面建立完善的信息安全管理体系和等级保护保障基础，确保企业等级保护对象防护达到等级保护目标。

▶落实安全检查和内控要求

结合常规安全检查工作、内容和标准进行设计，设计中包含了集团总部要求的安全管理工作、安全防护技术。同时，建设方案结合企业实际情况，充分考虑了内控管理要求、企业网络安全水平评价标准。

▶应对多重网络安全风险

借鉴最佳实践和实用的安全框架，建立安全保障体系，保障企业具备应对内外部各类信息安全威胁的能力，支撑企业信息化目标实现。

（三）身份安全：数字身份管理，安全合规便捷

数字身份管理是网络安全的关键内容，是企业数据资产的重要保护屏障。网络安全法、密码法、等级保护条例对身份认证、访问控制、数据安全传输等做出了明确的规范要求，身份管理和认证已成为企业重要的IT基础设施。保障数字身份安全对企业网络安全防护至关重要，既可以提高企业对用户身份的管理效率和用户验证体验，降低管理和认证成本，又能够提升企业身份资产和认证安全，有效保护数据资产，满足法律法规监管要求。

当前，数字身份安全技术已经普及各个行业，在政府、能源、化工、金融和公共部门等领域都有广泛应用。随着网络空间的不断发展和扩大，恶意软件、网络钓鱼和黑客攻击等活动越发频繁，数字身份安全技术面临着越来越多的挑战。与此同时，新的安全理念和技术也在飞速发展，诸如设备数字身份、持续信任评估、零信任访问控制等安全技术都在加速落地应用，推动数字身份安全建设进入新阶段。

1.数字身份管理业务复杂，传统模式难以应对

企业在发展过程中，形成了庞大的员工、客户群体，基于各种业务需要建设了多种多样的系统，导致人员管理、系统管理、应用账号管理、认证和访问控制管理愈来愈复杂，传统的安全模式难以为数字身份安全管理提供可靠保障。

资源暴露面过大，传统安全模式难以应对。企业当前的传统物理边界防护模式面临边界模糊的挑战，资源暴露面过大，难以应对来自新技术应用、钓鱼邮件、0day、社工攻击等高威胁攻击，使企业数据资产受到网络攻击威胁，缺乏动态、细粒度的安全防护手段。

用户管理分散，存在数据孤岛。大型企业由于组织架构、管理模式、标准规范不统一导致用户账号管理分散、账号未实名制、命名规则不统一、账号管理流程混乱等问题，且组织间、系统间存在身份信息孤岛，形成身份数据壁垒，难以整合实现共享协同，制约数字化信息建设发展。

身份认证体系分散，没有统一权威的身份认证平台。信息系统分散建设，各自

实现系统身份认证，没有权威的身份认证平台进行统一的身份认证。由于系统架构、实现技术、安全意识、研发水平不同，导致实现认证方式、认证安全规范不统一，访问控制策略分散等问题层出不穷。

用户管理、认证和审计业务体系不完善。企业员工存在未实名制，账号管理未形成闭环管理，弱口令现象普遍等问题。设备身份管理没有有效管理和技术手段，系统间认证模式不统一，认证单点实现成本高，无法实现统一的合规审计，账号多人共享、账号密码泄露、设备违规接入，认证安全风险突出。

2.搭建智能化身份管理和动态安全防御系统

为了实现安全高效的身份认证，企业需要建立完善的身份管理和认证中心，为员工和客户提供便捷的身份认证服务，绘制更精准的人员画像，实现数字身份唯一标识和身份数据共享，提升企业内部管理水平和服务客户的使用体验。安全的数字身份管理和认证可保护企业资产数据和用户个人隐私数据，极大提升数据安全，为核心资产数据保护和个人信息安全保护贡献平台价值。

企业智能化身份管理和动态安全防御系统融合零信任基于身份的访问控制理念，采用密码安全技术、国产化的身份服务技术、多种行业标准认证技术以及软件定义边界技术，实现基于实名制的用户全生命周期管理、设备数字身份管理、统一身份认证、持续信任评估和动态访问控制，打造一体化的数字身份管理、认证、审计分析和访问控制安全服务，为企业构建了安全边界。智能化身份管理和动态安全防御系统架构如图8-8所示。

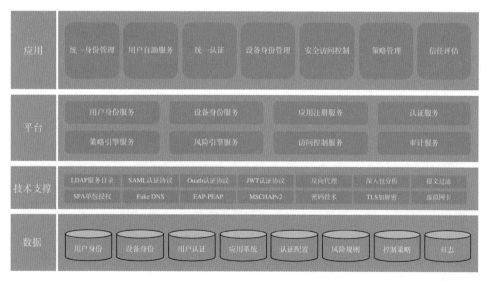

图8-8 智能化身份管理和动态安全防御系统架构

智能化身份管理和动态安全防御系统以密码为基石、以身份为核心、以权限为边界，为企业提供实名制的用户全生命周期管理、设备数字身份管理、标准化认证集成、多因素认证、全局单点、用户画像分析、行为风险分析、持续信任评估和动态访问控制等身份治理和访问安全业务功能。智能化身份管理和动态安全防御系统架构融合企业现有终端安全、数据安全、工作负载安全、网络安全等生态系统，打造纵深防御、联防联控、自动化响应处置的安全技防体系，系统架构如图8-9所示。

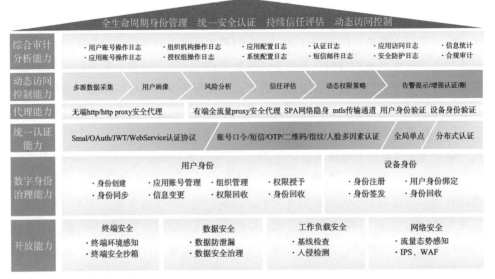

图8-9　智能化身份管理和动态安全防御系统架构

为构建智能化身份管理和动态安全防御系统，企业应从成本控制、标准规范、能力打造等维度持续完善全生命周期身份管理。

降低身份管理和认证成本，提升企业经济效益。企业需要对员工身份进行集中管理，包括智能化身份管理、动态安全防御系统建设和应用系统统一认证等方面，实现全局单点，堵住系统自建认证道路，减少认证协议不统一问题，进而减少重复建设，降低系统认证、单点建设等数字身份治理建设成本，提高企业管理效率和数字经济效益，同时也可以利用认证安全，减少数据资产未知风险，进而减少企业风险成本。

规范身份数据标准，积累企业身份数据资产。企业需要建立标准化的数字身份管理和认证体系，制定用户全生命周期管理流程和用户、应用账号管理规范，打造企业实名制的数字身份数据资产，提高企业数字身份数据的标准化、服务化。身份数据的标准化为企业其他数字化业务提供权威的身份数据源，提高数字身份数据资产的利用率，挖掘身份数据价值。

打造体系化的数字身份管理、认证和安全防御能力。企业可凭借智能化身份管理和动态安全防御系统打造基于实名制的全集团信息系统用户全生命周期管理体系，为用户提供统一的账号开通、修改、冻结、解冻、注销以及账号和密码修改、重置等用户自助服务和集中管理的自动化流程服务。

3.案例：应用统一身份平台，筑牢身份防线

某大型石油化工集团数字化转型过程中，为完善信息安全体系架构，全面提升信息系统的IT管理能力，实现"统一身份、集中管理、简化应用、保障安全"的总体目标，开展了集团统一身份管理系统项目建设。基于集约用户身份管理，消除身份数据孤岛，身份认证体系分散，资源暴露面过大等情况，集团需要建设权威的用户管理系统和认证中心，为所有应用系统提供实名制用户管理服务和安全便捷的统一认证服务，实现全集团应用的单点登录，并对用户登录行为进行统计分析，打造事前预警、事中访问控制、事后责任追溯审计的能力，全方位提升集团信息系统用户管理和访问安全能力。

该集团遵从信息化规划和网络安全专项规划建设要求，紧抓数字化转型战略机遇，以数字身份+零信任为双核引领，构建以密码为基石、以身份为中心、以权限为边界、持续信任评估、动态访问控制的零信任安全防御体系，强化集团网络安全纵深防御、主动防御、动态防御能力，筑牢数字新基建安全底座，赋能数字安全运营管理提质增效，为集团数字化业务安全保驾护航。统一身份项目建设蓝图如图8-10所示。

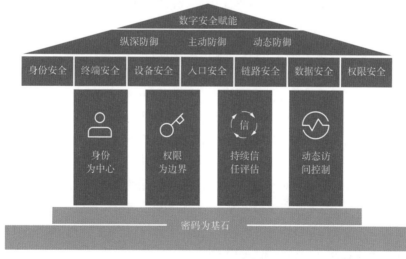

图8-10 统一身份项目建设蓝图

统一身份系统为企业提供实名制的用户全生命周期管理、设备数字身份管理、标准化认证集成、多因素认证、用户画像分析、行为风险分析、持续信任评估和动态访问控制等业务功能，融合了该集团现有终端安全、数据安全、工作负载安全、

网络安全等生态系统，打造了纵深防御、联防联控、自动化响应处置的安全技防体系，提升该企业数字身份安全建设水平，取得了如下成效：

➤降低身份管理和认证成本，规范身份数据标准

项目建设完成后，该集团实现了企业员工身份集中管理和应用系统统一认证，建立了标准化的数字身份管理和认证体系，制定了标准的用户全生命周期管理流程、用户、应用账号管理规范，形成企业实名制的数字身份数据资产，为以身份数据为基础的企业其他数字化业务提供权威的身份数据源，节省了数亿元数字身份治理建设的成本。

➤形成体系化的数字身份管理、认证和安全防御能力

该项目为企业打造覆盖浏览器/服务器（Browser /Server，简称B/S）、客户机/服务器（Client /Server，简称C/S）、移动端的账号密码、短信、一次性口令（One Time Password，简称OTP）、证书、扫码、指纹、人脸识别等多因素认证和全局单点的统一认证能力。同时该项目以身份为核心，融合零信任理念，为集团打造了基于数字身份的持续信任评估和动态访问控制新技防体系，建立了数字身份权限边界。总体实现了集团体系化的数字身份管理、认证和安全防御。

➤建成完善的数字身份安全平台体系

在项目建设过程中，在符合国家网络安全等级保护三级要求基础上，实现了系统基于信创芯片、操作系统、数据库实施部署，系统核心组件完全实现自主可控，打造了数字身份安全业务体系。

（四）云平台：企业算力保障，弹性敏捷协同

云计算已经成为企业数字化、网络化、智能化的必然趋势，对提高资源配置效率、加快新旧动能转换具有重要意义。企业上云是顺应数字化经济发展潮流，实现数字化转型的重要路径，也是企业紧抓新一轮产业变革机遇的主要方式。随着企业数字化转型的不断推进，数字化应用、资产数字化不断增长，对企业现有云基础设施提出了更多挑战。企业云资源相对不足，无法满足新增应用的资源需求，需要进一步完善和补充；云计算应用水平还以虚拟化为主，公共组件、容器、微服务、AI、大数据等应用场景较少，需要深化整体应用水平。企业"上云""上平台"之路如图8-11所示。

1. 企业云平台建设与实施面临的挑战

企业"上云""上平台"之路在统筹规划、成本控制、业务上线等维度都面临着各类挑战。首先表现在资源利用率低，建设成本高，扩展能力有限。目前，大多数企业的云平台普遍存在以下问题，一是资源利用率低，烟囱式的系统建设部署方式，导致资源无法共享，负载不均衡，整体资源利用率和能耗效率低。二是建设扩容成

本高，原有的 UNIX 服务器、数据库和存储阵列占比较高，标准化程度低，通用性差，导致建设扩容成本难以控制，给统一维护带来困难。三是扩展能力有限，云平台的 Scale-up 能力和 Scale-out 能力不足，难以应对越来越大的系统处理和存储压力。其次，业务上线周期长，阻碍了业务创新发展。云平台建设一般要经历项目立项、设备采购、到货安装、软件安装和平台上线等环节，平均周期为 3～6 个月，无法适应当今变化剧烈的需求市场以及越来越快的工作节奏。往往等云平台上线后，业务需求发生了天翻地覆的变化，导致返工、重复工作或者市场机会丢失。因此，企业亟须提升和加快云平台的部署，实现业务的敏捷、灵活。

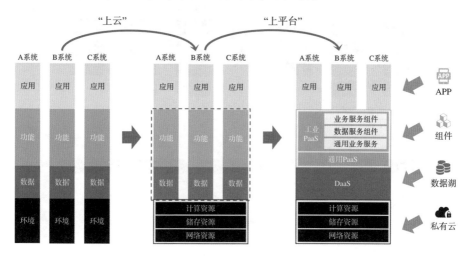

图 8-11 企业"上云""上平台"之路

2. 利用云计算等新技术建设企业云，提高生产效率

云计算技术是企业数字化转型的必要工具和关键技术，可以帮助企业实现生产和管理智能化。一方面，企业运用云计算提供的数据处理和存储能力，管理和分析大量数据，提高数据处理的效率和精度。另一方面，企业依托云计算带来的高效计算和虚拟化资源，优化生产流程和创新产品。通过将计算和存储资源集中到云端，企业能大大降低采购和维护计算设备的成本，实现最优资产管理。同时，企业可以通过云计算平台提供的资源轻松实现远程协作和协同工作，提高生产效率、减少生产成本。

云计算技术的应用有助于打破烟囱式资源建设模式，实现资源集中共享、动态调配，云计算提供一个整合系统架构，同时整合了计算、存储备份、安全、负载均衡、数据库，甚至业务流程。应用云计算技术，企业可大幅提升资源的利用率，由原来服务器平均利用率的 10% 提高到 30%，这就意味着可以整合现有系统，延迟或避免购买更多服务器容量。

面向未来，企业需要以开放性、高容量、易扩展、成本可控、安全稳定、便捷研发的全新技术框架建设企业云，推进企业 IT 基础架构平滑演进，达到业务弹性适配、应用快速部署、信息互通共享、系统分布扩展、负载灵活调度的目标。云计算平台总体架构如图 8-12 所示。

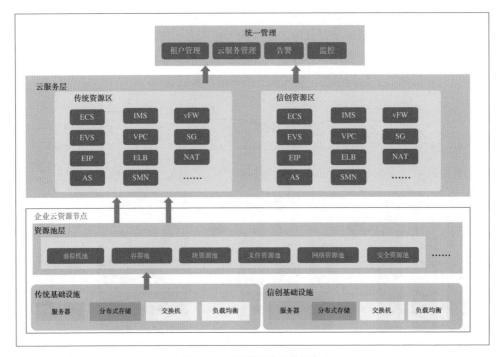

图 8-12　云计算平台总体架构

云计算平台包括基础设施层、资源池层、云服务层及云管理等，企业基于云计算平台搭建功能架构、整合物理资源、实现技术支撑、形成服务组件。功能架构主要依托底层物理资源通过云技术将资源进行虚拟化及调度编排从而以服务组件的方式为业务系统提供各种云服务。物理资源包括构建数据中心所需的服务器、存储设备和网络设备。基础设施层可根据不同业务的需求，提供多种类型的硬件部署架构。技术支撑是基于物理基础设施构建的虚拟计算、虚拟存储和虚拟网络资源池，通过虚拟化软件提供对虚拟计算、虚拟存储和虚拟网络的资源池化和管理能力，并提供资源池管理能力。服务组件指云资源功能组件，包括计算、存储、网络和技术服务组件等，其中计算组件主要包括虚拟机服务、容器服务、弹性伸缩服务，存储服务包括云硬盘服务、对象存储服务，网络服务包括弹性 IP 服务、拟私有云、负载均衡服务等，技术服务组件包括 MYSQL 服务、远程字典服务（Remote Dictionary Server，简称Redis）、消息队列（Rabbit Message Queue，简称 RabbitMQ）服务和 MongoDB 服务。

云计算平台的部署不是一日之功，企业不同系统之间的打通、应用的部署、设备的把控需要企业全方位的协同，为此企业应从应用部署效率、绿色节能水平、运维自动化等维度进行统一规划，聚焦以下几个方面，一是加快应用部署效率。企业需应用自动化、标准化等技术手段，提高系统资源部署速度，加快对应用的响应效率。云计算模式可将部署服务器需要的时间压缩至2小时，对比传统模式下1~3天的部署周期，效率大大提升。二是提升绿色节能水平。企业应减少设备数量，减轻对机房的空间、供电、空调的压力，提升绿色节能水平。云计算通过把多个虚拟系统整合到较少物理系统上，可以缓解空间压力，降低总能耗，节约大量资金。三是提升运维自动化水平，提高工作效率。资源的自动化、可视化、可动态调整以及维护设备数量的减少，降低了运维操作的复杂度和难度，减轻运维压力。企业依托云平台API接口进行自助服务与配置，使数据中心实现更高水平的自动化。此外，云内管理平台的使用可以为云管理员提供统一的设备、资源监控平台，大大降低了运维操作的复杂度。

3.案例：建设智能云平台，点燃智能工厂新引擎

为加快推进传统炼化产业转型发展，某石化企业通过数字化改造、智能化升级，建设智能工厂云平台，有效推动生产组织方式、运营管理模式创新，促进资源节约、提质增效，为企业实现数字化转型，提高集成度，提供了坚实的数字技术基础平台。

云平台的设计和实施，需要从整体架构的角度出发，该项目建设遵循统筹规划、系统设计、整体推进原则，在保证解决现有系统存在问题的基础上，实现业务系统功能，规范业务及数据资源，面向今后发展的要求，提出资源集中共享、灵活调整的建设目标，保障云计算平台实现服务器、网络、存储等IT资源集中共享、动态调配，满足业务系统资源需求，具有很好的扩展性、灵活性、资源可重用性和高可用性。云平台的设计与实施如图8-13所示。

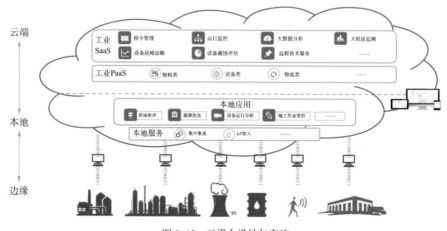

图 8-13　云平台设计与实施

在项目建设期间，企业云计算平台采用成熟的云计算技术，实现服务器、存储、网络资源的集中共享、动态调配、统一管理。即通过共享资源池的方式，实现资源的集中共享和动态调配，形成以云平台为技术支撑的IT运营模式，可以为应用提供传统的服务器、存储、备份、网络等基础设施资源，也可以根据信创建设需求提供相应的信创基础设施资源，同时结合云安全和云管理，通过划分不同资源池，如传统资源区、信创资源区，对不同资源池进行安全隔离和统一管理，保障各应用的可靠性和连续性。

当前企业云平台建设已取得较好的经济与管理效益。在经济效益方面，相较于传统建设模式，云平台建设整合了计算、存储备份、安全、负载均衡、数据库资源，打破烟囱式资源建设模式，实现了资源集中共享、动态调配，为企业节省资金约600万元。管理效益方面，企业通过上线云平台，节省机房面积约50%，提高了资源利用率。同时，运维操作复杂度和难度大大降低，提升了人力效率，减轻运维压力。

（五）数据中心：新基建新底座，绿色节能安全

数据中心作为"新基建"的重要组成，是5G、工业互联网、人工智能等其他"新基建"的底座，是数字化转型发展的有力支撑。当前，数据中心已从规模增长转向高效、绿色低碳发展，从成本中心向价值中心转变，边缘计算载体下沉到社区、工厂等边缘侧，"多地多中心+多边缘"逐渐成为标准配置。

当前，5G、人工智能、物联网等新技术的快速普及应用，为各行各业高质量发展提供前所未有新动能的同时，也让作为新型基础设施的数据中心规模不断扩大，能耗持续高速增长。面对不断增长的能源消耗与经济社会可持续发展的双重压力，加速数据中心运营模式的绿色转型成为当务之急。

1.数据中心高能耗高成本现状亟待改进

数据中心在为社会和企业的数字转型、智能升级、融合创新提供基础设施的同时，其发展也进一步加剧了能源与运营成本的消耗。快速增加的能源消费与高昂的运营成本促使企业积极寻求绿色低碳、节能减排的应对策略。随着互联网和信息产业的不断发展，数据中心已经被越来越多的企业所应用。计算机网络业务量的迅速增长、服务器数量的增加，导致机房的面积及规模也在不断扩大，最为突出的问题是庞大的电能消耗使得数据中心运营成本过高，根据《2021—2022年中国算力建设网络传播分析报告》，2021年全国数据中心能源消耗为2166亿千瓦时，占全社会用电量的2.6%左右，二氧化碳排放量约1.35亿吨，占全国二氧化碳排放量的1.14%左右，巨大的能源费用给企业带来成本压力。

2021年7月，北京市发改委发布《关于进一步加强数据中心项目节能审查的若干规定》；2021年7月，上海市经信委发布《关于支持新建数据中心项目用能指标的通知》；2021年11月，国家发展改革委、中央网信办、工业和信息化部、国家能源局四部委进一步联合发布《贯彻落实碳达峰碳中和目标要求推动数据中心和5G等新型基础设施绿色高质量发展实施方案》；2022年5月，北京市发展和改革委员会、北京市经济和信息化局联合发布《北京市低效数据中心综合治理方案》，在一系列的政策要求下，新建数据中心和在用数据中心正面临电能利用效率不达标，无法通过政府部门批复而被强制关停的风险。

2.节能和制冷技术保障数据中心平稳运行

企业通过节能产品和技术的应用，能耗标准满足中央和地方政府规定，降低新建项目审批难度。在用数据中心通过本方案的节能改造，规避了数据中心因能耗过高被强制关停的风险，保障了信息系统的安全。同时，企业应用数据中心节能技术降低能源成本。以北京某1000个机柜的数据中心为例，通过节能技术，数据中心的能源利用效率由常规1.8降至1.3，每年将节约电能1912万kW·h，给企业节约了1500多万元的能源成本。

制冷耗电是数据中心最主要的动力耗电，数据中心制冷技术种类繁多，包括房间级直喷式精密空调、列间精密空调、热管背板、冷水背板、风冷冷水机组制冷、水冷冷水机组制冷、全新风、间接蒸发冷却以及液冷等，利用自然冷源方面，采用水侧自然冷和风侧自然冷。数据中心不同负荷供电方式如图8-14所示。

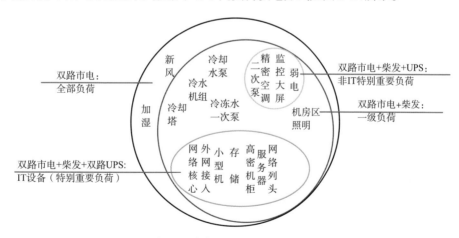

图8-14 数据中心不同负荷供电方式

除制冷冷源外，企业还可将其他技能技术包括通道封闭、高温送风、模块化高频不间断电源系统（Uninterrupted Power System，简称UPS）、湿膜加湿、变频电机等用于数据中心节能降耗。综合节能技术降低能耗如表8-1所示。

表8-1　综合节能技术降低能耗

项目	内容
冷源节能技术	氟泵自然冷却、板换自然冷却、高温送风、变频电机、液冷、间接蒸发冷却
空调前端节能技术	冷通道封闭、列间精密空调、热管（水冷）前门
UPS节能措施	高频UPS、模块化UPS
变压器节能措施	非晶合金节能型变压器
湿度保持、照明节能措施	LED照明灯具、湿膜加湿

　　企业通过市电供电、UPS应急供电、柴发机组后备供电等多种电源保障方式和冗余配置保证IT设备不间断供电。通过对数据中心所有用电设备附件进行统计，企业可按照重要性进行等级划分，针对不同等级的负荷，设计不同的供电方式。选择适宜IT设备运行的物理环境。主材选用不起尘、非燃性材料或难燃的材料；主机房、配电室等区域地板下及天棚均需做防尘处理；新风采用高效过滤新风机组；选址高于百年洪水位；水患区域进行防水处理、漏水监测和应急排水；配置极早期火灾报警、消防报警、洁净气体灭火保障消防安全；选址远离干扰源；进出管线的等电位连接；屏蔽线缆接地。综合实现洁净、防水、防火、防盗、防静电、防雷击、抗干扰适宜IT设备运行的物理环境。

　　对需求大于500个机柜的大型数据中心，企业可采用水冷机组进行制冷同时结合水侧自然冷和风侧自然冷等利用自然冷却的方式，提高性价比，实现数据中心低碳运行。大型数据中心建设如图8-15所示。

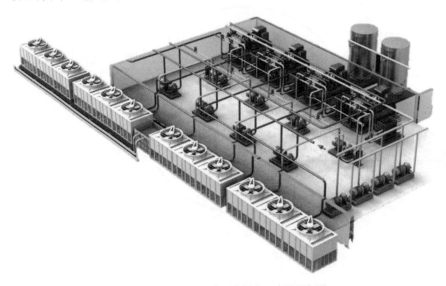

图8-15　大型数据中心建设示意图

对于需求300~500个机柜的中型数据中心，与办公共存是这类数据中心的共同特点，需要重点关注建筑承重、设备的运输通道、上方水患、空调室外机噪声影响。水平送风的列间精密空调，相对静压箱式地板下送风的房间级精密空调，具有制冷均匀、运行节能的优点，但建设投资相对较高，采用列间精密空调与房间级精密空调相结合的方式，可以兼顾成本和节能。静压箱式地板下送风的数据中心如图8–16所示，水平送风的数据中心如图8–17所示。

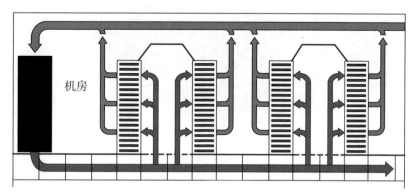

图 8–16　静压箱式地板下送风的数据中心

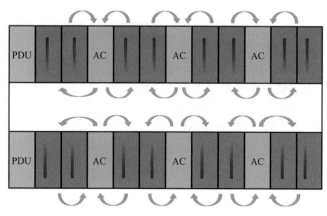

图 8–17　水平送风的数据中心

对需求小于100个机柜的小型数据中心，企业可将供配电、制冷、IT机柜、布线、消防、监控等基础设施部分或全部集中到在一个模块内，形成一个高度集中的数据中心模块，在工厂完成生产和预调试，在工程现场采用"搭积木"的方式搭建，接入市电、网络和给排水就可独立运行，最大限度减少了工程现场建筑安装工程量，缩短了建设周期。建设方式包括室内模块化数据中心（见图8–18）和室外集装箱式数据中心（见图8–19）两种模式。

图 8-18 室内模块化小型数据中心

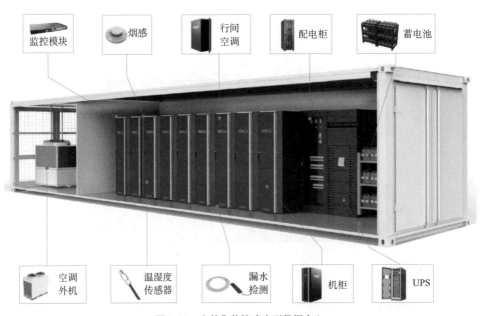

图 8-19 室外集装箱式小型数据中心

3.案例：建设节能型数据中心，实现节能降耗

某企业数据中心结合国际国内形势和自身发展实际，对现有科技开发资源进行了整合、优化。历经多年发展，已形成数百个应用系统，数据中心资源和等级已无法满足支撑应用系统业务高速发展的需求，在外租赁了数据中心机柜资源部署企业

应用系统。

该企业数据中心建设项目为满足企业长远发展战略，本着"立足当前、着眼长远"的原则，以未来8~15年业务发展及系统建设的需要为目标，以国标中A类机房标准，采取"统一设计、分期实施"的方式，打造一个布局合理、功能完备、设施先进、安全可靠、绿色环保、投资合理、可持续发展的现代化绿色数据中心，为全行业发展保驾护航。企业整体按照国标A级、TIA942 T3+标准设计，并明确供电方案和制冷方案。

▶供电方案

企业自市网两个110kV变电站引2组4路电源作为数据中心正常电源，2N容错配置UPS作为数据中心应急电源，配置柴油发电机作为数据中心的后备电源，保障了数据中心高可靠供电。

▶制冷方案

企业采用中温冷冻水，提高机械制冷效率。设置板式换热器，每年实现5个多月的自然冷却。余热回收为园区生活热水和冬季采暖提供热源，实现数据中心能源的二次利用，提高了数据中心能源利用效率，降低了数据中心能耗。

本项目建成后，企业利用云技术，将分散的业务系统集中至总部云平台上，提高了资源利用率，为数字化转型提供稳定支撑。该数据中心承载了企业各项业务的云应用部署，是企业的主数据中心、高性能计算和数据处理中心。企业以云技术为基础，实现业务上线快速、资源利用高效、技术先进可靠、设施绿色节能、平台安全可控。企业开了精密空调双电源直接供电的先河，并在行业得到了推广应用。数据中心大规模进行余热回收，为园区生活和采暖提供热源，成为国内首例。供电采用了高压上楼层方式，通过板式换热器实现水侧自然冷却，降低了数据中心能耗，实现数据中心能耗满足北京市政府关于新建数据中心的政策要求，顺利通过规划和相应部门的审批。

节能型数据中心建设现已取得明显成效。本项目建成投产后，每年可节约数千万元租赁费。同时，缓解了企业机柜资源短缺的现状，实现机房等级由B级向A级的提升，解决了业务系统与机房等级不匹配的困境，保障了业务系统长期安全稳定运行。该项目获得了北京市"长城杯"和国家"鲁班奖"，有效提升信息系统的服务质量，为企业赢得良好的用户体验。

（六）IT运维：新模式高效率，降成本多保障

随着企业数字化转型的全面推进和信息化业务的不断发展，传统的IT运维模式已难以适应新的需求和挑战。IT一体化运维作为一种新兴的运维模式，能够很好地

呼应信息化业务领域的发展趋势，并在企业数字化转型中发挥重要作用。它将传统IT运维的监控、预警、故障处理、维护、保障和优化等多个环节整合在一起，实现了IT运维的全流程管理和自动化控制。这种一体化运维的模式使得企业的IT系统更加高效、可靠和自动化，同时实现了信息化业务领域的快速响应。

一体化运维是企业信息化依赖的基础和根本，经历手工运维、流程化运维、自动化运维、DevOps、AIOps五大发展阶段。手工运维阶段，企业缺少运维工具和操作指南，依赖个体知识对机房、服务器选型软硬件初始化，手工运维服务上、下线配置监控，进行处理告警。流程化运维阶段，IT基础设施运维业务量增长超过人力增长，企业开始着手运维流程说明、标准等文档的建立与管理。自动化运维阶段，企业通过运维平台化建设，将重复工作转为自动化操作，减少运维延迟，降低人为失误及成本，实现运维数据关联分析与可视化处理。DevOps运维阶段，随着云计算、微服务、容器化等新技术的引入，需求迭代持续快速推进，自动化测试也在该阶段实现。AIOps运维阶段，由于业务庞大、海量数据积累，在大数据、AI技术成熟的情况下，企业可实现故障预测、故障自愈等多场景的智能决策。当前，多数企业正处于DevOps阶段，准备向AIOps运维阶段迈进，在运维体系、基础能力、队伍建设、工具性能等维度仍存在较大的提升空间。据此，企业需持续探索深化，加快推进运维管理从自动化转变为智能化，运维工作从被动式响应转变为主动式防御。

1.企业IT运维体系、工具方法、管理人员均有待提升

近年来，企业信息化运维工作中，大部分企业在IT基础设施运维的服务范围、流程制度、技术能力等方面能够保障信息系统安全稳定运行，但在运维体系、运维队伍、应急处置和工具手段方面还存在不足和差距，需要正视并解决。主要体现在以下方面，一是运维体系不完善。部分企业尚未建立上下一体的运维管控体系，运维界面不够清晰，建运脱节，建设方案考虑运维需求不足，系统投运的质量、可运维性有待提升，运维交接困难。二是运维基础能力不强。企业普遍存在运维人才缺乏、人员不稳定、队伍分散、运维人员业务基础知识薄弱、运维档案不完善和更新不及时等问题。三是应急处置能力不足。企业缺乏一体化的专家团队，建设团队兼顾运维普遍存在，跨团队跨专业调度协同困难。企业应急处置能力不足，快速定位问题难度大、效率低。四是运维工具不足。企业缺少全链条监控和运行日志数据分析，预警预测能力弱，难以全面了解系统健康水平。企业运维自动化水平较低，对设备入网、IP管理、安全漏洞发现等缺乏有效的实时管控手段。

2.建设"一个标准、一套流程、一支队伍"的一体化运维

企业IT基础设施一体化运维服务以ISO20000标准服务管理体系为基础，应按照"一个标准、一套流程、一支队伍"的要求，多种方式受理服务请求，满足信息化发展新形势（大集中、大平台、大集成）下的运维趋势。

企业建设一体化运维应全面梳理IT基础设施一体化运维业务，规划业务发展蓝图，明确实施路线，完善管理体系，细化服务规范，优化业务流程，提升一体化运维整体管控水平。遵照ISO20000等标准和业界最佳实践，企业结合自身实际建立运维服务管理体系，指导日常实际工作，不断完善改进，助力管理水平提升。一体化运维采用完备的IT基础设施技术体系，涵盖传统物理体系架构、云计算体系架构、容器体系架构，全面保障系统安全、可靠运行。一体化运维架构如图8-20所示。

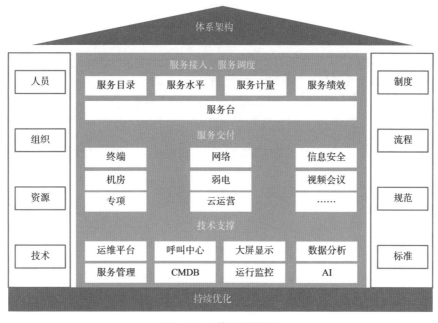

图 8-20 一体化运维架构

企业一体化运维业务场景涵盖桌面终端系统、计算机网络、信息安全、机房弱电系统、主机系统、视频会议及专项保障7个方面。运维系统采用一站式服务模式，集中受理服务要求，跟踪反馈要求的解决进度和结果，并由服务工程师（一线/二线）以及技术专家（三线）现场或远程处理服务要求，实现流程闭环管理，包含服务申请及处理流程、故障申报及咨询流程、重大事件处理流程和变更管理流程，如图8-21~图8-24所示。

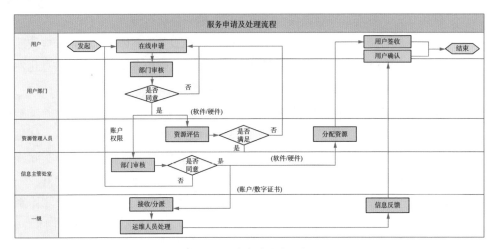

图 8-21　服务申请及处理流程

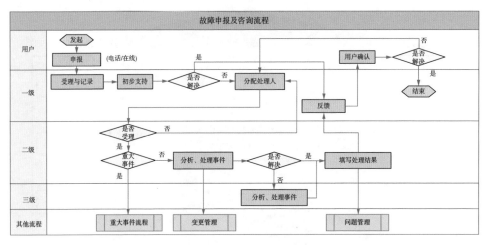

图 8-22　故障申报及咨询流程

除流程闭环管理外，企业一体化运维系统可在IT资产集中管理、信息系统全栈监控、一站式用户服务等场景下固化流程，打造自动化IT资源调度、可视化IT运行监控、体系化安全防护和集约化IT资产管理能力，支撑企业数字化、标准化、自动化、智能化的转型之路。

➤IT资产集中管控

提供IT设备全生命周期管理能力，主要包含IT设备的需求计划、采购管理、到货管理、出入库管理、进出机房管理、运行维护管理、报废及处置管理；建立配置管理数据库（Configuration Management Data Base, CMDB），管理信息系统组件与关联关系，将分散在个人或团队手中的数据转变为组织的数据资产；提供关联关系视图，供监控故障分析，提供基础数据，为系统运维和信息安全提供支撑服务。

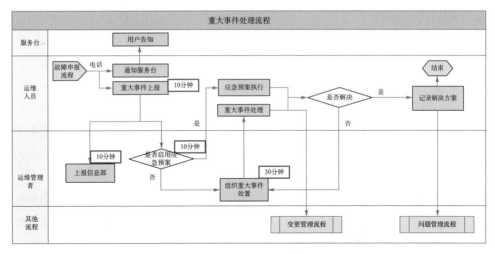

图 8-23 重大事件处理流程

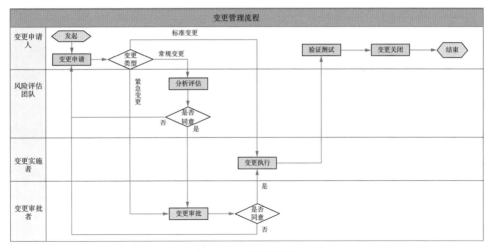

图 8-24 变更管理流程

➤ **信息系统全栈监控**

集成敏捷项目管理（Agile Project Management，简称APM）专业工具，实现应用系统从前端浏览器请求、网络、服务器响应、数据库执行、第三方系统调用到服务返回的端到端全链路监控、可用性分析及故障定位。

➤ **一站式用户服务**

整合IT资源服务、安全服务和运维服务流程，面向用户，提供用户资源申请、事件提报的一站式服务能力，并提供所有服务请求的闭环管理，让运维工作透明化，缩短整体解决时间，提升工作效率。

➤服务水平管控

以SLA为核心，规范事件、问题、变更管理流程；将资源审批与提供自动衔接，节省时间；将事件与问题、变更和CMDB关联，提升运维水平；分类管理标准、常规和紧急三类变更，兼顾风险控制与工作效率。

➤自动化智能化运维

提供基于配置模型的关联分析，以便对故障进行根源分析；基于运维脚本和专业工具，实现运维自动化；基于大数据和机器学习的动态阈值曲线与告警模型，使得阈值告警更加贴近实际情况。

企业通过一体化运维固化运维标准、流程，强化风险管理，实现IT资产集中管控，信息系统全栈监控，结合自动化工具和算法增强自动化智能化运维能力，支撑企业一体化IT运维全生命周期管理。在业务可用性、用户满意度、资产集中管控和运维价值呈现等方面为企业带来价值。一体化运维价值维度如图8-25所示。

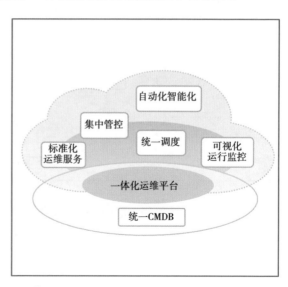

图 8-25　一体化运维价值维度

3.案例：打造专有科研IT运维，降本提质增效

某研究院为深化"数据＋平台＋应用"新模式，统筹推进数字化转型工作，实现由传统科研向数字化研究升级。企业结合自身发展战略需要，于2019年全面开启信息化运维服务建设，围绕"管理模式系统化、技术服务专业化、流程运作标准化"的目标，全力打造专有信息化运维业务，为企业实现高质量发展增添新动能。

➤加快运维底蕴积累，固化现代化网络安全主导权

在信息化安全运维方面，企业在用系统以集团统建ERP、OA、大数据系统和企

业智能化研究院、协同办公平台为主，数据运维、网络运维、设备运维、桌面运维为辅，系统之间相互独立，运维业务之间壁垒丛生，数据之间难以融合，网络安全缺乏完善的监控、侦测、感知技术支持。企业强化基础设施和网络安全的建设和管理，破除企业转型升级的制约隐患。

▶加快运营方式创新，抢占科研信息化管理主动权

在信息化运维运营管理工作中，70%~80%的服务工作量存在交叉，如桌面计算机维修与网络配置、网络安全与服务器安全、服务器配置与交换机配置等，硬件设备件的关联更错综复杂。项目实施前，信息化运维管理仍以个人独立处理为主，服务器、网络、基础设施设备、信息安全、桌面服务等信息来源广泛、信息凌乱。同时，业务信息获取、传递、处理、共享的工作量大，业务时效性滞后，业务效率和效益难以进一步提高。因此，企业实施流程的简约化、自动化，加快运营方式创新，提高运营及服务协作效率。

▶加快信息系统建设，打通数字化管理发展大动脉

智能化研究院试点项目含催化剂分析、实验图像分析、语音识别、实验室报警、项目全过程管理、管道腐蚀远程诊断等功能模块，现已投入使用。协同办公平台、无纸化会议系统、企业云资源节点、大屏机中展示等已上线办公管理平台。项目实施前，企业缺少自动化管控系统，服务器、网络、存储等基础设施设备，应用系统运维仍存在人工巡检、经验预判、手动控制等现象。这种运维模式对运维人员的经验、观察能力、分析能力和执行效能要求高，人工监察时效较差，隐患发现率较低，控制优化依靠人员经验比较突出。企业亟须将运维员工从低价值的重复劳动中解放出来，加快智能监控建设、信息安全平台建设，推动数字化转型升级，加快实现重要基础设施设备和应用系统的自动化巡检，有效降低科研管理过程中的信息化风险隐患。

信息化运维项目结合企业实际，进行了业务分析和顶层架构设计，保证信息化运维的方向性、完整性和可持续性。企业信息化运维蓝图以打造卓越运营的信息化全面运维为导向，按照"数据+平台+应用"的模式，将新一代信息技术、自动化运维与企业管理、科研生产和技术流程进行深度融合，实现对企业信息化横向、纵向和端到端的全方面运维支持，提升全面感知、预测预警、优化协同、科学使用四项关键能力，完善数据监测与网络安全管控，提升企业运营管理水平，推动形成全局优化的数字化科研管理新模式。

结合信息化运维实际情况及对总体架构的要求，企业运维内容分为数据中心运维、网络与安全运维、主机与应用运维、多媒体与会议运维、基础设施运维以及桌面服务6个方面，涵盖43个子项。数据中心运维包括机房基础设施、空调系统、

UPS系统、强电系统、门禁系统、动环监控系统、排风系统和弱电系统共8个子项；网络与安全运维包括有线网络系统、无线网络系统、客房网络系统、网络安全系统〔包括防火墙、G01、入侵监测系统（Intrusion Detection Systems，简称IDS）、IPS、网站应用级入侵防护系统（Web Application Firewall，简称WAF）、F5等〕和网络设备管理系统共5个子项；主机与应用运维包括服务器、存储、云资源池系统、云桌面系统、日志审计系统、杀毒系统和准入系统等共7个子项；多媒体与会议运维包括视频会议室系统、信息发布系统和无纸化办公系统共3个子项；基础设施运维包括视频监控系统、红外报警系统、一卡通系统（含考勤管理、门禁管理、访客管理、消费管理）、停车场管理系统、公共广播系统、无线对讲系统、客房控制系统和楼宇控制系统共8个子项；桌面服务包括终端计算机、软件系统、外围设备（含打印机、扫描仪、投影仪等）、电话设备和常见终端服务共5个子项。企业信息化运维内容如图8-26所示。

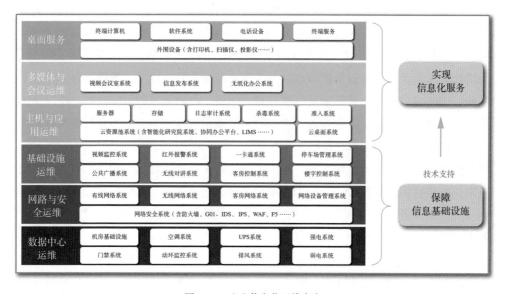

图8-26 企业信息化运维内容

信息化运维聚焦人才储备、技术管控、设备管理、风险防控四大业务域，涵盖运营、服务、质量、安全、应急、设备、备件7类业务，实现运维业务管控模式由"人工、经验、低效、粗放、被动"向"数字、专业、敏捷、精准、主动"的转变，保障企业信息化环境稳定、高效运行。

▶创新"一岗多责"，实现全能人才储备

基于信息化运维中独创的小组"1+N"组织管理模型，一体化运维针对业务的多样性、复杂性、交叉性，提出综合解决方式。企业构建了以业务类型为基准，以技术能力为优先，突出一人主职，全员皆能的工作边界划分。实现并加强全能型人才的培养，使期望"成长"的人，有时间"发芽"、有空间"扎根"、有希望"突破"。增强自我检查和团队监督效能，发扬民主集中，科学决策，加强团队整体的凝聚力。

➤提倡"治理整合"，加强全面技术管控

企业提出"一优两治"的技术提升方法，通过网络策略颗粒度细化、计算资源应用"三步走"和基础设施资源整合"三落地"等措施，实现从应用软件、应用组件、服务器资源、存储资源、网络资源到信息安全、操作管理、流程管理的全信息化业务"简化"和安全管控提升。通过配置管理数据库的全过程数据管理，实现运维业务流转、资产数据回单和故障分析知识传递。信息化运维手段通过自动化运维技术，实现部分功能自控运行和调整。持续推进数字化应用与硬件设施的深度融合，以数字化驱动企业科研生产和治理方式变革。

➤增强"数字介入"，提升全程设备管理

建立设备运行管理的数据库，实现覆盖设备管理配置建档、检维修维护、运行管理的全生命周期数字化闭环管理。建立自动化运维系统，强化故障诊断管理，实现关键设备在线监测诊断和自我修正。充分利用物联网和移动互联技术，通过标签/条码及RFID设备的应用，对备件、货位、单据进行数字化标记和智能感知，通过可编程无线扫码对仓库到货检验、入库、出库、调拨、移库移位、库存盘点等各个作业环节的数据进行自动化采集，实时掌握库存结构。

➤强化"数据监督"，完善全数风险防控

建立"业务分类趋势图"，掌握故障、巡检、运维等业务方向的业务增长趋势。通过"业务日志矩阵"，掌握桌面服务、网络与安全、基础设施、服务器与应用和视频会议的月工作总量。建设"自研配置管理数据库"，使基础设施位置、级联关系、参数等数据数字化。实现"细颗粒度网络拓扑图绘制"，摸清从企业建筑期到运维期这5年来所有网络的变化。持续开展基于业务数据、日志、文档和参数等的数字化管理和提升，通过数据变化分析，及时发现业务风险，对已发现和未发现隐患进行了研判，分阶段制定应对策略，有效分担业务量较重的模块和人员配比，为完善和改善企业信息化基础设施安全机制提供了有效的基础数据，为团队及业务稳定提供有效的风险预警、良好的数据支撑和合理的应急手段。

企业以成本控制、技术优化、人员迭代和能力提升等抓手，产生了可观的直接经济效益，2022全年利润占总体收入20%。跟项目打通了业务模块间的数据壁垒和流程隔阂，提高了业务信息集成共享能力，优化了业务协作流程，经统计分析，整

体工作效率提高90%，推动组织管理和业务运行模式向"数字、敏捷、精准、清晰、主动"转变。

（七）基础设施信创：筑牢安全底座，强化自主可控

网信领域关键核心技术产品一旦断供，企业数字化转型将面临极大的风险，且国外软硬件产品不能排除留有"后门"，对方一旦利用漏洞或后门长驱直入，极有可能引发电力瘫痪、能源断供、交通中断等重大事故。企业应积极开展基础设施信创工作，在数字化转型过程中筑牢安全可靠的基础设施底座，提升自身信息化平台的自主可控水平。近年来，国际形势严峻，我国发展环境面临复杂变化，信创基础设施生态建设任务十分紧迫，时不我待。企业需提高基础设施信创技术，实现国产化终端的适配改造。

1.信创基础设施生态尚未建立，国产化替代难度大

企业缺乏基于信创产品构建云数据中心的技术能力。经过多年的信息化建设，随着云计算的发展，x86服务器逐步普及，企业配置的服务器大多使用国外芯片、操作系统和数据库，使用国产芯片、操作系统和数据库相对较少。

信创软硬件生态建设不足。基础设施信创技术路线较多，路线选择较为复杂。基础设施信创领域涵盖ARM、LoongArch、X86等多种芯片技术架构。各类生态产品与底层架构兼容标准不统一，不同的软硬件架构间由于技术路线的差异，存在兼容性较差的问题。信息系统信创必须开展国产芯片服务器、操作系统、数据库信创适配工作。

云计算信创改造面临巨大挑战。一是改造路线选择难，不同架构的CPU在兼容性、性能、稳定性和可靠性方面都不尽相同，且与当前业界成熟架构存在一定差距；二是业务平滑过渡难，缺少改造经验、改造工具，导致交付后使用体验极差；三是平台建设完成后会带来管理不同架构、多种服务器等新的运维挑战。比如，企业云数据中心异构数据库之间的数据迁移难度较高，工作量很大。目前，由于数据库之间的模式、表、视图、序列、索引等对象的定义甚至字段的定义并不完全一致，从国外数据库向国产数据库迁移数据仍面临巨大挑战。

桌面终端真替真用难度大。企业经过多年的信息化建设，信息化水平已经非常深入，建成了很多重大的平台和应用系统。但只要有一套系统未适配国产终端，就很难实现国产终端单轨运行和真替真用，因此企业信息系统适配改造工作量高，部分经营管理类和生产类系统难度大，需要很长一段时间才能完全实现适配改造。

2.构建自主可控的基础设施信创设计

企业应强化顶层设计，结合信创要求和实际情况，规划信创工程蓝图、重点工

作和演进路线，为信创工作指明方向和制订行动计划。通过适配测试选择应用系统的适配技术路线，及早发现适配改造难点，更加准确地评估应用系统适配改造的工作量。同时，企业需建设信创云资源池，完成应用系统信创上云上平台，提升在数字化转型过程中防御"卡脖子"风险的能力。

企业基础设施信创从内容上讲，主要包括桌面终端、应用系统和基础设施三个方面自主可控的设计、建设与运维。桌面终端、应用系统和基础设施相互影响，自主可控设计、建设与运维相辅相成。企业基础设施信创内容如图8-27所示。

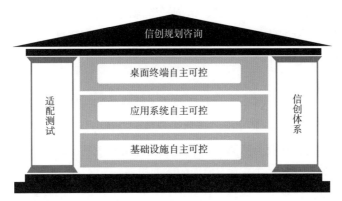

图 8-27 企业基础设施信创内容

> ▶桌面终端自主可控

桌面终端是用户使用企业信息系统的窗口，它的自主可控和易用性尤为重要。企业在选择终端芯片时，自主可控程度、架构生态、软硬件生态和供货能力将成为影响决策的重要因素。在选择终端操作系统时，主要考虑操作系统的生态与常用办公软件和外设的适配情况。

企业需要按照自主可控要求和用户类型合理制定推进计划，分类分阶段开展各项工作。

> ▶应用系统自主可控

企业业务的顺利开展离不开应用系统的支撑。应用系统的自主可控替代主要是对系统进行适配改造或重构，让系统能在信创基础环境上正常运行。应用系统的自主可控替代意味着芯片、服务器、数据库、中间件和应用软件等实现自主可控。为实现这一目标，企业可按照"分类分级分阶段"的总体原则开展，一般分为办公系统、管理系统、业务系统和生产系统，由易到难开展替代。基础设施自主可控。

当前，企业数字化转型正处于云计算的时代，绝大多数应用部署在云上。基础设施自主可控的主要实现方式是建设信创资源池。企业完成信创资源池的建设可进一步满足应用系统部署的资源需求，完成云管理系统和技术中台建设，支撑应用系统迁移改造、集约化整合以及迁移入云是基础设施自主可控的主要工作，信创资源池为应用提供计算、存储和网络资源。信创云建设的最佳实践目前是"一云多芯"。"一云多芯"是指用一套云管系统来管理不同架构的硬件服务器，云管系统可以将服务器芯片等硬件封装成标准算力，给客户提供体验一致的云计算服务。

企业在推进基础设施信创建设过程中，需要依据相关信创政策要求和信创发展情况，完成从规划设计、适配测试、信创云资源池建设到桌面终端替代的一揽子方案。企业推进基础设施信创可以通过顶层设计、信创适配测试、信创云资源池建设三个步骤开展工作。

➤信创顶层设计

信创顶层设计阶段调研企业信息化现状，结合信创政策，分析行业案例，对企业信创进行现状评估和需求分析，规划企业信创总体蓝图、重点工作及时间计划、演进路线、项目列表和投资匡算。信创顶层设计将实现基础设施、应用系统、桌面终端、信创体系、适配测试等方方面面的咨询规划。

信创的顶层设计规划需要具有成熟的信创咨询方法论、信息系统信创难易度评估模型、政策跟踪研究和精准解读能力、行业信创跟踪研究能力、规划设计等咨询能力和优质的信创生态合作体系。信创咨询规划方法论如图8-28所示。

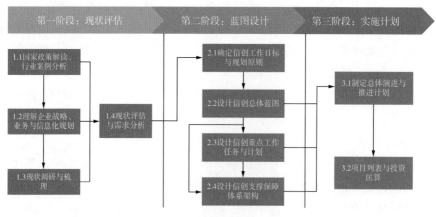

图8-28 信创咨询规划方法论

➤信创适配测试

信创适配测试主要针对企业推进信息系统信创，提供信息系统信息梳理、适配测试计划编制、方案编制、信创基础软硬件资源供给、适配测试和测试报告编制等服务。企业信创适配测试服务总体框架如表8-2所示。

表8-2　企业信创适配测试服务总体框架

信创适配测试全生命周期服务					
系统梳理	测试计划	方案编制	资源供给	适配测试	测试报告
适配测试工具、适配测试知识库					

三／智能硬件：智能感知世界，智慧连接万物

提升设备管理、生产管理、安全管理、节能降耗等环节的数字化水平，离不开工业智能硬件与工业互联网的赋能效应。工业智能硬件发展以"智能化"技术创新为驱动力，融合5G网络、工业互联网、北斗、边缘计算、安全加密、人工智能、大数据分析等新技术，聚焦企业安全生产、节能减排等特色业务场景，提供智能物联感知终端、智能穿戴终端、智能协同设备、智能安全防护设备、智能装置等多种工业场景化智能设施。智能硬件为生产现场全面感知、装备边缘智能、云边高效协同、融合通信、信创安全提供全支撑，实现人员之间和设备之间的协同作业和互联互通，打造万物互联的协同生态，建立纵深工业安全防护能力，为企业安全生产保驾护航。

（一）融合通信：数字融合通信，赋能协同指挥

近年来，随着产业结构的不断调整和优化，企业间和企业内部的跨域远程协作沟通越来越频繁。随着企业远程办公、远程诊断等需求日益增多，越来越多的企业意识到通信协同的重要性，希望借助可视化、数字化手段解决企业在生产调度环节沟通不畅带来的问题，提高生产和决策效率。为此，融合通信应运而生，重点打造企业工业现场各类型终端设备的高效协同、人员组织之间互联互通，从而实现企业统一指挥、远程调度、异地跨组织协同通信。企业可凭借融合通信整合现有音视频通信系统，实现多系统的统一接入、统一管理和集中调度，这有利于跨区域、跨部门之间业务及通信上的高效协同，实现人、物、数据资源的事件调度与优化。

在企业数字化转型成为大趋势的背景下，融合通信进入政策支持和技术发展的双重叠加机遇期。融合通信的最大特点是通过简化网络结构，推动不同业务技术、应用走向统一，缓解当前生产调度环节系统众多、信息不能共享等问题，提高应用决策支持能力。企业可通过融合通信在生产调度指挥、突发事件预警、紧急情况上报、现场处置响应、远程指挥调度等各个环节实现及时有效的可视化指挥，满足突发事件现场实时图像传送和视频会商的快速响应需求，加速企业数字化转型进程。

1.企业通信环节问题众多，影响生产调度

在企业当前生产的沟通过程中，存在以下问题，导致生产调度等环节的沟通不畅，对生产效率产生了不小的影响。一是沟通协同效率低。日常巡检人员的通信及业务终端没能统一整合，极大地降低了工作人员的管理沟通效率；三级调度指令传达沟通效率低下，日常对讲群组间易串音，不能跨车间沟通，跨部门沟通效率低。二是应急事件处理结果混乱。对讲没有区分群组及优先级，紧急时刻，无法强拆强插，指令不能及时上传下达；独立系统间各自独立，不能互通，无法支撑应急需要；缺乏可视化指挥调度手段，不能满足突发事件详细数据的记录、传输及回溯，难以支持固化业务场景的需要。三是通信录音记录不完整。当前仅调度电话有录音功能，其他通信方式无录音，不具备记录回溯、事后总结复盘、经验分享等功能。四是缺乏统一的通信协作统筹规划。通信系统与视频会议系统不能互通，限制了企业的沟通效率，通信资源分散导致管理的复杂度高。五是跨媒介间数据不互通。音频、视频和文本等数据未整合，限制了企业内部沟通和数据统计分析，导致了企业资源浪费。六是同媒介间信号不互连。企业已有视频会议系统和现场监控设备，由于设备间信号不能互连，无法看到现场的实时画面。七是多种移动终端缺乏整合。巡检人员所需携带的各类通信及业务终端种类多，手机、对讲机功能单一，负荷大，效率低。八是缺乏可视化手段，应急案件不可回溯。在应急事件中，通信手段单一、缺乏可视化指挥调度手段、纯语音对讲不能满足突发事件详细数据的记录和传输，应急通信案件处置过程中通信混乱、低效、不可回溯，难以支持固化业务场景的需要。

2.融合计算机与传统通信技术的通信变革

融合通信是融合计算机技术与传统通信技术实现多网络间漫游无缝切换的新通信模式，通过配置不同的接入网关可连接各类型的通信终端设备，支撑单一终端在不同类型网络、多媒体中的互联通信及数据传输功能，实现无障碍通信。借助融合通信，企业不仅能够提高信息共享和业务协同的速度与效率，尽可能地满足用户多样化、多变的业务通信需求，更能在此基础上提高企业针对各类变化和突发事件的反应速度，进而助推生产效率提升。

企业可基于"云+管+端"的架构，通过接入移动终端、视频监控、视频会议、无线集群等设备，实现生产调度、日常巡检、应急智慧等场景应用。融合通信能够全面提升企业生产和沟通效率，降低由于通信不畅、层级烦琐所造成的损失。企业融合通信总体架构如图8-29所示。

➤日常生产调度

为减少层级间信息互转误报、执行结果无法及时闭环反馈等问题，企业应通过融合通信丰富调度通信手段，增强业务可达性，实现调度、内外操同会。交接班通过远程音视频方式实现，15分钟完成全部交接，内容全程可追溯，提升了交接班质量及效率。

图 8-29 能源化工企业融合通信总体架构

▶应急指挥

应急指挥上报流程利用灵活编组，同时通知各部门和各负责人，极大节省通知时间，通过语音、文字、图片、视频多种方式全面获取现场情况，指挥更准确高效。多种通信设备的通信融合，保证所有移动及非移动状态的相关人员的通信畅通。文字转语音的闭环追呼功能，可召集会议并获取被邀请人群的反馈，未接听则重新呼叫，保证了信息的有效传递；应急办公室通过预设应急工作组及单元组，同时通知各组启动应急准备，效率提升了10倍以上。

▶与巡检系统的配合

通过融合通信系统配合巡检系统，企业可实现内外操双向可视化智能巡检，实时传输视频、设备参数等数据，内操可调取外操人员附近摄像头，与生产调度指挥中心实时语音对接、内外操互联互通、可视化指挥，极大地缩短了应急故障反应和抢修时间。

企业通过融合通信，可以实现通信与协作效率优化。融合通信基于物联网技术实现人与人高效互联互通。通过通信协同，促进企业各类业务协同，尤其在应急指挥、生产调度、大修及施工等跨部门多兵种协作方面，在实践中印证了融合通信解决高效协同的效果。面对化工行业，企业可针对自身特性，进行创新性设计，具体体现在应急响应、安全管理、操作体验、支持场景、远程协作等维度。在应急响应方面，内置应急通信预案、应急综合指挥、远程交接班、内外操巡检、调度例会等业务场景，提高3倍应急效率；在安全管理方面，内嵌石化Ⅱ级等保安全机制，联动统一身份认证、组织机构，符合石化特色安全等保密要求；在操作体验方面，软硬件一体，融合调度台辅助实现可视化智能调度，支持音视频通话、视频会商、视频监控调阅、指令下达、GIS调度等功能，操作便捷、提高用户体验感；在支持场景方面，产品支持配置多场景智能呈现服务器，将调度台上的视频调度场景、GIS场景、统计报表场景等界面同步呈现至大屏，实现直观高效的调度指挥工作，支持图像分割显示，支持大屏呈现与调度台之间的互操作；在远程协作方面，当需要专家诊断时，可以通过远程音视频协同会商，系统支持专家库包括专业、技能、联系方式、单位等信息的维护。同时，通过远程桌面共享，实现多人联合标会。

3.案例：建设融合通信系统，提升全面感知、高效协同能力

集石油化工、盐化工、煤化工、天然气化工为一体的某特大型炼油、化工、化肥、化纤联合企业，目前有34个直属企事业单位。其中，有14个生产厂，8个专业化公司。企业规模庞大，通信层级烦琐，融合通信项目涉及下属厂区及专业公司。

企业业务流程为调度室、内操、外操，原有通信流程为调度到内操通过调度电话进行通信下达相关指令，再由内操通过摩托无线集群将相关指令下发到外操，通信手段单一，传递层级烦琐。基于融合通信场景设计，企业通信可分为日常调度半双工融合会商、应急情况下多方会商以及日常巡检/处置业务场景。

企业根据无线网和融合通信需求，建设了融合通信系统与工业无线网，接入企业底层的各音视频子系统，包括企业行政电话、调度电话、移动终端、视频监控平台、视频会议、无线集群等。厂区通过部署LTE基站，实现工业无线网全覆盖，用于日常巡检终端巡检、融合通信APP接入。其余各音视频子系统依托于企业现有有线网及办公无线网，通过融合通信系统进行资源和系统的统一整合，通过移动APP端和桌面B/S端相结合，为企业生产调度、日常巡检、HSE等业务提供互联互通通信服务，为企业提高了各个环节的生产和沟通效率，降低了由于通信不畅、层级烦琐所造成的损失。企业融合通信部署架构体现为接入端+网端+云端结构，如图8-30所示。

企业通过建设融合通信实现降低运营成本、促进流程敏捷、提升沟通效率、提高生产安全等核心价值，实现各类通信终端与工业生产业务融合交互，支持多种通信模式下的云端协同办公、即时音视频通信，并可在以下场景中获得应用：

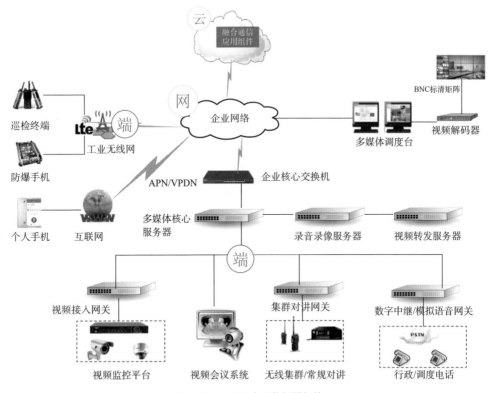

图 8-30 企业融合通信部署架构

➤**双重短信、文字转语音，信息可靠送达**

企业双重短信+文字转语音闭环追呼，三重冗余，将应急处置信息快速、可靠通知到相关人员。基于移动信息机、短信双冗余模式，批量发送短信通知，提高信息发送可靠性；应急情况下，短信文字自动转语音呼叫，批量发起语音呼叫，呼叫接收方可按键反馈后台自动统计；未接听人员，后台可以一键重新呼叫，实现通知信息的闭环。

➤**集成对讲组，打破空间限制，扩大移动对讲**

利用融合通信系统，企业实现了巡检终端、防爆手机、个人手机与数字集群对讲组的互联互通功能，顺利实现运行部管理人员与内外操间调度指挥的即时通信；如果需要作业现场大修，融合通信保证了通信顺畅，让移动对讲突破空间距离限制。领导出差在外依然可以与现场对讲组通话，与工作现场互动。

➤**移动端、桌面端可随时查看视频监控画面**

移动端、桌面端均可查看现场任意视频码流；根据权限划分，便于管理人员查看现场视频监控画面；远程监测、维护，近期机房温度较高，随时APP查看视频监控画面，监测温度；远程查岗，提高监督管理水平。

➤GIS调度实现音视频联动

融合通信系统基于GIS调度功能，进行圈选指挥，具体表现为：向事发地点一定范围内的所有人员发布指令，可直接通过圈选功能选中成员组，点击单呼/组呼、查看视频监控按钮；可直接选中地图成员，点击语音呼叫/视频呼叫按钮，即可发起语音或视频呼叫，实现双向通信。

企业通过融合通信系统建设提升应急事件响应效率、推动统一通信协同办公能力建设、更好地助推企业的融合与开放，实现了融合和开放：

融合：企业实现了行政电话、视频监控、视频会议、短信平台互联互通，同时接入调度电话、无线集群、手持终端等进入融合通信平台。通过融合通信系统，让巡检终端、防爆手机、个人手机与45个数字集群对讲组之间实现互联互通，也让移动对讲冲破空间距离限制，操作简化。

开放：平台采用了国内、国际标准协议和音视频标准编解码方法，方便与各类平台和设备进行对接，可以对业务系统提供三类开发包供调用，定制化开发特殊需求。

建设融合通信后，企业实现行政电话、视频监控、视频会议、短信平台互联互通，同时接入烯烃厂调度电话、无线集群、手持终端等，完成多套通信系统及千余个通信终端互联互通，支持百余位企业专家在线指导，支撑日常班组通话、智能巡检、应急演练、临时调度视频会、专家远程指导等场景，进一步满足企业跨区域、跨部门之间的一体化生产调度、应急指挥的需求。

（二）智能巡检：提升生产效率，降低安全风险

与其他行业相比，化工企业具有高温、高压、易燃、易爆等属性，加之具有生产装置大型化、密集化、生产工艺复杂、生产过程紧密耦合等特点，与其他工业部门相比具有更大的危险性。因此，化工企业的生产特点决定了提高设备巡检质量与协同应急处理能力，是实现企业安全生产的有效途径，也是提高生产效率的前提和保证。

企业巡回检查及时掌握装置运行情况，发现和消除隐患，根据设备重要性、运行周期和季节特点，在不同的时间段进行有目的、有重点的巡视，实现彻底、无遗漏检查。巡回检查是装置内员工的主要日常工作，需要采集大量设备的工作状态，决策出相应的处理方式。

先进智能的巡检方式和管理方法可显著提高巡检工作的效率和质量，实现设备自动巡检和故障智能诊断，减轻基层员工负担，保障企业安全生产管理制度的落实，是企业数字化转型的必经之路。智能巡检利用"5G+互联网"的新技术，整合多元

化业务应用场景，为客户提供安全、可靠的智能化终端和统一、规范的巡检服务；以数字化、智能化为体验，重塑巡检管理新模式，保障装置安全稳定运行，实现企业降本增效。企业巡检人员通过佩戴智能终端、穿戴设备、智能设备，实现人员之间和设备之间的协同作业和互联互通，设备数据自动采集，保障"机电仪管操"五位一体巡回检查制度的落实。

企业在发展过程中持续沉淀巡回检查制度与管理体系，但其规范性、科学性与统一性仍然是限制巡检业务信息化、智能化的障碍。同时，新技术、新设备的引入，对智能巡检升级、员工安全意识转型带来了更高的要求，需要企业加以重视。

1.巡检作业时效性和规范性有待提升

智能的巡检方式和管理方法为企业转型提供了新的力量，但多数企业巡检基础薄弱，转型升级既要仰望星空，也要脚踏实地，企业当前巡检作业的时效性与规范性仍有待提升。主要表现在以下方面，一是巡检工作效率低。当前很多企业生产的巡回检查采用点检方式，没有实现智能化。设备运行状态采集，依赖人工手动记录、纸质保存的方式。现场设备数量多，数据采集周期长，分散在装置各个区域，巡检周期长、效率低，不易及时发现并反馈现场隐患。纸质记录的数据处理烦琐，后期统计、分析、存档比较困难。此外，纸笔记录方式容易错漏，文字描述不直观，记录真实性得不到保证，后期统计、分析、存档浪费人力。二是任务信息时效性差。巡检任务需要对应到每个岗位，如何将巡检任务有效地分配到岗位人员，严重影响任务完成的质量和效率。因现场环境和工艺调整，企业需要对巡检内容进行变动，并及时传达到岗位人员，以便故障复查。常规的巡检方式和一般的巡检软件很难适应这种变动，巡检任务不能及时更新并下达到个人，影响调度人员及时调整调度计划。当员工发现问题或隐患时，不能通过有效地方式进行及时沟通，导致问题处理延迟，演化成生产事故。三是缺乏规范管理手段。巡回检查工作属于高重复、易疲劳的工作，主要依靠员工的自主能力，没有人员监控，容易漏检或巡检不准时。岗位人员的代检、替检等现象时有发生，员工危机意识不强，对工作性质认识不够，容易对安全生产放松警惕，未能全面履行监督职能。企业缺少有效手段监督约束员工巡检工作，造成各种不良巡检行为发生。四是硬件设备质量不一。工业现场环境复杂，对巡检设备使用要求极高，尤其是在石化行业要求设备具有防爆能力。市场上手持终端鱼龙混杂，防爆真假难以分辨、产品质量得不到保障。由于市场需求量少，防爆手持应用场景要比常见手持终端更少，导致了很多防爆手持与常见手持中间的模糊区域被普通手持终端占据。一台真正的防爆手持终端在实际应用上起到减少隐患、增加使用稳定性的作用，能够带来更大的潜在价值。

2.基于"云+管+端"架构的智能巡检模式

企业智能巡检基于"云+管+端"的架构，能够构建线上线下合一、前后端贯通、全过程的管理模式。通过射频识别（RFID）、温振传感器、5G高精度混合定位、防爆智能终端等设备，实时传输人员定位数据、设备采集数据、现场隐患问题，实现人员、设备、过程的全方位管控。智能巡检总体架构如图8-31所示。

图8-31　企业智能巡检总体架构

一般来说，智能巡检软件包括移动端和平台端两部分。在移动端，员工借助智能巡检终端下载巡检任务，实时记录、自动上传巡检过程数据；通过人员定位、巡检轨迹查询，管理人员可实时获取现场人员情况；通过音频、图片、视频等方式，记录巡检内容；巡检人员可实时获取内操仪表运行数据，提高内外操协同作业效率，提升巡检质量，实现巡检工作智能化。在平台端，基层管理人员可实现巡检任务、巡检计划、巡检路线、启用与冻结、轮班域等业务配置与管理功能；面对普通用户，提供了巡检实况、漏检查询、问题与隐患、人员定位、历史轨迹等基础查询功能；面对公司管理层，提供了统计报表、免责管理等KPI考核功能，可实现选件漏检率、巡检完成率、巡检按时率的统计。巡检任务可以按照设备分组，实现设备投用与备用的切换管理。移动端和平台端的智能巡检应用体系可在以下场景中进行应用，进一步完善巡检管理体系。

基于人员定位的巡检管理。防爆手持设备终端融合北斗+实时动态（Real-time kinematic，简称RTK）高精端算法，在使用区域内选取合适位置（一般为高楼、高塔顶部）部署RTK参考基站或者使用RTK服务，定位终端通过4G/5G网络接收差分数据（RTCM数据），结合接收的卫星信号解算输出高精度定位结果。智能巡检可以实时采集员工地理位置信息，实现巡检路线的跟踪，对于长时间停留在某处，可在终端报警提示。该方案综合运用了物联网技术、互联网技术、地理信息定位系统等，通过将巡检点、时间、内容、周期、路线等录入管理系统，巡检人员能按照预定计划、线路，按时、按线、按序完成巡检任务，实现"事前预警、事中监控、事后考评"的智能化管理。基于人员定位的智能巡检如图8-32所示。

图 8-32　基于人员定位的智能巡检

基于VR技术的巡检管理。利用5G、VR、人工智能、物联网等技术，可实现虚拟场景与实景照片、实时监测结合轻松完成电子化日常巡检、自动化长期监测等日常管养工作。VR智能巡检能帮助企业实现高效设备运维，巡检人员通过头戴式VR设备，将整体设备的运行状态与参数以立体透视方式呈现在眼前，实时了解整体设备内外的运行情况，极大提高巡检效率。VR巡检方式打破了传统数据查看的"枷锁"，将信息推送到设备工作现场，简化运行数据查看环节，优化巡检工作流程。在巡检过程中，出现疑难状况，员工可通过移动终端远程通信，VR实时标注对现场进行勾画等功能，快速解决巡检问题。同时，VR巡检方式支持手势与语音指令调整参数展示内容VR，极大提升巡检效率和准确度。基于VR技术的巡检管理如图8-33所示。

基于物联设备的巡检管理。随着生产自动化的普及程度越来越高，基础性的设备日常检查已经不能够满足生产需求。结合设备管理特点，企业应建设基于物联设备的智能巡检机制。巡检人员通过防爆手持重点链接现场各种智能监测设备，如温振传感器、智能抄表等，可实现设备数据的无线、自动采集，提高数据的准确性与巡检质量，避免因巡检质量低造成的设备故障，保证工业生产的安全稳定运行。

图 8-33　基于 VR 技术的巡检管理

　　基于智能机器人的巡检管理。新兴技术发展，"机器换人"可替代人工完成部分高危工作、重复性工作，或与人工互为补充完成复杂任务，成为未来行业的发展趋势。企业的智能巡检采用轮式机器人，搭载高清可视光摄像头、红外热成像仪、气体检测仪等传感器，并配备了 AI 智能识别技术应用。机器人在收到巡检任务后，会使用人工智能算法，结合待巡检点位自动规划路线，在巡检过程中若遇路障可自动调整路线。同时，巡检平台设置了电子围栏，制作"电子禁区"，限制其自动规划路线的范围。巡检机器人采用即时定位与地图构建（Simultaneous Localization and Mapping，简称 SLAM）自主定位技术，利用激光雷达+视觉 SLAM+惯性运动单元（inertial motion unit，简称 IMU）融合方案进行功能互补，防止误碰地图中未规划的临时障碍（临时脚手架等），使用机器学习算法自动读取识别计量表计、液位计。机器人通过结合实际场景，进行迁移学习，可更好地展现自身价值。

　　目前，智能巡检系统正在持续优化，智能巡检 APP2.0 支持巡检数据连接 MES 管理系统，所有的巡检路线、巡检任务、巡检计划均可以与 MES 系统无缝对接，巡检结果能够实时无线传输到操作管理模块。智能巡检 APP3.0 支持一台终端与多条巡检路线绑定，减少了终端配置数量，外操人员可实现一个终端巡检多条路线，为企业降本增效。

　　▶重塑巡检业务管理的新模式

　　传统的巡检模式通常是手动操作，需要大量人力资源和时间，对于大型企业来说尤为困难。智能巡检以信息技术为依托，将巡检工作标准化、巡检内容模块化，利用手持终端上的 APP 代替纸质记录巡检。同时，采用先进的技术手段，如 AI、物联网等，可以实现高效、精准、自动化的巡检，自动采集设备数据，提高了数据的准确性和巡检质量。智能巡检可以将各地的巡检数据进行统一管理，便于企业进行数据分析和业务管理，提高企业管理水平和决策效率。在数据处理方面，智能巡检可以迅速处理海量数据，有针对性地对设备状态进行跟踪分析，提高设备的稳定性和可靠性。在解决安全隐患及时处理分析方面，智能巡检也有着常规巡检不能比拟的优势。出现问题的时候，智能巡检管理第一时间提示管理人员进行处理和调度，并且能够以图文结合的方式展现隐患现场，利于问题的及时处理，提高工作效率。综上所述，智能巡检可以重塑企业巡检业务管理的新模式，提高效率、降低成本、提高精度和实现统一管理，为企业节省时间和成本，提高管理水平和决策效率。

▶提高巡检业务高效协同办公能力

企业运用智能巡检的核心价值在于提高巡检业务高效协同办公能力。传统的巡检操作需要手动记录和处理，容易出现漏检、误检等情况，效率也较低。而智能巡检借助机器视觉、人工智能等技术，可以实时监控设备运行状态，自动检测异常，提高巡检的准确性和速度。智能巡检还可以将巡检数据实时上传到云端，支持多人协同查看和处理，提高巡检业务的高效协同办公能力，大幅度增强设备的稳定性和安全性，减少故障损失。智能巡检平台可适应各种巡检工作安排，并利用4G/5G下发到巡检终端，保障巡检人员可按照最新巡检任务执行。同时，利用网络的低时延、大带宽的特性，问题隐患可实时回传到平台，管理层可实时查看最新动态，并给出相应措施方案。巡检过程中遇到疑难病症时，可通过工业现场视频，请求专家远程指导操作。

▶支撑企业巡检制度的执行与落实

智能巡检的核心价值在于支撑企业的巡检制度的执行与落实。通过智能化的巡检方案，企业可以提高巡检的效率和准确性，降低巡检成本，保障设备安全稳定运行，从而提升企业综合竞争力。利用人脸识别、指纹打卡等技术，实现巡检人员的管理，杜绝代检、替检等现象发生。同时，基于高精度RTK技术，实时监控巡检人员位置，保障员工到位巡检。通过多种巡检KPI考核指标，实现巡检的透明化、标准化管理。企业利用智能巡检新技术，可实现人员、设备、过程的全方位管控，为企业五位一体巡回检查制度的落实提供了技术上的保障及手段。

3.案例：智能化无人巡检，重塑管理协同模式

某化学有限公司经营生产的主要产品有丙烯腈、氢氰酸、乙腈等，产品牢牢占据山东高端产品市场客户，并且远销东北、西北、华东、华南市场。为加快推进公司产业转型发展，实现由传统管理模式向智能化管理升级，该企业拟建一套具有实时化、数据化、智能化、平台化的智能巡检软件，代替传统巡检模式，全面提升企

业巡检高效协同的能力，提高企业核心竞争力。

基于业务需求和原有基础设施，遵循先进性和可操作性原则，建设了智能巡检系统。系统为操作人员配备4G手持仪，在装置现场进行巡检数据的采集，并且通过4G公网/4G专网/Wi-Fi等多种网络将巡检信息进行回传。经过数据分析处理后，在上层应用进行展示以及管理配置。企业借助智能巡检终端下载巡检任务，实时记录、自动上传巡检过程数据；通过音、视频交互及基于网络的在线巡检，提高内外操协同作业效率，提升巡检质量，实现巡检工作智能化。

智能巡检系统主要包括两部分内容，即Web端、APP端，Web端主要为管理人员（技术员、调度、信息中心管理员以及公司领导等）使用；APP端主要为外操进行现场巡检，装在防爆巡检仪中使用。其中Web端功能主要包括巡检实况、统计报表、配置管理、漏检查询等，APP端功能主要包括数据通信、系统设置、域名地址、智能巡检四个模块。

企业采用防爆手持终端+软件平台的方式建设企业智能巡检系统。新建巡检系统作为班组运维数字化转型的关键，改变了传统人工巡视效率低、精细化程度不高的问题，极大地提高了班组的工作效率和智能化水平。

项目根据企业的管理要求，为企业创建巡检线路，并分配到对应的操作岗位，完成巡检点、巡检任务的标准化。智能巡检系统上线后，企业对巡检人路线与巡检计划进行优化调整，实现岗位人员交叉巡检，巡检频次提高到1小时/次。在巡检过程中，巡检人员利用系统完成隐患排查百余项，发现各类缺陷十余处，智能巡检在企业生产运维中的作用日益凸显。

同时，企业通过项目建立一套统一的巡检考核方法，可实时查看员工或岗位巡检的到岗率、及时率、完成率。对于特殊情况，无法现场巡检，如现场探伤部分区域在固定期间停止巡检的情况，管理员可以提前做好巡检计划进行管理，也可以通过免责申请进行处理。在智能巡检系统的管理模式下，各岗位巡检及时率、完成率均可达到99%以上。

总的来说，依托智能巡检，企业可规范巡检内容、优化巡检路线、加强巡检频次，同时完善统一、科学、标准的考核办法，实现巡检考核透明化。通过巡检方式排查各类隐患缺陷，企业可提高设备的安全可靠性，避免事故发生，树立良好的品牌形象。

（三）防爆网络：构建隔爆防护，部署高速网络

随着企业数字化转型深入推进，5G新基建迎来发展红利期，行业市场前景广阔。利用5G大带宽、低时延、海量联结的特性，结合工业互联网、边缘计算、人工智

能、大数据等新技术，5G新基建在行业工程建设、生产运行、安全环保、设备管理、产业协同等领域发挥重要作用，在改进传统的生产模式、管理方法与手段，促进企业生产运营提质增效、推动石化企业工业化和信息化的深度融合，提升企业数字化、信息化、智能化水平等方面发挥关键作用。

"5G+工业互联网"向能源化工细分垂直领域延伸发展过程中，需要具备高可靠性、大连接、低延时、高带宽特性的5G通信网络作为应用的载体，加速化工企业5G应用落地、辅助加快数字化转型。5G智能网络的建立，旨在促进行业推广5G应用，促进石化工业互联网参建企业、厂商、集成商形成健康有序的生态体系。5G网络解决工业物联网接入设备多、分布散、并发高、延迟长的问题，适应企业移动视频监控、视频通话、移动远程操控、远程实时诊断等场景带宽占用大，峰值高，伸缩弹性大等应用特征。

1.海量数据传输速率待提升，视频应用场景时延长

企业业务的发展对数据搜集处理、媒体信息传输、信息流畅度与实时性提出更高的要求。海量数据并发需求带来的连接瓶颈。过去机械+人力的粗放管理模式，导致劳动强度大，效率低，随着5G技术的大规模应用，每天将收集和处理海量现场数据包括仪器仪表数采及管控、人员定位、语音、移动视频识别检测、协同会议、远程现场诊断等连接瓶颈问题。万物互联后，所有设备所连的基站不可能是同一个，因此需要部署全网5G覆盖，建立具备防爆特性的基站实现装置区内5G信号的覆盖。基于大流量视频场景无线带宽不够、有线布线难。临时施工作业常持续几小时，全场视频监控、传感实时动态需要回传。当前企业面临有线布线难、Wi-Fi覆盖差、4G专网频段信号差等问题，导致以上网络连接方式均无法满足大带宽要求，急需大带宽低时延的5G网络来助力大流量视频的回传。AR/VR、实时监控等场景下时延长。基于AR/VR、无人机、机器人等智能技术的智能巡检、培训、检修等业务在智慧油气行业发挥越来越多的作用。当前基于短距无线、Wi-Fi或有线的智能巡检设备受到很多局限，如移动距离短、可靠性低、需有人近距离操控、数据不能实时处理等。AR设备维护、8K视频回传、阀门远程开关控制、机器人巡检等场景，都需要低延时的5G网络提供支撑，实时视频通信上、下行数据传输需保障不低于4Mbps，避免影响图像流畅度和实时性。

2.广覆盖、可依赖、高性价比的5G防爆专网

能源化工企业5G防爆专网建设旨在为企业解决5G网络信号在防爆装置区的覆盖问题和数据的安全可靠问题。企业采用隔爆防护设计，将5G无线技术应用于石化装置区，提出基于5G微站的近端直接无线覆盖和远端光纤拉远及无线信号功率自动调整的工业5G网络覆盖技术。基于天线方向及功率自适应调整的高可靠通信技术，

使5G无线数据传输的可靠性达100%，通过安全可靠的5G分布式拉远方案，为5G微基站作信号补充，实现了高性价比的5G智能网络覆盖。

企业应用工业5G智能专网，搭建以下应用场景，支持高清视频、AR的应用，提升智能分析决策等能力。

本地网络分流实现大带宽高清视频。临时施工作业时人员大多非厂区内部员工，需要远程监控避免危险发生。企业需构建临时全景监控摄像头视频，实时传输并判断和预警。大带宽5G网络支持实时回传高清视频，同时利用MEC（Multi-access Edge Computing多接入边缘计算）服务器对内操实时全角度进行监控，了解临时施工现场的作业情况。

本地智能分析助力低延时实时监控。厂区内部风险无处不在，需要对各个角落进行实时监控并针对危害信息进行分析，监控视频全部回传后台分析增加核心网负担，并且延迟太大，无法做到实时监控。5G防爆专网建立后，企业可回传至计算能力高的MEC一体机，物联平台的图像识别组件进行本地视频内容识别如焰火识别、安全帽识别等，针对识别内容进行本地告警，助力实现实时事件监控。

深度包解析支持专家视频联动，远程AR标绘。炼化厂区日常检维修工作、巡检过程中发现的设备异常等，外操工维修经验不足时，需要经验丰富的专家指导，厂区面积广，专家到现场耗时耗力。外操工人佩戴AR眼镜、依靠低时延5G网络将前端摄像头拍摄视频实时回传给后台专家，MEC一体机提前缓存的设备信息，解析判断终端发起的需求，实现远程AR标绘助力远程指导维修工作。

借助5G大带宽、低时延、广连接、高可靠性等特点，企业可通过5G网络为生产优化、设备管控、能源精细化监控等工业化应用提供有力支撑。在生产上，通过5G技术实现机器人无人化巡检，提高巡检效率、提升巡检数据的准确性和实时性；在设备管控方面，能够对公司关键设备进行实时监控和故障预警，快速掌握全厂设备健康情况，提升故障预警准确率，降低检维修成本；在安全环保方面，可以实时监测气体污染情况，通过气体云图实时精准定位污染源，有效提升预警响应和处置效率。结合5G网络应用场景和技术特点，企业可在上下游产业链融合，内部试点示范等方面持续深入，充分挖掘5G专网带来的规模效益。

▶带动5G上下游产业链技术融合和产业融合

企业可基于5G防爆网络设备、5G防爆CPE、5G防爆智能终端和5G炼厂工业软件打造"5G+智慧炼厂"，带动上下游产业链技术融合和产业融合，激发5G应用创新和产业培育的新动能，为更多传统化工行业和炼化企业提供具有借鉴意义的转型模式和经验。

▶建立5G防爆专网试点示范

5G在石油炼化行业的先行探索，验证了5G对该行业应用的支撑效果，通过借助5G网络大带宽、低时延、多连接优势，企业可建立石油炼化行业5G通用场景的示范样例，促进5G工业应用在炼化企业快速落地并实践，创造较为可观的经济效益。

▶接入和管控海量数据

5G网络不仅传输速率更高，而且延迟更低、可靠性更高、能够连接的设备数量也更多，可助力企业全面激发物联网的应用，通过更快速的数据交流，实现全厂数据远程采集和管控。石化企业通过5G技术实时采集海量生产运行数据并进行智能分析，完成生产能效管控、生产单元模拟、设备预测维护和全域物流监测等工作，实现降本增效、保障安全生产。精细化运营将是未来的主要方向，而这一切，又都依靠海量数据采集、大带宽数据接入、低延时数据传输、云端智能分析的支撑。5G智能网络下的企业数据安全如图8-34所示。

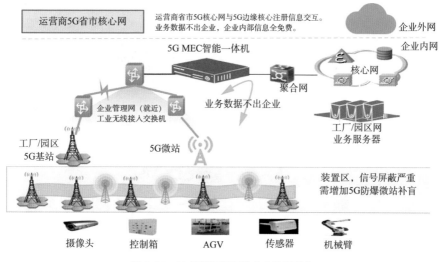

图 8-34　5G智能网络下的企业数据安全

3.案例：5G智能专网，实现高质量网络支撑

某企业以炼油化工为主营业务，主要产品有汽油、柴油、航煤、液化气、硫黄、燃料油、苯、对二甲苯、邻二甲苯、聚丙烯和苯乙烯等。为加快推进传统石油炼化行业的转型发展，实现由传统制造向智能制造升级，企业规划建设十余个宏基站。该项目作为海南省第一个落地交付的5G+工业互联网领域标杆项目，将有力加快海南省数字产业化和产业数字化进程。项目第一阶段基站已开通，第二阶段规划在宏基站的基础上建设5G防爆微基站，实现厂区5G网络无死角覆盖。5G专网项目可发挥大带宽、低时延、广连接的优势，利用物联网、云计算、大数据、人工智能

等核心技术，为物理工厂数字化、项目管理信息化、现场管理智慧化建设提供高质量支撑。

该企业在5G应用"扬帆行动"及"十四五"时期高精尖产业发展规划的引领下，积极改进技术，打破5G防爆专网覆盖瓶颈。打造"云＋网＋应用"一体化的5G+工业互联网应用示范，助力构建安全型5G智能企业，推动石油化工行业5G工业互联网的高质量发展。

为助力企业安全生产，适应政府"十四五"需求，解决5G防爆专网覆盖问题。该企业5G网络建设借鉴4G网络的建设经验和规划蓝本，结合企业实际，进行了一体化需求分析设计。项目规划解决5G防爆专网覆盖问题，打破5G防爆终端应用瓶颈，加快以5G为代表的新型基础设施建设，积极推进"5G+工业互联网"创新发展。5G+工业互联网建设蓝图如图8-35所示。

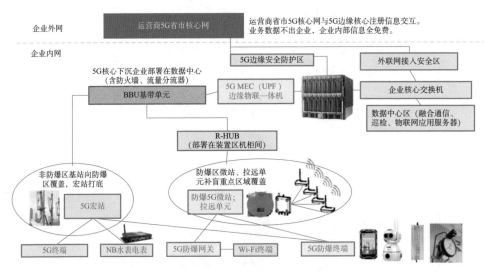

图8-35 5G+工业互联网建设蓝图

该企业5G网络建设聚焦覆盖场景多样化、网络部署局域化、网络性能可配置三个方面。对于特定场景提供综合型、灵活便捷的5G行业专网，按需提供定制化的网络建设方案，如乙烯厂的生产园区及业务场景对无线网络覆盖质量、时延、上行带宽、数据保密性、设备移动性、网络控制权等的要求均高于公共大网，为解决现有无线专网的痛点，企业补充公共大网的能力，为信息化、智能化、数字化转型进行深层次赋能。

▶覆盖场景多样化

该企业乙烯工厂的应用场景对网络能力的需求也存在差异，例如乙烯工厂工业控制场景要求的网络时延可达到毫秒级别；AR/VR视频类场景需要保障大带宽、高吞吐量。摄像头、办公移动电话、机泵监测、打印机、扫描仪等部署区域需要分散，进行全面覆盖；无人机、智能叉车等需要有较强的移动切换能力。因此乙烯园区需要一套可以灵活满足多个应用场景的专网整体规划。

> ▶网络部署局域化

不同于公共网络广范围覆盖的需求，乙烯工厂对于网络覆盖的需求聚焦在明确的园区、码头及道路上。网络的时延要求极为苛刻，大约20毫秒，而公网发生断连、拥塞会对园区的生产效率带来影响。企业通过在园区范围内部署专网对所有生产作业区域进行重点覆盖、保障园区数据安全、降低数据传输时延，提高园区的调度能力及生产效率。

> ▶网络性能可配置

行业专网需要满足网络性能可以灵活化配置的需求。当公用网络出现通信拥塞时，会造成数据丢失、调度失灵等安全事故，通过将时延、带宽、可靠性等重要网络性能进行配置，智能石化专网能够保障调度指令及时传达到关键节点、避免网络拥塞带来的调度失灵。

企业将5G智能网络深度融合到工业化场景中，可在移动视频监控、视频通话、移动远程操控、远程实时诊断等场景进行深度应用，解决工业物联网接入设备多、分布散、并发高、延时高等问题。在经济效益方面，该企业石化5G专网投用项目依托5G大带宽、低时延、广连接的技术特性，利用边缘计算、网络切片、物联网、云计算、大数据、人工智能等核心技术，实现了六项5G智能技术在工业领域的创新应用，人力资源节约50%以上，有效解决质量监控难度高、安全风险高等问题，优化5G无损检测智能评定，解决了无损检测工作量大、人员数量需求多、效率低、成本高、人为误差不可控等问题。管理效益方面，依托5G专网、实现5G门禁和周界应用，有效解决了厂区实时监控难度大、现场关键区域人员聚集预警等问题；实现5G防爆生产通信集成终端应用，可与调度电话、扩音对讲系统、视频监控系统共享、联动；实现5G无人机工业巡航应用，解决了4G无人机巡航传输速率低、延时长、卡顿等问题；实现办公楼全面无线办公，乙烯项目办公中心取消传统布线，台式电脑、办公电话等终端全部采用5G无线办公。

（四）工控安全：构建安全体系，保障网络安全

能源化工生产的信息安全是国家关键信息基础设施安全防护的重要内容之一。随着信息化与工业化的不断融合，原本相对独立的工业控制系统越来越多地与企业管理网互联互通，信息安全的问题日益突出。

为实现工控网数据采集和通信安全，企业可借鉴国内工业控制系统信息安全防护经验，结合工业控制网络和数采现状，在不影响工控系统运行的前提下，设计满

足实际需求的工控信息安全管理系统，划分安全区域、建设安全数据交换区、隔离控制系统，消除数据采集带来的安全隐患，杜绝通过网络传播信息安全威胁，保障装置的安全稳定运行，实现分层级的纵深安全防御策略，防范网络资源对工业控制网络的非法访问，保护工业控制网络和企业管理网络之间数据的传输安全。

当前，工业控制系统与企业管理网的交互正导致信息安全威胁向工控系统扩散，蕴含巨大价值的业务数据一旦被窃取，将对企业的业务和声誉造成巨大损失，信息安全业务的地位开始突显，为工控安全业务和技术提供了广阔的发展空间。

1. 信息安全风险加剧，两网边界管控能力亟待提升

企业工控信息安全业务布局较晚，工业化和信息化程度不高，工控网与管理网融合将进一步加剧信息安全风险，亟须提升边界隔离与管控能力。两网融合背景下工控网面临的信息安全风险威胁加剧，生产数据实时采集、生产工艺在线优化等信息化辅助生产业务的开展，打通了工控网络与企业管理网络，使病毒、木马、黑客攻击等信息安全风险通过两网连接，向工控系统蔓延，对安全产生造成严重威胁。单一类型的隔离设备无法保障两网边界有效隔离，由于两网连接通信业务多样，使用单一的隔离设备，无法满足多样的网络通信及安全隔离要求，难以保障网络隔离有效性。缺乏两网边界整体信息安全态势及网络通信的集中管控能力，分散在全厂区的两网连接和隔离设备，无法集中统一展现工控网络全貌，两网隔离设备的监控管理、安全策略、网络通信状态监控常常缺失，无法掌握整体信息安全态势。

2. 构建横向隔离、纵深防御的工控网边界防护体系

工业控制系统与外部系统、工业控制系统内部不同业务之间的网络边界隔离，对于工业生产业务系统的安全稳定运行至关重要，是实施工业生产业务系统安全防护措施需解决的首要任务。为构建工控系统边界安全隔离防护体系，企业可采用工控安全防火墙划分出数据安全交换区，实现数据的安全交互，实现工业控制系统之间的横向隔离，纵深防御。同时，部署工业级安全数采网关实现管理网和工控网的强逻辑隔离，建立工控网和管理网的边界防护，保证数据的单向安全采集；部署工控网络流量检测审计系统实时监测工控网络流量，识别异常通信流量，针对工控网络流量安全态势生成日志与报警。企业将所有工控安全设备与工控信息安全集中管理平台集成，有利于实现设备配置管理、实时监控、授权管理、认证管理及日志管理等服务，对于工业控制系统信息安全事件实现可视化管理。能源化工企业工控安全隔离防护如图8-36所示。

企业通过划分安全区域、建设安全数据交换区、隔离控制系统，实现物理单向安全数采，杜绝通过网络传播信息安全威胁，保障装置的安全稳定运行，具体建设内容包括工控安全防火墙、安全数采网关、工控信息安全集中管理平台等。

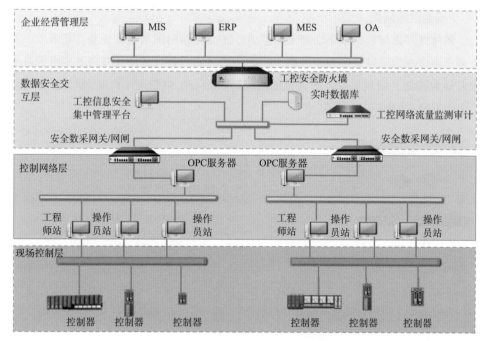

图 8-36　能源化工企业工控安全隔离防护

> **工控安全防火墙**

部署于工控网络与管理网之间或者旁路式监控工控网络，具有双重身份，既支持传统防火墙所具备的功能，也支持对工控协议的分析与攻击防护，实现管理网与控制网的强逻辑隔离，通过合理地划分网络安全区域，制定严格的访问控制策略。工控安全防火墙如图8-37所示。

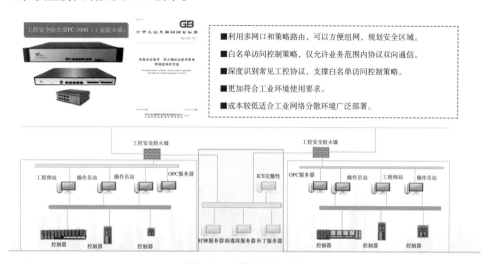

图 8-37　工控安全防火墙

▶安全数采网关

集物理隔离与数据采集功能于一体的GAP 2+1单向网闸隔离设备，从根本上避免恶意程序在管理网络和控制网络之间的传播，同时替代传统BUFFER机进行数据的采集和转发，做到单套生产装置的网络防护，与集中管理平台联动监控与预警。安全数采网关如图8-38所示。

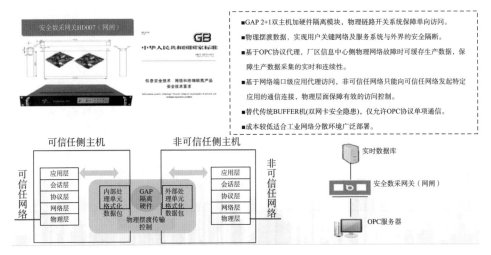

图 8-38　安全数采网关

▶工控信息安全集中管理平台

部署在企业管理网中，可用于监控企业工控网络边界安全状况、提供全面集中的信息管理，包括策略管理、信息收集、运维管理、安全状态监视等，有效监测操作，对非法行为预警，对于工业控制系统信息安全事件实现可视化管控，通过一个平台可以监控到全企业的工控网络边界安全状况。

工控系统安全防护建设一方面切实提高了企业工控安全防护能力和突发事件的应急处置能力，有助于预防和减少各类因工控安全事件引发的系统故障和由此造成的生产事故与经济损失，另一方面是企业平稳运行、国家安全维护的重要保证。为强化工控系统安全防护建设，企业可从加强两网信息隔离、优化风险监管和评估、开展风险预警和应急处置3个维度进行推进。

一是加强两网信息隔离。网络病毒大规模暴发、入侵等情况会给企业带来巨大的经济损失和影响。企业应持续加强工控安全防护能力，有效降低因工业控制系统受到破坏所带来的经济损失，避免因企业管理网病毒传播到工业控制网络造成装置非计划停车，为企业减少损失。

二是提高工控安全风险监管和评估能力。企业需实现关键信息工控基础设施

100%全覆盖，基本掌握关键信息基础设施的安全状态，并通过安全数据采集、安全数据整理、威胁和事件汇聚处理分析，实现数据可视化展现、工控网络风险整体呈现。

三是提高工控安全风险预警和应急处置能力。工控安全防护可利用信息技术加强风险研判和通报预警，提高应对网络安全突发事件的快速反应能力，对重大工控网络安全事件的预警感知时间不超过2小时，为工控网络安全事件应急处置提供支撑。企业通过提高工控网络安全风险感知能力和评估能力、行业网络安全风险预警和应急处置能力，可基本建立关键信息基础设施监测预警体系。

四 / 数据治理：挖掘数据价值，释放数据潜能

随着全球数字化转型的步伐加快，众多企业纷纷通过应用信息技术，整合内外部软件产品、服务和数据，结合工业互联网平台，形成统一的数据标准服务、数据资源目录服务、应用上平台服务以及数据质量管理服务，打造数字生态圈，创造新的利润增长点。

近年来，数据服务平台在大数据、人工智能和云计算等领域取得了显著进展，其中以ChatGPT为代表的人工智能生产内容（Artificial Intelligence Generated Content，简称AIGC）大模型应用为数据服务平台带来了新的突破和提升，AIGC大模型结合人工智能和图计算的优势，具备处理复杂数据和关系的能力，通过AIGC大模型的应用，数据服务平台能够更好地分析和挖掘数据中的隐藏模式，洞察关联关系。

壳牌石油通过对指标数据的层层拆解和溯源，实现基于"原子数据"驱动集团各类报表和报告的动态构建，以"原子数据"为最细粒度，抽象业务需求，实现动态支撑各类指标、报表、报告。壳牌通过"数据"管理指标的业务逻辑（统计口径、计算规则）、数据转换，分析数据活跃度；通过管理构成指标的全链路数据，实现以最细粒度的方式支持和满足指标的共享和安全需要。华为2014年启动数据治理工作，高层领导高度重视，2016年完成数据管理体系的建设和落地，2017年启动数据湖建设工作，2018—2019年全面开展数据入湖工作，并实现数据服务化，完成了集团数据管理体系的建设和落地，99%数据已入湖，赋能卓越运营和有效增长。

当前，数据已成为企业的战略资产，企业的数据治理贯通业务的全生命周期，企业从过去仅重视数据质量，开始提高对安全合规、用户隐私管理的重视程度。

（一）主数据管理：构建统一标准，健全数据体系

随着市场竞争的不断加剧、行业信息化应用的不断深入，企业越来越重视数据

应用和数据质量，越来越多的企业希望通过信息技术帮助自身建立竞争优势，数据信息在企业经营管理中体现的价值越发明显。为了保证各系统间的有效运转、深度集成，需要有一套统一的信息标准体系作为支撑，为企业高层高效决策提供可靠的依据。信息标准体系建设的基础是数据标准化，快速构建出一套规范的主数据管理体系，并将其应用到企业经营与生产管理，是数据标准化的核心价值所在。随着企业全面数字化转型深入推进，主数据管理的演化升级呈现以下特征：

➤技术专业化

大数据的应用转变了主数据标准更多依赖专家经验的常规方式，各行业主流主数据标准开始汇集并沉淀固化为主数据平台的数据模型，形成适合企业的基本数据标准和规范，支撑各应用系统的数据使用。人工智能通过聚类算法、图像识别算法及文本挖掘技术，为智能物资主数据清洗奠定技术基础，提高数据清洗工作效率，减少手工错误，降低人工工作量，同时结合应用端提供更精准的数据服务。

➤场景智能化

基于供应链上丰富的业务板块和业务场景，以采购等关键业务为纽带，以智能化技术为手段，拓展智能化场景的触点，利用AI+大模型等最新生产力革命工具，打通分布在产业链上下游的企业、外部客户、内部员工之间的信息沟通渠道，提供更加智能化的主数据应用服务。

➤主数据特质特性标准化

主数据作为企业最重要的数据资产，它的设计并不面向业务系统，而应该保持相对独立。主数据超越组织与流程而存在，为满足跨部门业务协同而建立，是所有职能部门业务过程的"最大公约数"。主数据在一个系统甚至是整个企业中都能被唯一识别，具有长期稳定性、业务关键性、拓展性、高价值性等特性。长期稳定性表现在数据存储到系统后不会频繁发生变化，甚至不会变化，即处于相对静态。业务关键性体现在主数据能够被业务交易和数据分析围绕。扩展性是指主数据企业在设计主数据时就需要考虑未来做扩展的可能性。因此主数据数据项定义时应当遵守开闭原则，即对扩展开放、对修改关闭，凡是已经定义的主数据数据项原则上不应当再次修改。高价值性则体现为主数据是所有业务处理都离不开的实体数据，与大数据相比价值密度非常高。

➤管理规范化

数据资产的维护需要站在公司的高度，协同各个部门共同完成。主数据是在各个业务部门被重复使用的数据，其管理兼具技术和业务的双重因素，因此做好主数据管理能有效支持跨部门协同。当前行业技术、业务分割明显，主数据管理可通过加速科技和业务的融合，建立公司范围内通用的数据规范，以保证数据的一致性和管理报表的合并。

主数据是业务系统的基础，是数据仓库的数据来源，是分析系统的统计标准。企业在发展过程中，早期往往不重视数据标准的制定，易造成业务模式不统一、组织架构不统一、数据标准不统一的局面，如何使主数据在信息化架构中，重新建立基础支撑地位，成为基础数据的汇集地，确保目标系统数据的一致和唯一，是企业迈向数据转型的重大挑战。

1.主数据标准不统一且治理工作量大

企业在进行信息化建设的过程中，各个层面往往相互独立，缺乏主数据管理体系与健全的系统建设，导致标准缺乏，主数据治理量庞大。主数据管理体系不完善，许多大型集团下属单位均有包括主数据在内的各类业务主管部门及流程，但未建立物料主数据相关管理制度；各单位普遍缺乏物料主数据专业管理人员，导致数据质量不高、管理不规范等问题。主数据系统建设不健全，大部分前期未重视主数据管理的集团型企业存在自建系统各自为战的情况，各单位业务系统均按照自身需求建设，数据标准也不统一，无形中增加了系统推广的集成接口，导致集成工作量大。物料主数据、客商主数据等核心主数据均集成在各下级单位的数据系统中，无法在集团内跨业务、跨企业地进行集中共享。主数据治理量庞大，集团下各单位共有主数据种类多、数量大，统一治理工作量大，需要协调企业有关资源，步调一致，集中力量开展主数据的治理工作。

2.存储、整合、清洗、监管、分发为一体的主数据管理平台

"三分管理，七分技术，十二分数据"，随着企业已建、在建、规划建设的信息系统越来越多，为了保证各系统间的有效运转、深度集成，需要有一套统一的主数据标准作为支撑，为企业高层的高效决策提供可靠的依据。主数据治理体系主要包含制定数据标准、建立代码库、搭建平台、设计运维体系、目标系统代码转换五部分。其中制定数据标准是基础，建立代码库是过程，搭建平台是技术手段，设计运维体系是前提和保障，代码转换是数据标准落地。主数据治理体系框架如图8-39所示。

在制定数据标准体系方面，企业应按照自身管理流程对主数据创建、审核、配码、分发、修改、冻结等全生命周期进行管理，实时监测业务系统对主数据的需求，向业务系统分发所需要的主数据信息，最终形成一个数据标准化服务的面向服务架构（Service-Oriented Architecture，简称SOA）平台，让企业将拥有统一的主数据访问接口，拥有集中且内容丰富、清洁的数据中心，为企业各部门提供一致、完整的共享信息平台，为业务流程和经营决策提供可靠支撑。

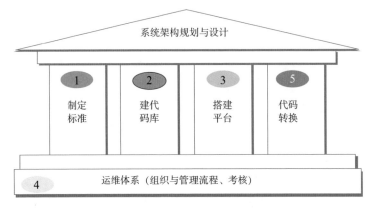

图 8-39　主数据治理体系框架

在基础设施建设方面，企业需基于 JavaEE 等主流技术体系设计研发，采用 B/S 架构，支持客户端使用多种浏览器，满足大数据量级、跨平台的用户使用，也要符合 SOA 架构体系。与其他业务系统间的数据接口应支持标准 WebService、可扩展标记语言（Extensible Markup Language，简称 XML）文件、Excel 文件、共享中间库等常用数据交换方式，并能与主流 ESB 服务总线实现无缝对接集成。此外，企业搭建的主数据管理要确保各系统信息代码的一致性，保证各系统之间信息传输的一致性，为 ERP 系统、集中采购系统等核心应用提供统一的数据标准，为企业经营决策提供支撑，确保企业核心系统如 ERP、MES、电子商务、办公自动化等系统，实现信息系统互联，满足集团及企业信息共享的需求，提高信息的有序化程度和存储效率。

在平台构建方面，企业应建设集成、完整的主数据管理平台，借助平台进行信息化标准体系架构、设计咨询、信息分类代码体系表梳理，编制咨询服务、主数据标准，建立咨询服务、数据清洗咨询服务、数据架构设计咨询服务、主数据管理的实施和接口开发服务及主数据治理咨询服务等。

以物资采购场景为例，主数据管理平台可助力企业打造覆盖寻源、采购、供应链协同、监督管控等方面的全流程数字化供应链，助力企业实现智慧寻源、智慧结算、风险管控和智慧决策。在物料主数据、供应商主数据、价格主数据等分析维度，主数据平台提供历史采购价、区域平均价、趋势预测等内外部信息，为企业采购招标提供参考服务，实现精准采购、成本控制，智慧寻源精准采购图如图 8-40 所示。

同时，企业需利用物资编码主数据以综合物资采购和发货信息、设备安装和运行信息、设备故障和维修物耗、能耗信息等指标建立模型，进行全生命周期分析，综合评价物资采购总成本。以物资采购总成本为依据，企业可开展性价比最优采购，并对物资采购进行追溯。

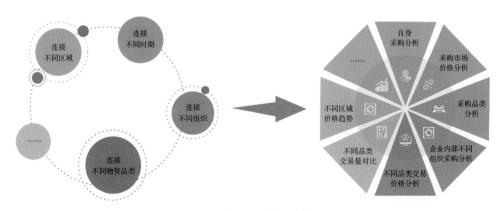

图 8-40 智慧寻源精准采购图

物资采购和设备运行全生命周期成本分析图如图8-41所示。

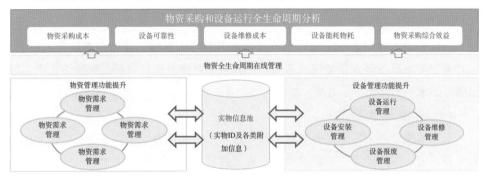

图 8-41 物资采购和设备运行全生命周期成本分析图

另外，为加强监督管控，企业可依据物资采购主数据对监督指标进行全局梳理，形成统一的采购监督指标体系和采购监督管理应用，根据电商平台管理要求，通过大数据算法，对采购商、供应商的刷单行为进行分析，进而提高平台的下单质量，物料主数据定位疑似刷单如图8-42所示。

3. 案例：构建数据标准，提升数据管控能力

某集团是中央直接管理的国有重要骨干企业，是中国最早设立的综合性国有资本投资公司，重点发展以电力为主的能源产业，以港口、铁路为主的交通产业，以及以钾肥为主的战略性稀缺矿产资源开发业务。

按照"总体规划、分步实施、注重基础、务求实效、稳步推进"的思路，集团稳步开展主数据管理的系统建设。集团总部管控层面，主数据已经覆盖了财务、人事、经营、战略等主要业务领域。随着主数据系统不断扩大应用范围和深度，集团结合数据治理"两横两纵"的建设目标，对主数据管理系统的集成、治理、质量、共享等方面都提出了新的需求。

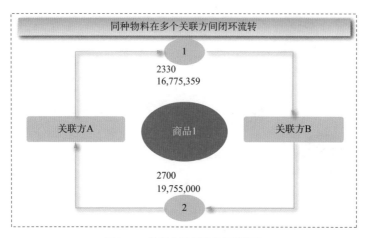

图 8-42 物料主数据定位疑似刷单

> **主数据产品升级**

目前集团主数据系统集成对接的接口都需要二次开发，接口配置的模块较弱，同时系统还不具备服务化集成的基础，导致集成对接工作耗时长，影响了提供主数据服务的水平，急需产品升级，提高对接效率。

> **满足集团信息化规划**

未来集团总部会根据业务规划不断完善数据标准种类，提升主数据管理专业能力。各子公司按照要求，需建设板块专业主数据标准，形成集团上下一体化、自动化的主数据管理体系。

> **完善主数据管控优化**

集团对数据管控的规划思路，重点在数据管理组织、数据管控流程、数据管理质量等方面进行加强和提升，形成企业数据管控规则要求，从而提升企业数据管理水平，为集团数字化转型提供支撑。

> **突破现有系统面临的瓶颈**

现有系统架构无法更好地满足新技术下信息化建设的需要，数据录入和校验、移动审批等方面功能相对较弱，集成接口开发多，提供数据服务工作量大、历时长，上线运行多年后数据量大，系统运行效率及性能降低，需要进行系统规划，突破当前的数据管理瓶颈。

为了满足以上需求，企业融合多个行业信息代码模型，搭建主数据管理平台，对信息代码进行全生命周期管理。平台可将信息分类标准固化到系统中，提供了友好的用户界面，指导用户按照统一的标准进行数据的申请、审批；支持对数据管理流程的灵活配置，满足各部门、子公司对不同信息代码的差异化管理；同时，平台支持与不同目标系统的统一集成，保证数据可实时地分发到各个业务系统，最终实现业务数据的一致性、完整性、相关性和精确性。集团的平台建设之路主要围绕以下三方面开展。

▶从"架构+功能+性能+集成"四维度进行优化，提升用户体验

集团依靠系统采用以Spring boot为核心的微服务架构，前后端分离分别提供服务，功能模块之间以子系统的方式单独管理、运行和部署；增强数据校验功能，定制化页面检索功能，优化系统权限体系，采用图形化的方式灵活定义工作流模板，引入企查查外部数据源；优化数据库结构和系统运行机制，避免出现数据查询、维护时运行等待时间过长；支持可配置的业务逻辑转换规则及数据分发消息格式，提升集成对接效率，降低集成对接成本，规范集成流程。

▶提升部署集成配置模块，建立通用接口

通过ESB实现与42个业务系统的集成，摒弃dblink、底层数据库读取、网闸同步等对接方式，增加数据传输的安全性、稳定性、准确性；同时提升部署集成配置模块，实现接口的配置管理，减少大量的接口开发工作量，提高集成对接的效率，降低集成对接的成本，进而更好地实现主数据在集团的快速深入和推广应用。

▶实现数据可视化，提升主数据管控水平

实施统计分析模板，按照企业主数据管控要求，规划设计主数据管控分析报表，并在主数据管理平台实施落地，为主数据管控提供依据。建设功能包括主数据审核统计、主数据组织提报统计、主数据月度统计、主数据数量统计、数据集成接收统计、数据集成分发统计。该集团企业主数据标准体系如图8-43所示。

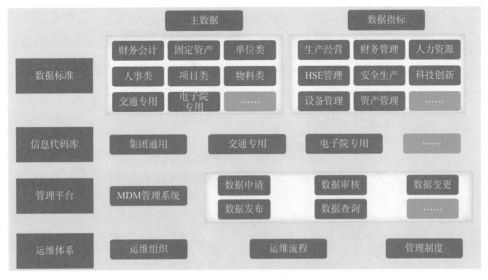

图8-43 某集团企业主数据标准体系

经过一系列改进，项目取得了巨大的建设成效。一是制定了一套集团主数据标准管理体系和数据质量管理体系，成立数据标准化工作小组，纵横分级管理，建立长效工作机制，对数据标准化工作进行统一管理，从数据标准、信息代码库、管理平台、运维系统等多个方面建立完整的信息标准化体系。二是设计了一套主数据标准，包括通用基础、财务、人事、内部单位、外部单位、项目、物料、数据指标、合同文档等9类集团通用主数据标准及各个业务板块的专业主数据标准。三是建立了一批100余万条主数据标准代码库，为集团多个核心业务系统提供标准化数据服务。四是搭建了一个集中管控的主数据管理平台，固化和落实主数据标准和管理体系，实现各类主数据的在线查询、申请、审核、变更、发布、分发等功能的全生命周期规范管理，极大提高了管理效率。

（二）数据治理：全域数据治理，培育发展动能

企业数字化转型趋势是数据引领业务变革，数据资源化、资产化已成为新一轮企业转型的重要方向，数据集中管控成为大势所趋。行业正逐步从点对点（传统生产机构和信息化系统的跨界融合）向点对面（产业+平台+数据的"1+1+1"跨界融合）转变，如何做好数据共享和数据分析、如何发挥数据资产价值最大化是数字化转型成功与否的关键。因此，企业级数据治理是企业数字化转型和发展的重要基础。从流程驱动的信息化到数据驱动的数字化转型如图8-44所示。

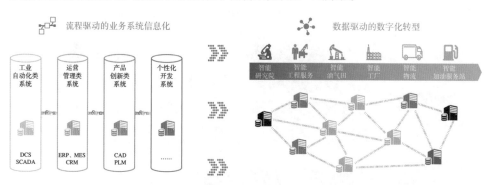

图8-44　从流程驱动的信息化到数据驱动的数字化转型

目前，数据治理的重点可以归纳为以下几个方面：一是通过数据治理体系的建设推动整体数据工作，包括以公司最高政策文件形式表达高层对数据治理工作的重视，统一数据语言和数据标准，保障数据质量，明确数据组织和流程，并以先进、智能的IT平台支撑数据管理各项工作。二是从人工治理到通过AI技术实现数据治理，进行元数据驱动数据模型的设计（元数据：定义数据的数据）。三是从单纯的关系型数据库到图数据库、列式数据库、分布式文件系统（Hadoop Distributed File

System，简称Hadoop）等的应用，关系型数据库只能处理结构化数据，大量的非结构化数据需要Hadoop等新型数据库来处理，而图数据库则更加直观，易用性好；通过新技术建立数据隐私与安全、血缘、虚拟化和生态能力，满足业务对数据的应用。

1.企业数据治理需求走向纵深

随着各行各业转型发展的不断深入，企业数据治理需求也走向纵深。如何通过数据治理建立数字资源体系，支持产业延伸、价值链延伸，成为企业实现上下游共同数字化转型的关键路径。当前，企业数据治理在体系构建、工具整合、场景挖掘上的不足逐步暴露，具体表现在以下五大方面。

数据治理体系尚待完善，场景仍需挖掘。数据是企业重要资产，而数据治理是企业数字化转型的重要基础。当前，企业数据治理在体系完备、规范完善、资源协同、工具整合、场景挖掘等方面仍有较大的提升空间。

数据治理体系不完备，数据标准规范尚需完善。大部分大型集团业务数据还是存储在独立的信息化系统中，新技术架构应用在企业系统中覆盖不足，表现为集团内部的子企业之间、各业务板块之间并没有建立统一的数据标准体系，数据治理体系的标准规范不一致，直接造成各业务板块的主数据和交易数据等难以整合，形成信息交换的壁垒，进而无法实现数据的共享和业务协同。

数据资源缺乏有效协同，难以形成立体化的数据资源体系。大型集团内部各企业经过多年的信息化建设，数据基础较好，拥有上中下游庞大的数据量，但同类企业之间、上下游企业、跨业务领域之间存在数据资源管理不集中、数据共享手段单一、跨业务数据质量管理水平参差不齐等问题。同时，结构化数据、半结构化数据、非结构化数据、时序数据分布在不同的业务系统中，集中管控难度大，在数据应用和管理上仍面临数据查找难、数据共享难、数据使用难等诸多挑战。难以构建涵盖多种数据类型、集中统一、可全方位管理的数据资源目录。

数据治理工具缺乏整合，无法充分释放数据潜能。集团面对数据共享应用会提出诸多数据治理需求，如对主数据进行治理、对数据元进行治理、对指标数据进行治理、对元数据进行治理等，试图推动数据治理工作的全方位转变。但前期并未建立集团统一的数据治理工具平台，各企业均单独与第三方工具厂商合作，如数据标准工具厂商、主数据工具厂商、数据质量管理工具厂商等，导致需要治理的数据分散在各个工具平台，不利于有效聚集治理后的数据，无法提供全面的数据治理成果，难以完整发挥数据的价值，也不利于企业降低支付成本、降低资金风险、强化数据安全、发挥数据潜能等。

数据治理业务场景缺乏深度挖掘，高质量的数据服务触达困难。数据治理工具平台除了涵盖一般常规的数据治理工具，还应该重点发展针对数据全链贯通的业务模式，实现对企业多类型、多频次、多数据源海量业务数据的治理与共享。基于这个逻辑，要提升数据治理平台的数据集成及数据服务能力，做出重点和特色功能，就需要针对非结构化数据集成、数据虚拟入湖、数据服务组态、数据脱敏共享、数据服务加密的细分场景进行挖掘。

2.基于工业互联网平台开展全生命周期的数据治理

企业可利用工业互联网平台的数据治理套件，结合数据湖架构对相关技术进行扩展，根据数据的生命周期特性，采用混合模式储存技术，实现企业数据的分析储存和分析管理。利用物理入湖、虚拟入湖两种方式对结构化、半结构化、非结构化及时序数据四种类型的数据进行全生命周期的精细化管理，数据治理实施方法论如图8-45所示。

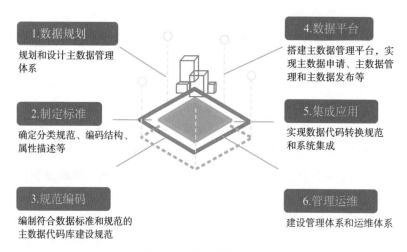

图 8-45　数据治理实施方法论

企业需要规划制定数字化建设相关的制度和标准，统筹基础设施建设，赋能企业实现云技术能力、数据管理能力、数据可视化能力等IT能力建设，以架构清晰、盘活资产、协同沟通、分析创新、安全管控为核心，推动数据积累资产化、数据服务生态化、数据平台智能化。

在基础设施建设方面，企业需基于数据治理工具平台，构建基础技术架构、数据治理体系、数据治理工具套件，创造"数据＋平台＋应用"组合服务方式，将前沿数字技术快速推广应用到不同数据治理及数据应用场景，构建行业"数字大脑"，共享数据资源，实现数据资源有序流动，支持产业链、价值链延伸，提升集团数据治理能力、数据管理能力、数据运营能力，实现数字化转型及高质量发展；依托综合性数据治理能力建设，提高数据共享、数据服务能力和防护风险，为国内数据治理探路引航，并提供可复制的数据治理经验，为社会经济带来活力。

在业务集成方面，大型集团总部、事业部、企业及产业链条搭建的数据治理工具平台需要覆盖采购、生产、销售、科研、工程建设、设备等业务环节近二十条业务线，覆盖企业数据标准管理、数据模型管理、元数据管理、数据资产管理、主数据管理、数据质量、数据服务管理等业务场景，通过数据标准化实现数据互联互通，从根本解决信息孤岛问题；通过模型的共享实现敏捷开发，减少开发工作量，缩短项目开发工期，降低开发费用，显著提高工作效率，赋能业务管理模式创新，实现资源配置利用最优。

在符合国家网络安全等级保障基本要求的基础上，结合实际数据治理业务需求，以完善网络、搭建平台、畅通数据为路径，企业需利用数据治理工具平台对网络安全架构、业务安全架构、个人信息保护、移动安全设计、数据安全交互、安全开发设计、安全服务保障等方面进行全方位安全体系设计，从安全通信网络、安全区域边界、安全计算环境、安全管理中心等四个方面实现对数据治理工具平台的全面安全升级，打造完善的数据治理工具平台和安全可控体系。ProMACE数据治理工具平台可赋能集团构建科学、合规、可控的数据治理体系，进而通过标准化数据质量体系建设帮助业务部门基于现有的数据环境，通过整合应用、梳理数据资源、数据标准化处理、数据安全保障体系的建设为数据使用者提供合规、安全的服务。同时，企业可基于ProMACE工业互联网的数据治理平台解决方案构建内部数据集中平台。ProMACE数据治理工具平台能减少多模式重复配置，提高数据处理效率，降低数据使用人员的操作难度，并提供更多可视化统计功能。

企业需要建立数据治理组织，对数据治理的政策、流程、人员进行管控，协调推动数据管理相关活动，持续提升数据管理效率。在运营方面，应推动数据治理"项目化""局部化"向数据治理工作"一体化、专业化、常态化"转变，建立跨团队的"融合运营模式"与数据运营服务团队，协助各部门共同保障数据治理体系运行、支持数据服务开展，促进"数据资源运营"向"数据资产运营"转换。在管理方面，企业应以数据治理为核心，加强资源整合，促进协同优化。从聚焦"拍脑袋""凭经验"决策向更加注重"用数据说话、用数据决策"思维模式转型，倡导良好数字化文化氛围，提升全员数据资产认知水平，构建数据话语环境。

展望篇

能源化工数字化转型的未来

高质量发展是全面建设社会主义现代化国家的首要任务，能源化工企业将坚定不移推进"双碳"战略，助力产业高质量发展。传统的能源化工产业属于"碳消费"模式，大量地消耗碳基原始能源会导致碳排放过量，产业亟须从"高耗能、高污染、高风险"向绿色、清洁、可持续方向转变。数字技术的蓬勃发展和数字经济体系的加速完善，为这种转变奠定了基础。深入推进企业数字化转型和智能化提升，是实现要素最优配置、提升经济增长质量的不二途径。

中国的能源化工产业需要走一条具有中国特色的数字化转型道路。一方面，中国企业的转型驱动力与欧美企业不同。中国拥有高度发达的消费互联网，消费端释放了极大的客户需求，也激发了客户对"量身定制"产品的主权意识，倒逼供给端进行转型升级，满足个性化需求。另一方面，中国企业的转型基础相比国外企业略显薄弱。中国企业设备自动化率远低于欧美企业，同时核心工业软件国产化率也较低，如何"弯道超车"成为企业家必须破解的难题。消费互联网积攒的大量技术成果为企业技术升级提供了底层基础和方案根基，并在此基础上不断融合工业机理，开出应用之花，结成能力之果。在数字齿轮的带动下，将市场变化和客户需求不断传递给供给端，拉动研发、生产、物流、配送、营销每一个环节紧密配合、敏捷运转，促进供给侧结构优化和宏观经济效益提升。

展望未来，能源化工企业数字化转型将围绕业务、技术和组织三个方面，以价值创造为核心，以数字创新为驱动，以组织变革为保障，充分释放发展潜能。能源化工企业将以数字技术支撑引领行业转型升级绿色发展为重要抓手，加快实施产业数字化转型，聚焦智能制造，持续优化升级智能化"田厂站院"；聚焦创新驱动，做大做强工业品采购、销售电商平台，深挖数据资产价值，实现资源共享，打造数字化服务生态；聚焦产业互联网发展，有力支撑企业"上云用数赋智"，为推进新型工业化、构建现代化工业体系做出更大的贡献。

绿色化数字化构建新型能源体系

在追求高质量发展的过程中，能源化工产业需要建设绿色智慧的数字生态文明。数字化和绿色化不仅是全球发展的重要主题，而且是相互依存、相互促进的孪生体。绿色转型意味着企业需要在生产过程中严格控制环境污染，节约能源和资源，推广绿色产品和服务，加快推进人与自然和谐共生的现代化，全面推进美丽中国建设。数字化转型则要求企业加强顶层设计，强化科技创新和数字赋能，发挥制度、政策的价值驱动和战略牵引作用，不断提升生产效率，优化业务流程，提升服务质量。

杰里米·里夫金在《第三次工业革命》这本具有全球影响的书中首次提出新型能源体系的概念。里夫金认为，当今世界正从前两次工业革命中形成的以化石能源为支柱的能源体系向以可再生能源为基础的可持续能源体系转型，并把这种新型能源体系变革称为"第三次工业革命"。人类社会正在从以"资源主导"的现代能源体系向以"技术主导"的新型能源体系转变，从有限"碳基"向无限"零碳"能源转型，利用先进技术对能源高效管理和精准匹配，实现能源的安全、高效、清洁、低碳利用。传统能源与地热、氢能、电能等新型能源多能互补的综合能源服务将成为我国能源服务的新形态，打破传统单一化的能源服务模式，满足用户多元化、个性化的能源需求。我国将依靠科技创新和市场化改革，有序推进能源结构优化调整，构建"需求合理化、开发绿色化、供应多元化、调配智能化、利用高效化"的新型能源体系，逐步形成绿色低碳的生产生活方式，以能源资源可持续利用支撑经济社会的可持续发展。能源转型与数字化转型协同，人与自然和谐共生，必将改变经济增长模式，为实现全球气候目标、保障我国能源安全、支撑经济社会高质量发展和中国式现代化贡献能源力量。

展望二

工业生产走向深层次数据驱动

以云计算、大数据和人工智能为代表的新一代信息技术对人类生产生活产生了颠覆性影响。这些技术能让我们获得、存储并处理更多类型、更大规模的数据，既包括传统的结构化数据，还有来自社交媒体、传感器、网络日志的非结构化数据。通过对工厂中人、机、料、法、环等全要素的深度互联与动态感知，将获得海量数据，从中可以快速获取信息和知识，使管理决策更加基于事实和证据。

能源化工行业已经累积了一定的生产经营数据，但数据价值还未充分发挥。构建"采集、建模、分析、决策"的数据优化闭环，应用"数据+模型"对物理世界进行状态描述、规律洞察和预测优化，已成为智能化升级的关键路径。未来，数据收集的场景、精度和质量将进一步扩充和提高，全面提升数据效能。一是提高智能化设备和硬件如传感器等的场景覆盖率，丰富数据来源，夯实数字化转型的数据基础。二是统一数据标准，提高数据质量，完善数据治理和安全管控机制。在以隐私计算为基础的数据安全服务下，过去"静止"的数据将在更大的范围按需自由流动，以数据驱动企业的创新、生产和决策，让企业管理者可以在多维度数据下交叉分析、智能归因，检视业务问题，做到有数可查、有据可依。基于数据采集、汇聚、挖掘与分析，融合工业机理和复杂数据模型，可以预测发展趋势业务增长潜力。通过工艺流程、参数的闭环优化与动态调整，将实现生产过程的自决策、自优化，以及资源配置的智能优化，从而通过数据自动流动化解复杂制造系统管控的不确定性，提高全要素生产率。三是积极创新信息技术与业务结合的落地算法，使用大数据、人工智能等新技术激发新思维，建立数据驱动的创新范式，形成超越传统认识边界的创新能力，推动研发创新范式从实物试验验证，转向基于数据的敏捷迭代开发。此外，随着数据的确权、估价、交易、隐私保护等数字监管机制和技术的成熟，以及数据应用场景的丰富扩展和数据民主化的逐步普及，企业的"数据服务"将向"数据资产服务"和"数据创新业务"演进，提升数据潜在价值向实际业务价值的转化率，加速业态创新与价值网络重构，使企业向价值链高价值环节跃升，实现跨越式发展。

展望三

"新建即智能"新模式将快速普及

随着数据治理水平的提高、工业互联网平台能力的逐步完善和设备级智能化建设经验的不断累积，智能工厂建设将从装备、感知、控制、操作、运营、决策等层级，以工艺、装置为核心，提升全面感知、实时分析、自主决策、精准执行和自主学习等核心能力。企业可以设备、工程等领域为切入点，采用正向建模、逆向建模等数字孪生技术，在老厂改造和新厂建设过程中同步智能工厂建设，实现工厂物理与数字双交付、"新建即智能"的建设新范式。下一步，智能工厂将围绕三个目标进行提升，一是生产操控自动化和少人化、无人化，实现对工厂的远程控制，提高劳动生产率；二是装置运行安全、稳定、长周期、满负荷，提高装置的利用率；三是全厂效益最优化，通过生产计划、投资计划和财务预算的深度融合，建立以价值为核心的财务分析指标体系，将价值模型与生产经营活动相结合，实现原料采购、运输、生产、销售、库存等各环节生产经营指标、管理指标与财务指标相结合，构成企业一体化的价值管理体系，数据分析也将从统计分析向预测分析转变，从单领域分析向跨领域转变，从被动分析向主动分析转变，从非实时向实时分析转变，从结构化数据向多元化转变，从根本上解决生产经营全局优化问题，提高投资回报率。

"数据＋平台＋应用"信息化建设新模式是实现"新建即智能"的重要路径。对工业企业而言，数据成为新的企业资产，挖掘数据价值不仅能够实现赋能优化，更能通过模式再造，创造新的价值增长点，实现企业的全面转型。下管数据、上承应用的工业互联网平台已经当仁不让地成为企业数字化转型的核心载体和赋能基石，百花齐放的工业应用将基于工业互联网平台实现快速定义开发。工业软件产品将从定制化向标准化、模块化、行业化快速发展，逐步积累形成丰富的产品组合和行业套件与行业整体解决方案。

工业互联网平台将向三个方向发展演进：一是平台即标准。随着工业领域智能化建设深入，企业将接入越来越多的如智能仪器仪表的智能设备，并要求工业互联网平台必须具备广泛的设备协议支持能力和基于领域业务特征的数据清理能力。在平台中将内置各领域的数据标准，从被动适配设备往智能硬件厂家向平台主动适配转变。二是平台即系统。为推动工业软件的研发，专业平台将以成为某领域的工业操作系统为目标完善基础能力，即在通用PaaS平台新技术的支持基础上，研发大数据、人工智能等新一代信息技术与业务结合的应用模型和组件，支持上端专业工业软件的开发。三是平台即生态。开放是世界经济社会发展的必然趋势，开放也是"互联网＋"和"万物互联"时代的基本原则和重要特征。面向工业场景，基于开放合作策略和低代码开发软件平台以及平台所提供的丰富的社会性接口和价值实现渠道，支持企业、社区、个人通过多种方式接入，快速定义工业APP，实现自身价值同时为平台增值，构建具有竞争力、共生共荣的生态圈。

展望四

数字技术为科技创新提供不竭动力

当前，能源化工企业正处于推进高质量发展、打造世界一流的关键时期。事业发展，科技先行。企业需着力强化基础性、紧迫性、前沿性、颠覆性技术布局攻关，集聚创新要素、深化协同创新、促进成果转化、优化创新生态，要通过实施科技创新、管理创新和商业模式创新，形成价值创造和价值增长新动能，以原创技术策源地建设为重要抓手，围绕产业链部署创新链，不断推动各项业务向价值链高端迈进。数字技术将深入赋能能源化工行业科技创新，通过机器学习、计算机视觉、自然语言处理、知识图谱、机器人等技术应用，充分发挥科研人员的作用，激发创新活力，服务石化企业核心业务的创新发展。

数字技术具有高渗透性、高融合性特征，能够打破不同领域之间的壁垒，促进不同领域技术的融合和创新，形成新的创新力量，不断催生新的应用场景，带来运营价值、战略价值和社会价值。一方面，数字技术将帮助企业更好地理解市场需求，优化产品设计，有效促进创新链和产业链精准对接，加快科技创新成果从样品到产品再到商品的转化，健全完善科技成果转化利益分配机制，提高科技成果转化和产业化水平。例如，开发高密度聚乙烯颗粒检测算法，替代现有的通过人工识别的方法，有效地提升了高密度聚乙烯产品的出厂效率。另一方面，数字技术也在推动着能源化工行业的研发范式转变，通过引入模拟实验和计算设计，改变了传统研发对实验和经验的依赖，新的研发范式可以大大降低实验成本和时间，提高研发效率，同时也更注重数据的收集和分析，为企业的决策提供更科学的支持。例如通过大数据分析和模拟实验，可以更快地筛选和验证各种可能的方案，加速科技创新的进程。同时，数字技术将降低创新门槛，使知识和资源能够方便地共享和利用，使更多的个体和企业能够参与和融入开放式创新体系中，创新主体之间的合作和交流将更加便捷。数字技术在能源化工行业的广泛深入应用必将推动中国制造向中国创造、中国速度向中国质量、中国产品向中国品牌的深刻转变。

展望五

人工智能推进工业智能化加速

人工智能正在算力、算法、大数据三驾马车的驱动下高速发展，与能源化工行业加速融合。智能质检、远程专家服务、设备预知性维护、智能巡检、全联结工厂、无接触配送等应用场景持续涌现，线上线下正在加速一体化，随着预训练大模型、生成式人工智能等技术应用的加速迭代演进，人类社会与物理世界的二元结构正在进阶到人类社会、信息空间和物理世界的三元结构，人与人、机器与机器、人与机器的交流互动愈加频繁。在多源数据、多元应用和超算能力、算法模型的共同驱动下，以计算机智能为基础，强调通用学习和大规模训练集的人工智能，正朝着以开放性智能为基础、以交互学习和记忆、基于推理和知识驱动、以混合认知模型为中心的新一代人工智能方向迈进。

人工智能技术在生产、设备、供应链、研发、安全、环保等业务领域的应用，将显著提高运营效率，减少人员投入，助力企业有效应对转型升级压力。随着智能技术与实体经济深度融合，人工智能从单项应用向融合场景发展，将会改变石化行业的生产模式、运营模式、组织模式，提升整个行业的智能化水平。立足新发展阶段，能源化工企业实现高质量发展，不能仅仅靠技术、装备投入，更要重视培育核心竞争力，既需要企业战略、组织机制、业务流程等方面的配合和支撑，也需要培养数字文化、创新文化和高素质、复合型人才梯队，把技术植入企业基因，开启一场永无止境的竞争能力进化之旅。

展望六

数字孪生搭建工业元宇宙之路

1999年，电影《黑客帝国》的上映向全世界观众展示了一个与真实世界几乎一模一样的虚拟世界，深刻地探讨了现实与虚拟之间的关系，也开启了人类构建虚拟世界的不停探索。在工业界，不论是CPS还是工业元宇宙，都在尽力描绘一个数字和物理一一对应的开放体系，在这个体系中，可以用数字构建一切并控制一切。虽然到目前为止，这些还只存在于概念阶段，但数字孪生作为元宇宙技术体系中的基础技术正在不断突破，让我们对CPS和工业元宇宙的畅想多了一分现实的基础。

数字孪生从技术构成上看，分为变革型、递增型、机会型。目前企业在数字孪生方面的应用较多融合的是AI、IoT、3D可视化以及认知供应链等技术，致力于提升数字孪生对场景环境和实验主体的模拟精准度。数字孪生是智能化业务场景实现的基石，是促进未来石油石化行业全域优化的先决条件，对改变石油石化企业生产运营和集团管理模式具有极强的战略价值。通过建模、同步、监控和分析，数字孪生使物理世界与数字世界建立了紧密联系，以此为基础，企业可以对生产过程进行追溯、分析和预测。通过不断积累动态数据，重构生产过程。当前，一些场景通过引入机理模型，通过智能传感、仿真等技术实现了物理世界和数字世界的互联互通，但如何实现实时、完全映射，如何通过自我学习、自我迭代、打造孪生体闭环实现精准决策，成为了数字孪生发展的两大难点，攻克以上难题也将成为工业数字孪生的里程碑。未来，随着我国能源化工行业国际化和绿色可持续发展战略快速推进，区块链、量子计算、网络安全等技术也将成为不可忽视的技术变革力量，进一步提升安全可控水平。

能源化工行业链条长、上下游关联紧密、高投入、高耗能、高风险、工艺复杂、过程连续、安全环保任务重，数字孪生可以帮助企业基于丰富的实验数据与工程模型形成专业的信息化数字库，进而生成上中下游的产业链条的数字化镜像，以实现对产业链条每一个环节的精细化把控，真正实现可视、可控、可预见。通过对虚拟空间的控制与迭代，数字孪生将对产业深度赋能，特别是在提高生产效率、改善质量和安全、优化资源利用、实现智能制造、提高决策效率等方面发挥重要作用。因此，我们认为数字孪生将改变行业的"游戏规则"，有利促进企业向净零转型，实现更安全的运营，必将成为能源化工行业的重要发展趋势。中国石化在该领域已经取得了突破性进展，基于复杂原料百万吨级乙烯成套技术，研究提出了"成套技术成果软件化、工程建设交付数字化、石化工厂运营智能化"的数字孪生智能乙烯工厂构建方案及关键技术，将智能工厂推进到了新的发展阶段。随着向芳烃产业链、煤化工产业链、炼油产业链核心装置的推广和深化应用，业务效能将不断提升，产品与服务的交付形态也将变革重塑，加速形成虚实互动的智能制造新模式。值得一提的是，AI大数据+机理融合的数据智能应用场景将快速涌现并逐步规模化应用，成为数字孪生发挥业务价值的重要方向。数字孪生构建的世界不是现实的萎缩，而是现实的扩张，到那时工业元宇宙将不再只是梦想，除了实体企业，我们也将依托跨专业、跨地域、跨组织的多方互动的开放式协同与管理平台，在新的维度上建立起基业长青的虚拟企业。在虚实共生的世界里，人类也将迎来新的经济秩序、商业文明以及生活方式。

展望七

行业云平台支撑企业数字化转型

当前，数字技术在各行业各领域获得深入应用，推进千行百业拥抱数字经济，享受数字红利。各企业的数字化转型路径各不相同，有原生数字企业的新建即智能模式，也有传统企业的数字化改造提升模式。不管以什么样的路径开始转型，具有行业属性的行业云平台成为越来越多企业数字化转型的重要支撑。Gartner预测，到2027年，超过50%的企业将使用行业云平台来加速他们的业务项目。行业云平台通过组合SaaS、PaaS和IaaS提供支持行业应用场景的模块化能力，支撑行业云应用向纵深拓展。企业可以将行业云平台的打包功能作为基础模块，组合成独特、差异化的数字业务项目，在提高敏捷性、推动创新方面具有明显的优势。未来，具有行业属性的云平台基于对行业企业共性需求的理解，通过自身的生态、共享、协同发展能力，将成为企业数字化转型最佳选择。

当今世界，产业分工体系已经形成一个复杂网络，任何一条产业链上都聚集了成千上万家企业。任何一家企业、一个产业基地或产业园区都必须通过产业协同来提升自身在全球"价值链"上的位置。当前，石油化工等行业云应用加速向纵深拓展，聚焦行业特定业务场景、特定应用需求，支撑产业数字化转型。行业云平台基于一站式服务理念和模块化组装模式，围绕研、产、供、销、融各环节，持续积累工业知识和行业数据，沉淀业务中台、数据中台和技术中台，提供基础设施服务能力和数字化服务能力，实现资源共享、服务沉淀复用和应用系统设计、开发、测试、部署的在线管控，推动信息化应用建设向组件化、服务化、平台化转变。基于行业云构建的数字化供应链、产业链和开放、共享、共创的工业互联网生态，将支撑资源汇集、数据共享和协同创新，为产业链上各类企业提供数据建模计算、数据安全防护和数据流通服务，解决中小企业面临的人才缺乏、基础设施复杂等问题，降低数字化转型的技术门槛，提升设备上云、企业上云效率，以更加灵活、成本更低的方式赋能业务发展。行业云平台通过自身的生态、共享、协同发展能力，将持续提炼行业最佳实践并快速推广，带动整个行业内大批量企业上云用数赋智。

数字化推动向服务型生产商转型

经济发展的过程必然伴随产业结构的不断演进，而服务经济加快发展是国家经济向现代化发展的一般规律。近些年，我国服务业发展迅速，成为促进国民经济增长、产业融合和结构优化的关键。但总体上看服务业特别是生产性服务业供给质量还不高，专业化、社会化程度还不够，与高质量发展要求还有差距。党的二十大报告提出要构建优质高效的服务业新体系，推动现代服务业同先进制造业、现代农业深度融合。建设制造强国离不开制造服务业的发展。推动现代服务业和先进制造业相融相长，是增强制造业核心竞争力、实现高质量发展的重要途径。

未来的商业模式将由直接售卖产品向成果经济（基于价值定价）转变。传统产业的服务可以将重点从产品销售转向服务提供。通过提供定制化、差异化的服务，满足客户个性化需求，建立更紧密的客户关系，开拓新的盈利模式。能源化工企业已经在与服务业融合的路上迈出了关键一步。例如石化e贸平台通过向企业客户提供更权威的产业商情服务、更专业的行业分析研究和供应链金融服务，实现从石化产品生产商向石化产品服务商的跨越，取得了良好的经济效益和社会效果。随着转型进一步加速，企业将打破传统产业资源组织方式如时间、空间以及相关资源束缚，更大范围地将围绕业务需求快速汇聚资源、组织、管理要素，变革管理模式、商业模式，实现上下游和平台各方更敏捷的组织与协作，建立能源化工发展新生态。

在服务化转型的过程中，企业需要深入挖掘转型场景，重视顶层设计，应用数字技术，才能实现转型突破。在客户服务方面，通过客户画像和云服务，精确分析和预测客户需求，提升服务的有效性和便利性；在产品研发方面，利用数字仿真技术提高产品设计能力，降低研发成本、缩短研发周期，开发出更符合市场需求的新产品。基于工业互联网平台，可以连接生产、销售、研发机构，共享创新资源，以开放式创新思维，构建全产业链协同创新和运营模式；在生产营运方面，通过虚实融合进行工厂的实时控制和智能运营，分析、预测、诊断设备故障或性能劣化，精确把控生产加工流程，优化决策流程。我们相信，数字技术将帮助企业在向综合能源服务商转型的路上走得更快更好。

筚路蓝缕，以启山林。企业数字化转型任重道远，未来可期。数字化转型将以业务为导向、数据为基础，与传统生产要素相结合，利用新一代数字技术赋能业务、驱动业务与服务创新，促进生产组织方式向高效、精准、智能、柔性、协同转变，实现供需变化等突发事件下的韧性运营。察势者智，驭势者赢。数字化转型工作需要各方力量联合起来，洞察未来数字经济发展之势，通过技术创新、数字赋能、业务优化和模式再造，发挥数字技术带来的效率和成本优势，积极开拓新业态，加强全价值链的一体化、智能化应用，加速向高端化、高附加值方向转型升级，促进企业提质增效，降低生产运营成本、能源消耗和碳排放，实现精益运营，打造绿色、可持续发展道路，擦亮高质量发展底色，开创能源化工行业的智能新时代！

参考文献

［1］金江军.数字经济引领高质量发展［M］.北京：中信出版集团，2020.

［2］李德芳，蒋白桦，赵劲松，等.石化工业数字化智能化转型［M］.北京：化学工业出版社，2022.

［3］吕廷杰，王元杰，迟永生，等.信息技术简史［M］.北京：电子工业出版社，2022.

［4］中国数字经济百人会.全球产业数字化转型趋势及方向研判［R］.2019.

［5］国务院.中华人民共和国国民经济和社会发展第十四个五年规划和2035年远景目标纲要［EB/OL］.2021.

［6］赛迪顾问.2022中国数字经济发展研究报告［R］.2022.11.

［7］北京大学平台经济创新与治理课题组，黄益平.平台经济：创新、治理与繁荣［M］.北京：中信出版集团，2022.

［8］张静.数字经济助力双循环新发展格局的现实困境与创新路径［J］.西南金融，2022（6）：12.

［9］钱锋，杜文莉，钟伟民，等.石油和化工行业智能优化制造若干问题及挑战［J］.自动化学报，2017，43（6）：894-901.

［10］麦肯锡.破局"十四五"：高质量发展铸就世界一流的中国企业［R］.2020.

［11］刘宇.加快建设世界一流企业［N］.人民日报.2022.

［12］中能传媒研究院.2022年石化行业形势分析与展望［OL］.2022.

［13］中国石油和化工行业国际产能合作企业联盟.中国石化行业发展现状、面临形式以及应对策略［OL］.2019.

［14］工信部.关于"十四五"推动石化化工行业高质量发展的指导意见［EB/OL］.2021.

［15］李晓华，王怡帆.数据价值链与价值创造机制研究［J］.经济纵横，2020（11）：54-62+2.

［16］吴江，陈婷，龚艺巍，杨亚璇.企业数字化转型理论框架和研究展望［J］.管理学报，2021，18（12）：1871-1880.

［17］严子淳，李欣，王伟楠.数字化转型研究：演化和未来展望［J］.科研管理，2021，42（04）：21-34.

［18］陈悦，黄萍.把握新形势加快石油石化行业数字化转型［J］，数字化战略，2021，2：32-36.

［19］洪学海，蔡迪.面向"互联网+"的OT与IT融合发展研究［J］.中国工程科学，2020，22（04）：18-23.

［20］邹才能，潘松圻，赵群.论中国"能源独立"战略的内涵、挑战及意义［J］.石油勘探与

开发，2020，47（2）：416-426.

[21] 余皎.大变局下中国能源化工产业"十四五"发展前瞻[J].当代石油石化，2021，29
（01）：8-16.

[22] 贺艳.打通双循环堵点 加快构建新发展格局[N].经济日报.2020.

[23] 李小松.国际石油公司数字化转型"特征"与"启示"[N].中国石油报，2022-05-17
（008）.

[24] 凌逸群.炼化结构绿色低碳转型[M].北京.中国石化出版社，2022.

[25] 张玉卓.以数字化转型促进能源化工产业高质量发展[J].中国产经，2021（1）：3.

[26] 埃森哲.中国企业数字化转型指数：数字化转型：可持续的进化历程[R].2022.

[27] 石化盈科&IDC.守正出奇 开拓创新：能源化工数字化转型实践与启示[R].2021.

[28] McKinsey, World Economic Forum. The Global Lighthouse Network Playbook for Responsible
Industry Transformation[R].2022.

[29] 全国信息技术标准化技术委员会大数据标准工作组，中国电子技术标准化研究院.企业
数字化转型白皮书[R].2021.

[30] 周剑，陈杰，金菊登，等.数字化转型 架构与方法[M].北京：清华大学出版社，2019.

[31] 覃伟中，谢道雄，赵劲松，等.石油化工智能制造[M].北京：化学工业出版社，2019.

[32] 吉峰，贾学迪，程贵晴.智能制造能力成熟度研究综述[J].现代工业经济和信息化，
2021，11（06）：1-4+49.

[33] 赵恒平.中国石化先进过程控制应用现状[J].化工进展，2015，34（04）：930-934.

[34] 王建平，王乐.流程工业生产过程优化技术发展趋势探讨[J].中外能源，2021，26（04）：
61-68.

[35] 石化盈科&IDC.数字化转型智造未来——石化行业数字化转型白皮书[R].2021.

[36] 王子宗，高立兵，索寒生.未来石化智能工厂顶层设计：现状、对比及展望[J].化工进
展，2022，41（07）：3387-3401.

[37] 麦肯锡."智"胜未来：中国流程行业的智能化挑战与机遇[R].2021.

[38] 埃森哲.技术推动可持续：双擎驱动，价值融合[R].2022.

[39] IDC.未来企业规划指南：为下一场颠覆与重构做好准备[R].2022.

[40] 刘强.智能制造理论体系架构研究[J].中国机械工程，2020，31（1）：24-36.

[41] 王子宗.融合 转型 智变[M].北京：中国石化出版社，2021.

[42] 李培根.工业互联网需要企业生态意识[J].软件和集成电路，2019（09）：42-43.

[43] 李剑锋.企业数字化转型认知与实践[M].北京：中国经济出版社，2022.

[44] 袁晴棠.石化工业发展概况与展望[J].当代石油石化，2019，27（7）：1-6, 12.

[45] 戴厚良，陈建峰，袁晴棠，等.石化工业高质量发展战略研究[J].中国工程科学，
2021，23（5）：122-129.

[46] 毕马威.为能源转型提供资源[R].2021.

[47] 德勤，SAP.以可持续发展为引领 打造智能低碳企业[R].2022.

［48］中国石油企业协会.中国油气产业发展分析与展望报告蓝皮书［R］.2021.

［49］中国石油化工技术集团经济技术研究院［R］.中国能源化工产业发展报告,2020.

［50］中国石油企业协会.中国低碳经济发展报告蓝皮书［R］.2021.

［51］曹湘洪.炼油行业碳达峰碳中和的技术路径［J］.炼油技术与工程,2022,52（01）:1-10.

［52］德勤.智能制造新工具:自动持续优化［R］.2022.

［53］李剑峰,肖波,肖莉,等.智能油田［M］.中国石化出版社,2020.

［54］中国信通院.中国智能制造发展研究报告:智能工厂［R］.2022.

［55］埃森哲.应运而变 重塑新生:油气企业变革,掌握能源转型先机［R］.2022.

［56］中国科学院科技战略咨询研究院课题组.产业数字化转型战略与实践［M］.北京:机械工业出版社,2020.

［57］袁晴棠,殷瑞钰,曹湘洪,刘佩成.面向2035的流程制造业智能化目标、特征和路径战略研究［J］.中国工程科学,2020,Vol22（3）:148-156.

［58］石化盈科.用数字视角解读能源化工行业——数字孪生［R］.2021.

［59］郭倩."工业互联网+双碳"实施方案酝酿待出［N］.经济参考报,2022.

［60］石化盈科&IDC.绿色可持续 石化新使命:石油石化行业绿色低碳发展白皮书［R］.2022.

［61］王雨茜,索寒生,招庚,吕雪峰,刘东庆,李鹏飞.智能制造能力成熟度研究综述［J］.计算机与应用化学,2020,37（3）:245-250.

［62］高立兵,索寒生.工业软件的发展推进石化工程设计数字化转型探析［J］.石油化工设计,2021,38（2）:1-7.

［63］高立兵,刘东庆,贾梦达.基于工业互联网的石化行业数字化制造技术体系和发展路径研究［J］.新型工业化,2023,Z1（2）:73-80.

［64］王子宗,王基铭,高立兵.石化工业软件分类及自主工业软件成熟度分析［J］.化工进展,2021,40（04）:1827-1836.

［65］高振宇,费华伟,戴家权,李颖.沙特阿美公司下游发展战略对中国炼化企业的启示［J］.世界石油工业,2020,27（02）:68-73.

［66］周昌.掌握发展先机 智赢数字未来［R］.石化盈科2021年度云端用户大会,2021.

［67］高立兵,刘东庆,高瑞,王雨茜.石化行业智能制造发展现状及技术趋势［J］.流程工业,2021（08）:16-21.

［68］王子宗,索寒生,赵学良.数字孪生智能乙烯工厂研究与构建［J］.化工学报,2023,74（3）:1175-1186.

［69］石振雨.集团型能源化工企业协同优化研究［J］.世界石油工业,2023,30（1）:50-56.

［70］张淑丽,王姗姗,马昕南,等.国有企业投资管理信息化探索与实践［J］.当代石油石化,2022,30（9）:31-35.

［71］田娜.新一代信息技术助推油库企业数字化转型升级［J］.当代石油石化,2021,29（9）:32-36.

能源化工行业数字化转型全景

工业互联网平台

云资源　网络　安全　数据中心　数据治理　智能硬件　业务中台　数据中台　技术中台

CCUS　进口LNG　水厂　海上钻井　陆上生产　油轮　勘探　原煤开采

火电　LNG接收站　集输

风电　码头　原油仓储　煤化工

光伏发电　地热　原油炼制　化工生产

天然气仓储　成品油仓储　化工品仓储　研究院

氢气制备　物流运输　物流运输　物流运输

加气站　加氢站　充电站　加油站　便利店　化工品销售　客户　金融服务

ERP　物资供应　综合协同　人力资源　财务管理　贸易管理　战略与决策管理　风险监督　经营管理

数字化转型　数字化技术咨询　全厂信息化咨询　数字化业务咨询　数字化转型智库　设备管理　安全环保　能源管理　工程管理　科研管理　专业化管理